Einführung in die
Physik des Transistors

Von

Wolfgang W. Gärtner

Dipl.-Ing. Dr. phil.
Vice-President, CBS Laboratories, Stamford, Conn., früher Chief Scientist,
Solid-State Devices Division, U. S. Army Signal Research
and Development Laboratory, Fort Monmouth, New Jersey / U. S. A.

Ins Deutsche übersetzt von

Dipl.-Ing. Albert R. H. Niedermeyer
Telefunken GmbH., Heilbronn/Neckar

Mit 182 Abbildungen

Springer-Verlag
Berlin / Göttingen / Heidelberg
1963

Titel der Originalausgabe:

Transistors
Principles, Design and Applications
by
Wolfgang W. Gärtner, Ph. D.

D. van Nostrand Company, Inc.

Princeton, New Jersey · Toronto
London · New York

Die vorliegende deutsche Ausgabe enthält die ersten drei Teile
des amerikanischen Werkes

ISBN-13:978-3-642-92856-7   e-ISBN-13:978-3-642-92855-0
DOI: 10.1007/978-3-642-92855-0

Meiner Frau Marianne gewidmet

Vorwort

Es besteht wohl kein Zweifel mehr daran, daß der Transistor in den letzten zehn Jahren als führendes aktives Bauelement der modernen Elektronik an die Stelle der Elektronenröhre getreten ist. Umfangreiche Forschung und Entwicklungsarbeit führten bald zu einer Vervollkommnung dieser neuen Bauelemente, deren in den Vereinigten Staaten schnell ansteigende Produktionsziffern bereits die der Elektronenröhren zu überschreiten beginnen. Die gleiche Entwicklung ist in den nächsten Jahren auch in anderen Ländern zu erwarten. Für neue elektronische Anlagen werden jetzt fast ausschließlich Transistoren als aktive Elemente verwendet.

Da ohne gründliche Kenntnisse der Transistoreneigenschaften und -schaltungen heute kein Elektroingenieur mehr auszukommen vermag, ist eine gute Ausbildung auf diesem Gebiet für Entwicklungsarbeiten in der Nachrichtenübermittlung und Datenverarbeitung unerläßlich.

Das Buch wendet, sich in erster Linie an Studenten und Elektroingenieure und hat das Ziel, ihnen die für das Verständnis der Arbeitsweise und der Eigenschaften des Transistors sowie die für Forschungs- und Entwicklungsarbeiten erforderlichen wissenschaftlichen Grundlagen auf dem Gebiet der Transistorauslegung zu vermitteln. Transistorschaltungen sind hier nicht aufgenommen worden, sie werden in anderen Büchern des Springer-Verlages behandelt.

Das vorliegende Buch ist eine Übersetzung der ersten drei Teile des amerikanischen Werkes des Verfassers, das unter dem Titel „Transistors: Principles, Design and Applications" 1960 in den USA, Kanada und Großbritannien sowie in einer Übersetzung in Japan erschienen ist.

In einer Einführung wird zunächst auf die Begriffe der Halbleiterphysik und der Halbleitereigenschaften, die für das elektrische Verhalten der Transistoren wesentlich sind, eingegangen. Danach werden die Wirkungsweise und die quantitative Auslegung von Flächentransistoren ausführlich behandelt.

Es schließt sich dann eine Betrachtung über die weitere Entwicklung des ursprünglichen Flächentransistorprinzips sowie über alle anderen Transistorarten, einschließlich der Planar-, Epitaxial- und Unipolartransistoren an. Ein weiteres Kapitel ist den Darstellungen der elektrischen Eigenschaften gewidmet. Es enthält eine Einführung in die Behandlung des Transistors als aktiven Vierpol, was für die Analyse von Transistorschaltungen besonders wertvoll ist, sowie eine Diskussion der Ableitung verschiedener Ersatzschaltbilder aus errechneten oder gemessenen Werten der Vierpolparameter. Ferner werden alle Gleich- und Wechselstromeigenschaften von Transistoren in Abhängigkeit vom Arbeitspunkt, der Frequenz und Temperatur beschrieben und an Hand der vorher behandelten Theorie erklärt. Alle üblichen Ersatzschaltbilder des Transistors werden abgeleitet und verglichen.

In allen Kapiteln stehen die physikalischen Grundlagen im Vordergrund, was nach neueren Erfahrungen besonders wichtig ist, da der Transistor den Ausgangspunkt der Mikroelektronik bildet, in der ganze Schaltungsgruppen in einen einzigen Festkörperkristall eingebaut werden. Für die Auslegung und Anwendung derartiger Schaltungen ist ein sehr detailliertes physikalisches Verständnis notwendig. Das vorliegende Buch soll deshalb auch eine erste Einführung in die moderne Festkörper-Mikroelektronik geben.

Obwohl in allen Ableitungen analytische Strenge angestrebt und auf „Plausibilitätserklärungen" verzichtet wurde, sind die Anforderungen, die an Vorkenntnisse des Lesers gestellt werden, relativ gering. Fast alle Grundbegriffe werden ausführlich definiert und entwickelt. Dies erschien dem Verfasser vor allem mit Rücksicht auf den praktisch tätigen Elektroingenieur wichtig, der vielfach wenig Zeit hat, die Grundlagenliteratur heranzuziehen und zu studieren.

Bei der Abfassung des Buches wurde auch berücksichtigt, daß auf dem Transistorgebiet zwei Gruppen mit sehr unterschiedlicher Ausbildung zusammentreffen, nämlich Techniker (Elektroingenieure) und Wissenschaftler (Physiker). Dem Techniker wird die elementare Einführung in die physikalischen Begriffe und dem Wissenschaftler die Einführung in die schaltungstheoretischen Grundbegriffe von Nutzen sein.

Somit hofft der Verfasser, dem größten Teil der Leser das Studium zusätzlicher Lehrbücher über die Grundlagen zu ersparen.

Herrn Dipl.-Ing. Dipl.-Kfm. A. NIEDERMEYER danke ich für die Hilfe bei der Übersetzung und dem Springer-Verlag für die gute Ausstattung des Buches.

Stamford, Conn./USA, im Mai 1963

Wolfgang W. Gärtner

Inhaltsverzeichnis

Dritter Teil

Aufbau und Eigenschaften von Transistoren

Seite

Verzeichnis der Symbole

Die Ziffern geben die Seiten an, auf denen die betreffenden Symbole zum ersten Mal auftreten.

a_{ik}	Vierpolparameter 206		I	Gleichstrom 6
B, b	als Index bezeichnet die Basis		I_{CBO}	Kollektorreststrom 129
$\mathbf{B}$	magnetische Induktion 36		I_{EBO}	Emitterreststrom 129
b	Verhältnis der Trägerdriftbeweglichkeiten 33		i_E	Gesamtemitterstrom
b_{ik}	Vierpolparameter 206		J	Stromdichte 13
C, c	als Index bezeichnet den Kollektor		j_{COND}	Gesamtleitungsstromdichte 36
c	Lichtgeschwindigkeit 23		j_n	Gesamtelektronenstromdichte 34
C_c	Kollektorsperrschichtkapazität 111		j_p	Gesamtdefektelektronenstromdichte 34
C_e	Emittersperrschichtkapazität 111		j_{TOT}	Gesamtstromdichte 34
$\mathbf{D}$	Verschiebungsvektor 36		k	Boltzmann-Konstante 17
D_a	ambipolare Diffusionskonstante 96		$\mathbf{k}$	Einheitsvektor in Richtung des Magnetfeldes 35
D_n	Diffusionskonstante für Elektronen 35		L	Diffusionslänge 60
D_p	Diffusionskonstante für Defektelektronen 35		L_n	Diffusionslänge für Elektronen 79
E	elektrische Feldstärke 13		L_p	Diffusionslänge für Defektelektronen 79
E	Energieniveau 17		M	Multiplikationsfaktor 65
E	Gesamtenergie in der Schrödingergleichung 15		m	Teilchenmasse 15
E, e	als Index bezeichnet den Emitter		m_{eff}	effektive Masse 41
E_c	untere Kante des Leitungsbandes 28		n	als Index bezieht sich auf Elektronen
E_F	Fermi-Niveau 17		n	Elektronendichte im Leitungsband 28
E_{krit}	kritische Feldstärke 45		N_a	Akzeptordichte 29
E_v	obere Kante des Valenzbandes 28		N_c	effektive Zustandsdichte im Leitungsband 28
g_{ik}	Vierpolparameter 205		N_d	Donatordichte 29
g_n	Erzeugungskoeffizient für Elektronen 37		$N(E)$	Dichte von Energieniveaus 27
g_p	Erzeugungskoeffizient für Defektelektronen 37		N_I	Ionendichte 41
H	Hamilton-Operator 15		n_{maj}	Majoritätsträgerdichte 41
H	magnetische Feldstärke 32		n_0	Gleichgewichtselektronendichte 50
$\mathbf{H}$	magnetische Feldstärke (Vektor) 36		N_t	Dichte der Rekombinationszentren 52
h	Plancksches Wirkungsquantum 15		N_v	effektive Zustandsdichte im Valenzband 28
$\hbar$	Dirac-Konstante 41		p	als Index bezieht sich auf Defektelektronen
h_{ik}	Vierpolparameter 205		p	Defektelektronendichte im Valenzband 28

Erster Teil

Der Transistor

1. Einführung

A. Erfindung und Entwicklung des Transistors

Die Elektronik befaßt sich mit dem Problem, Informationen in Form von elektrischen Signalen zu übermitteln und zu verarbeiten. Einer der wichtigsten Vorgänge ist hierbei die Verstärkung, da in elektronischen Systemen und in Übertragungsteilen unvermeidliche Energieverluste auftreten, während am Ausgang eines elektronischen Systems oft relativ hohe Leistungen benötigt werden, z. B. wenn elektromechanische Wandler, wie Lautsprecher, Schreibmaschinen, Hollerithmaschinen, Servomotoren usw., betrieben werden sollen.

An Hand von Abb. 1.1 wird die Verstärkung definiert und erklärt. Das Verstärkerelement sei ein „Kasten" mit 4 Anschlüssen, dessen innerer Aufbau für die vorliegende Betrachtung unwesentlich ist. Er besitzt

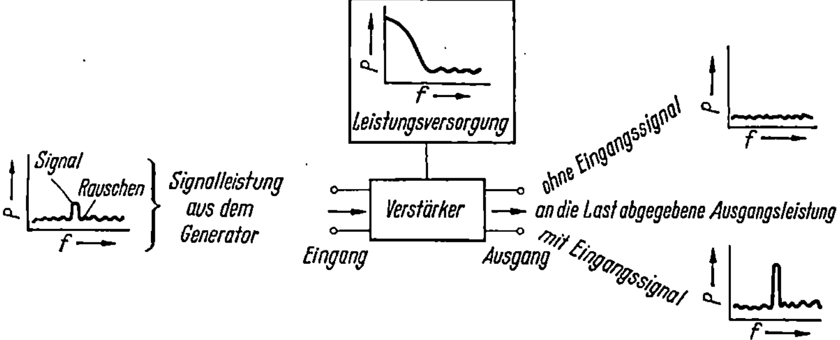

Abb. 1.1. Der Verstärkungsvorgang

im allgemeinen 2 Eingangsklemmen, die zusammen „*Eingang*" genannt werden, und 2 Ausgangsklemmen, die man kurz „*Ausgang*" nennt. Die Differenz zwischen Ausgangs- und Eingangsleistung erhält man durch eine Leistungsversorgung, die mit dem Verstärker verbunden ist (in manchen Fällen ist sie in dem „Kasten" bereits enthalten). Der Verstärker erhält die erforderliche Leistung im allgemeinen in Form von elektrischer Leistung mit einer bestimmten Frequenzverteilung, wie sie in der Zeichnung angedeutet ist. In den meisten Transistorverstärkern wird die Leistung von einer Gleichstromquelle geliefert; bei anderen Verstärkerarten (z. B. parametrische Verstärker [1]) wird eine Quelle verwendet, die einen Wechselstrom mit einer bestimmten Frequenz liefert. Im Leerlauf, d. h. ohne Signal am Eingang, hat das Ausgangsspektrum in Abhängigkeit von der Frequenz einen zeitlich konstanten Verlauf (s. Abb. 1.1). Bei angelegtem Signal zeigt sich im Ausgangsspektrum ein Energieanstieg in einem gewissen Frequenzbereich. Die Höhe und Dauer dieses Anstiegs wird durch das Signal bestimmt, und die am Ausgang zur Verfügung stehende Leistung ist größer als die Eingangssignalleistung. Ein Verstärkerelement wird in der Vierpoltheorie als „aktiver Vierpol" bezeichnet. Der Transistor ist ein solcher aktiver Vierpol.

Forschung und Entwicklung schaffen immer neue aktive Bauelemente. Auf Grund ihrer besseren Eigenschaften, z. B. höherer Wirkungsgrad, größere Einfachheit und Zuverlässigkeit, kleinere Abmessungen, geringeres Gewicht oder niedrigere Kosten, ersetzen sie ältere überholte Bauelemente. In bezug auf Transistoren und Elektronenröhren ist eine derartige Entwicklung gegenwärtig auf vielen Anwendungsgebieten im Gange oder bereits abgeschlossen.

Die grundlegenden Ideen, die zur Erfindung des Transistors führten, waren schon vor mehr als 20 Jahren bekannt. Das „Loch" (Defektelektron) wurde als bequemes Hilfsmittel für die Untersuchung des Verhaltens eines fast vollständig gefüllten Energiebandes (die Erklärung der unbekannten Ausdrücke findet man in den entsprechenden Abschnitten dieses Buches) bereits 1931 von WILSON [2] eingeführt. SCHOTTKY [3] untersuchte als erster die Eigenschaften eines Metall-Halbleiter-Überganges als Vorläufer des PN-Überganges.

In der angewandten Physik bemühte man sich schon lange, ein einfaches Festkörperverstärkerelement zu finden, das die wesentlichen Eigenschaften von Vakuumröhren besitzt, ohne aber eine Heizleistung zu verbrauchen. HILSCH und POHL [4] bauten 1938 einen solchen Halbleiterverstärker, der auf dem Prinzip eines Ionenstromes in einem Kaliumbromideinkristall beruht. Er wird durch einen in das Kristallgitter eingebetteten Platindraht gesteuert. Einen wesentlichen Aufschwung erfuhr die Festkörperelektronik jedoch erst 1949, als J. BARDEEN, W. H. BRATTAIN und W. SHOCKLEY in den Bell Telephone Laboratories, Murray Hill, New Jersey, im Laufe von experimentellen Arbeiten an Germaniumoberflächen den ersten Spitzentransistor [5] erfanden. Gleichzeitig wurde der Flächentransistor [6] auf Grund theoretischer Überlegungen vorhergesagt und kurz darauf in die Praxis umgesetzt. Die überaus große technische Bedeutung des neuen Bauelementes gab Anlaß zu umfangreicher, sehr fruchtbarer experimenteller und theoretischer Arbeit in der Festkörperphysik. BARDEEN, BRATTAIN und SHOCKLEY spielten bei diesen

Untersuchungen eine wichtige Rolle, wofür den drei Wissenschaftlern 1956 der Nobelpreis für Physik verliehen wurde. Transistoren müssen aus extrem reinem, einkristallinem Material gefertigt werden, wie es nie zuvor hergestellt wurde. Es wurden daher in rascher Folge neue Verfahren entwickelt, um reproduzierbar genügende Mengen reinen Germaniums und Siliziums für eine Serienfertigung von Transistoren zu gewinnen. Den größten Beitrag in dieser Richtung leisteten für Germanium wiederum die Bell Telephone Laboratories. Bei Silizium waren die Siemens-Schuckertwerke AG., Forschungslabor in Pretzfeld, erst unter der Leitung von W. SCHOTTKY und dann unter E. SPENKE wegbereitend. Auf dem Gebiet der III-V-Verbindungen, die als technisch wichtiges Halbleitermaterial sehr vielversprechend waren, wurden hauptsächlich die Siemens-Schuckertwerke AG., Forschungslabor Erlangen, unter der Leitung von H. WELKER und die RCA-Laboratories in Princeton, New Jersey, unter der Leitung von D. A. JENNY tätig. Es stand bald eine relativ große Menge von extrem reinem Material zur Verfügung, und so wurde es möglich, übereinstimmende quantitative Beziehungen zwischen Theorie und Experiment auf dem Gebiet der Festkörper herzustellen, eine Entwicklung, die dann zu einem bedeutenden Aufschwung sowohl auf dem Gebiet der Festkörperphysik als auch auf dem der elektronischen Festkörperbauelemente führte.

Die ersten 10 Jahre in der Geschichte des Transistors brachten einen raschen Produktions- und Bedarfsanstieg sowie bedeutende Verbesserungen in den elektrischen Eigenschaften, vor allem hinsichtlich maximaler Arbeitsfrequenz, maximaler Ausgangsleistung und minimalem Rauschen. Etwa im Jahre 1952 begann die Umstellung von Spitzentransistoren auf Flächentransistoren, die 1956 praktisch beendet war. Parallel dazu wurden Verfahren zur Herstellung von legierten und gezogenen PN-Übergängen entwickelt und fabrikmäßig eingeführt. Das bei Philco Corporation, Philadelphia [7], entwickelte elektrolytische Strahlplattieren gewährleistete anfangs die beste Kontrolle der dünnen Basisdicken, die für Hochfrequenztransistoren nötig sind, und führte zu der Herstellung der Surface-Barrier-Transistoren. Silizium gewann eine große kommerzielle Bedeutung durch die Bemühungen der Firma Texas Instruments, Dallas, Texas, die als erste in großem Umfang Silizium als Transistormaterial verwendete.

Ein wesentlicher Fortschritt wurde erzielt, als J. M. EARLY [8] bei den Bell Telephone Laboratories, Murray Hill, N.J., und H. KRÖMER [9], FTZ Darmstadt, unabhängig, aber fast gleichzeitig den PNIP- und den Drifttransistor entwickelten. Bei beiden Methoden wird die vom Basisbahnwiderstand und von der Kollektorkapazität gebildete Zeitkonstante vermindert und somit die erreichbare obere Frequenzgrenze für Transistoren um Größenordnungen erhöht.

1*

Den entscheidenden technologischen Beitrag zum Bau solcher Hochfrequenztransistoren in größerem Rahmen lieferten die Bell Telephone Laboratories [10] mit der Entwicklung von Diffusionsverfahren für den Störstelleneinbau. Gleichzeitig begann man mit dem Vakuumaufdampfen durch Metallmasken, um zuverlässige Kontakte kleinster Abmessungen herzustellen.

Einen weiteren Fortschritt brachte die Epitaxialtechnik [11], bei der durch Aufdampfen im Vakuum oder durch Reaktion in der Dampfphase eine sehr dünne hochohmige Schicht einkristallinen Halbleitermaterials auf einer dickeren, viel höher dotierten, ebenfalls einkristallinen Halbleiterunterlage erzeugt werden kann. Dieses Verfahren dient zur Verbesserung der elektrischen Eigenschaften von Hochfrequenz- und Schalttransistoren.

Die Einführung der Oxydmaskierung in die bereits genannte Diffusionstechnik erlaubt die Herstellung von sog. „Planar"-Transistoren [12], bei denen die Oberflächeneinflüsse weitgehend ausgeschaltet sind.

Verschiedene, noch im Entwicklungsstadium befindliche Verfahren, tragen dazu bei, Transistoren besser und billiger zu bauen; z. B. wird von Westinghouse Electric Corporation, Pittsburgh, die technische Verwendbarkeit von Tannenbaumkristallen [13] (Dendriten) untersucht.

Die bis heute erzielten Fortschritte sind sehr beachtlich: Anfangs lieferten Transistoren nur Ausgangsleistungen von einigen Milliwatt bei Arbeitsfrequenzen von einigen Kilohertz, heute geben sie Leistungen von einigen Watt bei 100 MHz und einigen Milliwatt im Mikrowellenbereich über 1 GHz ab. Bei Silizium wurden Betriebstemperaturen von über 200 °C erreicht. Mit III-V-Verbindungen, Siliziumkarbid und anderen, relativ wenig bekannten Halbleitern, kann der Bereich der Betriebstemperaturen sogar bis 1000 °C ausgedehnt werden.

Die Produktionsziffern sind ähnlich eindrucksvoll. Von 1,6 Millionen 1954 in den USA hergestellten Transistoren stieg die Produktion 1959 auf 80 Millionen an, und für 1963 wird erwartet, daß sie einige Hundert Millionen erreicht und somit die Produktion der Elektronenröhren übersteigt. In den übrigen Ländern war die Entwicklung ähnlich. Zum Beispiel wurden in Deutschland [14] 1956 0,7 Millionen und 1958 ungefähr 4,6 Millionen Transistoren hergestellt.

An dieser Stelle sei darauf hingewiesen, daß die große Bedeutung der Transistoren für den militärischen Nachrichtendienst sehr bald von allen Waffengattungen erkannt wurde. Viele bedeutende Transistorentwicklungen, wie auch der Aufbau der ersten großen Fertigungsbänder, wurden finanziell und technisch von den folgenden Militärdienststellen unterstützt: U. S. Army Signal Supply Agency, Diamond Ordnance Fuze Laboratory, Wright Air Development Center,

Air Force Cambridge Research Center, Rome Air Development Center, Bureau of Ships, Naval Ordnance Laboratory. Zum Beispiel wurden in den ersten künstlichen Satelliten [15] der USA Bauelemente verwendet, deren Entwicklung mit militärischer Unterstützung erfolgte.

Welche Entwicklungen können noch auf dem Transistorgebiet erwartet werden? Die Grenzfrequenz, die Leistung, der Wirkungsgrad und die Zuverlässigkeit werden weiter erhöht werden, die Temperaturgrenzen werden erweitert und die Temperaturempfindlichkeit wird verringert werden, die Kosten werden rapid fallen, die Schaltungstechnik wird vereinfacht und mehrere Schaltelemente werden in dasselbe Gehäuse eingebaut werden. Dies ist teilweise eine Folge der vom Militär subventionierten Entwicklung von kleineren Baueinheiten. Schließlich werden ganze Schaltungen in und auf einem Halbleiterkristall gebaut werden (Mikroelektronik), und der einzelne Transistor wird zusammen mit den übrigen individuellen Bauelementen an kommerzieller Bedeutung verlieren. Jedoch wird die Transistortechnologie und die Schaltungstechnik auch für die Entwicklung der Halbleitermikroelektronik die Grundlage bleiben, so daß dieses Buch zugleich als Einführung in das Gebiet der Mikroelektronik betrachtet werden kann, die in 10 Jahren die gesamte Elektronik beherrschen wird.

B. Die Wirkungsweise des Transistors

Bevor in den folgenden Ausführungen die Wirkungsweise des Transistors in allen Einzelheiten behandelt wird, soll hier eine allgemeine einleitende Beschreibung gegeben werden. Der Widerstand bestimmter Halbleiter, wie z. B. Germanium und Silizium, ist äußerst empfindlich gegenüber geringen Beimengungen von Fremdstoffen im Wirtsgitter und kann in verschiedenen Proben desselben Materials um einige Größenordnungen schwanken. Besteht die vorherrschende Ladungsträgerart aus Elektronen, nennt man den Halbleiter N-leitend (für negativ), sind es positive Träger, heißt er P-leitend (für positiv). Diese positiven Träger sind fiktive Teilchen, deren Einführung die Möglichkeit bietet, die Bewegung von Valenzelektronen, bezogen auf den stationären Hintergrund der positiven Kristallionen, zu beschreiben. Sie sind allgemein als „Löcher" bekannt, da man an jeder Stelle, wo ein Elektron zur Aufrechterhaltung der Ladungsneutralität zwischen Elektronen und positiven Ionen im Kristallgitter fehlt, einen positiven Ladungsträger annehmen kann. In einem elektrischen Feld bewegen sich Elektronen und Löcher natürlich in entgegengesetzten Richtungen. In Deutschland verwendet man vorzugsweise an Stelle des Wortes „Loch" (englisch: „hole") das Wort „Defektelektron".

Durch Beimengung verschiedener Mengen von Fremdatomen zu verschiedenen Teilen des Halbleiterkristalls lassen sich gewisse Zonen N-leitend und andere P-leitend machen. Die Übergangszone zwischen P- und N-Material wird als PN-Übergang bezeichnet. Um brauchbare elektrische Eigenschaften zu erhalten, muß der Übergang von einem Leitfähigkeitstyp zum anderen sehr abrupt erfolgen; die typische Grenzschichtdicke (ohne angelegte Spannung) muß ungefähr zwischen 0,2 und einigen µm liegen. Flachere Übergänge interessieren nur selten. Die Wirkungsweise des Transistors basiert im wesentlichen auf den elektrischen Eigenschaften der PN-Übergänge. Diese zeigen vor allem einen

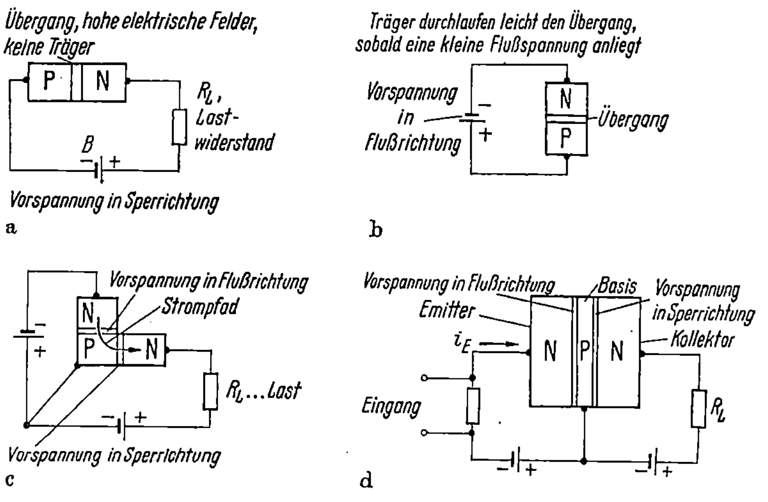

Abb. 1.2 a—d. Entwicklung des Flächentransistors durch Kombination von in Fluß- und in Sperrichtung vorgespannten Halbleitergleichrichtern:
a) In Sperrichtung vorgespannter Halbleitergleichrichter; b) in Flußrichtung vorgespannter Halbleitergleichrichter; c) Zusammenfassung von in Fluß- und Sperrichtung vorgespannten Halbleitergleichrichtern zum Transistor; d) endgültiger Transistor mit Eingangsklemmen für ein Wechselstromsignal

Gleichrichtereffekt, d. h., über den Übergang fließen je nach Polarität der angelegten Spannung völlig verschiedene Ströme. Man betrachte den in Abb. 1.2a gezeigten Halbleitergleichrichter (PN-Übergang) in Sperrichtung. Legt man eine Vorspannung derart an, daß positive Träger auf die P-Seite und negative Träger auf die N-Seite gesaugt werden, so entsteht am Übergang eine elektrische Doppelschicht mit einem relativ hohen elektrischen Feld, in der aber für einen Stromtransport weder Defektelektronen noch Elektronen zur Verfügung stehen. Ohne Träger fließt dann natürlich kein Strom durch den Gleichrichter und über den in Serie geschalteten Lastwiderstand R_L. Wenn jedoch von außen eine gewisse Trägeranzahl pro Sekunde N in die Schicht injiziert wird, dann fließt ein Strom gemäß $I = q\,N$ (q = Elektronenladung) durch den Gleichrichter und durch den Widerstand, an den eine Leistung $I^2 R_L$ abgegeben wird. Das gleiche geschieht, wenn eine Anzahl von Elektronen in die P-Seite in der Nähe der Doppelschicht injiziert wird. Durch das Feld in der Doppelschicht werden nämlich die Elektronen zum Störstellenübergang hingesaugt und über ihn hinwegbewegt, d. h., es fließt ein Strom. Den analogen Prozeß mit umgekehrten Vorzeichen rufen Defektelektronen hervor, die in die N-Seite nahe dem Übergang injiziert werden. Eine Möglichkeit, solche Träger zu erzeugen, besteht darin, den Übergang zu beleuchten. Auf diesem Mechanismus beruht die Wirkungsweise von Halbleiterphotodioden und Sonnenbatterien. Wenn die zur Erzeugung zusätzlicher Träger benötigte Leistung kleiner als $I^2 R_L$ ist, dann findet Leistungsverstärkung statt. Die zusätzliche an den Lastwiderstand abgegebene Leistung wird offenbar von der Batterie B geliefert.

Beim Transistor erhält der in Sperrichtung geschaltete Übergang am Ausgang die Trägerinjektion von einem unmittelbar benachbarten, in Flußrichtung geschalteten Übergang, wie Abb. 1.2b zeigt. Bei angelegter Durchlaßspannung können sich die an der N-Seite reichlich vorhandenen Elektronen leicht über den Übergang zur P-Seite bewegen und ähnlich können die Defektelektronen leicht von der P- zur N-Seite laufen. So entsteht auf der P-Seite ein Überschuß an Elektronen und auf der N-Seite ein Überschuß an Defektelektronen. Für diese „Trägerinjektion" ist nur eine geringe Spannung und Leistung erforderlich. Wenn nun z. B. auf die P-Seite, wie in Abb. 1.2c gezeigt ist, ein in Sperrichtung gepolter Übergang folgt, werden die meisten Elektronen, die diesen Übergang erreichen, auf die N-Seite gezogen und fließen über den Lastwiderstand. Die 3 Zonen werden mit *Emitter-*, *Basis-* und *Kollektorzone* bezeichnet (s. Abb. 1.2d). Um optimale Verhältnisse zu erhalten, sind zwei Dinge von großer Wichtigkeit: Erstens sollte der gesamte Emitterstrom i_E ausschließlich aus Elektronen bestehen, die in die Basis injiziert werden, da nur sie brauchbare Träger für den Strom über den Lastwiderstand (Kollektorstrom) sind. Sämtliche Defektelektronen, die von der Basiszone in die Emitterzone laufen, verbrauchen Eingangsleistung und tragen nicht zum Kollektorstrom bei. Das Verhältnis des in die Basis injizierten Stromes zum gesamten Emitterstrom heißt „Emitterwirkungsgrad" und wird im allgemeinen mit γ bezeichnet. Sein Maximalwert ist Eins. Man kann den Emitterwirkungsgrad größer als 0,99 machen (d. h., es geht weniger als 1% des Emitterstroms durch Defektelektronen verloren, die von der Basis zum Emitter laufen), indem man in die Emitterzone viel mehr N-Störstellen einbaut als P-Störstellen in die Basiszone. (Dies wird später noch näher erläutert werden.)

Für einen brauchbaren Transistor ist es ferner notwendig, daß die injizierten Träger wirklich die Kollektorzone erreichen. Hierbei ergeben sich gewisse Schwierigkeiten, da die injizierten Träger nur eine endliche Lebensdauer haben, bis sie mit den in viel größerer Zahl vorhandenen „*Majoritätsträgern*" entgegengesetzter Polarität rekombinieren. In Germanium und Silizium wurden Träger-Lebensdauern bis zu einigen Millisekunden beobachtet. Typische Werte liegen zwischen 1 und 100 µs. Sollen die meisten der injizierten Träger den Transport durch die Basis überleben, dann muß die Laufzeit der Träger vom Emitter- zum Kollektorübergang wesentlich kürzer sein als die durchschnittliche Lebensdauer der Träger. Anderenfalls rekombinieren die vom Emitter injizierten Elektronen mit den Defektelektronen in der Basis. Diese Defektelektronen werden durch den Basiskontakt nachgeliefert, so daß der rekombinierte Teil des Emitterstromes durch die Basiszuleitung fließt und nicht zum Ausgangsstrom beiträgt. Man muß aus diesem Grund den Abstand zwischen den beiden Doppelschichten, d. h. die *Basisdicke*, sehr klein halten. Typische Werte liegen zwischen 0,5 und 50 µm. Der Prozentsatz der injizierten Träger, der tatsächlich die Kollektorzone erreicht, wird *Transportfaktor* β genannt, dessen Wert etwa zwischen 0,95 und 0,999 liegt. Demnach gehen 0,1 bis 5% der injizierten Träger durch Rekombination verloren.

Bei der Herstellung von Transistoren aus anderen Halbleitermaterialien als Germanium und Silizium ergeben sich große Schwierigkeiten, da für diese bis jetzt keine ausreichende Trägerlebensdauer erzielt werden konnte. Dies ist im wesentlichen eine Frage der extremen Reinigung des Materials und der Züchtung von Einkristallen mit perfektem Kristallgitter.

Im Transistor erfolgt eine Leistungsverstärkung, weil die Eingangsleistung, die zur Trägerinjektion in die Basis an die in Flußrichtung vorgespannte Emitterschicht geliefert wird, viel geringer ist als die Leistung, die in einen Lastwiderstand abgegeben werden kann, der an die hohe Ausgangsimpedanz des in Sperrichtung vorgespannten Kollektorüberganges angepaßt ist. Um einen Emitterstrom von 1 mA zu erreichen, ist etwa eine Basis-Emitterspannung von etwa 0,2 V erforderlich. Das ergibt 0,2 mW Eingangsleistung. Mit einer Kollektorspannung von 25 V fließt dieser gleiche Strom von (kaum weniger) als 1 mA über einen Lastwiderstand von 20 kΩ und liefert eine Ausgangsleistung von 20 mW. Die Gleichstromleistungsverstärkung beträgt in diesem Fall 100. Da die Stromverstärkung ungefähr 1 ist, erhält man die Leistungsverstärkung aus dem Verhältnis des hohen Ausgangswiderstandes zum niedrigen Eingangswiderstand.

Meistens will man jedoch kleine Wechselstromsignale verstärken. Hierbei zeigt sich, daß die Wechselstromeingangsimpedanz wesentlich kleiner ist als der Gleichstromeingangswiderstand (wodurch man eine höhere Leistungsverstärkung erhält), sofern man eine konstante Gleichspannung in Flußrichtung an den Emitterübergang anlegt, wie es Abb. 1.2d zeigt. Das Wechselstromsignal wird dann, wie angegeben, dem Gleichstrom überlagert.

Die bisherigen Ausführungen bezogen sich auf NPN-Transistoren. Sie gelten aber ebensogut für PNP-Transistoren, wenn man P und N sowie die Rolle der Elektronen mit der der Defektelektronen vertauscht und die Polaritäten aller Spannungen umkehrt.

In Hochfrequenztransistoren mit kleiner Leistung findet der gesamte Verstärkungsprozeß in einem Halbleitervolumen von weniger als $0,02 \, \text{mm}^3$ statt; in Transistoren mit größerer Leistung kann das wirksame Volumen bis zu $5 \, \text{mm}^3$ betragen. Im allgemeinen ist das Halbleiterelement in luftdicht verschlossene Metall-, Keramik- oder Glasgehäuse verschiedener Form und Größe eingebaut, die je nach Transistortyp und Verwendungszweck variieren.

C. Aufbau des Buches

Zum besseren Verständnis der Wirkungsweise eines Transistors sowie für die Entwicklung von Transistoren und zur Beschreibung ihres elektrischen Verhaltens unter verschiedenen Arbeitsbedingungen müssen die notwendigen mathematischen Zusammenhänge hergeleitet werden. Dies geschieht in den Abschn. II und III, wobei eine einfache und doch vollständige Darstellung angestrebt wird. Grundlage für das elektrische Verhalten eines Transistors ist der Transport elektrischer Ladungsträger durch die PN-Übergänge und durch das homogene Halbleitermaterial. In Teil II wird daher die einschlägige Halbleiterphysik besprochen. Es werden die Begriffe des Energiebändermodells fester Körper, die Elektronen- und Defektleitung sowie alle Größen, die den Ladungsträgertransport kennzeichnen, wie Trägerdichten, Trägerbeweglichkeit, Diffusionskonstanten, Lebensdauer usw., näher erläutert. Hieran schließt sich die Behandlung der Eigenschaften von PN-Übergängen. Insbesondere wird die Steuerung des Trägerflusses durch einen Übergang sowie die Kapazität und Durchbruchsspannung des Überganges untersucht.

Das Endergebnis dieses Abschnitts ist ein System von Differentialgleichungen, das den Trägertransport durch Halbleiterkristalle unter ganz allgemeinen Bedingungen beschreibt. Dieser Teil des Buches erfordert einige mathematische Vorkenntnisse, aber er bildet den Schlüssel zum Verständnis des Halbleiterverhaltens und kann daher nicht gekürzt werden. Es wird dem Leser dringend geraten, die analytischen Entwicklungen sorgfältig zu studieren und zu verfolgen; er wird dann in der Lage sein, alle weiteren Ausführungen und Schluß-folgerungen in späteren Abschnitten besser zu begreifen. Dieses Buch möchte dem Leser das Handwerkszeug geben, das er benötigt, wenn er auf diesem Gebiet tätig sein will. Das Weglassen der begrifflich schwierigen Abschnitte wäre somit nicht gerechtfertigt. Es wurde jedoch versucht, das vollständige Bild in pädagogischer Weise dar-zustellen, so daß Ingenieure und Physiker und auch Studenten keine grundlegenden Schwierigkeiten haben dürften.

In Kap. 5 wird die Theorie für den Entwurf von Transistoren ent-wickelt, in der die Abmessungen und die Materialeigenschaften mit dem elektrischen Verhalten des Bauelements in Beziehung gestellt werden. Sie ermöglicht es, Transistoren für bestimmte Zwecke zu entwickeln und unerwünschte Eigenschaften auszuschalten.

Die allgemeinen Transportgleichungen für die Träger, die in Teil II entwickelt wurden, werden hier auf die speziellen Geometrien mit den jeweils gültigen Randbedingungen angewandt, die für viele handels-übliche Transistoren typisch sind. Der Fluß der Ladungsträger in dem Kristallgefüge wird hierauf durch die Ströme und Spannungen an den Anschlüssen des Elements ausgedrückt, und man erhält so Beziehungen zwischen meßbaren Größen. Die Entwicklung geht vom einfachsten, eindimensionalen Fall aus, der es bereits ermöglicht, viele der grund-legenden Eigenschaften zu erklären, die einer großen Zahl von Transistor-typen eigen sind. Dann werden die nötigen Erweiterungen behandelt, und die Theorie des klassischen PNP- bzw. NPN-Transistors wird durch eine vollständige Beschreibung des Gleichstrom- sowie auch des Klein- und Großsignal-Wechselstrom-Verhaltens ergänzt.

Damit ist der gewissenhafte Leser mit den elektrischen Eigen-schaften von Halbleitern und der grundlegenden Theorie der Transistor-auslegung vertraut. Er kennt den Grund, weshalb Transistoren aus bestimmten Materialien mit gewissen Beimengungen hergestellt werden und warum sie bestimmte geometrische Formen und bestimmte Abmessungen haben müssen. Er weiß auch, was zu unternehmen ist, um eine bestimmte Kenngröße zu verbessern und wodurch die Anwendungsmöglichkeiten der einfachen PNP- oder NPN-Struktur begrenzt sind. Dies führt zu einer Diskussion über die Abwandlungen des ursprünglichen einfachen Transistors, die vorgeschlagen wurden, um seinen Anwendungsbereich zu erweitern.

Kap. 6 bringt daher eine Beschreibung und grundlegende Theorie der meisten Transistorarten, die über das einfache PNP- bzw. NPN-Prinzip hinaus entwickelt wurden. Außerdem ist aus historischen Gründen noch eine Diskussion des Spitzentransistors angeschlossen.

In den Kap. 7 und 8 werden die Möglichkeiten besprochen, Tran-sistoren mit Hilfe ihrer Gleichstrom-Gleichspannungs-Beziehungen und ihrer Kleinsignalvierpolparameter zu charakterisieren. Diese Eigenschaften sind in Abhängigkeit von Arbeitspunkt, Frequenz und Temperatur dargestellt. Zusätzlich werden noch Ersatzschaltbilder angegeben, die das elektrische Verhalten von Transistoren veranschaulichen.

Literaturverzeichnis zu Kapitel 1

[1] Siehe z. B. H. HEFFNER and G. WADE: Gain, bandwidth, and noise characteristics of variable parameter amplifiers. J. appl. Phys. 29 (Sept. 1958) 1321.

[2] WILSON, A. H.: Theory of electronic semiconductors. Proc. roy. Soc., Lond. 133 (1931) 458; 134 (1931) 277.

[3] SCHOTTKY, W.: Vereinfachte und erweiterte Theorie der Randschichtgleichrichter. Z. Phys. 118 (1941/2) 539. Vgl. die dort zitierte Literatur.

[4] HILSCH, R., u. R. W. POHL: Steuerung von Elektronenströmen mit einem Dreielektrodenkristall und ein Modell einer Sperrschicht. Z. Phys. 111 (1938) 399.

[5] BARDEEN, J., and W. H. BRATTAIN: The transistor, a semiconductor triode. Phys. Rev. 74 (1948) 230. — W. H. BRATTAIN and J. BARDEEN: Nature of the forward current in germanium point contacts. Phys. Rev. 74 (1948) 231.

[6] SHOCKLEY, W.: The theory of PN junctions in semiconductors and PN junction transistors. Bell Syst. techn. J. 28 (1949) 435.

[7] BRADLEY, W. E., J. W. TILEY, R. A. WILLIAMS, J. B. ANGELL, F. P. KEIPER, R. KANSAS, R. F. SCHWARZ, and J. F. WALSH: The surface barrier transistor. Proc. IRE 41 (1953) 1702.

[8] EARLY, J. M.: PNIP and NPIN junction transistor triodes. Bell Syst. techn. J. 33 (1954) 517.

[9] KRÖMER, H.: Der Drifttransistor. Naturwiss. 40 (1953) 578.

[10] Siehe z. B. F. J. BIONDI: Transistor Technology, Vol. III. Princeton, N. J.: Van Nostrand 1958.

[11] THEUERER, H. C., J. J. KLEIMACK, H. H. LOAR, and H. CHRISTENSEN: Epitaxial diffused transistors. Proc. IRE 48 (1960) 1642. — J. C. MARINACE u. a.: Eine Reihe von Artikeln in IBM J. Res. Dev. 4 (1960) 258. — J. SIGLER and S. B. WATELSKI: Epitaxial techniques in semiconductor devices. Übersichtsartikel im Solid State J. 2 (1961) 33.

[12] HOERNI, J. A.: Planar silicon transistors and diodes. Vortrag vor dem 1960 Electron Devices Meeting, Washington, D. C., Oktober 1960.

[13] BILLIG, E.: Growth of monocrystals of germanium from an undercooled melt. Proc. roy. Soc., Lond. A 229 (1955) 346. — A. I. BENNETT and R. L. LONGINI: Dendritic growth of germanium crystals. Phys. Rev. 116 (1959) 53.

[14] Zentralverband der Elektrotechnischen Industrie, Frankfurt a. M.

[15] HANEL, R., and R. STAMPFL: An earth satellite instrumentation for cloud measurements. Trans. IRE AnA-6 (1958) 136.

Zweiter Teil

Halbleiterphysik

In Teil I wurden Zweck und Inhalt des Buches umrissen. Teil II enthält eine Einführung in den elektronischen Halbleiter und seine Eigenschaften, soweit sie das elektrische Verhalten des Transistors bestimmen. Im besonderen sind dies:

> Bandabstand,
> Trägerdichten,
> Trägerbeweglichkeiten,
> Geschwindigkeiten in hohen Feldern,
> Trägererzeugung und Rekombination,
> Dielektrizitätskonstante,
> Trägervervielfachung

und die daraus abgeleiteten Eigenschaften wie

> spezifischer Widerstand,
> Diffusionskonstante,
> Diffusionslänge.

Zusätzlich werden dann die Gleichungen abgeleitet, die die Trägerbewegung in Halbleitern charakterisieren und die Randbedingungen formuliert, auf die man bei den Transistorstrukturen gewöhnlich stößt. Die Eigenschaften der für das Transistorverhalten so wichtigen PN-Übergänge werden ebenfalls ausführlich behandelt. Teil II bringt so in gedrängter Form die ganze Halbleiterphysik, die zum Verständnis der Transistorwirkungsweise nötig ist, und die die Grundlage zur vollständigen Theorie der Transistorauslegung liefert, die ihrerseits in Teil III dargestellt wird.

Es wird nicht versucht, alle Herleitungen auf den relativ wenigen Seiten vollständig anzugeben, da das Hauptaugenmerk dieses Buches auf den Transistor selbst gerichtet ist. Die Literaturangaben sollen den Leser auf Artikel und Bücher, die als Einführung in die Festkörper- und Halbleiterphysik dienen, aufmerksam machen. Andererseits soll bei den unmittelbar wichtigen Herleitungen nichts ausgelassen werden, selbst wenn manche Begriffe beim ersten Lesen gewisse Schwierigkeiten bereiten. Der Leser wird für die zusätzliche Mühe durch besseres Verständnis entschädigt.

Hinweis auf zusätzliche Informationsquellen

[1] SEITZ, F.: The Modern Theory of Solids. New York: McGraw-Hill 1940.

[2] SHOCKLEY, W.: Electrons and Holes in Semiconductors. Princeton, N.J.: Van Nostrand 1950.

[3] KITTEL, C.: Introduction to Solid-State Physics. New York: Wiley 1953.

[4] FAN, H. Y.: Valence semiconductors, germanium and silicon, in Solid State Phys., Vol. 1. New York: Academic Press 1955.

[5] SPENKE, E.: Elektronische Halbleiter. Berlin/Göttingen/Heidelberg: Springer 1956.

[6] Einen Überblick über Meßverfahren zur Bestimmung von Halbleitereigenschaften enthält G. BUSCH u. U. WINKLER: Bestimmung der charakteristischen Größen eines Halbleiters aus elektrischen, optischen und magnetischen Messungen, in Ergebn. exakt. Naturw. 29 (1956) 145.

[7] CONWELL, E. M.: Properties of silicon and germanium. Proc. IRE 40 (1952) 1327.

[8] CONWELL, E. M.: Properties of silicon and germanium: II. Proc. IRE 46 (1958) 1281.

2. Grundlegende Begriffe der Halbleiterphysik

Festkörper lassen sich gemäß ihrem spezifischen (elektrischen) Widerstand ϱ^1 bei Zimmertemperatur ($\sim 300\,°\mathrm{K}$) in Metalle, Halbleiter und Isolatoren einteilen; der Widerstand der Halbleiter liegt zwischen 10^{-4} und 10^{12} Ωcm. Diese Klassifizierung ist ziemlich willkürlich, doch ist der Widerstand bei Zimmertemperatur das einzige gemeinsame Merkmal, durch welches alle Halbleiter gekennzeichnet werden können. Sonst gibt es keine grundlegenden Unterschiede zwischen Halbleitern und Isolatoren. Charakteristisch für viele Halbleiter ist jedoch auch die große Empfindlichkeit ihrer Leitfähigkeit gegenüber geringen Beimengungen von Fremdstoffen und gegenüber der Temperatur.

Unsere Untersuchungen beziehen sich lediglich auf die elektronischen Halbleiter, d. h. auf solche, in denen der Leitungsprozeß ausschließlich auf dem Elektronenfluß beruht (nicht also auf Ionenbewegung). Noch genauer ausgedrückt: Unter diese Klassifizierung fallen nur Halbleiter, die ein fast vollständig gefülltes Valenzband besitzen (eine Erklärung dieser Begriffe folgt später), das durch einen endlichen Bandabstand von einem fast leeren Leitungsband getrennt ist. In diesen Halbleitern erfolgt der Elektronenfluß auf zwei verschiedene Arten: „Freie" Elektronenleitung im Leitungsband und „Defektelektronen"-Leitung, auch einfach „Defektleitung", im Valenzband. Gerade dieser Dualismus im Trägerfluß liegt dem Transistormechanismus zugrunde.

Die technische Anwendung von Halbleitern umfaßt viele Gebiete (Oxydkathoden, Kristallgleichrichter, Kristalldetektoren, Photodioden, Thermistoren, Transistoren u. a. m.), doch erst die Erfindung des

---

¹ Definiert durch $E = \varrho J$; E = elektrisches Feld, J = Stromdichte.

Transistors machte es notwendig, Einkristallhalbleiter mit extrem hoher Reinheit herzustellen, zuerst solche aus Germanium und später aus Silizium[1]. Verschiedene Eigenschaften dieser beiden Stoffe wurden mit großer Sorgfalt untersucht, und in vielen Fällen fand man gute quantitative Übereinstimmung zwischen Theorie und Experiment. Dies stellte einen großen Fortschritt im Verständnis der Trägeranregung und Transportphänomene, nicht nur bei Germanium und Silizium, sondern auch bei anderen Halbleitern dar.

A. Energiebänder in Halbleitern und der Bandabstand

Das *Bändermodell*, mit dessen Hilfe sowohl Einzelheiten der Leitung von Metallen und Halbleitern als auch Eigenschaften der Isolatoren erklärt werden können, ist die Hauptgrundlage der modernen Festkörperphysik. Es ist ein quantenmechanischer Begriff, der nicht mit den Gesetzen der klassischen Physik erklärt werden kann. Obwohl für die Transistorentwicklung und -anwendung keine Kenntnisse der Quantenmechanik und -statistik erforderlich sind, wollen wir kurz dieses Gebiet streifen, um einige grundlegende Vorstellungen zu erklären, auf die die ganze Halbleitertheorie aufgebaut ist. Um die Vorliebe des Technikers für konkrete mathematische Darstellungen zu befriedigen, werden einige allgemeine Formeln angeführt, die dem Leser auch ohne Kenntnisse der Quantentheorie die oben erwähnten Grundbegriffe leichter verständlich machen sollen.

Die Elektronen stellen einen wesentlichen Teil der Atome dar und sind in ständiger Bewegung um die Atomkerne. Es gilt als feste Tatsache in der modernen Atomphysik [1], daß die Energiewerte (Summe aus kinetischer und potentieller Energie), die ein Elektron auf seiner Bewegung annehmen kann, kein Kontinuum bilden, sondern auf ein System diskreter *Energieniveaus* oder *Energiezustände* beschränkt sind. Ein Elektron kann nur in „Sprüngen" diese Niveaus wechseln, d. h., es ist für ein Teilchen unmöglich, langsam Energie aufzunehmen oder abzugeben und so von einem niedrigeren Energiezustand zu einem höheren oder umgekehrt zu gelangen. Das Teilchen muß vielmehr für diesen Übergang in einem ganz kurzen Zeitabschnitt ein *Energiequant* aufnehmen oder abgeben, das genau gleich der Differenz zwischen den beiden Energieniveaus ist. Diese Energiemenge kann z. B. die Form von elektromagnetischer Strahlung (Photonen) haben. Auf dieser Vorstellung beruht z. B. die Theorie der atomaren und molekularen Spektren.

Dieses Verhalten der Atomsysteme läßt sich nicht mit den Gesetzen der klassischen Physik erklären. Man benötigt vielmehr eine Bewegungsgleichung, die bei atomaren Dimensionen nur Lösungen für ein diskretes

---

[1] Beispiele für verschiedene andere Halbleiter werden in Tab. 2.1 aufgeführt.

System von Werten für die Teilchenenergie ergibt. Es ist bekannt, daß die sog. Eigenwertgleichungen nur zu Lösungen führen, wenn ein gewisser Parameter in der Gleichung bestimmte Werte annimmt, die dann als *Eigenwerte* [2] bezeichnet werden. Von dieser Tatsache ausgehend, stellte SCHRÖDINGER [3] 1926 eine Eigenwertgleichung für die Bewegung der Atomteilchen auf, in der die gesamte Teilchenenergie E dem Eigenwertparameter entspricht. Unter physikalisch sinnvollen Randbedingungen ist sie nur für ein System diskreter Energien E zu lösen, das man als das diskrete System von erlaubten Energiewerten interpretiert. Dies sind die Energiewerte, die man an Teilchen beobachtet, die sich entweder in dem Feld eines Kerns oder in einem periodischen Kristallgitter bewegen.

Die einfachste, zeitunabhängige Form der SCHRÖDINGERschen Gleichung lautet:

$$\frac{h^2}{8\pi^2 m}\left(\frac{\partial^2 \psi}{\partial x^2} + \frac{\partial^2 \psi}{\partial y^2} + \frac{\partial^2 \psi}{\partial z^2}\right) - U\,\psi = -E\,\psi, \qquad (2.1)$$

wobei h das PLANCKsche Wirkungsquantum, m die Masse des Teilchens (d. h. z. B. des Elektrons), U die potentielle Energie des Teilchens als Funktion von x, y und z, E die gesamte Teilchenenergie und $\psi(x, y, z)$ seine Wellenfunktion ist.

Der Operator

$$H = \left[\frac{h^2}{8\pi^2 m}\left(\frac{\partial^2}{\partial x^2} + \frac{\partial^2}{\partial y^2} + \frac{\partial^2}{\partial z^2}\right) - U\right],$$

der auf ψ auf der linken Seite von Gl. (2.1) angewendet wird, heißt *Hamilton-Operator*. Seine Form zeigt eine vage Analogie zu den klassischen Bewegungsgleichungen und ist durch Übereinstimmung zwischen Messungen und den mit seiner Hilfe abgeleiteten theoretischen Vorhersagen gerechtfertigt.

Wegen der Ähnlichkeit von Gl. (2.1) mit der Wellengleichung zeigen die Lösungen ψ im allgemeinen Welleneigenschaften und erklären einfach die Welleneigenschaften der Teilchen, die in einigen grundlegenden Versuchen in Erscheinung treten (Elektronenstreuung). Die genaue physikalische Auslegung der Wellenfunktion besagt, daß die Größe $|\psi^2|$ die Wahrscheinlichkeit dafür angibt, daß das Teilchen sich an einem bestimmten Punkt (x, y, z) befindet. Mehr kann man mit Hilfe der Quantenmechanik nicht bestimmen, im Gegensatz zu den klassischen Bewegungsgleichungen, aus denen man die genaue Lage des Teilchens als Funktion der Zeit erhält. Eine vollständige Besprechung der Grundlagen der Quantenmechanik würde hier natürlich zu weit führen; man findet sie z. B. bei LINDSAY und MARGENAU [4] in „*Foundations of Physics*". Die SCHRÖDINGER-Gleichung liefert zwei wichtige physikalische Aussagen. Zunächst beschreibt sie die Bewegung der Teilchen durch Angabe der Wahrscheinlichkeit ihres Aufenthaltsorts, und zum anderen erhält man alle erlaubten Energiewerte, die die Teilchen annehmen können. Wir beschäftigen uns vor allem mit den letzteren. Einige dieser erlaubten Energieniveaus sind besetzt; d. h., es sind Elektronen vorhanden, die diese speziellen Energien besitzen. Andere Niveaus sind leer. Entsprechend dem außerordentlich wichtigen PAULIschen Ausschließungsprinzip ist es unmöglich, daß 2 Elektronen in demselben System das gleiche Niveau besetzen; anderenfalls würden bei tiefen Temperaturen alle Elektronen in das niedrigste Energieniveau sinken. (Tatsächlich können sich maximal 2 Elektronen von entgegengesetztem Spin in einem Niveau befinden, was jedoch für die vereinfachten Ausführungen hier keine wesentlichen Folgen hat.)

Wenn beim Ziehen eines Einkristalls die Atome sich in streng periodischer Folge mit sehr geringen Abständen einordnen (was eine Wechselwirkung zwischen den Elektronen der verschiedenen Atome hervorruft), überrascht es nicht, daß sich die im Einzelatom diskreten Energieniveaus der Elektronen zu Energiebereichen auffächern (Abb. 2.1), in denen erlaubte Niveaus mit extrem engen Abständen angeordnet sind, während außerhalb keine erlaubten Niveaus existieren. Diese Bereiche eng benachbarter Niveaus heißen (erlaubte) *Energiebänder*, die dazwischenliegenden Zonen, die keine Niveaus aufweisen, heißen verbotene Bänder, und die Breiten der letzteren schließlich *Bandabstände*. Es kommt mitunter vor, daß sich die erlaubten Bänder überlappen, so daß es dazwischen kein verbotenes Band gibt (viele Metalle). Die Anzahl der Bänder in einem Kristall entspricht der Anzahl der diskreten Niveaus im Einzelatom des Elements, aus dem der Kristall aufgebaut ist. Die Zahl der Niveaus in jedem einzelnen Band ist gleich der Zahl von individuellen Atomquantenzuständen, aus denen das Band entstanden ist. Die Breite eines Bandes ist jedoch unabhängig von der Anzahl der Atome im Kristall.

Das elektrische Verhalten eines Festkörpers wird weitgehend durch die Besetzung der zulässigen Niveaus mit Elektronen, d. h. durch die Energieverteilung der Elektronen bestimmt. Elektronen neigen dazu, sich in das niedrigste vorhandene Energieniveau zu setzen, so daß es viel wahrscheinlicher ist, ein besetztes Niveau mit niedriger Energie als ein besetztes Niveau mit hoher Energie zu finden. Vernachlässigt man die bei Temperaturen über dem absoluten Nullpunkt (0 °K) immer vorhandene thermische Energie des Kristallgitters und der Elektronen, ließe sich aus der Tendenz der Elektronen, sich in Zustände niedriger Energie zu setzen, annehmen, daß alle Niveaus unter einem gewissen Niveau besetzt und alle darüberliegenden leer sind. Durch thermische Anregung bei endlichen Temperaturen haben immer eine Anzahl Elektronen höhere Energien als die niedrigsten verfügbaren Niveaus, und ein gewisser Prozentsatz dieser niedrig liegenden Niveaus ist daher leer. Bei steigenden Temperaturen nimmt dieser

Prozentsatz zu. Die quantitative, mathematische Darstellung der Besetzungswahrscheinlichkeit ist eine Aufgabe der Quantenstatistik [5 bis 7], die sog. Verteilungsfunktionen liefert. Diese Funktionen geben die Wahrscheinlichkeit an, daß ein bestimmtes Niveau mit einem Elektron besetzt ist. Da die Dichte der vorhandenen Energiezustände aus der Quantenmechanik bekannt ist, kann man mit ihrer Hilfe die durchschnittliche Elektronenzahl in einem gewissen Energiebereich berechnen, z. B. in einem vollständigen Band oder nur einem Teil davon (wie in der oberen oder unteren Randzone). Die Verteilungsfunktion, die bei Elektronen in Festkörpern verwendet wird, ist die sog. *Fermi-Dirac-Verteilungsfunktion*

$$f = \frac{1}{1 + e^{(E - E_F)/kT}}, \qquad (2.2)$$

wobei k die BOLTZMANN-Konstante, T die absolute Temperatur und E_F das *Fermi-Niveau*

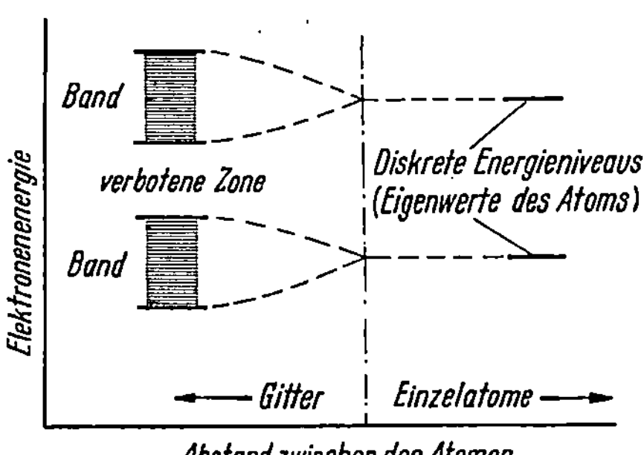

Abb. 2.1. Wenn Atome in der eng benachbarten periodischen Anordnung eines Kristallgitters sitzen, dann spalten sich die diskreten erlaubten Energieniveaus der Einzelatome auf und bilden Bereiche sehr eng benachbarter erlaubter Energieniveaus, welche man als erlaubte Energiebänder bezeichnet: diese Bänder sind voneinander durch verbotene Zonen getrennt

ist, der wichtigste und einzige Parameter dieser Verteilungsfunktion. Die Bedeutung der Funktion f ist einfach. Sie gibt die Wahrscheinlichkeit an, daß ein Energieniveau E bei der Temperatur T von einem Elektron besetzt ist. Wenn diese Energie E genau mit dem FERMI-Niveau E_F zusammenfällt, ist diese Wahrscheinlichkeit gleich 1/2. Wenn sie höher liegt, ist die Wahrscheinlichkeit kleiner als 1/2. Für $(E - E_F) \to \infty$ (d. h. wenn das betrachtete Niveau sehr weit über dem FERMI-Niveau liegt) nähert sich die Wahrscheinlichkeit dem Wert Null, d. h., das Niveau ist immer leer. Umgekehrt, wenn das betrachtete Niveau weit unter dem FERMI- Niveau liegt, d. h. $(E - E_F)/kT \ll -1$, strebt die Wahrscheinlichkeit gegen Eins, und das Niveau ist immer besetzt. Zusammenfassend kann man sagen, daß die Energieniveaus E unter dem FERMI-Niveau E_F weitgehend besetzt und die Niveaus über dem FERMI-Niveau überwiegend leer sind. Der Übergang von den fast vollständig besetzten Zonen zu den fast völlig leeren erfolgt innerhalb weniger kT (bei Zimmertemperatur, $T = 300\,°K$, $kT = 0{,}0258$ eV) auf beiden Seiten des FERMI-Niveaus E_F, was für verschiedene Temperaturen in Abb. 2.2 gezeigt wird. Die Verteilungsfunktion f in einem Festkörper ist unabhängig von der Anordnung der zulässigen Energieniveaus. Sie gibt nur die Wahrscheinlichkeit, daß ein zulässiges Niveau besetzt ist. Im besonderen braucht das FERMI-Niveau selbst nicht mit einem zulässigen Niveau zusammenzufallen.

Seine Lage relativ zur Energiebandstruktur ist jedoch äußerst wichtig, da, wie schon festgestellt wurde, die meisten darunterliegenden Niveaus besetzt und die meisten darüberliegenden Niveaus leer sind. Die Verteilungsfunktion f gilt nur bei thermischem Gleichgewicht. Das FERMI-Niveau ist nur für diesen Fall definiert und dann über den ganzen Festkörper konstant.

Die FERMI-DIRAC-Verteilungsfunktion ist in der Festkörpertheorie ebenso grundlegend wie die SCHRÖDINGER-Gleichung. Wir wollen sie als gültig hinnehmen, ohne den Versuch zu machen, ihre schwierige quantenstatistische Ableitung anzugeben. Es soll nur das Problem der Quantenstatistik erwähnt werden, dessen Lösung zu der FERMI-DIRAC-Verteilung führt. Wir nehmen an, daß eine große Zahl nicht unterscheidbarer Teilchen (Elektronen) über eine noch größere Zahl von zulässigen Energieniveaus verteilt ist, mit der Bedingung, daß nicht mehr als 2 Teilchen (mit entgegengesetztem Spin) in demselben Energieniveau sitzen (PAULI-Prinzip). Ferner nehmen wir an, daß die gesamte Energie der Teilchen (die Summe der einzelnen Energien) als konstant gegeben ist. Es gibt dann offensichtlich viele verschiedene Möglichkeiten, wie sich die Elektronen über die Energieniveaus verteilen und doch immer die gleiche Gesamtenergie haben. Zusätzlich besteht noch die Grundannahme, daß jedes derartige Besetzungsschema mit der gleichen Wahrscheinlichkeit auftritt. Es wird nun eine *Verteilungsfunktion* $f(E)$ eingeführt, die definitionsgemäß den Bruchteil der Niveaus in dem Energiebereich zwischen E und $E + \mathrm{d}E$ angibt, der besetzt ist. Wenn die Energieniveaus nahe beieinanderliegen und die Teilchen nicht unterscheidbar sind, gibt es mehrere oder sogar viele Besetzungsmöglichkeiten, die zur gleichen Verteilungsfunktion (und zur gleichen Gesamtenergie) führen. Da jede dieser Möglichkeiten a priori die gleiche Wahrscheinlichkeit hat, ist die wahrscheinlichste Verteilung diejenige, die von den meisten solcher Besetzungsmöglichkeiten verwirklicht werden kann. Verfolgt man den mathematischen Weg dieser Ableitung, so findet man, daß diese wahrscheinlichste Verteilung durch die FERMI-DIRAC-Funktion, Gl. (2.2), beschrieben wird.

Wie oben erläutert, ist die FERMI-DIRAC-Funktion nur für Gleichgewicht definiert. Im Nichtgleichgewichtsfall, z. B. mit zusätzlich injizierten Trägern, was bei der Wirkungsweise des Transistors sehr wichtig ist, unterscheidet sich die Verteilung im allgemeinen von Gl. (2.2), aber man kann sie oft mit analogen „Quasi-FERMI"-Verteilungen beschreiben (s. Anhang C).

Die Besetzung bei Gleichgewicht hängt von 2 Größen ab, der absoluten Temperatur und der Lage des FERMI-Niveaus. Die explizite Temperaturabhängigkeit der Funktion f ist einfach (Abb. 2.2). Beim absoluten Nullpunkt sind alle Niveaus unter E_F besetzt und alle Niveaus über E_F leer, d. h., es befinden sich alle Elektronen in ihrem niedrigsten Energiezustand, ohne jedoch das PAULI-Prinzip zu verletzen. Mit steigender Temperatur ist ein zunehmender Prozentsatz der Niveaus unter E_F leer und entsprechend oberhalb E_F besetzt.

Man kann die gesamte bei thermischem Gleichgewicht vorhandene Anzahl von freien Elektronen in einem Kristall erhöhen oder vermindern,

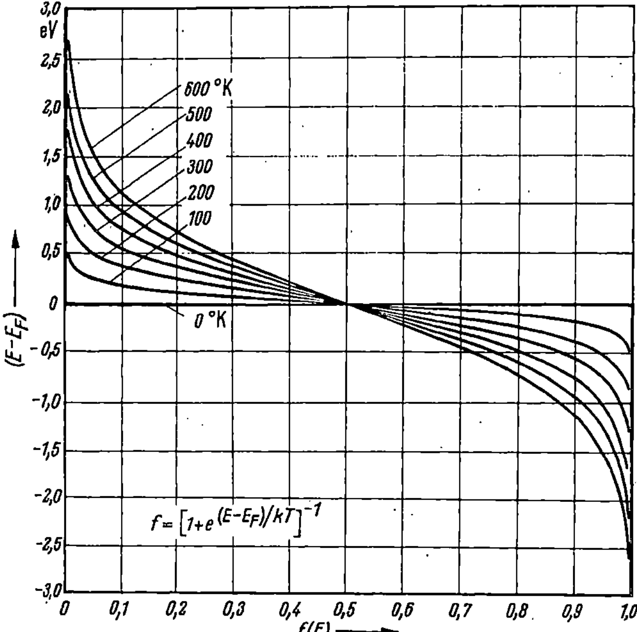

Abb. 2.2. Die Fermi-Verteilungsfunktion $f(E)$ in Abhängigkeit von $E - E_F$ (in eV) für verschiedene Temperaturen. $f(E)$ gibt die Wahrscheinlichkeit dafür an, daß ein Energieniveau E, das im Abstand $E - E_F$ vom Fermi-Niveau liegt, durch ein Elektron besetzt ist. Das Fermi-Niveau selbst ist ebenfalls eine Funktion der Temperatur

indem man entweder die Temperatur ändert oder Störstellen in das Kristallgitter einbaut, was später noch im einzelnen beschrieben wird. Im letzteren Fall werden auch neue zur Verfügung stehende Energieniveaus eingeführt. Bei solchen Änderungen der Elektronenzahl und/oder der verfügbaren Energieniveaus ändert sich natürlich die Besetzung dieser Niveaus. Das FERMI-Niveau E_F, der einzige variable Parameter in der FERMI-Verteilungsfunktion [Gl. (2.2)], stellt sich so ein, daß die Besetzungswahrscheinlichkeit aller Energieniveaus bei der betrachteten Temperatur genau dargestellt wird. Wenn sich die Temperatur ändert, verschiebt sich gewöhnlich die Lage des FERMI-Niveaus.

Die Bestimmung der Lage des FERMI-Niveaus in einem gegebenen Festkörper bei einer gegebenen Temperatur ist gewöhnlich schwierig.

Es sind verschiedene Fälle möglich (Abb. 2.3). Das FERMI-Niveau kann innerhalb eines Energiebandes liegen (oder aufeinanderfolgende Bänder können sich so überlappen, daß keine Lücke zwischen ihnen besteht, wie es in Abb. 2.3a dargestellt ist). Wird ein elektrisches Feld angelegt, fallen die etwas höheren Energien, die unter der Einwirkung des Feldes Elektronen annehmen, auf erlaubte und verfügbare Niveaus, da auf Grund der Lage des FERMI-Niveaus etwas höher liegende, unbesetzte Niveaus vorhanden sind, in die die Elektronen gehoben werden können. Die Zunahme der Elektronenenergie zeigt sich in Form einer höheren Elektronengeschwindigkeit, mit einer Richtung, die infolge der negativen Ladung der Feldrichtung entgegengesetzt ist. Es fließt ein elektrischer Strom. Dies ist der Fall metallischer Leitung.

Andererseits kann das FERMI-Niveau so hoch über einem Band liegen, daß es vollständig gefüllt ist, d. h., daß alle seine Niveaus besetzt sind

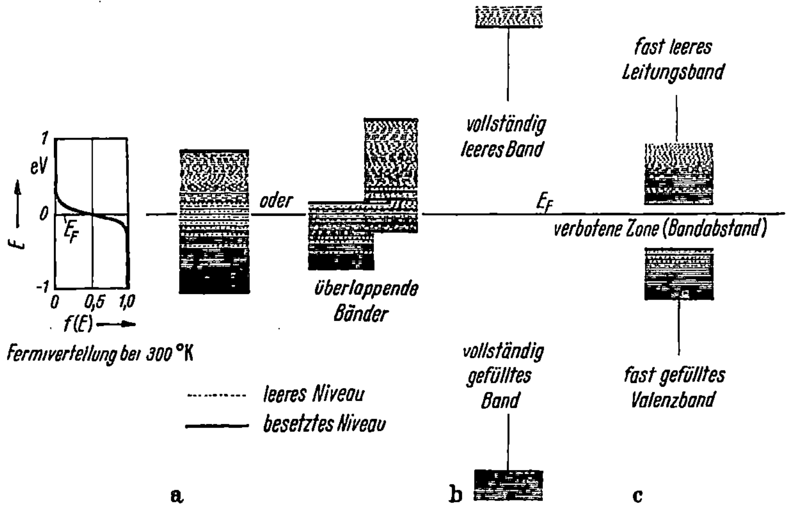

Abb. 2.3 a—c. Die Fermi-Verteilung bei Zimmertemperatur (300 °K) im Vergleich mit 3 verschiedenen Bandstrukturen. Hiermit werden die 3 Arten elektrischer Leitung erklärt: a) Metallischer Leiter, b) Isolator, c) Halbleiter

(Abb. 2.3b). Das nächsthöhere Band kann nun seinerseits genügend hoch über dem FERMI-Niveau liegen, daß es vollkommen leer ist, d. h., daß keines seiner Niveaus mit Elektronen besetzt ist. Offensichtlich kann das leere Band nicht zur Leitung beitragen. Das gleiche gilt aber auch für das vollständig gefüllte Band: Nach dem PAULI-Prinzip ist es für mehr als 2 Elektronen (von entgegengesetztem Spin) unmöglich, das gleiche Energieniveau zu besetzen. Wenn daher von dem elektrischen Feld ein Elektron in ein höheres Niveau innerhalb des Bandes gehoben wird, muß ein anderes Elektron auf das Ausgangsniveau des ersten Elektrons zurückfallen, und der Energiegewinn des gesamten Elektronensystems ist gleich Null. Es fließt kein Strom. Damit haben wir die Darstellung eines *Isolators*. Nur durch Anlegen besonders hoher elektrischer Felder ist es möglich, daß Elektronen über die Bandlücke hinweg in das nächsthöhere, leere Band gehoben werden, was dann zu elektrischer Leitung führt. Diesen Fall bezeichnet man als dielektrischen Durchschlag.

Zwischen den beiden beschriebenen Fällen, Metall und Isolator, liegt der *Halbleiter* (Abb. 2.3 c). Der Bandabstand ist nicht so breit, wie bei einem Isolator, und das FERMI-Niveau liegt irgendwo innerhalb dieses Bandabstandes. Dann ist das untere Band *beinahe gefüllt* und das obere *beinahe leer*. Die verhältnismäßig wenigen Elektronen im oberen Band können leicht Energie aus einem elektrischen Feld aufnehmen, da eine große Zahl benachbarter, erlaubter Energieniveaus verfügbar ist. Der Leitungsmechanismus ist analog zur metallischen Leitung, jedoch mit dem Unterschied, daß die Elektronendichte wesentlich geringer ist. Die Geschwindigkeit der Elektronen im Leitungsband und damit ihr Beitrag zum Strom, hängt von ihrer „*Beweglichkeit*" ab, die später betrachtet wird. Das obere, fast leere Band in einem Halbleiter wird als *Leitfähigkeitsband* (oder Leitungsband) bezeichnet.

Unter dem verbotenen Band liegt das beinahe gefüllte Band. Im Fall von Diamant, Germanium und Silizium ist dieses Band durch die 4 Valenzelektronen des C-, Ge- oder Si-Atoms besetzt. Es wird daher das *Valenzband* genannt. Elektrische Leitung tritt auch im nahezu gefüllten Valenzband auf, jedoch über einen Mechanismus, der nicht so leicht verständlich ist wie der Elektronenstrom in dem oben genannten Leitungsband. Das gleichzeitige Vorhandensein dieser beiden verschiedenen Leitungsmechanismen ist jedoch für die Arbeitsweise des Transistors unerläßlich.

Der gesamte Kristall ist elektrisch neutral. Wenn ein Elektron von seinem Atom entfernt wird, d. h. aus dem Valenzband z. B. durch thermische Energie angeregt wird, läßt es an seiner Stelle eine lokalisierte, positive Ladung — ein „Loch" oder „Defektelektron" — zurück. Für das weitere Geschick des Lochs gibt es 2 Möglichkeiten. Dasselbe oder häufiger ein anderes Elektron fällt aus dem Leitungsband in das Valenzband zurück und „rekombiniert" mit diesem Loch — ein Vorgang, dessen Untersuchung grundlegend für das Verstehen des Transistorverhaltens ist (s. unten); oder ein Nachbarelektron im Valenzband wandert an die Stelle des Lochs, ohne daß es vorher in das Leitungsband angehoben wurde. Natürlich läßt es an seinem früheren Ort ein Loch zurück. Dieser Vorgang entspricht dem Transport einer positiven Ladung, gleich dem Absolutbetrag der Elektronenladung, vom ursprünglichen Ort des Lochs zu seinem neuen Ort. Man nennt diesen positiven, beweglichen Ladungsträger „Defektelektron" (an Stelle der Übersetzung des englischen Wortes „hole", d. h. „Loch"). Eine Fortführung dieses Vorganges führt zur Defektleitung. Es ist offensichtlich, daß der Begriff der Defektelektronen nur über die quantenmechanische Interpretation des Trägerflusses verstanden werden kann: *Die gemeinsame Bewegung einer großen Anzahl von Elektronen in einem beinahe gefüllten Band unter dem Einfluß von äußeren Feldern kann viel einfacher, aber sonst vollkommen gleichwertig durch die Bewegung einer geringen Anzahl von fiktiven, positiv geladenen Teilchen — den Defektelektronen — beschrieben werden. Diese Defektelektronen — abgesehen vom verschiedenen Vorzeichen ihrer Ladung — verhalten sich weitgehend wie Elektronen im Leitungsband.*

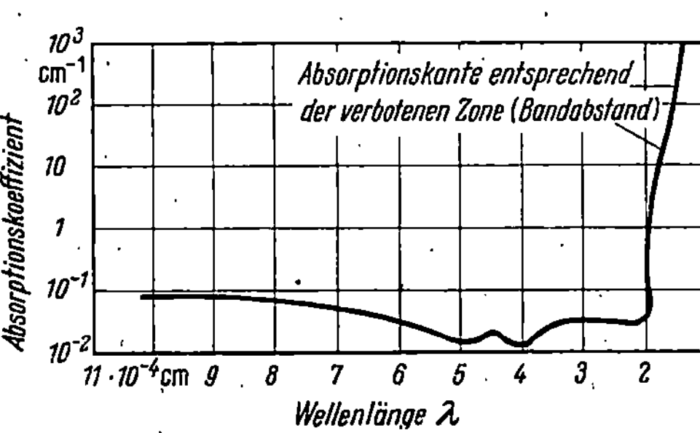

Abb. 2.4. Optische Absorption in Germanium bei Zimmertemperatur (nach Fan). Wird die Photonenenergie $h\,\nu = h\,c/\lambda$ gleich dem Bandabstand, dann steigt die Absorption sehr schnell an. Dies ist auf die Anhebung von Elektronen aus dem Valenzband ins Leitungsband zurückzuführen. Diesen Bereich steilen Anstiegs des Absorptionskoeffizienten nennt man die Absorptionskante

Wir haben also zwei gleichzeitige, aber klar unterschiedene Leitungsprozesse in zwei benachbarten Bändern vor uns. Das untere Band (Valenzband) ist fast vollständig mit Elektronen besetzt, und der Leitungsmechanismus wird darin von Defektelektronen bewirkt, d. h. von fiktiven positiven Ladungsträgern, die die wesentlich kompliziertere Bewegung aller Valenzelektronen gegenüber dem ruhenden Hintergrund positiver Ionen beschreiben. Über dem Valenzband liegt die verbotene Zone (Bandabstand). Darauf folgt ein beinahe leeres Band, das mit Leitungsband bezeichnet wird. In ihm erfolgt die Leitung durch Elektronen, ähnlich der gewöhnlichen metallischen Leitung.

Die drei wichtigsten Methoden zur Messung des Bandabstandes sind 1. die optische Absorption, 2. die Temperaturabhängigkeit des HALL-Effekts, 3. die Temperaturabhängigkeit des spezifischen Widerstandes. Die beiden letzten Methoden werden in den Paragraphen über Trägerdichten und spezifischen Widerstand beschrieben.

Die Bestimmung des Bandabstandes durch optische Absorption [9] beruht auf der Tatsache, daß die Absorption von monochromatischem Licht sehr stark zunimmt, sobald die Wellenlänge genügend kurz ist, so daß die durch die einfallenden Photonen gelieferte Energie $h\,\nu$ ausreicht (d. h. ein genügend großes Energiequantum zur Verfügung steht), um Elektronen vom Valenzband über die verbotene Zone in das Leitungsband anzuheben. Eine Messung der optischen Absorption in Abhängigkeit von der Wellenlänge (Abb. 2.4) ergibt so die kritische Frequenz $\nu_{krit} = c/\lambda_{krit}$ (c = Lichtgeschwindigkeit), bei welcher $h\,\nu_{krit}$ gleich dem Bandabstand ist. Diese Stelle, an der eine starke Änderung des Absorptionskoeffizienten auftritt, heißt die *Absorptionskante*. Eine gewisse Schwierigkeit bei dieser Methode ergibt sich dadurch, daß die Absorptionskante nicht immer genügend scharf ist, und daß zusätzlich zur Elektronenanregung vom Valenzband zum Leitungsband gleichzeitig noch andere Absorptionsmechanismen auftreten (s. Originalveröffentlichungen [9]). Gemessene Werte der Bandabstände einiger anorganischer Halbleiter sind in Tab. 2.1 angegeben. Die Bandabstände sind im allgemeinen nur geringfügig temperaturabhängig.

B. Störstellenniveaus

Das im vorangehenden Kapitel dargestellte einfache Bändermodell gilt genaugenommen nur für einen idealen Kristall mit unendlicher

Tabelle 2.1

Bandabstände für verschiedene anorganische Halbleiter in Elektronen-Volt [10]

Material	Bandabstand	Material	Bandabstand
B	1,28	C (Diamant)	5,3—7
Si^{11} bei 0 °K	1,153	Ge^{12} bei 0 °K	0,75
Si bei 300 °K	1,106	Ge bei 300 °K	0,67
Sn (grau)	0,08	P (schwarz)	0,33
Se	2,31	Te	0,32
SiC	$3,1 \pm 0,2$	AlP	3
AlAs	2,2	AlSb	1,65
GaP	2,4	GaAs	1,45
GaSb	0,77	InP	1,25
InAs	0,47	InSb	0,27
CdS	> 2	CdSe	1,8
CdTe	1,45	ZnS	3,7
ZnSe	2,6	ZnTe	2,2
MgSe	~ 1	MgTe	~ 1
AgJ	$> 2,8$	CuBr	5
Mg_2Si	0,77	Mg_2Ge	0,74
Mg_2Sn	0,36	Mg_3Sb_2	0,82
Ag_2Te	0,17	Ag_2S	~ 1
ZnSb	0,60	CdSb	0,52
FeS_2	1,2	Ca_2Si	1,9
Ca_2Sn	0,9	Ca_2Pb	0,46
$MnSe_2$	0,15	In_2Te_3	2,5
PbS	1,17	PbSe	$\sim 0,48$
PbTe	0,63	$CuFeS_2$	$> 0,5$
$CuAlS_2$	$\sim 2,5$	$AgTlTe_2$	$\sim 0,1$
$CuInSe_2$	$\sim 0,9$	ZnO	$\sim 3,2$
Al_2O_3	2,5	MgO	~ 3
TiO_2	3,03—3,7		

Ausdehnung. Jede Störung in der absolut periodischen Kristallordnung wird als *Fehlordnung* bezeichnet und bringt zusätzliche Energieniveaus mit sich, die in einem erlaubten oder in einem verbotenen Band liegen können. Im letzteren Fall haben sie einen ausgeprägten Einfluß auf das elektrische Verhalten des Halbleiters, selbst wenn sie nur in kleinen Mengen vorhanden sind. Wird die Fehlordnung im Kristall durch Fremdatome verursacht, dann bezeichnet man die letzteren als *Störstellenatome*. Bei der Herstellung von Halbleiterbauelementen werden solche absichtlich eingebaut.

Besonders interessant sind hier Niveaus, die durch Störstellenatome entstehen, die ein Valenzelektron mehr oder weniger als die Atome

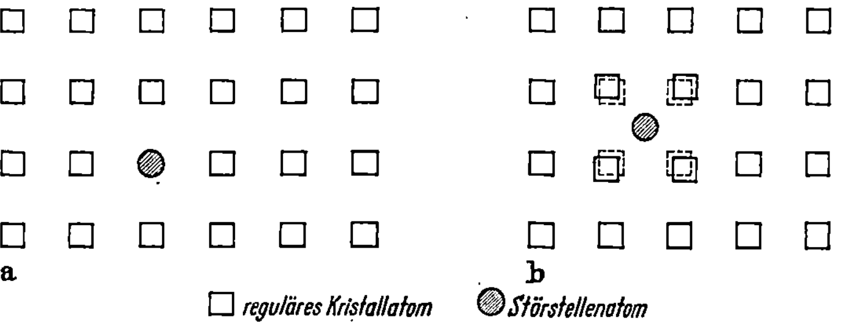

Abb. 2.5. a) Substitutionelle und b) Zwischengitterstörstellen

des Kristalls haben. Wenn das Kristallatom ein Element mit 4 Valenzelektronen ist, wie z. B. Germanium oder Silizium und somit zur 4. Gruppe des Periodischen Systems gehört (Anhang B), dann haben die Elemente der 5. Gruppe (P, As, Sb) ein Elektron mehr und die der 3. Gruppe (B, Al, Ga, In) eines weniger. Die Störstellenatome können im Kristall an einem Gitterplatz an Stelle eines normalen Gitteratoms eingebaut werden. In diesem Fall spricht man von *substitutionellem* Einbau (s. Abb. 2.5a). Wenn sie sich zwischen die normalen Kristallatome drängen und dabei im allgemeinen das Kristallgitter etwas verformen, werden sie als *Zwischengitteratome* bezeichnet (Abb. 2.5b).

Wird ein Atom eines Elementes mit 5 Valenzelektronen (aus der 5. Gruppe) substitutionell in einen Germanium- oder Siliziumkristall (mit seinen 4 Valenzelektronen) eingebaut, dann werden 4 der 5 Elektronen des Störstellenatoms für die chemische Bindung mit dem Germanium oder Silizium benötigt. Das fünfte ist jedoch nur lose an das Störstellenatom gebunden. Es kann sich mit Hilfe einer geringen zusätzlichen Energie befreien und durch den Kristall bewegen und trägt damit zur Leitung bei. Die durch Störstellenelemente mit einem Überschußelektron (Elemente der 5. Gruppe) eingeführten Energieniveaus liegen innerhalb der verbotenen Zone sehr nahe beim Leitungsband (s. Abb. 2.6). Bei sehr niedrigen Temperaturen sind diese Störstellenniveaus besetzt, aber noch weit unter Zimmertemperatur reicht die thermische Energie des Kristalls aus, die Überschußelektronen in das Leitungsband zu heben, wo sie zu der oben beschriebenen *Elektronenleitung* beitragen. Die Störstellen, die Leitungselektronen liefern (bis zu einem Elektron je Störstellenatom), heißen N-*Typ*-Störstellen oder *Donatoren* („N" bedeutet negatives Vorzeichen der Ladungsträger. Sie geben ein Elektron ab — daher der Name „Donatoren"). Man spricht von einem N-*dotierten* Kristall.

Wenn ein Element, das ein Valenzelektron weniger als die Grundatome des Gitters besitzt (Elemente der 3. Gruppe), substitutionell eingebaut wird, hat es die Tendenz, von dem benachbarten Germanium- oder Siliziumatom ein Elektron abzuspalten, um seine chemischen Bindungen zu vervollständigen. Es wird durch das aufgenommene Elektron negativ geladen und es entsteht dort, wo das Elektron saß, ein „Loch". Diese zusätzlichen Löcher, wir nennen sie Defektelektronen (bis zu einem Defektelektron pro Störstellenatom), lassen die Defektleitung im Kristall ansteigen. Ein Element, das ein Valenzelektron weniger als die Kristallatome hat, erzeugt zusätzliche Energieniveaus innerhalb der verbotenen Zone ganz nahe am Valenzband (s. Abb. 2.6). Bei sehr tiefen Temperaturen sind diese Niveaus leer. Schon

verbotene Zone (Bandabstand)

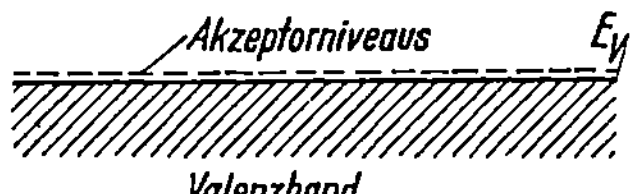

Valenzband

Abb. 2.6. Donator- und Akzeptorstörstellenniveaus: E_O = untere Kante des Leitungsbandes, E_V = obere Kante des Valenzbandes. Die Donatorniveaus liegen sehr nahe am Leitungsband, die Akzeptorniveaus entsprechend sehr nahe am Valenzband

eine geringe thermische Energie (noch weit unter Zimmertemperatur) reicht aus, um Elektronen aus dem Valenzband in diese Störstellenniveaus zu heben. Sie hinterlassen ein Defektelektron, das für die Defektleitung zur Verfügung steht. Diese Störstellen heißen P-*Typ*-Störstellen oder *Akzeptoren* („P" bedeutet positives Vorzeichen der Ladungsträger. Sie nehmen ein Nachbarelektron auf — daher der Name „Akzeptoren").

Die Energie, die nötig ist, um ein Elektron aus dem Donatorniveau in das Leitungsband oder vom Valenzband in ein Akzeptorniveau zu heben, heißt „Ionisationsenergie".

Man sagt, ein Kristall sei *elektronen- oder* N-*leitend* bzw. *defekt- oder* P-*leitend*, je nachdem, welche Störstellen vorherrschen. Die in größerer Anzahl vorhandenen Träger heißen Majoritätsträger, die anderen heißen Minoritätsträger. In einem N-Halbleiter liegt das FERMI-Niveau nahe beim Leitungsband, in einem P-Halbleiter nahe beim Valenzband.

Enthält der Halbleiter keine Störstellen und sind deshalb (Leitungs-) Elektronen und Defektelektronen genau in gleicher Konzentration vorhanden (jedes Leitungselektron kann nur aus dem Valenzband über die verbotene Zone kommen und hinterläßt genau 1 Defektelektron), spricht man von einem Halbleiter mit *Eigenleitung* oder von einem *Eigenhalbleiter*. Der gleiche Ausdruck wird auch verwendet, wenn die Wirkung der eingebauten Störstellen bei der jeweils betrachteten Temperatur im Vergleich zur Dichte der thermisch über den Bandabstand angeregten

Tabelle 2.2

Störstellenniveaus mit kleiner Ionisierungsenergie in Germanium und Silizium[1]

A. *Donatoren in Germanium.*	B. *Akzeptoren in Germanium*
P 0,0120 eV unter dem Leitungsband	B 0,0104 eV über dem Valenzband
As 0,0125 eV unter dem Leitungsband	Al 0,0102 eV über dem Valenzband
Sb 0,0096 eV unter dem Leitungsband	Ga 0,0108 eV über dem Valenzband
Li 0,0093 eV unter dem Leitungsband	In 0,0112 eV über dem Valenzband
C. *Donatoren in Silizium*	D. *Akzeptoren in Silizium*
P 0,044 eV unter dem Leitungsband	B 0,045 eV über dem Valenzband
As 0,049 eV unter dem Leitungsband	Al 0,057 eV über dem Valenzband
Sb 0,039 eV unter dem Leitungsband	Ga 0,065 eV über dem Valenzband
Li 0,033 eV unter dem Leitungsband	In 0,16 eV über dem Valenzband

Störstellenniveaus mit großer Ionisierungsenergie in Germanium[2]

Donatoren	*Akzeptoren*
S 0,18 eV unter dem Leitungsband	Zn 0,035 eV über dem Valenzband
Se 0,14 eV unter dem Leitungsband	0,095 eV über dem Valenzband
0,28 eV unter dem Leitungsband	Cd 0,05 eV über dem Valenzband
Te 0,11 eV unter dem Leitungsband	0,16 eV über dem Valenzband
0,30 eV unter dem Leitungsband	Mn 0,16 eV über dem Valenzband
Co 0,09 eV über dem Valenzband	0,37 eV unter dem Leitungsband
Au 0,05 eV über dem Valenzband	Ni 0,23 eV über dem Valenzband
	0,37 eV unter dem Leitungsband
	Co 0,25 eV über dem Valenzband
	0,30 eV unter dem Leitungsband
	Fe 0,35 eV über dem Valenzband
	0,27 eV unter dem Leitungsband
	Cu 0,04 eV über dem Valenzband
	0,33 eV über dem Valenzband
	0,26 eV unter dem Leitungsband
	Ag 0,13 eV über dem Valenzband
	0,09 eV unter dem Leitungsband
	0,28 eV unter dem Leitungsband
	Au 0,16 eV über dem Valenzband
	0,05 eV unter dem Leitungsband
	0,20 eV unter dem Leitungsband

[1] BURTON, J. A.: Impurity centers in Ge and Si. Physica 20 (1954) 845.

[2] TYLER, W. W.: Deep level impurities in germanium. J. phys. Chem. Solids 8 (1959) 59.

Elektronen vernachlässigbar ist. In allen anderen Fällen wird der Halbleiter als *fremdleitend* bezeichnet, und die Dichte einer Trägerart ist oft um vieles größer als die der anderen.

Außer Donator- und Akzeptoratome erzeugen andere Elemente Energieniveaus, die näher zur Mitte der verbotenen Zone liegen und deshalb zwar einen geringeren Einfluß auf den Leitungsprozeß, jedoch einen entscheidenden Einfluß auf die Rekombination der Träger ausüben (s. § 3 E). Oft führen solche Störstellen mehrere tiefliegende Niveaus gleichzeitig ein (s. Tab. 2.2).

Die Lage der Störstellenniveaus in der verbotenen Zone kann z. B. aus der Temperaturabhängigkeit der Trägerdichten bei tiefen Temperaturen [*13* bis *18*] (HALL-Effekt- und/oder Widerstandsmessungen) oder durch Untersuchung der Lichtabsorption [*9*] (ähnlich wie oben für die Bestimmung der verbotenen Zone) ermittelt werden.

In Tab. 2.2 sind gemessene Werte der Ionisationsenergie verschiedener Störstellenelemente in Ge und Si angeführt.

C. Trägerdichten

Die Trägerdichten, d. h. die Elektronendichte im Leitungsband und die Defektelektronendichte im Valenzband, lassen sich wie folgt berechnen: Da die *erlaubten* Energieniveaus in den Bändern sehr nahe beieinanderliegen, kann man eine Dichte von Energieniveaus pro Energieeinheit $N(E)$ definieren. Die Zahl der Niveaus zwischen 2 Energiewerten E und $E + \mathrm{d}E$ ist gegeben durch

$$N(E)\,\mathrm{d}E. \tag{2.3}$$

Die mittlere Anzahl der *besetzten* Niveaus zwischen den beiden Energien E und $E + dE$ errechnet man als das Produkt der Dichte verfügbarer Niveaus und der Wahrscheinlichkeit, daß diese Niveaus besetzt sind [gegeben durch die FERMI-Verteilung $f(E)$, Gl. (2.2)]

$$N(E)\,f(E)\,\mathrm{d}E. \tag{2.4}$$

Die Anzahl der Elektronen (zugleich Anzahl der besetzten Niveaus) mit einer Energie zwischen E_1 und E_2 ist dann

$$\int_{E_1}^{E_2} N(E)\,f(E)\,\mathrm{d}E. \tag{2.5}$$

Die Dichte von Zuständen bzw. Niveaus $N(E)$ ist in praktischen Fällen nicht genau bekannt, aber es wurden Näherungsmethoden ausgearbeitet, die eine Auswertung des Integrals (2.5) gestatten. Eine weitere Vereinfachung erhält man durch eine oft verwendete Näherung für die FERMI-Verteilung; wenn nämlich $E - E_F \gg kT$ ist, dann gilt

$$f \simeq \mathrm{e}^{-(E-E_F)/kT}, \tag{2.6}$$

was gleich der klassischen MAXWELL-BOLTZMANN-Verteilung ist. Diese Verteilung gilt für Niveaus im Leitungsband, wenn das FERMI-Niveau (was gewöhnlich der Fall ist) einige $k\,T$ unter der Bandkante liegt.

Nun kann man die Dichte der Elektronen im Leitungsband berechnen:

$$n = \mathrm{e}^{E_F/k\,T} \int_{E_c}^{E_2} N(E)\,\mathrm{e}^{-E/k\,T}\,\mathrm{d}E, \qquad (2.7)$$

wobei E_c die untere Kante des Leitungsbandes ist, und E_2 irgendwo tief in dem absolut unbesetzten Gebiet liegt (man setzt oft $E_2 = \infty$).

Die Wahrscheinlichkeit, daß ein Niveau nicht besetzt ist, ist offensichtlich durch $(1-f)$ gegeben. $(1-f)$ ist daher die Verteilungsfunktion für Defektelektronen. Die Anzahl von Defektelektronen im Energiebereich von E_1 bis E_2 ist

$$\int_{E_1}^{E_2} N(E)\,(1-f)\,\mathrm{d}E. \qquad (2.8)$$

Für $E_F - E \gg k\,T$ vereinfacht sich Gl. (2.2) zu

$$1 - f \simeq \mathrm{e}^{(E-E_F)/k\,T}, \qquad (2.9)$$

was wiederum eine MAXWELL-BOLTZMANN-Verteilung darstellt. Diese Gleichung gilt nur, wenn das FERMI-Niveau mehr als einige $k\,T$ über dem Valenzband liegt, was gewöhnlich der Fall ist. Die Dichte der Defektelektronen in dem Valenzband ist daher gegeben durch

$$p = \mathrm{e}^{-E_F/k\,T} \int_{E_1}^{E_v} N(E)\,\mathrm{e}^{E/k\,T}\,\mathrm{d}E, \qquad (2.10)$$

wobei E_v die obere Kante des Valenzbandes ist und E_1 irgendwo tief im vollkommen besetzten Gebiet liegt (oft setzt man $E_v = 0$).

Unter verschiedenen Voraussetzungen, deren Gültigkeit im Rahmen dieses Buches nicht diskutiert werden kann, können die Integrale in den Gln. (2.7) und (2.10) ausgewertet werden, und man findet.

$$n = N_c\,\mathrm{e}^{-(E_c - E_F)/k\,T} \qquad (2.11)$$

und

$$p = N_v\,\mathrm{e}^{-(E_F - E_v)/k\,T}. \qquad (2.12)$$

N_c und N_v nennt man die „effektiven Zustandsdichten" im Leitungs- bzw. Valenzband[1]. Ihre numerischen Werte bei Zimmertemperatur liegen in der Größenordnung von 10^{19} cm^{-3} und ihre Änderung mit der Temperatur ist relativ klein (etwa proportional $T^{3/2}$). Gewöhnlich ist für jeden einzelnen Halbleiter N_c, N_v, E_c und E_v (wenn auch nur näherungsweise) bekannt und konstant; die Lage des FERMI-Niveaus bestimmt dann die tatsächliche Trägerdichte. Sie kann als Funktion der Temperatur berechnet werden, wenn die Donator- und Akzeptor-

---

[1] Diese Größen haben nicht die gleiche Dimension wie $N(E)$ in Gl. (2.7) und (2.8).

konzentrationen bekannt sind; die Durchführung ist relativ schwierig und wird hier nicht gezeigt, da man in der Praxis die Trägerdichten meistens mit anderen Methoden bestimmt.

Es ist interessant, an Hand der Gln. (2.11) und (2.12) festzustellen, daß das Produkt $n\,p$ unabhängig von der Lage des FERMI-Niveaus ist

$$n\,p = N_c\,N_v\,e^{-E_G/kT} = n_i^2\,,\qquad (2.13)$$

wobei $E_G = E_c - E_v$ der Bandabstand ist; n_i ist die Trägerdichte bei Eigenleitung, wo die Elektronen- und Defektelektronendichten genau gleich sind: $n = p = n_i$ (das FERMI-Niveau liegt dann nahe der Mitte des verbotenen Bandes). Daher ist die Größe n_i^2 für jeden Halbleiter eine Konstante:

$$n_i^2 = 3{,}1\ \cdot 10^{32} \cdot T^3 \cdot \exp(-9101/T)\ \text{in Germanium}\ [19]\quad (2.14)$$
$$= 5{,}76 \cdot 10^{26}\ \text{cm}^{-6}\ \text{bei Zimmertemperatur,}$$
$$n_i^2 = 1{,}5\ \cdot 10^{33} \cdot T^3 \cdot \exp(-14028/T)\ \text{in Silizium}\ [20]\quad (2.15)$$
$$= 2{,}25 \cdot 10^{20}\ \text{cm}^{-6}\ \text{bei Zimmertemperatur.}$$

Die Brauchbarkeit der Formel (2.13) resultiert aus der Tatsache, daß in den meisten Fällen bei Zimmertemperatur praktisch alle Donator- und Akzeptoratome ionisiert sind. Die Dichte der Leitungselektronen in einem N-Typ-Halbleiter ist praktisch gleich der Donatordichte N_d, und die Dichte der Defektelektronen in einem P-Typ-Halbleiter ist praktisch gleich der Akzeptordichte N_a. Die Minoritätsträgerdichte kann daher aus den Gln. (2.13), (2.14) oder (2.15) errechnet werden:

$$p = n_i^2/N_d\ \text{für}\ \text{N-leitendes Material}\qquad (2.16)$$
$$n = n_i^2/N_a\ \text{für}\ \text{P-leitendes Material.}\qquad (2.17)$$

Das erleichtert sehr die Berechnungen der Temperaturabhängigkeit der Trägerdichten bei Fremdleitung, wo die Temperatur so niedrig ist, daß nur wenige Träger über die verbotene Zone in das Leitungsband angehoben werden. Die Majoritätsträgerdichten sind dann praktisch temperaturunabhängig und gleich der jeweiligen Störstellendichte N_d oder N_a, während die Minoritätsträgerdichten — entsprechend Gln. (2.16) und (2.17) — mit n_i^2 zunehmen, dessen Temperaturabhängigkeit mit Gl. (2.13) beschrieben wird.

Bei höheren Temperaturen erfolgt der Übergang zur Eigenleitung (rechte Seite von Abb. 2.7a und b), wo eine namhafte Anzahl thermisch über den Bandabstand angeregter Elektronen vorhanden ist, die in die Größenordnung der vorhandenen Störstellendichte fällt oder diese sogar überschreitet. Es wird dann die folgende Methode zur Berechnung der Trägerdichten als Funktionen der Temperatur benutzt [21]. Gl. (2.13) gilt noch immer, jedoch enthält sie jetzt zwei Unbekannte, n und p. Die notwendige zweite Gleichung erhält man aus der Bedingung, daß in einem homogenen Kristall elektrische Neutralität herrschen muß, d. h., die Dichte der positiven Ladungen muß gleich der Dichte der negativen Ladungen sein:

$$n + N_a = p + N_d \qquad (2.18)$$

(N_d und N_a wurden als die Dichten der ionisierten, einfach geladenen Donatoren und Akzeptoren definiert; oberhalb der Zimmertemperatur sind beide temperaturunabhängige Konstanten). Gln. (2.13) und (2.18)

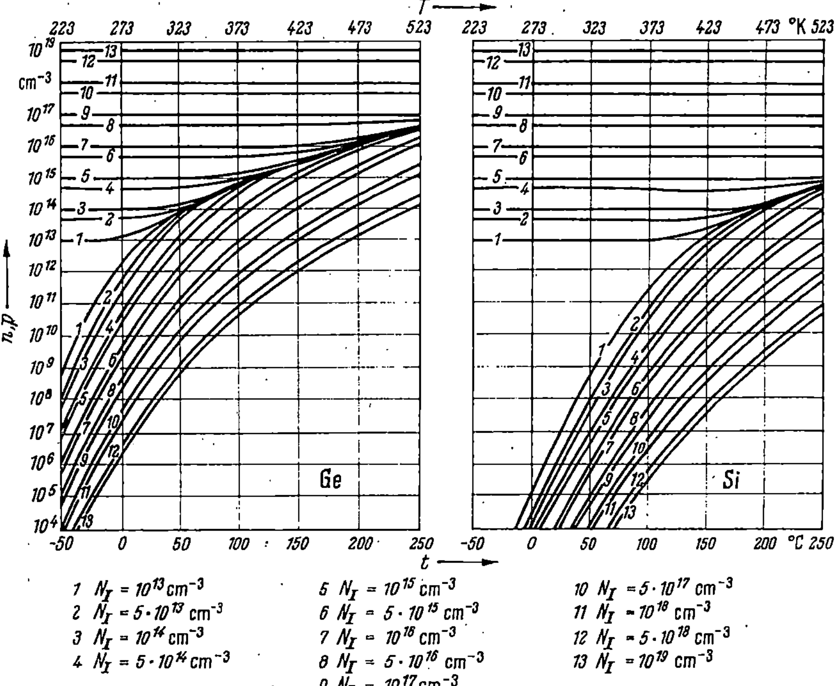

Abb. 2.7. Majoritäts- und Minoritätsträgerdichten, n und p, in Germanium und Silizium bei verschiedenen Störstellenkonzentrationen N_I als Funktion der Temperatur T. Die Störstellen können sowohl Donatoren als auch Akzeptoren sein. Die obere von 2 Kurven der gleichen Nummer beschreibt die Majoritätsträgerdichte, die untere die Minoritätsträgerdichte

gestatten daher, die Temperaturabhängigkeit der Trägerdichten in dem Temperaturbereich von etwas unter 0 °C aufwärts zu berechnen, was den interessierenden Bereich für Transistoranwendungen darstellt. Ergebnisse solcher Berechnungen für verschiedene Störstellendichten in Ge und Si zeigt Abb. 2.7. Wenn man die Temperatur so weit steigert, daß die Anzahl der thermisch über den Bandabstand angeregten freien Elektronen die durch Störstellenatome hervorgerufenen Träger bei weitem übersteigt, dann gilt

$$n = p = n_i. \qquad (2.1)9$$

Mit Gl. (2.13) ist es dann möglich, den Bandabstand aus der Steigung einer einfach-logarithmischen Darstellung der Trägerdichten in Abhängigkeit von der reziproken Temperatur zu ermitteln (Abb. 2.8) [22].

Bei Temperaturen weit unter der Zimmertemperatur sind nicht mehr alle Störstellen ionisiert. Die *Majoritätsträgerdichte* ist daher nicht mehr unabhängig von der Temperatur, sondern variiert entsprechend der Aktivierungsenergie der jeweils vorhandenen Störstellenatome. Die Auswertung solcher Fälle bereitet einige Schwierigkeiten [22, 23], deren genaue Erläuterung den Rahmen dieses Buches übersteigen würde.

Die Trägerdichten in einem Halbleiter können experimentell durch Messung der *elektrischen Leitfähigkeit* σ der betreffenden Probe bestimmt werden. Es gilt das Ohmsche Gesetz, $J = \sigma E$, wobei J die Stromdichte und E die elektrische Feldstärke ist. Eine ausführliche Diskussion der elektrischen Leitfähigkeit folgt in § 3 C.. In einer ausschließlich N-leitenden Probe, in welcher der Leitfähigkeitsmechanismus nur von Elektronen getragen wird, ist die Leitfähigkeit σ durch

$$\sigma_n = q\,\mu_n\,n \quad (2.20)$$

gegeben, während in einer P-Typ-Probe

$$\sigma_p = q\,\mu_p\,p \quad (2.21)$$

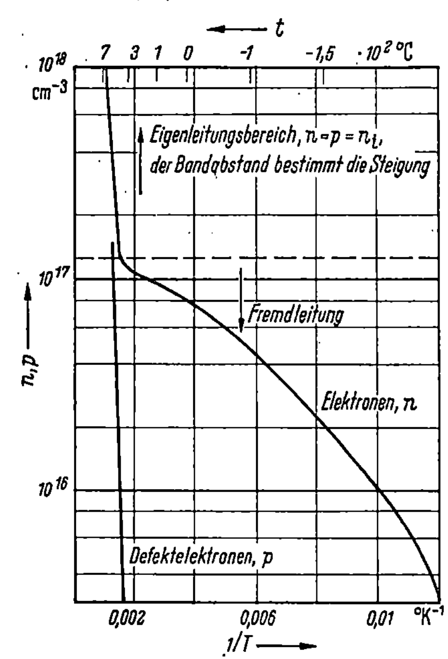

Abb. 2.8. Einfachlogarithmische Darstellung der Trägerdichten in Abhängigkeit von der reziproken absoluten Temperatur. Aus der Steigung der Kurven im Eigenleitungsbereich kann der Bandabstand gemäß Gl. (2.13) berechnet werden. Die dargestellten Kurven gelten für phosphordotiertes Silizium (nach SHOCKLEY)

gilt. In diesen Gleichungen ist q die Elementarladung, n und p sind die Elektronen- bzw. Löcherdichten, und μ_n und μ_p stellen die Elektronen- und Defektelektronendriftbeweglichkeiten dar, definiert durch

$$v_n = -\mu_n\,E, \qquad v_p = \mu_p\,E,$$

wobei v_n, v_p die Trägerdriftgeschwindigkeiten sind (die Beweglichkeiten werden in § 3 A behandelt). Um die Trägerdichten mit Hilfe der Leitfähigkeitsmessung zu berechnen, müssen die Werte der Beweglichkeiten als Funktionen der Leitfähigkeit bekannt sein. Wie nachfolgend gezeigt wird, ist dies für Ge und Si bei Zimmertemperatur der Fall.

Wenn sowohl Elektronen- wie Defektleitung vorliegt, dann ist die Leitfähigkeit die Summe zweier Beiträge

$$\sigma = q(\mu_n\, n + \mu_p\, p)\,, \tag{2.22}$$

und es ist eine zweite Beziehung wie Gl. (2.13) oder eine zweite Messung, wie z. B. die HALL-Effekt-Messung, die anschließend diskutiert wird, erforderlich, um beide Trägerdichten zu bestimmen.

Im allgemeinen werden Trägerdichten mittels des HALL-Effekts [24] gemessen, da hierbei in den meisten Fällen bei reiner P- oder N-Leitung die Bestimmung der Trägerdichten unabhängig von der Trägerbeweglichkeit wird. Wenn ein Strom mit der Stromdichte J durch einen Festkörper fließt, der sich in einem Magnetfeld H befindet (s. Abb. 2.9 a),

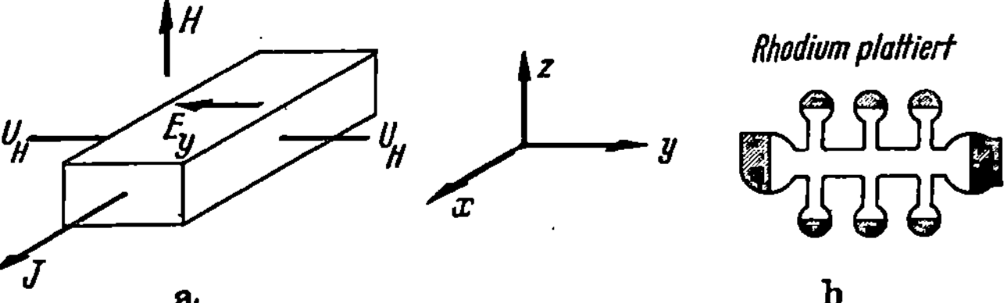

Abb. 2.9. a) Richtung der Ströme und Felder beim HALL-Effekt; b) Form einer Halbleiterprobe für Hallmessungen

lenkt die LORENTZ-Kraft die Träger senkrecht zum magnetischen Feld und zum Stromdichtevektor ab. Der Stromdichtevektor hat die gleiche Richtung wie der Vektor der Defektelektronengeschwindigkeit und die umgekehrte Richtung wie der Vektor der Elektronengeschwindigkeit. Das Auftreten dieser Querstromkomponente nennt man den *Hall-Effekt*. Sie kann auf verschiedene Weise gemessen werden. Die gebräuchlichste Methode soll hier beschrieben werden. Der Strom wird nach Abb. 2.9 a durch eine rechteckige Probe geschickt, und ein magnetisches Feld wird senkrecht zu diesem Strom angelegt. Da in der y-Richtung kein Strom fließen kann, laden die abgelenkten Träger jeweils eine Seite der Probe positiv (Defektelektronen) und die andere negativ (Elektronen) auf. Ein elektrisches Feld, das HALL-Feld, baut sich in der y-Richtung auf, bis die LORENTZ-Kraft kompensiert wird und ein stationärer Zustand erreicht ist (in dem die y-Komponente der Stromdichte gleich Null ist). Dieses HALL-Feld kann dann als eine Querspannung U_H an den Seiten der Probe gemessen werden. Die Größe des HALL-Effekts ist durch die HALL-Konstante R_H charakterisiert, die wie folgt definiert ist:

$$E_y = R_H\, H\, J\,, \tag{2.23}$$

wobei E_y das elektrische Feld in der y-Richtung ist, das durch eine Stromdichte J in der x-Richtung und ein Magnetfeld H in der z-Richtung aufgebaut wird (Abb. 2.9 a). Die Schwierigkeit, kleine Ohmsche Kontakte an der Probe anzubringen, die weder gleichrichten noch andere nachteilige Effekte zeigen sollen, kann dadurch umgangen werden, daß man die Halbleitermeßprobe so schneidet, daß die HALL-Spannungssonden selbst einen Teil des Kristalls bilden [25].

Die Wichtigkeit der HALL-Konstante zur Messung von Trägerdichten resultiert aus der Tatsache, daß sie in einer einfachen Beziehung zu diesen genannten Dichten steht. Ohne Ableitung geben wir die verschiedenen Ausdrücke für die HALL-Konstante an, die man für Halbleiter bei verschiedenen Temperaturen und mit verschiedenen Dotierungen und Störstellenarten verwendet. In rein N-leitendem Material ist die HALL-Konstante durch

$$R_N = -\frac{a}{n} \tag{2.24}$$

und in rein P-leitendem Material durch

$$R_P = \frac{a}{p} \tag{2.25}$$

gegeben, wobei a eine Konstante ungefähr gleich $3\pi/(8q)$ ist. Man beachte das unterschiedliche Vorzeichen der HALL-Konstanten für N- und P-Material. Dies folgt aus der Tatsache, daß Elektronen und Defektelektronen in entgegengesetzten Richtungen durch die Probe laufen und wegen des verschiedenen Vorzeichens ihrer Ladungen auf die gleiche Seite abgelenkt werden. Dieselbe Seite der Probe ist deshalb einmal positiv und einmal negativ geladen, je nachdem, welche Trägerart vorherrscht. Aus dem Vorzeichen des HALL-Effekts läßt sich daher leicht der Leitungstyp (N oder P) bestimmen. Die obige Formel gestattet die direkte Bestimmung der Majoritätsträgerdichte und eine Berechnung der Minoritätsträgerdichte aus Gl. (2.13). Die Minoritätsträgerdichten sind hier um einige Größenordnungen kleiner als die Majoritätsträgerdichten. Aus diesem Grund haben sie keinen Einfluß auf die HALL-Konstante.

Wenn jedoch die beiden Trägerdichten in der gleichen Größenordnung liegen, ohne genau gleich zu sein, und gemischte Leitfähigkeit vorliegt, muß die Beziehung [26]

$$R_M = -a\,\frac{n\,b^2 - p}{(n\,b + p)^2} \tag{2.26}$$

verwendet werden. Die Gln. (2.24) und (2.25) sind davon spezielle Fälle für $n \ll p$ und $p \ll n$. b ist das Verhältnis der Trägerdriftbeweglichkeiten

$$b = \mu_n/\mu_p, \tag{2.27}$$

das für diesen Fall bekannt sein oder erst aus anderen Messungen bestimmt werden muß (bei Ge und Si liegt b zwischen 2 und 1). Dann können die Gln. (2.26) und (2.13) zur Bestimmung der beiden Trägerdichten n und p kombiniert werden. Für exakte Eigenleitung $n = p = n_i$ vereinfacht sich Gl. (2.26) zu

$$R_i = -a\,\frac{1}{n_i}\,\frac{b-1}{b+1}, \tag{2.28}$$

wobei n_i die Trägerdichte bei Eigenleitung ist.

Die folgenden Methoden, die hier nicht weiter behandelt werden, wurden ebenfalls zur Messung von Trägerdichten verwendet: magnetische Suszeptibilität [27], diamagnetische Resonanz [28], paramagnetische Resonanz [28] und Infrarotabsorption [29].

D. Trägertransportgleichungen

Die grundlegenden Gleichungen für die Untersuchung des Transistorverhaltens beschreiben die Trägerbewegung in Halbleitern unter dem gleichzeitigen Einfluß von äußeren Feldern und Abweichungen von den Trägerdichten bei thermischem Gleichgewicht.

Wenn ein elektrisches Feld an einen Halbleiter angelegt wird, ist die auftretende Elektronen-Feld- (Drift-) Stromdichte durch

$$\mathbf{j}_{n,\text{DRIFT}} = -q\,n\,\mathbf{v}_n = q\,n\,\mu_n\,\mathbf{E} = \sigma_n\,\mathbf{E} \tag{2.29}$$

und die Defektelektronen-Feld- (Drift-) Stromdichte durch

$$\mathbf{j}_{p,\text{DRIFT}} = q\,p\,\mathbf{v}_p = q\,p\,\mu_p\,\mathbf{E} = \sigma_p\,\mathbf{E} \tag{2.30}$$

gegeben, wobei bedeuten

q Elementarladung,
n Elektronendichte,
p Defektelektronendichte,
$\mathbf{v}_n$ Elektronengeschwindigkeit,
$\mathbf{v}_p$ Defektelektronengeschwindigkeit,
μ_n Elektronenbeweglichkeit,
μ_p Defektelektronenbeweglichkeit,
σ_n Elektronenleitfähigkeit,
σ_p Defektelektronenleitfähigkeit,
$\mathbf{E}$ elektrische Feldstärke

Die Gln. (2.29) und (2.30) sind Verallgemeinerungen des Ohmschen Gesetzes für den Fall zweier verschiedener Trägerarten. Die gesamte Feldstromdichte ist

$$\mathbf{j}_{\text{TOT,DRIFT}} = (\sigma_n + \sigma_p)\,\mathbf{E} = \sigma\,\mathbf{E}, \tag{2.31}$$

wobei σ die gesamte Leitfähigkeit des Halbleiters ist. Man beachte, daß die Trägergeschwindigkeiten und damit die Feldstromdichten der elektrischen Feldstärke $\mathbf{E}$ proportional sind. Die Proportionalitätskonstanten heißen *Beweglichkeiten*. Der hauptsächliche Unterschied zwischen der Trägerbewegung im Vakuum und im Festkörper ist folgender. Im Vakuum werden die Träger durch ein elektrisches Feld beschleunigt, so daß die Feldstromdichten vom gesamten elektrischen Feldverlauf abhängen, den sie durchlaufen haben. In einem Festkörper hingegen gibt es im Mittel keine Trägerbeschleunigung in einem konstanten elektrischen Feld, und die mittlere Geschwindigkeit ist in jedem Punkt der elektrischen Feldstärke genau proportional. Der Grund für diese konstante Geschwindigkeit sind die häufigen Zusammenstöße der beweglichen Träger mit verschiedenen „Streuzentren", wie in § 3 A über

Beweglichkeiten noch gezeigt wird. Abweichungen von dieser einfachen Beziehung werden im Abschnitt über Geschwindigkeiten in hohen Feldern (§ 3 B) diskutiert.

Diese Driftströme unter dem Einfluß eines elektrischen Feldes sind nicht die einzigen Ströme, die in einem Halbleiter fließen können. Die freien Träger (Leitungselektronen und Defektelektronen) haben eine thermische Geschwindigkeit (in der Größenordnung von 10^8 cm/sec) und sind dauernd Zusammenstößen ausgesetzt. Wenn nun die Trägerdichten in einem Teil des Kristalls höher sind als in einem anderen (dies kann durch inhomogene Störstellenverteilung auftreten, durch Lichteinfall, durch Injektion von Überschußträgern, durch Kontakte oder durch Wärme), sind sie bestrebt, von den Stellen hoher Dichte zu denen mit geringerer Dichte zu *diffundieren*. So entstehen die *Diffusionsströme*, die auch fließen können, wenn *kein* elektrisches Feld im Kristall vorhanden ist. Diese Diffusionsströme werden für Elektronen durch

$$\mathbf{j}_{n,\,\mathrm{DIFF}} = q\,D_n\,\mathrm{grad}\,n \qquad (2.32)$$

und für Defektelektronen durch

$$\mathbf{j}_{p,\,\mathrm{DIFF}} = -q\,D_p\,\mathrm{grad}\,p \qquad (2.33)$$

beschrieben, wobei D_n die Diffusionskonstante für Elektronen und D_p die Diffusionskonstante für Defektelektronen ist. Die Gln. (2.32) und (2.33) sind selbst ohne Ableitung plausibel. Der Diffusionsträgerfluß ist an jedem Punkt dem Gradienten der Trägerdichte proportional. Die Diffusionskonstanten sind die Proportionalitätsfaktoren. Die verschiedenen Vorzeichen vor den Ausdrücken (2.32) und (2.33) folgen aus der Tatsache, daß bei Elektronen- und Defektelektronengradienten in der gleichen Richtung die entsprechenden Ströme in entgegengesetzten Richtungen fließen, bedingt durch die verschieden geladenen Träger. Die gesamten Elektronen- und Defektelektronenstromdichten erhält man dann durch Addition der Gln. (2.29) und (2.30) zu (2.32) und (2.33) [*30*]:

$$\mathbf{j}_n = q\,\mu_n\,n\,\mathbf{E} + q\,D_n\,\mathrm{grad}\,n \qquad (2.34)$$

und

$$\mathbf{j}_p = q\,\mu_p\,p\,\mathbf{E} - q\,D_p\,\mathrm{grad}\,p. \qquad (2.35)$$

Aus statistischen Überlegungen folgt die sehr wichtige Tatsache, daß die Beweglichkeiten und die Diffusionskonstanten nicht unabhängig, sondern sehr eng über die sog. EINSTEIN-Relation $\mu = (q/k\,T)\,D$ verknüpft sind (s. unten). Wenn zusätzlich ein konstantes Magnetfeld angelegt wird (Abb. 2.10), treten HALL-Felder auf, die zusätzliche Querstromkomponenten ergeben:

$$\mathbf{j}_n = q\,\mu_n\,n\,\mathbf{E} + q\,D_n\,\mathrm{grad}\,n + \underline{R_n\,\sigma_n\,|\mathbf{H}|\,(\mathbf{j}_n \times \mathbf{k})} \qquad (2.36)$$

und

$$\mathbf{j}_p = q\,\mu_p\,p\,\mathbf{E} - q\,D_p\,\mathrm{grad}\,p + \underline{R_p\,\sigma_p\,|\mathbf{H}|\,(\mathbf{j}_p \times \mathbf{k})}, \qquad (2.37)$$

wobei R_n und R_p die HALL-Konstanten für den Elektronen- bzw. Defektelektronenstrom sind und $\mathbf{k}$ der Einheitsvektor in Richtung des

Magnetfeldes $\mathbf{H}$ ist. Benützt man indessen die HALL-Winkel Θ_n und Θ_p (Abb. 2.10), die wie folgt definiert sind

$$\tan\Theta_n = R_n\,\sigma_n\,|\mathbf{H}| = R_n\,q\,\mu_n\,n\,|\mathbf{H}|$$
$$\tan\Theta_p = R_p\,\sigma_p\,|\mathbf{H}| = R_p\,q\,\mu_p\,p\,|\mathbf{H}|,$$

(2.38)

dann erhält man aus den Gln. (2.36) und (2.37)

und

$$\mathbf{j}_n = q\,\mu_n\,n\,\mathbf{E} + q\,D_n\,\mathrm{grad}\,n + \tan\Theta_n(\mathbf{j}_n \times \mathbf{k}) \qquad (2.36\,\mathrm{a})$$

$$\mathbf{j}_p = q\,\mu_p\,p\,\mathbf{E} - q\,D_p\,\mathrm{grad}\,p + \tan\Theta_p(\mathbf{j}_p \times \mathbf{k}). \qquad (2.37\,\mathrm{a})$$

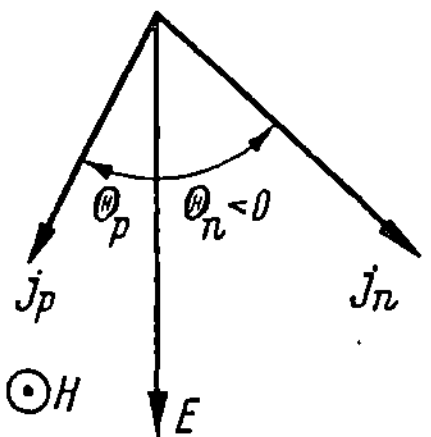

Abb. 2.10. Definition der Hallwinkel Θ_n und Θ_p für Elektronen und Defektelektronen

Auf den allgemeinen Gln. (2.36) und (2.37) basieren die Untersuchungen des HALL-Effekts und des photomagnetoelektrischen Effekts. Der letztgenannte Effekt ist sehr wichtig für die Messung von Lebensdauern und Oberflächen-Rekombinations-Geschwindigkeiten (s. § 3 E).

Bei der Untersuchung des Transistorverhaltens jedoch tritt der magnetische Term nicht auf, und er wird daher bei späteren Ableitungen weggelassen. Die Gesamtleitungstromdichte $\mathbf{j}_{\mathrm{COND}}$ ist dann durch die Summe der Gln. (2.34) und (2.35) gegeben:

$$\mathbf{j}_{\mathrm{COND}} = \mathbf{j}_n + \mathbf{j}_p = q(\mu_n\,n + \mu_p\,p)\,\mathbf{E} + q\,(D_n\,\mathrm{grad}\,n - D_p\,\mathrm{grad}\,p). \qquad (2.39)$$

Die verschiedenen Annahmen, die der Formulierung von Gln. (2.29) bis (2.39) zugrunde liegen und die gewöhnlich bei Transistoren erfüllt sind, wurden von VAN ROOSBROECK dargestellt [31].
Wenn man nun prüft, ob die MAXWELL-Gleichungen

$$\mathrm{rot}\,\mathbf{E} + \partial\mathbf{B}/\partial t = 0, \qquad \mathrm{div}\,\mathbf{B} = 0, \qquad (2.40)$$

$$\partial\mathbf{D}/\partial t + \mathbf{j}_{\mathrm{COND}} = \mathrm{rot}\,\mathbf{H} = \mathbf{j}_{\mathrm{TOT}}, \qquad \mathrm{div}\,\mathbf{j}_{\mathrm{TOT}} = 0, \qquad (2.41)$$

$$\varepsilon\,\mathbf{E} = \mathbf{D}, \qquad (2.42)$$

$$\mu\,\mathbf{H} = \mathbf{B}, \qquad (2.43)$$

$$\mathrm{div}\,\mathbf{D} = \varrho \qquad (2.44)$$

($\mathbf{E}$ und $\mathbf{D}$ sind der elektrische Feld- und der Verschiebungsvektor, $\mathbf{H}$ der magnetische Feldvektor, $\mathbf{B}$ der Vektor der magnetischen Induktion, ε die Dielektrizitätskonstante, μ die Permeabilität und ϱ die gesamte elektrische Ladungsdichte) und die vorhergehenden drei Gleichungen (2.34), (2.35) und (2.39) ein geschlossenes System bilden, mit dessen Hilfe man ein Leitungsproblem in einem Halbleiter lösen kann, stellt sich heraus, daß für die zehn Größen $\mathbf{E}$, $\mathbf{D}$, $\mathbf{H}$, $\mathbf{B}$, ϱ, $\mathbf{j}_{\mathrm{COND}}$, $\mathbf{j}_n$, $\mathbf{j}_p$, n und p nur acht Gleichungen zur Verfügung stehen. Es sind noch zwei unabhängige Beziehungen erforderlich. Das sind die *Kontinuitätsgleichungen* für die

Trägerdichten n und p:

$$\partial n/\partial t = -r_n(x, y, z; t) + g_n(x, y, z; t) + 1/q \operatorname{div} \mathbf{j}_n \qquad (2.45)$$

und

$$\partial p/\partial t = -r_p(x, y, z; t) + g_p(x, y, z; t) - 1/q \operatorname{div} \mathbf{j}_p, \qquad (2.46)$$

wobei r_n und r_p die *Rekombinationskoeffizienten* für Elektronen bzw. für Defektelektronen sind — d. h. die „Geschwindigkeiten", mit denen sie verschwinden. g_n und g_p sind die entsprechenden *Erzeugungskoeffizienten* — d. h., die „Geschwindigkeiten", mit denen sie gebildet werden. Die Gln. (2.45) und (2.46) stellen also lediglich fest, daß eine Änderung der Trägerdichten an irgendeinem Punkt entweder durch Trägerrekombination oder -erzeugung hervorgerufen wird oder durch einen Unterschied zwischen den Stromdichten, die in ein Volumenelement fließen und es verlassen ($\operatorname{div} \mathbf{j}$).

Trägererzeugung und -rekombination sind gewöhnlich komplizierte Vorgänge. Bei Transistoren entstehen durch äußere Einflüsse (z. B. Licht) keine Träger und man fand (s. die ausführliche Diskussion über den Rekombinationsprozeß in § 3 E), daß die folgenden Gleichungen eine gute Näherung für die Rekombination und die innere (thermische) Erzeugung darstellen:

$$r_n - g_n = (n - n_0)/\tau_n \qquad (2.47)$$

und

$$r_p - g_p = (p - p_0)/\tau_p, \qquad (2.48)$$

wobei man die Parameter τ_n und τ_p *Elektronen-* bzw. *Defektelektronenlebensdauer* nennt (s. unten); n_0 und p_0 sind die Gleichgewichtsträgerdichten. Aus den Gln. (2.47) und (2.48) geht hervor, daß jede Abweichung von den Gleichgewichtsträgerdichten mit einer Geschwindigkeit abklingt, die dieser Abweichung proportional ist. Bei Transistoren sind die Elektronen- und Defektelektronenlebensdauern immer gleich, d. h., Elektronen und Defektelektronen entstehen und rekombinieren paarweise:

$$\tau_n = \tau_p = \tau.$$

Wir kommen somit zu dem folgenden System von zehn Gleichungen, das jegliche Trägerbewegung in Halbleitern beschreibt

$$\operatorname{rot}\mathbf{E} + \partial\mathbf{B}/\partial t = 0, \qquad\qquad \operatorname{div}\mathbf{B} = 0, \qquad (2.40)$$

$$\partial\mathbf{D}/\partial t + \mathbf{j}_{\mathrm{COND}} = \operatorname{rot}\mathbf{H} = \mathbf{j}_{\mathrm{TOT}}, \qquad \operatorname{div}\mathbf{j}_{\mathrm{TOT}} = 0, \qquad (2.41)$$

$$\varepsilon\,\mathbf{E} = \mathbf{D}, \qquad (2.42)$$

$$\mu\,\mathbf{H} = \mathbf{B}, \qquad (2.43)$$

$$\operatorname{div}\mathbf{D} = \varrho, \qquad (2.44)$$

$$\mathbf{j}_n = q\,\mu_n\,n\,\mathbf{E} + q\,D_n\operatorname{grad} n + \tan\Theta_n\,(\mathbf{j}_n \times \mathbf{k}), \qquad (2.36\,\mathrm{a})$$

$$\mathbf{j}_p = q\,\mu_p\,p\,\mathbf{E} - q\,D_p\operatorname{grad} p + \tan\Theta_p\,(\mathbf{j}_p \times \mathbf{k}), \qquad (2.37\,\mathrm{a})$$

$$\mathbf{j}_{\mathrm{COND}} = \mathbf{j}_n + \mathbf{j}_p, \qquad (2.39)$$

$$\partial n/\partial t = -(n - n_0)/\tau_n + (1/q)\operatorname{div}\mathbf{j}_n + g_{n,\,\mathrm{ext}}(x, y, z; t), \qquad (2.49)$$

$$\partial p/\partial t = -(p - p_0)/\tau_p - (1/q)\operatorname{div}\mathbf{j}_p + g_{p,\,\mathrm{ext}}(x, y, z; t). \qquad (2.50)$$

Bei Halbleitern stehen die letzten fünf Gleichungen an Stelle des Ohmschen Gesetzes für gewöhnliche metallische Leiter.

Diese zehn allgemein gültigen Gleichungen können nun auf die Bedingungen spezialisiert werden, die bei Transistorproblemen auftreten. Es gibt keine äußere Erzeugung $(g_{n,\,ext} = g_{p,\,ext} = 0)$ und keine äußeren magnetischen Felder $(\Theta_n = \Theta_p = 0)$. Alle weiteren Ableitungen basieren daher auf folgendem System

Maxwell-Gleichungen:

$$\mathrm{rot}\,\mathbf{E} + \partial\mathbf{B}/\partial t = 0, \qquad \mathrm{div}\,\mathbf{B} = 0, \qquad (2.51)$$

$$\partial\mathbf{D}/\partial t + \mathbf{j}_{COND} = \mathrm{rot}\,\mathbf{H} = \mathbf{j}_{TOT}, \qquad \mathrm{div}\,\mathbf{j}_{TOT} = 0, \qquad (2.52)$$

$$\varepsilon\,\mathbf{E} = \mathbf{D}, \qquad (2.53)$$

$$\mu\,\mathbf{H} = \mathbf{B}, \qquad (2.54)$$

$$\mathrm{div}\,\mathbf{D} = \varrho. \qquad (2.55)$$

Transportgleichungen für die Stromdichten:

$$\mathbf{j}_n = q\,\mu_n\,n\,\mathbf{E} + q\,D_n\,\mathrm{grad}\,n, \qquad D_n = (k\,T/q)\,\mu_n, \qquad (2.56)$$

$$\mathbf{j}_p = q\,\mu_p\,p\,\mathbf{E} - q\,D_p\,\mathrm{grad}\,p, \qquad D_p = (k\,T/q)\,\mu_p, \qquad (2.57)$$

$$\mathbf{j}_{COND} = \mathbf{j}_n + \mathbf{j}_p. \qquad (2.58)$$

Kontinuitätsgleichungen:

$$\partial n/\partial t = -(n - n_0)/\tau_n + (1/q)\,\mathrm{div}\,\mathbf{j}_n, \qquad (2.59)$$

$$\partial p/\partial t = -(p - p_0)/\tau_p - (1/q)\,\mathrm{div}\,\mathbf{j}_p. \qquad (2.60)$$

Literaturverzeichnis zu Kapitel 2

[1] Siehe z. B. I. L. SCHIFF: Quantum Mechanics. New York: McGraw-Hill 1949.

[2] MARGENAU, H., and G. M. MURPHY: The Mathematics of Physics and Chemistry. Princeton, N. J.: Van Nostrand 1943, S. 240ff.

[3] SCHRÖDINGER, E.: Ann. Physik 79 (1926) 361, 489; 81 (1926) 109.

[4] LINDSAY, R. B., and H. MARGENAU: Foundations of Physics. New York: Wiley 1936.

[5] FOWLER, R. H.: Statistical Mechanics. New York: Oxford 1938.

[6] TOLMAN, R. C.: The Principles of Statistical Mechanics. New York: Oxford 1938.

[7] MARGENAU, H., and G. M. MURPHY: The Mathematics of Physics and Chemistry. Princeton, N. J.: Van Nostrand 1943, S. 415ff.

[8] SHOCKLEY, W.: Electrons and Holes in Semiconductors. Princeton, N. J.: Van Nostrand 1950, S. 465ff.

[9] FAN, H. Y.: Infrared absorption in semiconductors. Rep. Progr. in Phys. 19 (1956) 107. Dieser Bericht enthält über 100 Arbeiten.

[10] WINKLER, U.: Die elektrischen Eigenschaften der intermetallischen Verbindungen Mg_2Si, Mg_2Ge, Mg_2Sn und Mg_2Pb. Helv. phys. Acta 28 (1955) 633.

[11] HAYNES, J. R., M. LAX, and W. FLOOD: Bull. Amer. Phys. Soc. Ser. II 3 (1958) 30.

[12] MacFARLANE, G. G., T. P. McLEAN, J. E. QUARRINGTON, and V. ROBERTS: Phys. Rev. 108 (1957) 1377.

[13] Pearson, G. L., and J. Bardeen: Electrical properties of pure silicon and silicon alloys containing boron and phosphorus. Phys. Rev. 75 (1949) 865.

[14] Sorbo, W. De, and W. C. Dunlap, Jr.: Resistivity of heat-treated germanium between 11 °K and 298 °K. Phys. Rev. 83 (1951) 869, 879.

[15] Dunlap, W. C., Jr.: Zinc as an acceptor in germanium. Phys. Rev. 85 (1952) 945.

[16] Pearson, G. L., and W. Shockley: Measurement of Hall effect and resistivity of germanium and silicon from 10° to 600 °K. Phys. Rev. 71 (1947) 142.

[17] Hung, C. S., and J. R. Gliessman: The resistivity and Hall effect of germanium at low temperatures. Phys. Rev. 79 (1950) 726.

[18] Conwell, E. M.: Properties of silicon and germanium. Proc IRE 40 (1952) 1327.

[19] Morin, F. J., and J. P. Maita: Phys. Rev. 94 (1954) 1525.

[20] Morin, F. J., and J. P. Maita: Phys. Rev. 96 (1954) 28.

[21] Gärtner, W. W.: Temperature dependence of junction transistor parameters. Proc. IRE 45 (May 1957) 662.

[22] Die nötigen Vorsichtsmaßnahmen bei der Deutung solcher Diagramme sind bei W. Shockley: Electrons and Holes in Semiconductors, 464 ff., beschrieben. Eine Zusammenfassung der Methoden zur Messung von Halbleitereigenschaften enthält die Arbeit von G. Busch u. U. Winkler: Bestimmung der charakteristischen Größen eines Halbleiters aus elektrischen, optischen und magnetischen Messungen. Ergebn. exakt. Naturw. 29 (1956) 145.

[23] Pearson, G. L., and J. Bardeen: Electrical properties of pure silicon and silicon alloys containing boron and phosphorus. Phys. Rev. 75 (1949) 865. — W. De Sorbo and W. C. Dunlap, Jr.: Resistivity of heat-treated germanium between 11°K and 298 °K. Phys. Rev. 83 (1951) 869, 879. — W. C. Dunlap, Jr.: Zinc as an acceptor in germanium. Phys. Rev. 85 (1952) 945. — G. L. Pearson and W. Shockley: Measurement of Hall effect and resistivity of germanium and silicon from 10° to 600 °K. Phys. Rev. 71 (1947) 142. — C. S. Hung and J. R. Gliessman: The resistivity and Hall effect of germanium at low temperatures. Phys. Rev. 79 (1950) 726. — E. M. Conwell: Properties of silicon and germanium. Proc. IRE 40 (1952) 1327.

[24] Shockley, W.: Electrons and Holes in Semiconductors. Princeton, N.J.: Van Nostrand 1950, S. 270 ff. — G. Busch and U. Winkler: wie in [22] S. 145 bis 207. Diese Literaturangaben enthalten die nötigen Unterlagen und beschreiben die Gültigkeitsgrenzen für die folgenden vereinfachten Gleichungen.

[25] Debye, P. P., and E. M. Conwell: Phys. Rev. 93 (1954) 693.

[26] Shockley, W.: Electrons and Holes in Semiconductors. Princeton, N.J.: Van Nostrand 1950, S. 217.

[27] Busch, G., u. E. Mooser: Die magnetischen Eigenschaften der Halbleiter mit besonderer Berücksichtigung des grauen Zinns. Helv. phys. Acta 26 (1953) 611.

[28] Busch, G., and U. Winkler: wie in [22]; S. 145—207.

[29] Harrick, N. J.: Use of infrared absorption to determine carrier distribution in germanium and surface recombination velocity. Phys. Rev. 101 (1956) 491.

[30] Eine Rechtfertigung für die einfache Addition der Drift- und Diffusionskomponenten der Stromdichten findet man in W. Shockley: Electrons and Holes in Semiconductors. Princeton, N.J.: Van Nostrand 1950, S. 299.

31] Roosbroeck, W. Van: Theory of the photomagnetoelectric effect in semiconductors. Phys. Rev. 101 (15. März 1956) 1713 und frühere Veröffentlichungen desselben Autors.

3. Halbleitereigenschaften

A. Elektronen- und Defektelektronendriftbeweglichkeiten

In den folgenden Abschnitten sollen die einzelnen Halbleitereigenschaften individuell besprochen werden, die in die Grundgleichungen (2.51) bis (2.60) eingehen. Ihre experimentelle und theoretische Untersuchung ist Gegenstand der Festkörperphysik (siehe [1 bis 8]). Hier können jedoch nur solche Gesichtspunkte behandelt werden, die unmittelbar mit der Transistordimensionierung zusammenhängen. Denjenigen Lesern, die sich der Forschung auf dem interessanten Gebiet der Festkörperbauelemente widmen wollen, sei die angegebene Literatur [1 bis 8] empfohlen.

Die Driftbeweglichkeiten μ von Elektronen und Defektelektronen in einem elektrischen Feld E sind definiert durch

$$\pm v = \mu E, \qquad (3.1)$$

wobei v die Trägergeschwindigkeit ist (Pluszeichen für Defektelektronen, Minuszeichen für Elektronen). Da die Träger sehr oft mit Streuzentren (verschiedener Art) zusammenstoßen, werden sie in einem Festkörper von einem homogenen elektrischen Feld nicht beschleunigt, sondern laufen mit einer mittleren konstanten, dem Feld proportionalen Geschwindigkeit. Bei diesen Zusammenstößen verlieren sie viel von ihrer aufgenommenen Energie, so daß ein Geschwindigkeit-Zeit-Diagramm für einen einzelnen Träger ungefähr wie in Abb. 3.1 aussieht.

Die Größe der Beweglichkeiten hängt von der Art und Dichte der vorhandenen Streuzentren und von der durchschnittlichen thermischen Geschwindigkeit der Träger und damit von der Temperatur ab. Zu den Streuzentren zählen die thermischen Schwingungen des Gitters sowie Störstellen, z. B. geladene (ionisierte) und neutrale Fremdatome und Gitterfehler. Bei dem hochwertigen Material, das zur Transistorherstellung verwendet wird, braucht jedoch nur die Streuung durch Fremdionen und Gitterschwingungen in Betracht gezogen zu werden.

Die Streuung durch Störstellenionen wurde als klassische COULOMB-Streuung behandelt, d. h. als Ablenkung eines bewegten Elektrons durch eine stationäre (Ionen-) Ladung (Abb. 3.2). Die Berechnungen

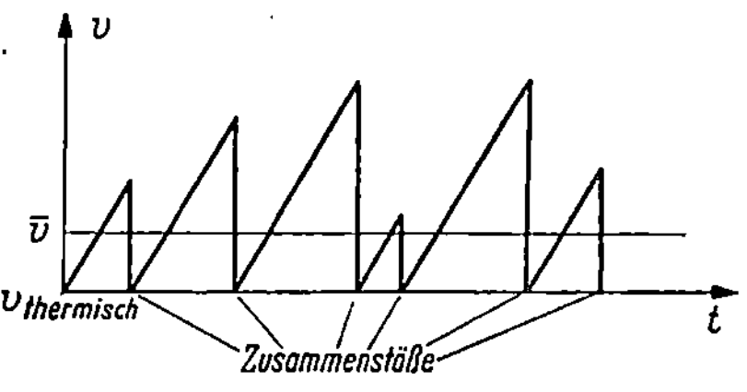

Abb. 3.1. Vereinfachte Darstellung der Trägergeschwindigkeit im elektrischen Feld als Funktion der Zeit. Durch die häufigen Zusammenstöße werden die Träger immer wieder auf die thermische Geschwindigkeit abgebremst und können nur eine konstante Durchschnittsgeschwindigkeit $\bar{v}$ erreichen

ergeben für die *Störstellenbeweglichkeit* μ_I:

$$\mu_I = \frac{8\sqrt{2}\,\varkappa^2 (k\,T)^{3/2}}{\pi^{3/2}\,N_I\,q^3\,m_{\text{eff}}^{1/2}\ln\left[1 + \left(\dfrac{3\varkappa\,k\,T}{q^2\,N_I^{1/3}}\right)^2\right]}. \qquad (3.2)^*$$

Die analogen, quantenmechanischen Ableitungen [*10* bis *12*] führen zu geringfügigen Korrekturen

$$\mu_I = \frac{8\sqrt{2}\,\varkappa^2 (k\,T)^{3/2}}{\pi^{3/2}\,N_I\,q^3\,m_{\text{eff}}^{1/2}[\ln(1+b) - b/(1+b)]} \qquad (3.3)^*$$

mit

$$b = \frac{6}{\pi}\,\frac{\varkappa\,m_{\text{eff}}\,k^2\,T^2}{n_{\text{maj}}\,\hbar^2\,q^2}.$$

($\varkappa$ ist die Dielektrizitätskonstante, N_I die Dichte der Störstellenionen, m_{eff} die effektive Masse der Träger, $\hbar = h/(2\pi)$ die DIRAC-Konstante und n_{maj} die Majoritätsträgerdichte). Die Störstellenbeweglichkeit ist demnach umgekehrt proportional der Dichte der Störstellenionen N_I und steigt mit der Temperatur proportional $T^{3/2}$. Der Grund für diese Beweglichkeitszunahme mit der Temperatur liegt darin, daß die Träger wegen ihrer höheren thermischen Durchschnittsgeschwindigkeit weniger stark von den stationären Ionen abgelenkt werden.

Die Streuung durch Interferenz mit Gitterschwingungen ist schwerer zu verstehen. Sie wird durch die Wellennatur der Elektronen erklärt und ist somit ein quantenmechanischer Effekt. In einem streng periodischen Gitter würden die Elektronen überhaupt nicht gestreut werden. Durch die thermischen Schwingungen der Gitteratome ist die Periodizität jedoch leicht gestört, so daß die Elektronenwellen teilweise reflektiert werden. Es wurden theoretische Ausdrücke für die Gitterbeweglichkeit μ_L abgeleitet [*13*, *14*], aber für praktische Berechnungen werden gewöhnlich die folgenden empirischen

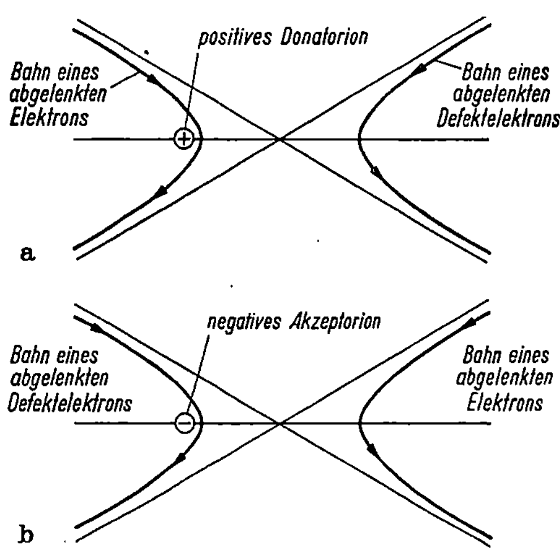

Abb. 3.2 a u. b. Störstellenstreuung, d. h. Ablenkung von bewegten Elektronen und Defektelektronen durch stationäre Ladungen: a) Streuung durch ein Donator-Ion; b) Streuung durch ein Akzeptor-Ion

---

* In den Gl. (3.2) und (3.3) wurde das elektrostatische CGS-Maßsystem verwendet.

Werte verwendet:

$$\mu_{n\,L} = 4{,}9 \times 10^7 \times T^{-1{,}66} \text{ cm}^2 \text{ V}^{-1} \text{ sec}^{-1} \text{ (gültig zwischen 100 und 300 °K)}$$

$$\mu_{n\,L} = 3900 \pm 100 \text{ cm}^2 \text{ V}^{-1} \text{ sec}^{-1} \text{ bei Zimmertemperatur} \tag{3.4}$$

für Elektronen in Germanium [15],

$$\mu_{p\,L} = 1{,}05 \times 10^9 \times T^{-2{,}33} \text{ cm}^2 \text{ V}^{-1} \text{ sec}^{-1} \text{ (gültig zwischen 100 und 300 °K)}$$

$$\mu_{p\,L} = 1900 \pm 50 \text{ cm}^2 \text{ V}^{-1} \text{ sec}^{-1} \text{ bei Zimmertemperatur} \tag{3.5}$$

für Defektelektronen in Germanium [15]

$$\mu_{n\,L} = (2{,}1 \pm 0{,}2) \times 10^9 \times T^{-2{,}5 \pm 0{,}1} \text{ cm}^2 \text{ V}^{-1} \text{ sec}^{-1}$$
$$\text{(gültig zwischen 160 und 440°K)}$$

$$\mu_{n\,L} = 1350 \pm 100 \text{ cm}^2 \text{ V}^{-1} \text{ sec}^{-1} \text{ bei Zimmertemperatur (300°K)} \tag{3.6}$$

für Elektronen in Silizium [16],

$$\mu_{p\,L} = (2{,}3 \pm 0{,}1) \times 10^9 \times T^{-2{,}7 \pm 0{,}1} \text{ cm}^2 \text{ V}^{-1} \text{ sec}^{-1}$$
$$\text{(gültig zwischen 150 und 400 °K)}$$

$$\mu_{p\,L} = 480 \pm 15 \text{ cm}^2 \text{ V}^{-1} \text{ sec}^{-1} \text{ bei Zimmertemperatur (300 °K)} \tag{3.7}$$

für Defektelektronen in Silizium [16].

Um die durch die Kombination der beiden Streumechanismen bestimmte Gesamtbeweglichkeit zu berechnen, addiert man gewöhnlich die Reziprokwerte der Störstellen- und der Gitterbeweglichkeit und erhält als gute Näherung

$$1/\mu = 1/\mu_I + 1/\mu_L \tag{3.8}$$

Abb. 3.3 a u. b

Trägerdriftbeweglichkeiten bei Zimmertemperatur a) in Germanium; b) in Silizium als Funktion des spezifischen Widerstandes. Nach M. B. PRINCE: Phys. Rev. 92 (1953) 681; 93 (1954) 1204

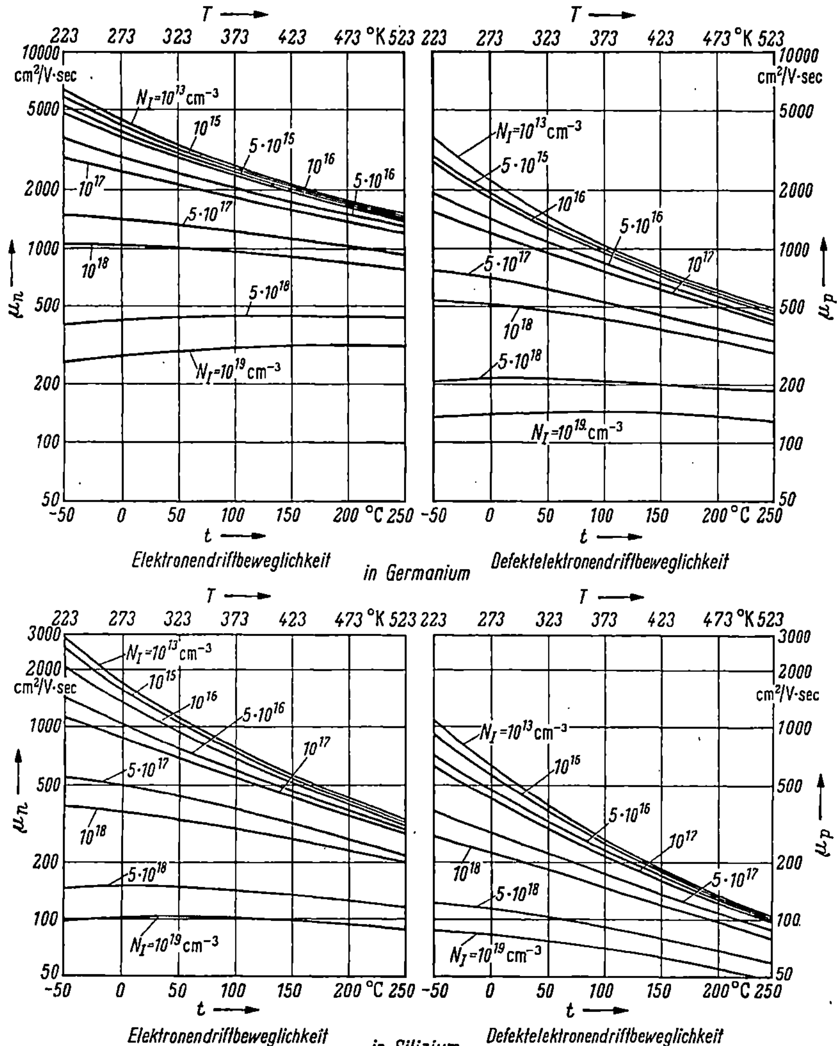

Abb. 3.4. Elektronen- und Defektelektronenbeweglichkeiten μ in Germanium (oben) und Silizium (unten) bei verschiedenen Störstellenkonzentrationen als Funktion der Temperatur T

oder man kann die folgende genauere Formel [*17* bis *19*] verwenden:

$$\mu = \mu_L[1 + M^2\{C\,i\,M\,\cos M + S\,i\,M\,\sin M - \tfrac{1}{2}\pi\,\sin M\}], \qquad (3.8\,\mathrm{a})$$

wobei $M^2 = 6\mu_L/\mu_I$ ist. Eine Darstellung der Beziehung (3.8a) für graphische Addition wurde von Conwell [*20*] angegeben.

Die Abhängigkeit der Beweglichkeiten vom spezifischen Widerstand des Materials (s. Abb. 3.3) ist durch die Dichte der Streuzentren N_I, d. h. der Donator- und Akzeptor-Ionen gegeben. Die Beweglichkeit nimmt deshalb für niedrigere spezifische Widerstände (höhere Konzentrationen) ab.

Die Temperaturabhängigkeit ist für die beiden Komponenten der Beweglichkeit verschieden, wie man aus den Gln. (3.2) bis (3.7) sehen kann. Bei höheren Temperaturen verliert die Streuung an geladenen Störstellen wegen der höheren thermischen Geschwindigkeit an Bedeutung, während die Gitterschwingungen bei höheren Temperaturen intensiver werden und eine stärkere Streuung verursachen. Die Störstellenbeweglichkeit steigt mit der Temperatur, die Gitterbeweglichkeit fällt und die Gesamtbeweglichkeit durchläuft ein Maximum. Seine Lage

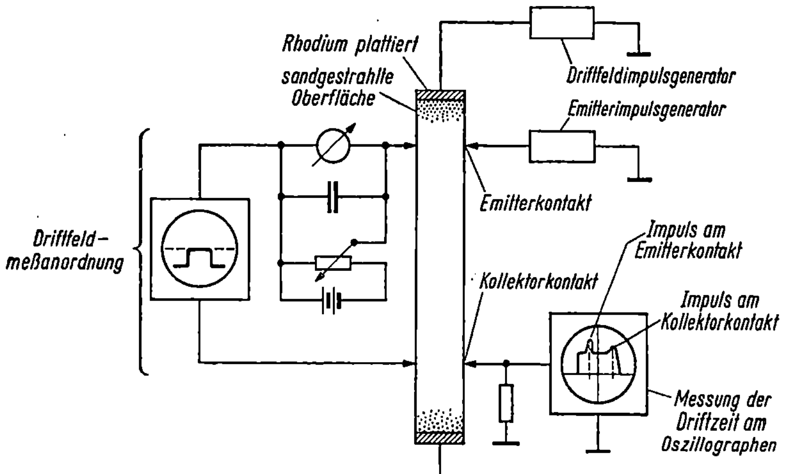

Abb. 3.5. HAYNES-SHOCKLEY-Versuch zur Messung der Trägerdriftbeweglichkeiten in Halbleitern. Nach M. B. PRINCE: Phys. Rev. 92 (1953) 681

hängt von der Dotierung der Probe ab. Abb. 3.4 zeigt μ_n und μ_p in Abhängigkeit von T über den in der Transistoranwendung interessierenden Bereich.

Die Messung der Driftbeweglichkeiten erfolgt mit Hilfe der in Abb. 3.5 schematisch dargestellten Anordnung. Ein bekanntes elektrisches Driftfeld wird an die Probe in Form von Rechteckimpulsen angelegt, um Erwärmung zu vermeiden. Gleichzeitig mißt man die Zeit, die ein bedeutend kürzerer, durch den Emitterkontakt injizierter Impuls von Minoritätsträgern braucht, um vom Emitter- zum Kollektorkontakt zu laufen. Aus der Laufzeit und dem bekannten Abstand zwischen den Kontakten erhält man die Geschwindigkeit; Division durch die Feldstärke E ergibt die Beweglichkeit. Diese Messung liefert offensichtlich immer die Driftbeweglichkeit eines injizierten *Minoritätsträgerimpulses* und es müssen bei der Auswertung der Ergebnisse gewisse Vorsichtsmaßnahmen beachtet werden [21, 22]. Die Genauigkeit dieser Methode wurde von HARRICK [*23*] verbessert, der an Stelle der Spitzenkontakte kleine Legierungsschichten verwendete. LUDWIG und WATTERS [*16*] hingegen verwendeten zur Injektion des Trägerimpulses einen Lichtstrahl, der als dünne Linie quer über die Probe projiziert wurde.

Die Driftbeweglichkeit der Majoritätsträger kann über einen gewissen Temperaturbereich aus der elektrischen Leitfähigkeit ermittelt werden, wenn nämlich die Probe fremdleitend bleibt und die Trägerdichte aus anderen Messungen (HALL-Effekt) bekannt ist [*16*].

B. Trägergeschwindigkeiten im hohen elektrischen Feld

Wenn die elektrische Feldstärke in einem Halbleiter über einen bestimmten kritischen Wert E_{krit} (s. Tab. 3.1) anwächst, ist die Träger-

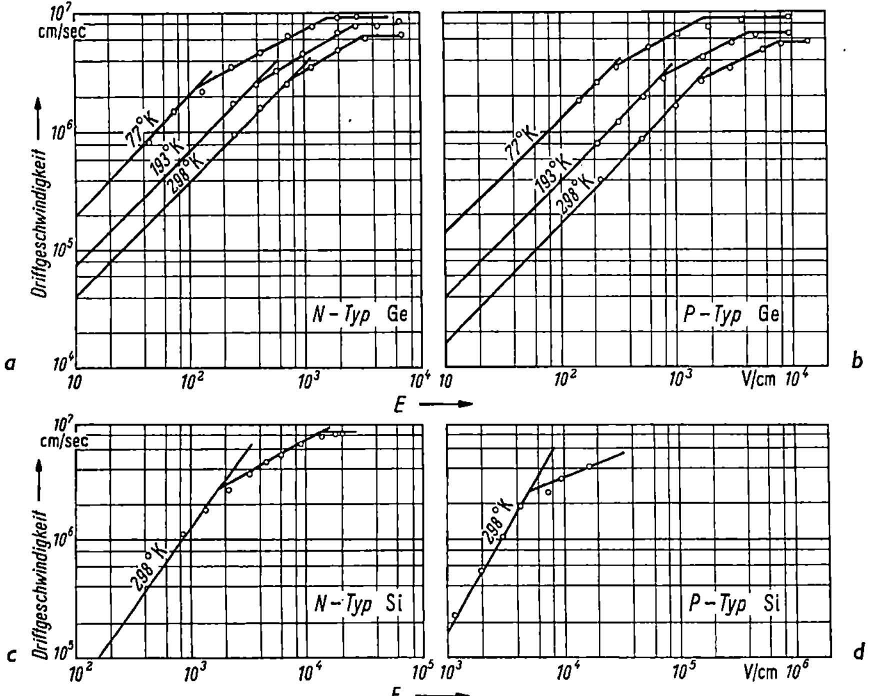

Abb. 3.6 a—d. Mittlere Trägergeschwindigkeiten in Abhängigkeit vom elektrischen Feld bei Ge und Si. Nach E. J. RYDER: Phys. Rev. 90 (1953) 766

geschwindigkeit nicht mehr dem elektrischen Feld proportional, sondern verläuft nach einer Kurve, wie sie in Abb. 3.6 gegeben ist [*24* bis *28*]. Das bedeutet, daß die Trägerbeweglichkeit keine Konstante mehr ist und damit den Großteil ihrer physikalischen Bedeutung verliert. Nimmt das Feld noch weiter zu, erreicht die Trägergeschwindigkeit einen konstanten Sättigungswert und sie ist nicht mehr vom elektrischen Feld abhängig. Diese Maximalwerte für die Trägergeschwindigkeiten zusammen mit den zu ihrer Erreichung nötigen Mindestfeldstärken sind in Tab. 3.2 angegeben.

In einem homogenen Halbleiter können diese Geschwindigkeiten nur mit Impulstechniken [24, 26] gemessen werden, um eine Überhitzung der Probe zu vermeiden. Eine Abweichung von der konstanten Beweg-

Tabelle 3.1. *Experimentell ermittelte kritische Feldstärken E_{krit}, bei deren Überschreitung eine Abweichung von der konstanten Beweglichkeit bei 298 °K eintritt [24, 25]*

Material	Trägerart	$E_{krit}(\mathrm{V\ cm^{-1}})$
Germanium	Elektronen	900
Germanium	Defektelektronen	1400
Silizium	Elektronen	2500
Silizium	Defektelektronen	7500

lichkeit erweist sich dann als Abweichung vom Ohmschen Gesetz. Es wäre jedoch auch möglich, diese Geschwindigkeiten in der Raumladungszone eines in Sperrichtung vorgespannten PN-Überganges unter stationären Bedingungen zu bestimmen.

Tabelle 3.2. *Maximale Trägergeschwindigkeit v_{max} und minimale elektrische Feldstärke E_{min}, um diese Geschwindigkeiten bei 298 °K zu verwirklichen*

Material	Trägerart	$v_{max}(\mathrm{cm\ s^{-1}})$	$E_{min}(\mathrm{V\ cm^{-1}})$
Germanium	Elektronen	$6,5 \cdot 10^6$	3000
Germanium	Defektelektronen	$6 \cdot 10^6$	9000
Silizium	Elektronen	$8,5 \cdot 10^6$	15000
Silizium	Defektelektronen	$\sim 5 \cdot 10^6$	> 20000

C. Spezifische Widerstände

Der spezifische Widerstand ϱ, gemessen in Ω cm, ist der Reziprokwert der Leitfähigkeit σ, die in S/cm ausgedrückt wird. Die Leitfähigkeit ist durch das Ohmsche Gesetz definiert, $J = \sigma E$. Sie ist in einem Halbleiter, in dem sowohl Elektronen als auch Defektelektronen vorhanden sind und in dem die Stromdichte daher durch $J = q(-v_n\, n + v_p\, p)$ gegeben ist, gleich

$$\sigma = 1/\varrho = q(\mu_n\, n + \mu_p\, p). \tag{3.9}$$

Sie ist offensichtlich eine abgeleitete Größe. Man beachte ihre Temperaturabhängigkeit, die aus der bekannten Temperaturabhängigkeit der

Trägerdichten und der Beweglichkeiten berechnet werden kann. Abb.3.7 zeigt entsprechende Beispiele. Im Bereich der Fremdleitung bleiben die Majoritätsträgerdichten praktisch konstant, und der spezifische Wider-

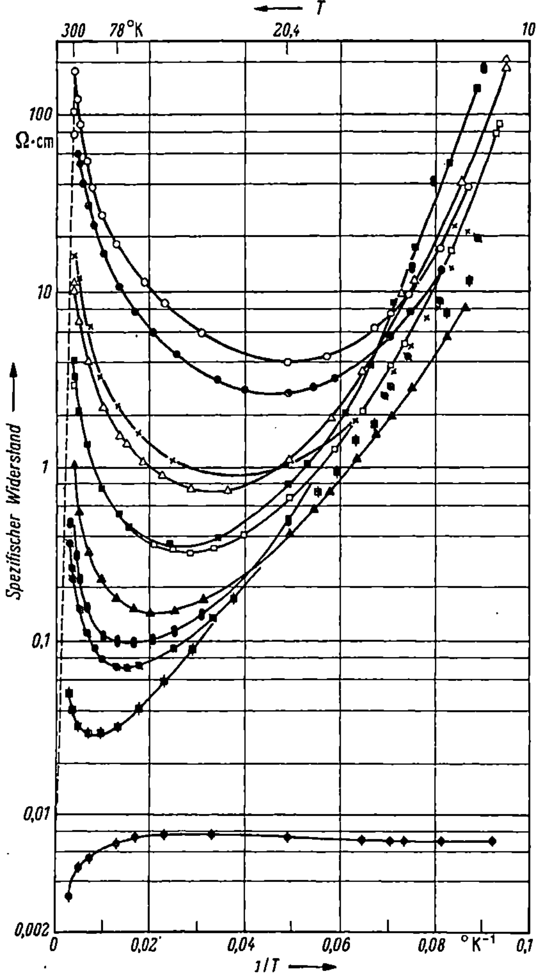

Abb. 3.7a
Der spezifische Widerstand einer Reihe von N-Typ-Proben (As-dotiert) als Funktion der reziproken absoluten Temperatur. Nach P. P. DEBYE u. E. M. CONWELL: Phys. Rev. 93 (1954) 693

stand folgt in seiner Temperaturabhängigkeit der Beweglichkeit. Sobald jedoch eine größere Anzahl von Trägern durch thermische Energie über die verbotene Zone gehoben wird und der Übergang zum Eigenleitungsverhalten erreicht ist, fällt der spezifische Widerstand rapid ab.

Da im Eigenleitungsbereich die Steigung der Leitfähigkeitskurve in Abhängigkeit von der Temperatur praktisch gleich dem Verlauf von $n_i(T)$ ist, kann die Messung entsprechend Gl. (2.13) zur Bestimmung der Breite der verbotenen Zone verwendet werden.

Die Bestimmung des spezifischen Widerstandes durch eine Strom-Spannungs-Messung an einer Probe mit bekannten Abmessungen ist im allgemeinen nicht genau genug, da es sehr schwer ist, eine Halbleiter-

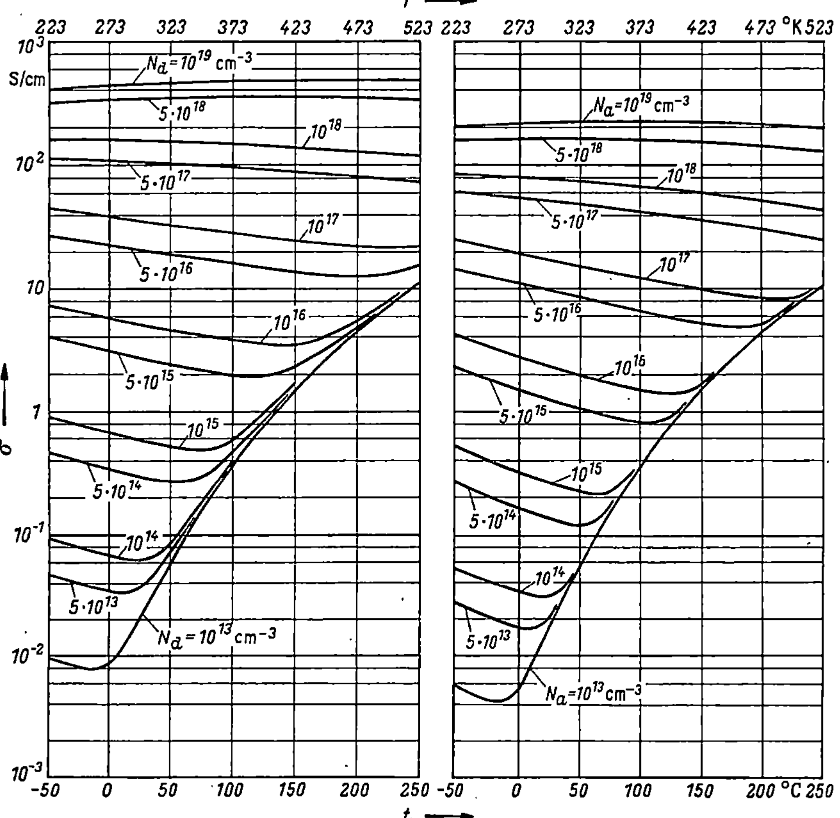

Abb. 3.7 b. Leitfähigkeiten von N- und P-leitendem Germanium mit verschiedenen Störstellenkonzentrationen als Funktionen der Temperatur T

probe mit absolut nichtgleichrichtenden (Ohmschen) Kontakten zu versehen. Am gebräuchlichsten ist deshalb die in Abb. 3.8 schematisch dargestellte Vierpunktmethode zur Bestimmung des spezifischen Widerstandes. Über die beiden äußeren Spitzen fließt ein geringer Strom, und über die beiden inneren Spitzen wird die entstehende Spannung abgegriffen. Aus diesen Werten kann unter Berücksichtigung der Geometrie des Stromflusses [29] der spezifische Widerstand berechnet werden.

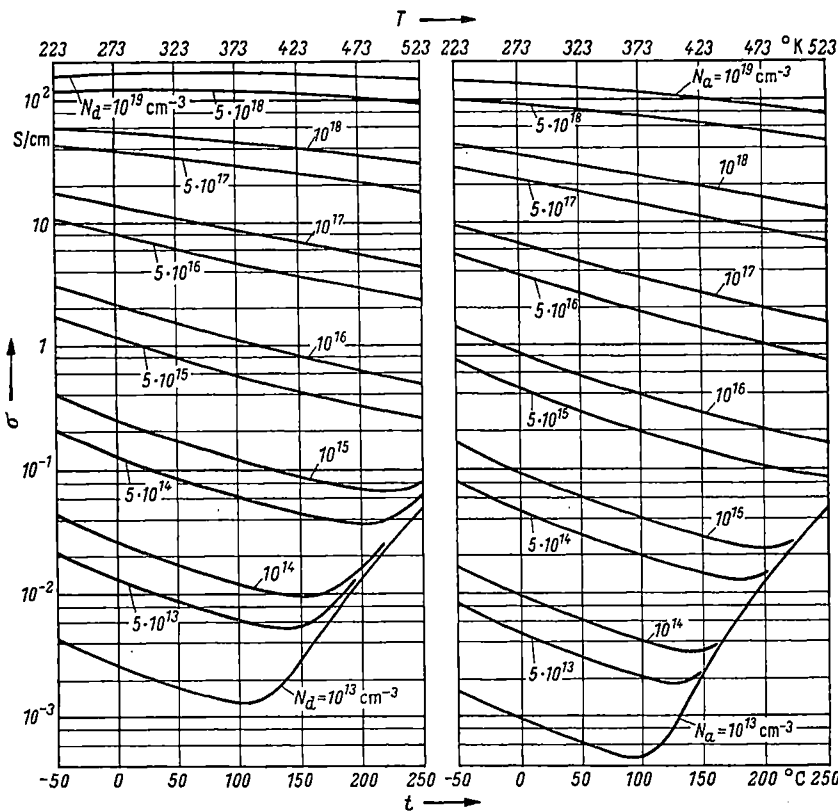

Abb. 3.7c. Leitfähigkeiten von N- und P-leitendem Silizium mit verschiedenen Störstellenkonzentrationen als Funktionen der Temperatur T

D. Diffusionskonstanten für Elektronen und Defektelektronen

Die Diffusionskonstante D der Träger, ausgedrückt in $cm^2\,sec^{-1}$, bestimmt die Geschwindigkeit, mit der die Träger bei einem gegebenen Konzentrationsgradienten diffundieren [Gln. (2.32) und (2.33)][1]. Die Diffusionskonstanten D der Träger hängen eng mit der Trägerbeweglichkeit μ zusammen, da die gleichen Streumechanismen sowohl die Trägerbewegung im elektrischen Feld als auch die Diffusion behindern. Durch statistische Überlegungen [*30* bis *33*] findet man, daß der Zusammenhang zwischen Diffusionskonstante und Beweglichkeit in unserem Fall durch die sog. EINSTEIN-Beziehung gegeben ist

$$D = (k\,T/q)\,\mu. \tag{3.10}$$

---

[1] Diese Elektronen- und Defektelektronendiffusionskonstanten in Halbleitern dürfen nicht mit den Diffusionskoeffizienten von Störstellenatomen verwechselt werden, die die Geschwindigkeit angeben, mit der Störstellenatome in einem Halbleiter bei erhöhten Temperaturen diffundieren.

In Tab. 3.3 sind einige Werte für D bei Zimmertemperatur zusammengestellt. Man sieht an Hand von Gl. (3.10), daß die Temperaturabhängigkeit der Diffusionskonstante und der Beweglichkeit in demselben Material verschieden ist (s. Abb. 3.9 und vergleiche mit Abb. 3.4).

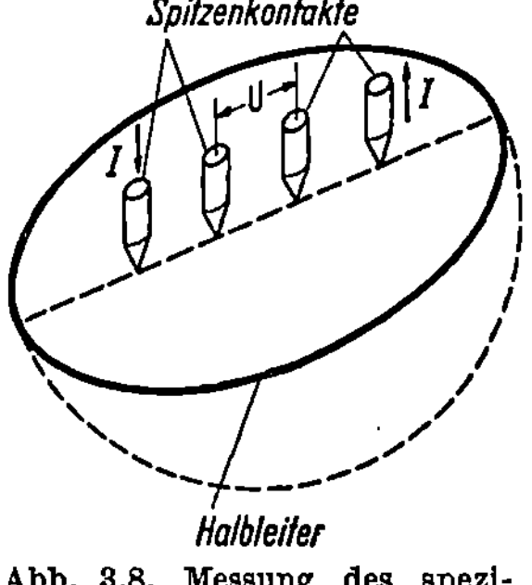

Abb. 3.8. Messung des spezifischen Widerstandes mit der Vierpunktmethode

Tabelle 3.3. *Diffusionskonstanten für Elektronen und Defektelektronen in reinem Germanium und Silizium bei Zimmertemperatur*

Material	Trägerart	D (cm² sec⁻¹)
Germanium	Elektronen	$D_n = 100{,}6 \pm 2{,}6$
Germanium	Defektelektronen	$D_p = 49 \pm 1{,}3$
Silizium	Elektronen	$D_n = 34{,}8 \pm 2{,}6$
Silizium	Defektelektronen	$D_p = 12{,}4 \pm 0{,}4$

Die Diffusionskonstanten mißt man im allgemeinen nicht direkt, sondern ermittelt sie aus den Beweglichkeiten mit Hilfe von Gl. (3.10).

E. Volumen- und Oberflächenrekombination; Lebensdauer und Oberflächenrekombinationsgeschwindigkeit [*34, 35*]

Immer wenn eine Abweichung von den Gleichgewichtsträgerdichten im Kristall auftritt, setzt Trägererzeugung oder Rekombination ein, um die Trägerdichten wieder auf ihre Gleichgewichtswerte zu bringen. Im allgemeinen können diese Vorgänge sehr kompliziert sein [*36* bis *38*]. Günstigerweise stellte sich jedoch experimentell heraus, daß im extrem reinen Halbleiter, wie er zur Transistorherstellung verwendet wird, ein relativ einfacher monomolekularer Prozeß für die Rekombination verantwortlich ist, d. h. daß die Rekombinationsgeschwindigkeit nur der Überschußdichte einer Trägerart proportional ist und nicht dem Produkt beider (bimolekularer Mechanismus). Das gilt zumindest für geringe Injektion, wie in § 4 A (PN-Übergänge) noch besprochen wird. Die Rekombinationskoeffizienten (Trägerzahl, die pro Zeiteinheit rekombiniert) sind somit gegeben durch

$$(n - n_0)/\tau_n, \qquad (p - p_0)/\tau_p, \qquad (3.11)$$

wobei n und p die tatsächlichen Trägerdichten, n_0, p_0 die Gleichgewichtsträgerdichten, und die reziproken Proportionalitätsfaktoren τ_n, τ_p die *Lebensdauer* für Elektronen bzw. Defektelektronen bezeichnen. Als der monomolekulare Rekombinationsprozeß experimentell festgestellt wurde, ersetzte man die ursprüngliche Erklärung mit Hilfe von bimolekularer Rekombination durch einen speziellen Mechanismus, der von HALL [*39*] sowie von SHOCKLEY und READ [*40*] vorgeschlagen und untersucht wurde.

Die Wahrscheinlichkeit der Elektron-Defektelektron-Rekombination direkt über die verbotene Zone [41] ist sehr gering. Sie ist unzureichend, um die relativ kurzen Trägerlebensdauern in Ge und Si zu erklären (10^{-3} bis

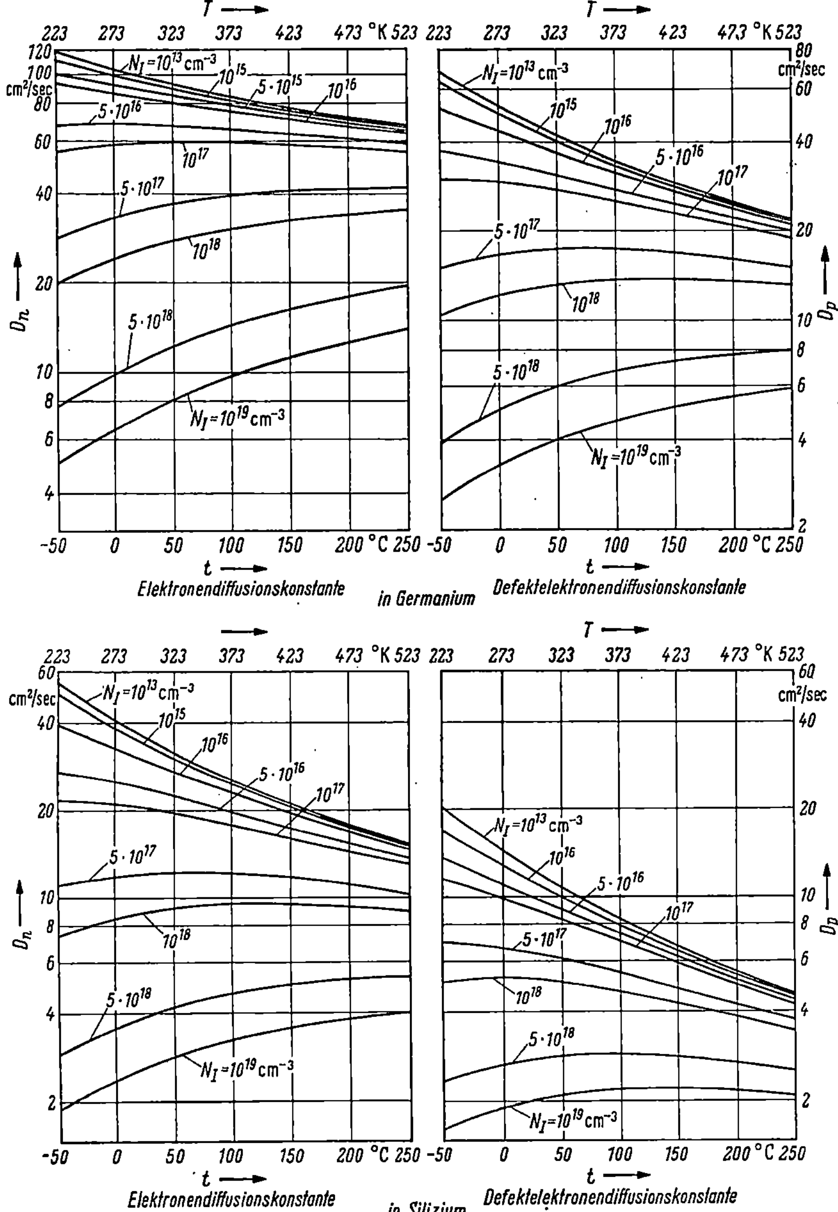

Abb. 3.9. Elektronen- und Defektelektronendiffusionskonstanten, D_n und D_p, in Germanium (oben) und Silizium (unten) bei verschiedenen Störstellenkonzentrationen als Funktion der Temperatur T

10^{-9} sec). Man nahm deshalb an [*39, 40*], daß gewisse Störstellen, die man mit *Traps* oder *Rekombinationszentren* bezeichnet, ein Rekombinationsniveau (oder Trap) einführen. Es liegt innerhalb der verbotenen Zone nicht zu nahe an den Bandkanten (Abb. 3.10) und stellt eine Zwischenstufe für die Rekombination dar. Ein Elektron fällt nicht direkt aus dem Leitungsband ins Valenzband, sondern erst in das diskrete Trapniveau E_t und dann ins Valenzband. Wenn man die Statistik dieses Vorgangs durchrechnet [*40*], kommt man zum folgenden Ausdruck für die Lebensdauer der Überschußträger (sie ist gleich für Elektronen und Defektelektronen):

$$\tau = \tau_{p0}(n_0 + n_1)/(n_0 + p_0) + \tau_{n0}(p_0 + p_1)/(n_0 + p_0), \qquad (3.12)$$

wobei n_0, p_0 die Gleichgewichtsträgerdichten sind; $n_1 = N_c \exp(E_t - E_c)/kT$ und $p_1 = N_v \exp(E_v - E_t)/kT$ sind die Trägerdichten für den Fall,

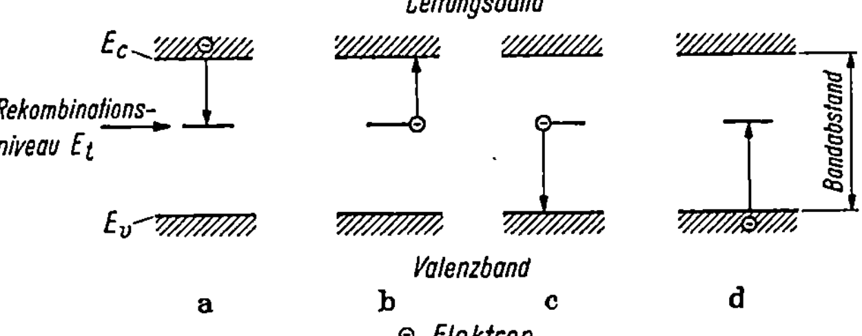

Abb. 3.10 a—d. SHOCKLEY-READ-Rekombinationsmechanismus. Die verschiedenen Einzelprozesse bei einer Rekombination durch Zwischenniveaus sind: a) Elektroneneinfang; b) Elektronenemission; c) Defektelektroneneinfang; d) Defektelektronenemission

daß das FERMI-Niveau mit dem Trapniveau zusammenfällt. τ_{p0} bezeichnet die Lebensdauer der Defektelektronen, die in hochdotiertes N-Material injiziert wurden. Sie ist durch

$$1/\tau_{p0} = (N_t/N_v) \int_0^{E_v} [\exp(E - E_v)/kT] \, c_p(E) \, N(E) \, dE \qquad (3.13)$$

gegeben. τ_{n0} ist die Lebensdauer für Elektronen, injiziert in hochdotiertes P-Material,

$$1/\tau_{n0} = (N_t/N_c) \int_{E_c}^{\infty} [\exp(E_c - E)/kT] \, c_n(E) \, N(E) \, dE, \qquad (3.14)$$

wobei N_t die Dichte der Rekombinationszentren ist; N_c und N_v sind die effektiven Zustandsdichten im Leitungs- und Valenzband, E_c und E_v die Bandkanten; $N(E)$ ist die Zustandsdichte; $c_n(E)$ ist die durchschnittliche Wahrscheinlichkeit pro Zeiteinheit, daß ein Elektron in dem Energiebereich dE von einem leeren Trapniveau aufgenommen wird und $c_p(E)$ ist die durchschnittliche Wahrscheinlichkeit, daß ein

Defektelektron in dem Energiebereich dE von einem gefüllten Trap-niveau aufgenommen wird.

Aus den Gln. (3.13) und (3.14) ist ersichtlich, daß die Lebensdauer umgekehrt proportional der Dichte der Rekombinationszentren ist. Da Störstellenatome, wie Kupfer und Nickel, ebenso wie Gitterstörungen als Rekombinationszentren wirken, kann man lange Lebensdauern nur in sehr reinen Kristallen mit einem Minimum an Gitterfehlern erreichen.

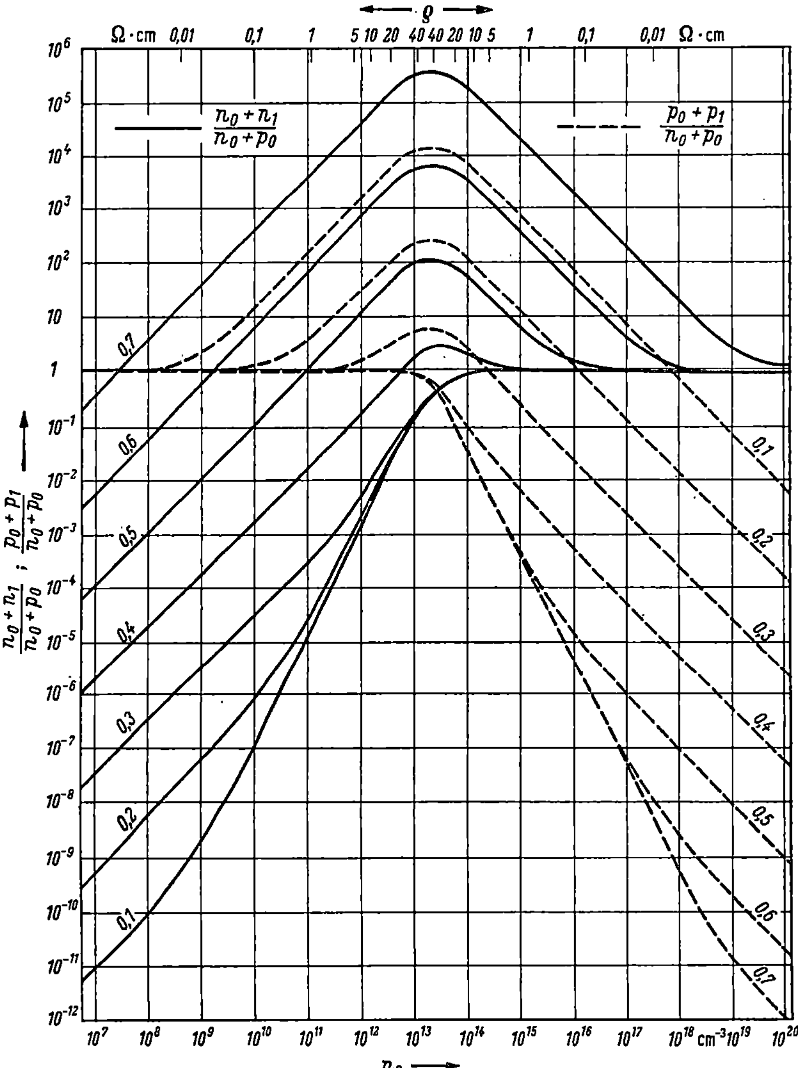

Abb. 3.11a. $\dfrac{n_0 + n_1}{n_0 + p_0}$ und $\dfrac{p_0 + p_1}{n_0 + p_0}$ als Funktionen der Elektronendichte n_0 in Germanium. Parameter: $E_t - E_v$. Nach W. GÄRTNER: J. Metals (Mai 1956) 612

Für eine gegebene Dichte von Rekombinationszentren sind die Größen τ_{p0}, τ_{n0} in den Gln. (3.13) und (3.14) praktisch konstant, und die Lebensdauer ist eine Funktion des spezifischen Widerstandes über die Faktoren $(n_0 + n_1)/(n_0 + p_0)$ und $(p_0 + p_1)/(n_0 + p_0)$, die in den Abb. 3.11a und b [42] dargestellt sind. Man beachte, daß, abhängig von der Lage

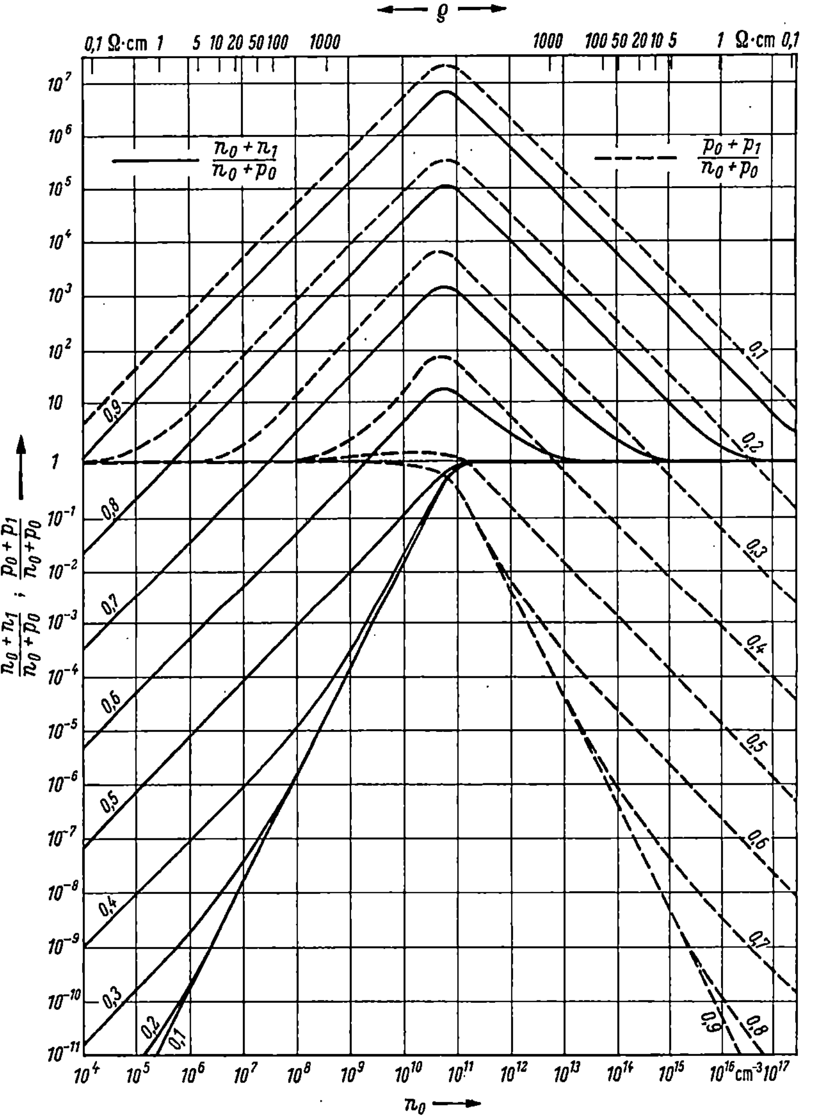

Abb. 3.11b. $\dfrac{n_0 + n_1}{n_0 + p_0}$ und $\dfrac{p_0 + p_1}{n_0 + p_0}$ als Funktionen der Elektronendichte n_0 in Silizium. Parameter: $E_t - E_v$

desTrapniveausE_t, die Lebensdauer um einige Größenordnungen zwischen Material mit niedrigem und solchem mit hohem spezifischem Widerstand variieren kann, sogar für die gleiche Dichte von Rekombinationszentren.

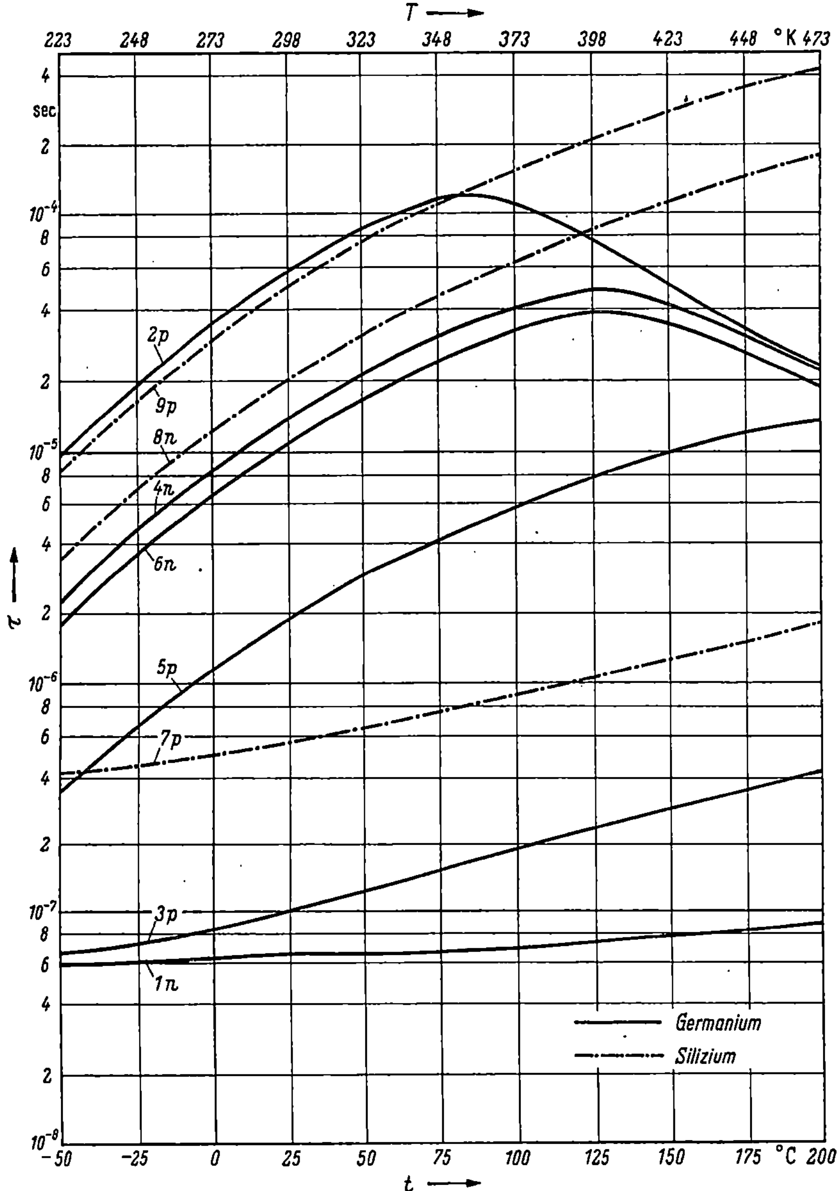

Abb. 3.12a. Theoretische Trägerlebensdauerwerte in Germanium und Silizium als Funktionen der Temperatur. (Das Rekombinationsniveau E_t wird 0,2 eV über dem Valenzband angenommen). Die Kurvenparameter sind in Anhang D gegeben

Es wird somit klar, warum es sehr schwierig ist, hohe Lebensdauern in einem Material mit geringem spezifischem Widerstand zu erzielen, wo die Rekombinationszentren besonders wirksam sind.

Von Gl. (3.12) läßt sich auch die Lebensdaueränderung mit der Temperatur ableiten. Da τ_{p0}, τ_{n0} relativ unempfindlich sind, wird die Temperaturabhängigkeit durch die Lage des Trapniveaus im Band bestimmt

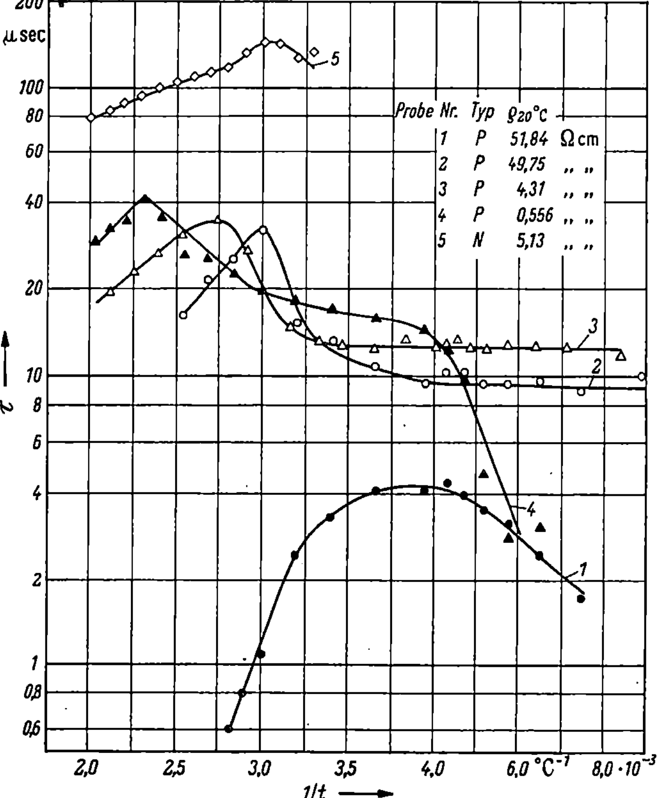

Abb. 3.12b. Trägerlebensdauer τ in verschiedenen Germaniumkristallen als Funktion der reziproken Temperatur $1/t$ (t in °C). Nach S. GOLDSTEIN, H. METTE u. W. W. GÄRTNER: J. phys. Chem. Solids 8 (1959) 78

(s. Abb. 3.12a und b). Im Bereich der Zimmertemperatur steigt die Lebensdauer gewöhnlich mit der Temperatur und durchläuft ein Maximum bei höheren Temperaturen.

Träger rekombinieren nicht nur im Halbleitervolumen, sondern auch an der Oberfläche, häufig sogar stärker als im Inneren (zumindest für lange Volumenlebensdauern). Die Oberflächenrekombination wird am besten durch die Oberflächenrekombinationsgeschwindigkeit s dargestellt, die durch die folgende Beziehung gegeben ist:

$$- (1/q)\, j_n\mathrm{s} = s\,(n\mathrm{s} - n_0) \tag{3.15}$$

für Elektronen und

$$(1/q)\,j_{p\,\mathrm{S}} = s\,(p_\mathrm{S} - p_0)\ . \tag{3.16}$$

für Defektelektronen.

$j_{n\,\mathrm{S}},\,j_{p\,\mathrm{S}}$ sind die Komponenten der Elektronen- und Defektelektronenstromdichten, senkrecht zur Oberfläche. Man sieht aus den Gln. (3.15) und (3.16), daß die Proportionalitätskonstante s die Dimension einer Geschwindigkeit hat. Gln. (3.15) und (3.16) besagen, daß, wenn sich die Trägerdichten p_S oder n_S an der Oberfläche von den Gleichgewichtsdichten unterscheiden, die Träger in die Oberfläche oder von ihr weg fließen, je nach dem Vorzeichen der Abweichung. Die auftretenden Stromdichten sind proportional dieser Abweichung. Die Proportionalitätskonstante heißt Oberflächenrekombinations-Geschwindigkeit s. Da in den meisten interessierenden Fällen dieser Strom ein Diffusionsstrom ist, haben die Gln. (3.15) und (3.16) gewöhnlich folgende Form

$$D_n \operatorname{grad} n = -s\,(n_\mathrm{S} - n_0) \tag{3.17}$$

und

$$D_p \operatorname{grad} p = -s\,(p_\mathrm{S} - p_0). \tag{3.18}$$

Die Oberflächenrekombination scheint ebenfalls dem SHOCKLEY-READ-Mechanismus [43] zu folgen. Die Oberflächenrekombinationsgeschwindigkeit hängt weitgehend von der mechanischen und chemischen Behandlung der Oberfläche ab. Einige Werte sind in Tab. 3.4 aufgeführt.

Tabelle 3.4. *Oberflächen-Rekombinationsgeschwindigkeit s für verschieden behandelte Germaniumoberflächen*[1]

Oberflächenbehandlung	s (cm sec^{-1})
Sandgestrahlt (Siliziumkarbid)	2160
5 min Eintauchen in HF nach sorgfältiger Ätzung in CP-4[2]	2160
Elektrolytisches Ätzen in KOH[3] ...	160
Antimonoxychlorid-„Langlebensdauer"-Behandlung[4]	210
Salpetersäurebad	240

[1] BUCK, T. M., and W. H. BRATTAIN: Investigations of surface recombination velocities on germanium by the photoelectromagnetic method. J. Electrochem. Soc. 102 (Nov, 1955) 636.

[2] CP-4 ist eine Mischung aus 15 ml Eisessig, 15 ml HF, 25 ml konzentrierte HNO_3 und einige Tropfen Brom.

[3] Zur elektrolytischen Ätzung wurde eine 0,1 %ige Lösung von Kaliumhydroxyd in destilliertem Wasser verwendet; die Stromdichte betrug ungefähr 50 mA/cm²; die Ätzung dauerte 2 Minuten.

[4] Die Antimonoxychlorid-„Langlebensdauer"-Behandlung besteht im wesentlichen aus einer 8 Minuten langen anodischen Ätzung der Probe in einer hydrolysierten $SbCl_3$-Lösung bei 1,5 V.

Da Volumenlebensdauer und Oberflächenrekombinationsgeschwindigkeit äußerst wichtige Parameter in der Transistorphysik sind, sollen hier die drei wichtigsten Methoden für ihre experimentelle Bestimmung beschrieben werden.

Die Morton-Haynes-Methode [44]. Dieser Methode liegt folgendes Prinzip zugrunde. Ein beleuchteter Spalt wird auf die Halbleiteroberfläche abgebildet und erzeugt dort Elektronen-Defektelektronen-Paare. Der Abfall der Überschußträgerdichte als Funktion der Entfernung von der beleuchteten Linie ist ein Maß für die Lebensdauer. Da der Abfall eine direkte Funktion der Diffusionslänge $L = \sqrt{D\tau}$ ist, läßt sich die Lebensdauer aus der gemessenen Kurve (Trägerdichte in Abhängigkeit von der

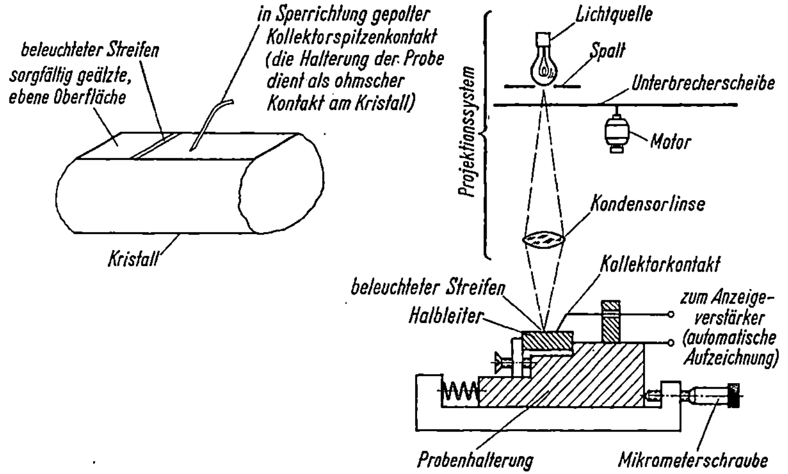

Abb. 3.13. Schematische Darstellung der Morton-Haynes-Methode zur Messung der Trägerlebensdauer. Nach L. B. Valdes: Proc. IRE 40 (1952) 1420

Entfernung) ermitteln. Die Meßanordnung zeigt Abb. 3.13. Das verwendete Licht wird durch eine rotierende Scheibe unterbrochen, um die Verstärkung des Signals zu erleichtern. Die Überschußträgerdichte wird durch eine in Sperrichtung gepolte Kollektorelektrode gemessen. Der Strom durch die Kollektorelektrode kann nur von einem Überschuß der Minoritätsträger herrühren (wie wir später an PN-Übergängen sehen). Er ist proportional ihrer Dichte unter diesem Kontakt. Man mißt die Abhängigkeit der Trägerdichte von der Entfernung, indem man den Halbleiterkristall mit der befestigten Kollektorelektrode gegenüber der beleuchteten Linie mit einer Mikrometerschraube bewegt. Man nimmt hierbei die Trägerdichte (die proportional dem Kollektorstrom ist) in Abhängigkeit von der Entfernung auf (evtl. auch automatisch).

Diese Methode wurde bei Germanium viel verwendet. Sie hat jedoch den Nachteil, daß sie die Oberflächenrekombination nicht berücksichtigt.

Bei Silizium mißt man oft viel zu große Diffusionslängen, was durch „Oberflächen-channels" vom entgegengesetzten Leitungstyp (Inversionsschichten) bedingt ist.

Abfall der Photoleitfähigkeit nach Stevenson-Keyes [*45*]. Diese Methode ist in Abb. 3.14 dargestellt. Durch Lichtimpulse werden Überschußträger homogen in der ganzen Probe erzeugt, was einen vorübergehenden Anstieg der Leitfähigkeit hervorruft. Dieser macht sich z. B. durch eine Verringerung des Spannungsabfalls über die Probe bemerkbar, wenn ein konstanter Strom durch sie hindurchgeschickt wird. Das Abklingen dieser Photoleitfähigkeit kann am Oszillographen beobachtet werden und ist ein Maß für die Lebensdauer der Überschußträger. Es

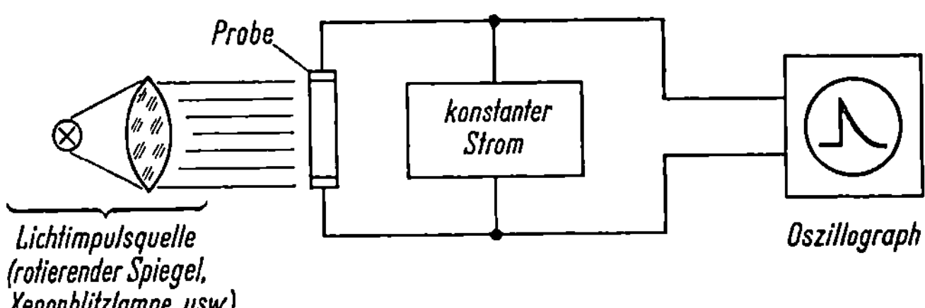

Abb. 3.14. Schema der STEVENSON-KEYES-Methode zur Messung der Trägerlebensdauer

lassen sich sogar Volumen- und Oberflächenrekombination getrennt messen, wenn man die Proben günstig dimensioniert [*43*]. Man kann diese Methode sowohl für Ge als auch für Si verwenden. Ein Nachteil besteht jedoch darin, daß die Abfallzeit des Lichtimpulses klein sein muß im Vergleich zu der Abfallzeit der Photoleitfähigkeit und somit zur Lebensdauer. Für kurze Lebensdauern wird es deshalb in steigendem Maße schwierig, die erforderlichen kurzen Lichtimpulse zu erzeugen. Durch rotierende Spiegel wurden jedoch Lichtimpulse im Nanosekundenbereich erreicht.

Photomagnetoelektrischer (PME) Effekt [*46* bis *64*]. Dieser interessante Effekt soll mit Hilfe von Abb. 3.15 erklärt werden. Ein Halbleiterkristall wird in ein konstantes magnetisches Feld eingebracht, so daß seine Längsseiten parallel zum Feld verlaufen. Eine dieser Flächen wird dann beleuchtet, und die so erzeugten Überschußträger diffundieren entsprechend ihren Dichtegradienten durch die Probe. Das magnetische Feld lenkt diese diffundierenden Träger ab — Elektronen und Defektelektronen in verschiedenen Richtungen —, was sich an den seitlichen Kontakten als Kurzschlußstrom oder Leerlaufspannung bemerkbar macht. Mit Hilfe mathematischer Beziehungen kann man den Zusammenhang zwischen diesen gemessenen Werten und der Lebensdauer und Oberflächenrekombination ermitteln. Beide können bei geeigneter Abmessung der Probe bestimmt werden. Da man im allgemeinen gleichzeitig die Photoleitung mißt, ist diese Methode unabhängig von der

Intensität des einfallenden Lichts. Der Vorteil dieser Methode liegt darin, daß die Messung große Empfindlichkeit besitzt und mit Gleichstrom oder mit Wechselstrom niedriger Frequenz erfolgt. Dadurch lassen sich selbst sehr kurze Lebensdauern (10^{-9} sec) bestimmen, ohne daß extrem kurze Injektionsimpulse und Hochfrequenzschaltungen benötigt werden [65].

Übliche Werte für Lebensdauern und die Lage des Rekombinationsniveaus. In Ge und Si reichen die tatsächlichen Lebensdauerwerte gegenwärtig von Nanosekunden bis Millisekunden. Die letzteren Werte können nur in sehr reinem Material mit hohem Widerstand erreicht werden. Manchmal will man die Lage des Rekombinationsniveaus in der verbotenen Zone bestimmen. Es gibt dazu verschiedene Wege: Messung der Lebenszeit als Funktion der Temperatur [63, 64, 66, 67] oder des spezifischen Widerstandes [68] oder durch optische Absorption analog den Methoden zur Bestimmung von Bandabstand und Störstellenniveaus.

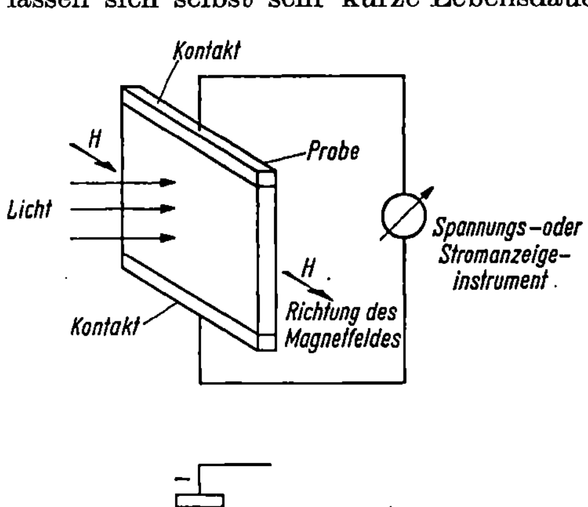

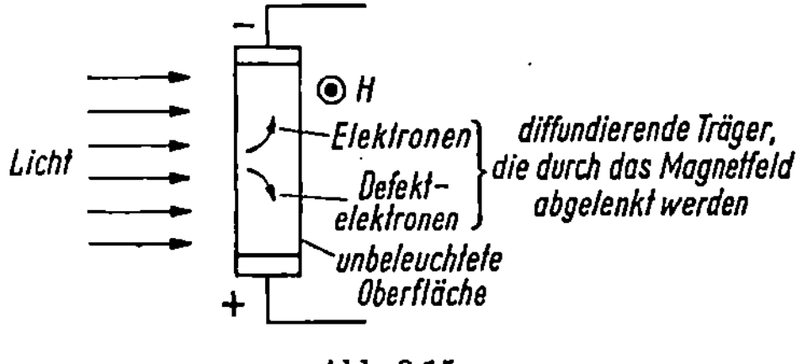

Abb. 3.15
Schema der PME-Methode zur Lebensdauermessung

Trägererzeugung- und -rekombination in der Raumladungszone eines PN-Überganges. Träger entstehen und rekombinieren nicht nur im Volumen und an der Oberfläche des Halbleitermaterials, sondern auch in den Raumladungszonen von PN-Übergängen. Wie wir später in § 5 D sehen werden, wirkt sich dieser Vorgang unter gewissen Umständen auf das Transistorverhalten aus [69].

F. Diffusionslänge

Eine Größe, die in den meisten Lösungen der Grundgleichungen auftritt, ist die Diffusionslänge L, gegeben durch

$$L = \sqrt{D\,\tau}. \tag{3.19}$$

Bei einigen Methoden zur Messung der Lebensdauer, wie z. B. bei MORTON-HAYNES oder PME, wird die Diffusionslänge direkt gemessen. Ihre Temperaturabhängigkeit ist eine Kombination der Änderungen der Diffusionskonstante und der Lebensdauer mit der Temperatur. Beispiele hierfür zeigt Abb. 3.16 (vgl. mit Abb. 3.9 und 3.12).

Die physikalische Bedeutung der Diffusionslänge als diejenige Entfernung, in der jede Abweichung von der Gleichgewichtsträgerdichte

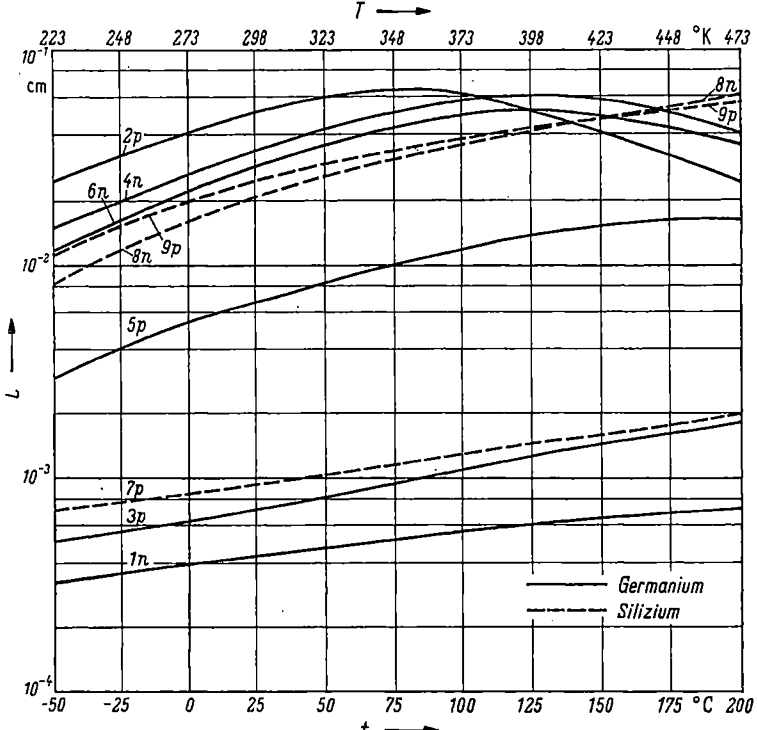

Abb. 3.16. Diffusionslänge in Germanium und Silizium als Funktion der Temperatur. (Das Trap-Niveau E_t wird 0,2 eV über dem Valenzband angenommen.) Die Kurvenparameter sind in Anhang D gegeben.

um den Faktor $(1/e)$ abklingt, wird durch die Lösung der Diffusionsgleichung in Kap. 5 verständlicher.

G. Dielektrizitätskonstante

Die Dielektrizitätskonstante $\varkappa$ ändert sich relativ wenig mit dem spezifischen Widerstand, der Frequenz und der Temperatur [70 bis 74]. Es ist üblich, bei allen Transistorberechnungen für Ge einen Wert von $\varkappa = 16$ und für Si $\varkappa = 12$ zu verwenden. Man beachte jedoch, daß im Mikrowellenbereich eine merkliche Frequenzabhängigkeit der Dielektrizitätskonstanten auftritt [71, 75 bis 77].

H. Trägervervielfachung [78 bis 83]

Wenn das elektrische Feld in einem Halbleiter über einen gewissen kritischen Wert E_{mult} (ungefähr 10^5 V cm^{-1}) anwächst, werden die Träger genügend beschleunigt, so daß sie Elektron-Defektelektron-Paare durch Stoßionisation erzeugen. Der Vorgang heißt Trägervervielfachung, die ganze Erscheinung heißt Lawinendurchbruch (in Anlehnung an den Lawinendurchbruch bei Gasentladungen).

Die Grundgleichungen für die Untersuchung dieses Phänomens erhält man aus den Trägerkontinuitätsgleichungen (2.45) und (2.46)

$$\frac{\partial n}{\partial t} = g_n - r_n + \frac{1}{q} \operatorname{div} \mathbf{j}_n, \tag{2.45}$$

$$\frac{\partial p}{\partial t} = g_p - r_p - \frac{1}{q} \operatorname{div} \mathbf{j}_p. \tag{2.46}$$

Der genannte Vorgang findet bei hohen Feldstärken und damit bei großen Trägergeschwindigkeiten statt, so daß die Trägerrekombination vernachlässigt werden kann ($r_n = r_p = 0$) und die Trägerströme nur aus Driftströmen bestehen:

$$\mathbf{j}_n = -q\, n\, \mathbf{v}_n, \tag{3.20 a}$$

$$\mathbf{j}_p = q\, p\, \mathbf{v}_p. \tag{3.20 b}$$

Wenn man annimmt, daß die Trägergeschwindigkeiten feldunabhängige Konstanten sind, dann erhält man für eine eindimensionale Trägerbewegung:

$$\frac{1}{q} \operatorname{div} \mathbf{j}_n = -v_n \frac{\partial n}{\partial x} \tag{3.21 a}$$

und

$$\frac{1}{q} \operatorname{div} \mathbf{j}_p = v_p \frac{\partial p}{\partial x}. \tag{3.21 b}$$

Da immer Paare entstehen, sind die Erzeugungskoeffizienten für Elektronen und Defektelektronen gleich, $g_n = g_p = g$. Die Theorie der Townsend-Entladungen liefert

$$g = \alpha_n\, n\, |v_n| + \alpha_p\, p\, |v_p|, \tag{3.22}$$

wobei α_n der Ionisierungsfaktor für Elektronen ist. Er ist definiert als die Dichte von Elektron-Defektelektron-Paaren, die pro Einheit des Elektronenflusses $n\, v_n$ erzeugt werden, oder als die Anzahl von Elektron-Defektelektron-Paaren, die durch ein Elektron auf jedem durchlaufenen Zentimeter erzeugt wird. α_p ist der analog definierte Ionisationsfaktor für Defektelektronen. α_n und α_p hängen natürlich sehr stark von der elektrischen Feldstärke E ab, wie Abb. 3.17 zeigt. Unter stationären Bedingungen $\partial/\partial t = 0$ vereinfachen sich die Gln. (2.45) und (2.46) zu den folgenden, gekoppelten Differentialgleichungen für die Elektronen- und Defektelektronendichten:

$$v_n \frac{dn}{dx} = \alpha_n\, n\, |v_n| + \alpha_p\, p\, |v_p| \tag{3.23}$$

und

$$v_p \frac{dp}{dx} = \alpha_n\, n\, |v_n| + \alpha_p\, p\, |v_p|. \tag{3.24}$$

Aus den beiden Gleichungen geht hervor, daß

$$(v_p\, p - v_n\, n) = \text{const} \tag{3.25}$$

Tabelle 3.5 *Thermische Eigenschaften*[1]

Größe	Germanium		Silizium	
	Wert	Temperatur °C	Wert	Temperatur °C
Linearer thermischer Ausdehnungskoeffizient	$6,1 \cdot 10^{-6}/°C$ [2] $6,6 \cdot 10^{-6}/°C$ [2]	0—300 300—650	$4,2 \cdot 10^{-6}/°C$ [9]	10—50
Thermische Leitfähigkeit	$0,64 \ W/°C \ cm$ [3,4,5]	25	$1,45 \ W/°C \ cm$ [5]	25
Spezifische Wärme	$0,074 \ cal/g \ °C$ [6]	0—100	$0,181 \ cal/g \ °C$ [6]	18,2—99,1
Latente Schmelzwärme	8300 cal/mol [8]		9450 cal/mol [7]	
Schmelzpunkt	936—959 °C		1420 °C [6]	
Siedepunkt	2700 °C [6]		2600 °C [6]	

[1] Conwell, E. M.: Properties of silicon and germanium. Proc. IRE 40 (Nov. 1952) 1327.

[2] Bond, W. L.: Private Mitteilung. Murray Hill, N.J.: Bell Telephone Laboratories, Inc.

[3] Abeles, B.: Thermal conductivity of germanium in the temperature range 300°—1080 °K. J. phys. Chem. Solids 2 (1959) 340.

[4] Grieco, A., and H. C. Montgomery: Thermal conductivity of germanium. Phys. Rev. 86 (1952) 570.

[5] Carruthers, J. A., T. H. Geballe, H. M. Rosenberg, and J. M. Ziman: The thermal conductivity of germanium and silicon between 2 and 300 °K. Proc. roy. Soc., Lond. A 238 (1957) 502.

[6] Handbook of Physics and Chemistry. 33d ed. Chem. Rubber Publishing Co.

[7] Metals Handbook. American Society for Metals 1948.

[8] Siehe Arbeit von L. Brewer in L. L. Quill (Ed.): Chemistry and Metallurgy of Miscellaneous Materials. New York: McGraw-Hill 1950.

[9] Straumanis, M. E., and E. J. Aka: Lattice parameters, coefficients of thermal expansion, and atomic weights of purest silicon and germanium. J. appl. Phys. 23 (1952) 330—334.

Tabelle 3.5 (Fortsetzung)

Größe	Germanium		Silizium	
	Wert	Temperatur °C	Wert	Temperatur °C
Mechanische Eigenschaften				
Elastizitätskonstante C_{11}	$12{,}98 \cdot 10^{11}$ dyn/cm² [10]		$16{,}740 \cdot 10^{11}$ dyn/cm² [9]	
Elastizitätskonstante C_{12}	$4{,}88 \cdot 10^{11}$ dyn/cm² [10]		$6{,}523 \cdot 10^{11}$ dyn/cm² [11]	
Elastizitätskonstante C_{44}	$6{,}73 \cdot 10^{11}$ dyn/cm² [10]		$7{,}957 \cdot 10^{11}$ dyn/cm² [11]	
Druckfestigkeit	$1{,}3 \ \cdot 10^{-12}$ cm²/dyn [12]		$0{,}98 \ \cdot 10^{-12}$ cm²/dyn [13]	
Verschiedene andere Eigenschaften				
Atomzahl	32		14	
Atomgewicht	72,60 [9]		28,08 [9]	
Gitterkonstante	$5{,}657 \cdot 10^{-8}$ cm [9]		$5{,}431 \cdot 10^{-8}$ cm [9]	
Dichte	5,323 g/cm³ [9]		2,328 g/cm³ [9]	
Spezifische magnetische Suszeptibilität (nichtrationale)	$-0{,}12$ cm³/g [6] $-0{,}13$ cm³/g [6]		$-0{,}13 \cdot 10^{-6}$ cm³/g [6]	
Debye-Temperatur	290 °K			

[10] BOND, W. L., W. P. MASON, H. J. McSKIMIN, K. M. OLSEN, and G. K. TEAL: Elastic constants of germanium single crystals. Phys. Rev. 78 (1950) 176.

[11] McSKIMIN, H. J., W. L. BOND, E. BUEHLER, and G. K. TEAL: Measurement of elastic constants of silicon single crystals and their thermal coefficients. Phys. Rev. 83 (1951) 1080.

[12] Berechnet aus den Elastizitätskonstanten.

[13] BRIDGEMAN, P. W.: Linear compressions to 30000 kg/cm², including relatively incompressible substances. Proc. Amer. Acad. Arts Sci. 77 (1949) 187—234.

gelten muß, da aus den Maxwellschen Gleichungen (2.52)

$$J_{\mathrm{TOT}} = \text{const} = q\,p\,v_p - q\,n\,v_n \qquad (3.26)$$

folgt. Gl (3.25) gilt ganz allgemein, auch wenn die Trägergeschwindigkeiten v_n und v_p vom elektrischen Feld und damit vom Ort x abhängen. Wenn

$$v_n = -\,v_p \qquad (3.27)$$

gilt, dann ergibt Gl. (3.25)

$$n + p = \text{const.} \qquad (3.28)$$

In den meisten Fällen (mit Ausnahme der Lawinentransistoren, § 6 G unten) ist der Vervielfachungsprozeß unerwünscht, und die elektrischen Felder, die einem Multiplikationsfaktor $M = 1$ entsprechen, stellen eine obere Grenze dar, bevor die Leitfähigkeit rapid ansteigt. Eine Überschreitung dieser Grenze ruft drastische Veränderungen des Transistorverhaltens hervor und kann den Transistor zerstören. Die

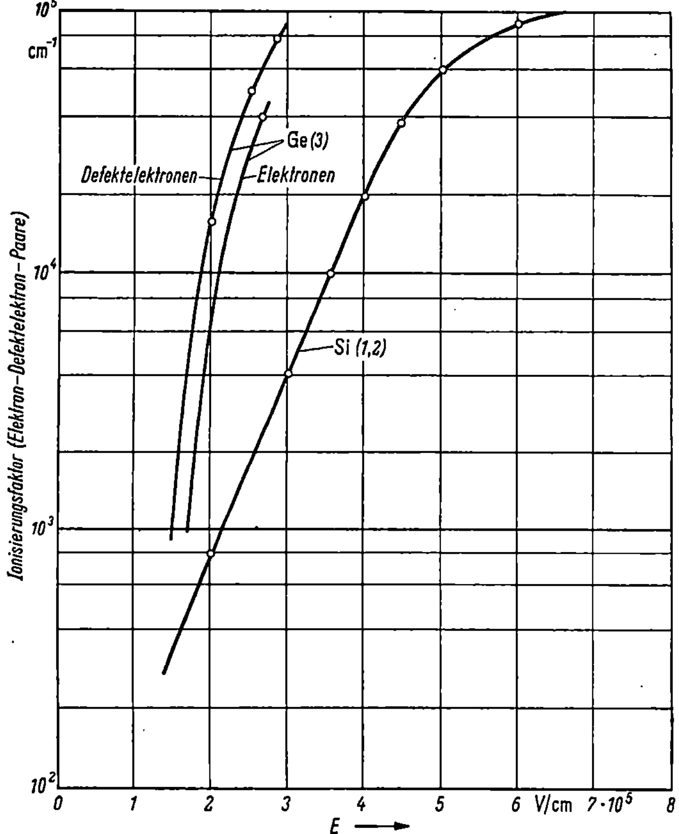

Abb. 3.17. Ionisierungsfaktoren in Germanium und Silizium als Funktionen der elektrischen Feldstärke. Nach [1] K. G. McKay u. K. B. McAfee: Phys. Rev. 91 (1953) 1079. — [2] K. G. McKay: Phys. Rev. 94 (1954) 877. — [3] S. L. Miller: Phys. Rev. 99 (1955) 1234

Trägervervielfachung setzt vor allem der Kollektorspannung eine obere Grenze (s. Durchbruch an PN-Übergängen, § 4 D).

Es stehen nur wenige Daten über die Temperaturabhängigkeit des Trägerprozesses zur Verfügung; diese lassen vermuten, daß die Änderungen gering sind.

Ursprünglich wurden die Durchbrüche im hohen elektrischen Feld dem sog. ZENER-Effekt [84] zugeschrieben, einer inneren Feldemission von Trägern. Es zeigte sich jedoch später, daß in fast allen transistorähnlichen Bauelementen die auftretenden Felder nicht genügend hoch waren, um diese Erklärung zu rechtfertigen. Nur in sehr schmalen Raumladungszonen scheint innere Feldemission aufzutreten [85, 86].

I. Andere Materialkonstanten

Zur Vervollständigung der Kapitel A bis H sind in Tab. 3.5 andere Materialeigenschaften aufgeführt. Außer der thermischen Leitfähigkeit gehen sie nicht in die Gleichungen für das Transistorverhalten und damit in die Transistordimensionierung ein.

Literaturverzeichnis zu Kapitel 3

[1] SEITZ, F.: The Modern Theory of Solids. New York: McGraw-Hill 1940.

[2] SHOCKLEY, W.: Electrons and Holes in Semiconductors. Princeton, N.J.: Van Nostrand 1950.

[3] KITTEL, C.: Introduction to Solid State Physics. New York: Wiley 1953.

[4] SEITZ-TURNBULL: Solid State Physics (alle Bände). New York: Academic Press.

[5] SPENKE, E.: Elektronische Halbleiter. Berlin/Göttingen/Heidelberg: Springer 1956.

[6] DUNLAP, W. C., JR.: An Introduction to Semiconductors. New York: Wiley 1957.

[7] DEKKER, A.J.: Solid State Physics. Englewood Cliffs, N.J.: Prentice-Hall 1957.

[8] SCHOTTKY, W.: Halbleiterprobleme (alle Bände). Berlin/Göttingen/Heidelberg: Springer.

[8a] JOFFÉ, A. F.: Physik der Halbleiter. Berlin: Akademie-Verlag 1958. (Aus dem Russischen ins Deutsche übertragen von J. AUTH.)

[8b] TEICHMANN, H.: Halbleiter. (Hochschultaschenbücher) Mannheim: Bibliogr. Institut 1961.

[9] CONWELL, E. M., and V. F. WEISSKOPF: Theory of impurity scattering in semiconductors. Phys. Rev. 77 (1. Febr. 1950) 388.

[10] BROOKS, H.: Scattering by ionized impurities in semiconductors. Phys. Rev. 83 (15. Aug. 1951) 879 (A).

[11] HERRING, C.: persönliche Mitteilung.

[12] DEBYE, P. P., and T. KOHANE: Hall mobility of electrons and holes in silicon. Phys. Rev. 94 (1. Mai 1954) 724.

[13] BARDEEN, J., and W. SHOCKLEY: Deformation potentials and mobilities in non-polar crystals. Phys. Rev. 80 (1. Okt. 1950) 72.

[14] CONWELL, E. M.: Lattice mobility of thermal and hot carriers in germanium. Sylvania Technologist 12 (1959) 30.

[15] MORIN, F. J.: Phys. Rev. 93 (1954) 62; diese Werte weichen nur sehr wenig von denen durch M. B. PRINCE: Phys. Rev. 92 (1953) 681 gemessenen ab.

[*16*] LUDWIG, G. W., and R. L. WATTERS: Drift and conductivity mobility in silicon. Phys. Rev. 101 (15. März 1956) 1699. Siehe auch M. B. PRINCE: Drift mobilities in semiconductors: II. Silicon. Phys. Rev. 93 (1954) 1204 — F. J. MORIN and J. P. MAITA: Electrical properties of silicon containing arsenic and boron. Phys. Rev. 96 (1. Okt. 1954) 28.

[*17*] DEBYE, P. P., and E. M. CONWELL: Electrical properties of n-type germanium. Phys. Rev. 93 (Febr. 1954) 695—706.

[*18*] JONES, H.: The Hall coefficient of semiconductors. Phys. Rev. 81 (Juni 1951) 149.

[*19*] JOHNSON, V. A., and K. LARK-HOROVITZ: The combination of resistivities in semiconductors. Phys. Rev. 82 (Juni 1951) 977/78.

[*20*] CONWELL, E. M.: Properties of silicon and germanium. Proc. IRE 40 (Nov. 1952) 1327.

[*21*] HERRING, C.: Theory of transient phenomena in the transport of holes in an excess semiconductor. Bell Syst. techn. J. 28 (1949) 401.

[*22*] ROOSBROECK, W. VAN: Theory of flow of electrons and holes in semiconductors. Bell Syst. techn. J. 29 (1950) 560.

[*23*] HARRICK, N. J.: Attempt to detect high mobility holes in germanium using the drift mobility technique. Phys. Rev. 98 (15. Mai 1955) 1131.

[*24*] RYDER, E. J., and W. SHOCKLEY: Mobilities of electrons in high electric fields. Phys. Rev. 81 (Jan. 1951) 139.

[*25*] SHOCKLEY, W.: Hot electrons in germanium and Ohm's Law. Bell Syst. techn. J. 30 (Okt. 1951) 990.

[*26*] RYDER, E. J.: Mobility of holes and electrons in high electric fields. Phys. Rev. 90 (Juni 1953) 776.

[*27*] CONWELL, E. M.: Mobility in high electric fields. Phys. Rev. 88 (Dez. 1952) 1379.

[*28*] CONWELL, E. M.: High field mobility in germanium with impurity scattering dominant. Phys. Rev. 90 (Juni 1953) 764.

[*29*] VALDES, L. B.: Resistivity measurements on germanium for transistors. Proc. IRE 42 (1954) 421.

[*30*] NERNST, W.: Z. phys. Chem. 2 (1888) 613.

[*31*] TOWNSEND, J. S.: Trans. roy. Soc., Lond. A 193 (1900) 129.

[*32*] EINSTEIN, A.: Ann. Physik 17 (1905) 549.

[*33*] WAGNER, C.: Z. phys. Chem. B 11 (1931) 139.

[*34*] SHOCKLEY, W.: Electrons, holes and traps. Proc. IRE 46 (1958) 973.

[*35*] BEMSKI, G.: Recombination in semiconductors. Proc. IRE 46 (1958) 990.

[*36*] FAN, H. Y.: Effects of traps on carrier injection in semiconductors. Phys. Rev. 92 (1953) 1424.

[*37*] FAN, H. Y., D. NAVON, and H. GEBBIE: Recombination and trapping of carriers in germanium. Physica 20 (1954) 855.

[*38*] ROSE, A.: Recombination processes in insulators and semiconductors. Phys. Rev. 97 (15. Jan. 1955) 322.

[*39*] HALL, R. N.: Electron-hole recombination in germanium. Phys. Rev. 87 (15. Juli 1952) 387.

[*40*] SHOCKLEY, W., and W. T. READ, JR.: Statistics of the recombination of holes and electrons. Phys. Rev. 87 (1. Sept. 1952) 835.

[*41*] ROOSBROECK, W. VAN, and W. SHOCKLEY: Photon-radiative recombination of electrons and holes in germanium. Phys. Rev. 94 (1954) 1558.

[*42*] GÄRTNER, W. W.: On the relationship between resistivity and lifetime in semiconductors. J. Metals (Mai 1956) 612. — Siehe auch Literaturangabe [*40*] und J. A. BURTON, G. W. HULL, F. T. MORIN, J. C. SEVERIENS: Effects of nickel and copper impurities on the recombination of holes and electrons in germanium. J. phys. Chem. 57 (Nov. 1953) 853.

[43] STEVENSON, D. T., and R. J. KEYES: Measurement of the recombination velocity at germanium surfaces. Physica 20 (1954) 1.

[44] VALDES, L. B.: Measurement of minority carrier lifetime in germanium. Proc. IRE 40 (Nov. 1952) 1420.

[45] STEVENSON, D. T., and R. J. KEYES: Measurement of carrier lifetime in germanium and silicon. J. appl. Phys. 26 (1955) 190.

[46] KIKOIN, K. K., and M. M. NOSKOV: A new photoelectric effect in cuprous oxide. Physik. Z. Sowjetunion 5 (1934) 586.

[47] GROETZINGER, G.: Über die Beeinflussung des Kristallphotoeffektes durch ein magnetisches Feld. Phys. Z. 36 (1935) 169.

[48] AIGRAIN, P., and H. BULLIARD: Sur la théorie de l'effet photomagnéto-électrique. Compt. rend. 236 (9. Febr. 1953) 595.

[49] AIGRAIN, P., and H. BULLIARD: Résultats expérimentaux de l'effet photo-magnétoélectrique. Compt. rend. 236 (16. Febr. 1953) 672.

[50] MOSS, T. S.: Photoelectromagnetic and photoconductive effects in lead sulphide single crystals. Proc. phys. Soc., Lond. 66 B (1953) 993.

[51] MOSS, T. S., L. PINCHERLE, and P. N. WOODWARD: Photoelectromagnetic and photodiffusion effects in germanium. Proc. phys. Soc., Lond. 66 B (1953) 743.

[52] OBERLY, J. J.: Photoelectric Hall effect in germanium single crystals. Phys. Rev. 93 (1954) 911 (A).

[53] BULLIARD, H.: Photomagnetoelectric effect in germanium and silicon. Phys. Rev. 94 (1954) 1564.

[54] BULLIARD, H.: Contribution à l'étude de l'effet photomagnétoélectrique sur le germanium. Ann. phys. 9 (1954) 52—83.

[55] AIGRAIN, P.: Mesures de durée de vie des porteurs minoritaires dans les semiconducteurs. Ann. radioelectricité 9 (Juli 1954) 191—226.

[56] KURNICK, S. W., A. J. STRAUSS, and R. N. ZITTER: Photoconductivity and photoelectromagnetic effect in InSb. Phys. Rev. 94 (1954) 1791.

[57] BUCK, T. M., and W. H. BRATTAIN: Investigations of surface recombination velocities on germanium by the photoelectromagnetic method. J. Electrochem. Soc. 102 (1955) 636.

[58] PINCHERLE, L.: The Photoelectromagnetic Effect, in Proc. Atlantic City Conference on Photoconductivity. Wiley 1956, pp. 307—320.

[59] ROOSBROECK, W. VAN: Theory of the photomagnetoelectric effect in semi-conductors. Phys. Rev. 101 (15. März 1956) 1713—1725.

[60] GARRETA, O., and J. GROSVALET: Photomagnetoelectric Effect in Semi-conductors, in Progress in Semiconductors. New York: Wiley 1956, Vol. 1, p. 165.

[61] GÄRTNER, W. W.: Spectral distribution of the photomagnetoelectric effect. Phys. Rev. 105 (1. Febr. 1957) 823—829.

[62] BRAND, F. A., H. METTE, and A. N. BAKER: Observations on the spectral dependence of the photomagnetoelectric effect. Bull. Amer. Phys. Soc. II, 2 (Mai 1957) 171.

[63] GOLDSTEIN, S., H. METTE, and W. W. GÄRTNER: Temperature dependence of the PME effect in germanium. Bull. Amer. Phys. Soc. II, 3 (März 1958) 101.

[64] GOLDSTEIN, S., H. METTE, and W. W. GÄRTNER: Carrier recombination in germanium as a function of temperature between $100°K$ and $550°K$. J. phys. Chem. Solids 8 (1959) 78.

[65] BRAND, F. A.: Short Carrier Lifetimes and the PME Effect. M.S. Thesis, Polytechnic Institute of Brooklyn, 1958.

[66] BEMSKI, G.: Lifetime of electrons in p-type silicon. Phys. Rev. 100 (Okt. 1955) 523/24.

[67] Wiesner, R., u. E. Groschwitz: Zur Temperaturabhängigkeit des Photostromes in P-N-Übergängen. Z. angew. Phys. 7 (1955) 496.

[68] Burton, J. A., G. W. Hull, F. J. Morin, and J. C. Severiens: Effect of nickel and copper impurities on the recombination of holes and electrons in germanium. J. phys. Chem. 57 (Nov. 1953) 853—859.

[69] Sah, C. T., R. N. Noyce, and W. Shockley: Carrier generation and recombination in P-N junctions and P-N junction characteristics. Proc. IRE 45 (1957) 1228.

[70] Briggs, H. B.: Optical effects in bulk silicon and germanium. Phys. Rev. 77 (Jan. 1950) 287.

[71] Benedict, T. S., and W. Shockley: Microwave observation of the collision frequency of electrons in germanium. Phys. Rev. 89 (März 1953) 1152/53.

[72] Dunlap, W. C., Jr., and R. L. Watters: Direct measurement of the dielectric constants of silicon and germanium. Phys. Rev. 92 (Dez. 1953) 1396/97.

[73] Dacey, G. C.: Space-charge limited hole current in germanium. Phys. Rev. 90 (Juni 1953) 759—763.

[74] Fan, H. Y.: Persönliche Mitteilung über die Messung der Temperaturabhängigkeit der Dielektrizitätskonstante von Germanium und Silizium an der Purdue-Universität.

[75] Goldey, J. M., and S. L. Brown: Microwave determination of the average masses of electrons and holes in germanium. Phys. Rev. 78 (15. Juni 1955) 1761.

[76] Groschwitz, E., u. R. Wiesner: Über die elektronisch bedingten optischen Eigenschaften von Halbleitern. Z. angew. Phys. 8 (1956) 391.

[77] D'Altroy, F. A., and H. Y. Fan: Effect of neutral impurities on the microwave conductivity and dielectric constant of germanium at low temperatures. Phys. Rev. 103 (15. Sept. 1956) 1671.

[78] McKay, K. G., and K. B. McAfee: Electron multiplication in silicon and germanium. Phys. Rev. 91 (1. Sept. 1953) 1079.

[79] McKay, K. G.: Avalanche breakdown in silicon. Phys. Rev. 94 (15. Mai 1954) 877.

[80] Wolff, P. A.: Electron multiplication in silicon and germanium. Phys. Rev. 95 (15. Sept. 1954) 1415.

[81] Miller, S. L.: Avalanche breakdown in germanium. Phys. Rev. 99 (15. Aug. 1955) 1234.

[82] Groschwitz, E.: Zur Stoßionisation in Silizium und Germanium. Z. Physik 143 (Jan. 1956) 632.

[83] Chynoweth, A. G., and K. G. McKay: Threshold energy for electron-hole pair-production by electrons in silicon. Phys. Rev. 108 (1. Okt. 1957) 29.

[84] Zener, C.: A theory of the electrical breakdown of solid dielectrics. Proc. roy. Soc., Lond. A 145 (1934) 523.

[85] Chynoweth, A. G., and K. G. McKay: Internal field emission in silicon P-N junctions. Phys. Rev. 106 (1957) 418.

[86] Esaki, L.: New phenomenon in narrow germanium P-N junctions. Phys. Rev. 109 (1958) 603.

4. Der PN-Übergang

A. Zusammenhänge zwischen Trägerdichten und Spannungen an PN-Übergängen [1]

Die Verteilung der Donator- und Akzeptoratome, die zusammen mit der Temperatur die Elektronen- und Defektelektronendichten bestimmt (s. §2C), muß nicht homogen sein, sondern kann völlig willkürlich über das Volumen des Kristalls variieren. Besonders wichtig sind Änderungen, bei denen der Leitungstyp des Kristalls von N- in P-Leitung oder umgekehrt übergeht. Die Gebiete im Kristall, in denen dieser

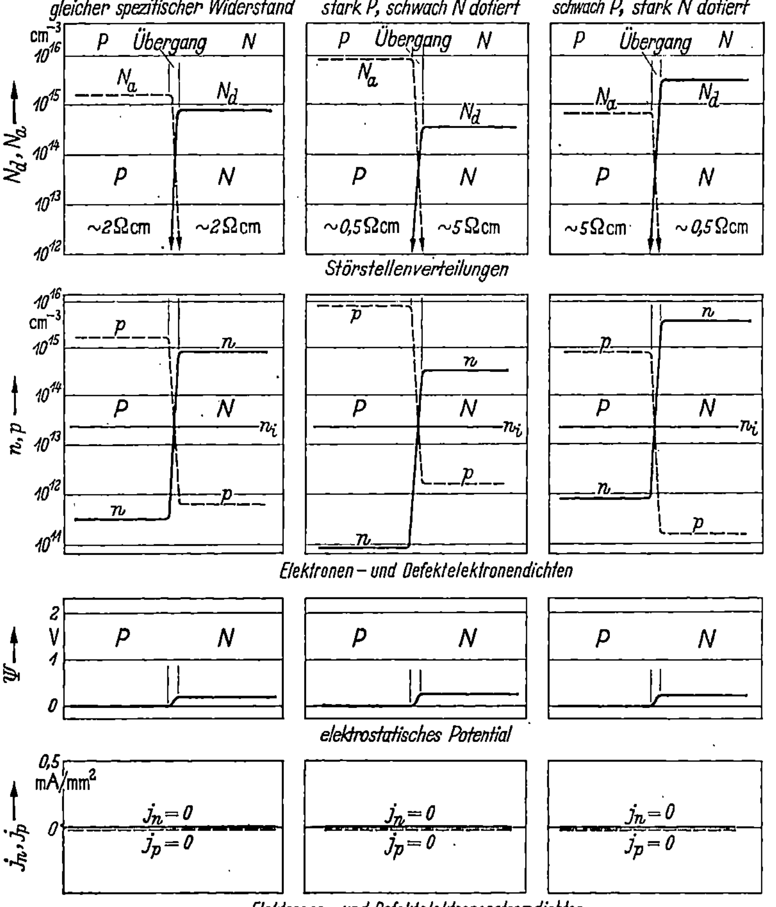

Abb. 4.1a. Die Trägerdichten n und p, das elektrostatische Potential ψ und die Stromdichten j_n und j_p in der Nähe eines PN-Überganges unter thermischen Gleichgewichtsbedingungen. Als Beispiele sind drei verschiedene Störstellenverteilungen in Germanium angeführt

Wechsel erfolgt, nennt man PN-*Übergänge*. Auf ihren Eigenschaften beruht der Transistoreffekt.

Die Änderung der Störstellenkonzentration kann flach verlaufen, so daß die Trägerdichten praktisch gleich den Gleichgewichtsträgerdichten sind, die der Störstellendichte an jedem Punkt entsprechen. Solche Übergänge sind bei Transistoren uninteressant. Wenn sich jedoch die Störstellendichte abrupt ändert (entweder als steiler Gradient oder als

Stufe), treten interessante und wichtige Vorgänge in Erscheinung, die von der Spannung abhängen, die zwischen den beiden, dem Störstellenübergang benachbarten Halbleiterzonen liegt.

Unter Gleichgewichtsbedingungen, d. h. ohne angelegte Spannung, haben Elektronen die Tendenz, von der N- nach der P-Seite, und Defektelektronen von P nach N zu diffundieren, da Träger immer bestrebt sind, von Stellen höherer Dichte zu solchen mit geringerer Dichte zu diffundieren. Unter Gleichgewichtsbedingungen kann jedoch kein Elektronen- oder Defektelektronenfluß von einem Teil des Kristalls in einen anderen auftreten. Es baut sich daher ein elektrisches Feld auf, das dem Fluß der diffundierenden Träger entgegenwirkt. Die elektrostatische Potentialdifferenz zwischen den beiden Seiten des Überganges steigt an, bis das entstandene elektrische Feld weitere Diffusion verhindert, kein resultierender Strom über den Übergang fließt und damit Gleichgewicht erreicht ist (Abb. 4.1a). In diesem Fall sind Diffusions- und Driftströme genau gleich, haben jedoch entgegengesetzte Vorzeichen. Thermisches Gleichgewicht bedeutet deshalb nicht, daß keine Träger den Übergang passieren. Das elektrische Feld ist im Gegenteil so gerichtet, daß jedes Defektelektron, das auf der N-Seite den Übergang erreicht (als Minoritätsträger), zur P-Seite gezogen wird. Genau die gleiche Defektelektronenanzahl kann von der P- zur N-Seite diffundieren. Das sind offensichtlich diejenigen, die genug thermische Energie haben, um gegen das Potential anlaufen zu können. Das gleiche gilt für die Elektronen. Das elektrische Feld schwemmt bewegliche Träger aus dem Übergang heraus. Es bleibt eine Zone mit einer (Raum-) Ladung aus unkompensierten, stationären Donator- und Akzeptorionen zurück. Diese Zone heißt *Raumladungszone* oder *Raumladungsschicht*. Die Breite eines Überganges wird gewöhnlich als die Breite seiner Raumladungszone definiert.

Eine angelegte Vorspannung erhöht oder vermindert die ausgleichende elektrostatische Potentialdifferenz. Wird die Potentialdifferenz erniedrigt (Abb. 4.1b), d. h., wenn die P-Seite gegen die N-Seite positiv vorgespannt wird, setzt wieder Diffusion ein. Die Größe des Stromes hängt von der Größe der Vorspannung ab. Diese Polarität der Vorspannung wird mit *Flußrichtung* bezeichnet. Wenn hingegen die Spannung umgekehrt wird (Abb. 4.1c), wird die Diffusion stärker als im Gleichgewichtszustand unterbunden. Man spricht von *Sperrichtung*. Der geringe verbleibende Strom — der sog. Sättigungsstrom oder Sperrstrom — besteht aus Elektronen, die von der P-Seite in die Schicht diffundiert sind und aus Defektelektronen, die von der N-Seite kommen, außerdem aus Trägern, die in der Raumladungszone erzeugt werden [*2* bis *4*]. Durch den letztgenannten Vorgang, wie auch durch Oberflächeneffekte [*5*, *6*], zeigt der Sperrstrom keine exakte Sättigung, sondern steigt mit zunehmender Sperrspannung etwas an.

Über die in Flußrichtung vorgespannte Schicht, die meist auch *Sperrschicht* genannt wird, fließen Majoritätsträger von einer Seite zur anderen und rufen dort einen Anstieg der Minoritätsträgerdichte über den Gleich-

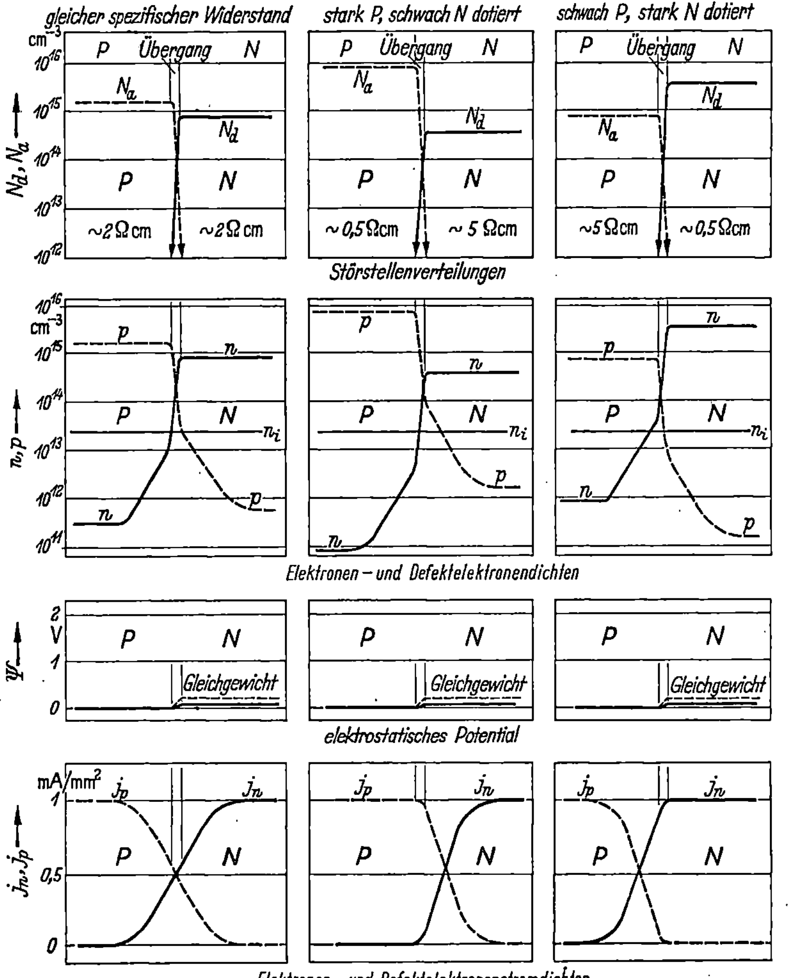

Abb. 4.1b. Die Trägerdichten n und p, das elektrostatische Potential ψ und die Stromdichten j_n und j_p in der Nähe eines PN-Überganges unter typischen Flußbedingungen. Als Beispiele sind drei verschiedene Störstellenverteilungen in Germanium angeführt

gewichtswert hervor. Diesen Prozeß nennt man *Injektion*. Diese wird mathematisch in den Gleichungen dieses Abschnitts beschrieben. In Abb. 4.1b werden verschiedene Fälle dargestellt.

Ein in Sperrichtung vorgespannter Übergang wirkt andererseits als Senke für Minoritätsträger, da das elektrische Feld so gerichtet ist, daß sämtliche Minoritätsträger, die die Raumladungszone erreichen, auf die andere Seite gezogen werden. Das ergibt einen Gradienten von Minoritätsträgern gegen die Sperrschicht, genannt *Kollektoreffekt*. Beispiele dafür

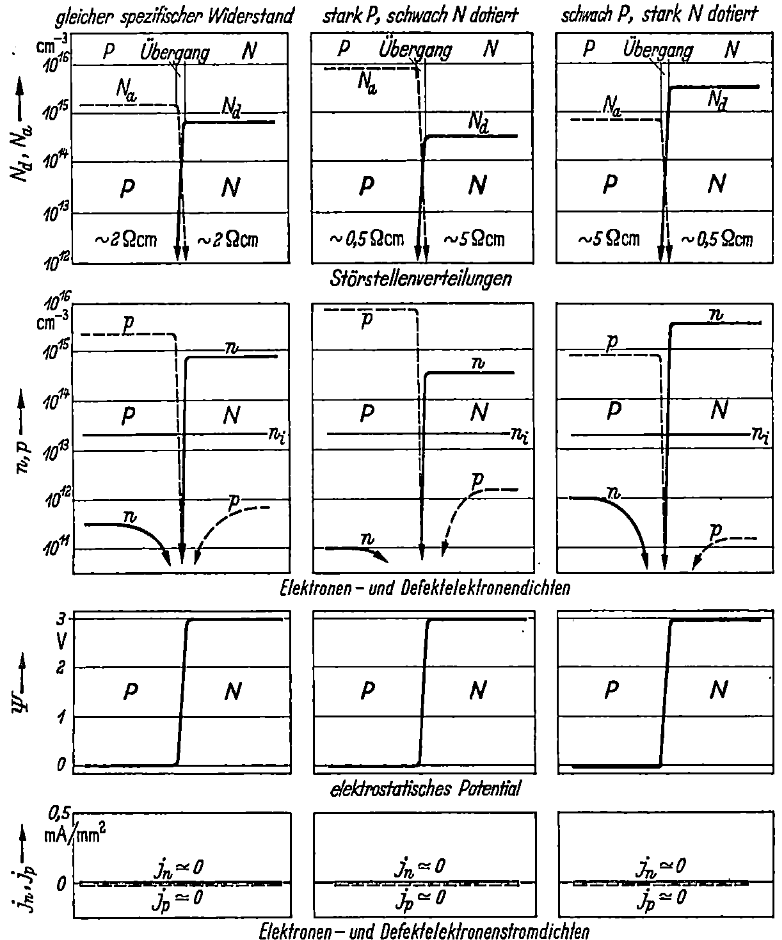

Abb. 4.1c. Trägerdichten n und p, das elektrostatische Potential ψ und die Stromdichten j_n und j_p, in der Nähe eines PN-Überganges unter typischen Sperrbedingungen. Als Beispiele sind drei verschiedene Störstellenverteilungen in Germanium angeführt

werden in Abb. 4.1c gezeigt. Da bei der einen Polarität große Ströme und bei der anderen Polarität nur sehr geringe Ströme durch einen PN-Übergang fließen, tritt ein Gleichrichtereffekt auf, wenn die Spannung zwischen positiven und negativen Werten wechselt. Abb. 4.2 zeigt eine typische Strom-Spannungs-Charakteristik. Ihre Nichtlinearität kann beim Mischen und bei der Erzeugung von Oberwellen Verwendung finden.

Es soll nun diese qualitative Beschreibung in mathematischen Ausdrücken wiederholt werden. Bei thermischem Gleichgewicht (ohne Vorspannung) sind Elektronen- und Defektelektronenstromdichten an jedem

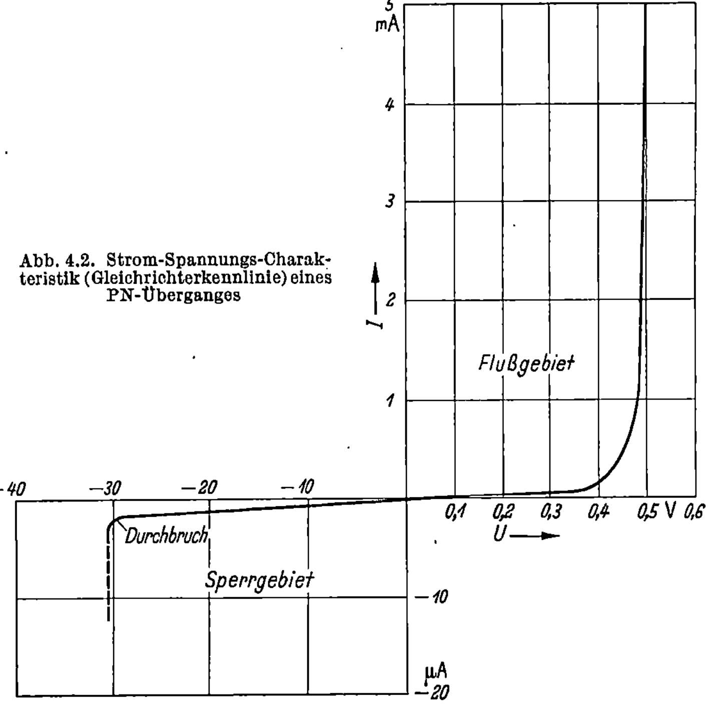

Abb. 4.2. Strom-Spannungs-Charakteristik (Gleichrichterkennlinie) eines PN-Überganges

Punkt des Kristalls gleich Null, insbesondere auch an jedem Punkt innerhalb der Raumladungszone. Es ergibt sich so aus den Gln. (2.56) und (2.57)

$$\mathfrak{j}_n = 0 = q\,\mu_n\,n\,\mathbf{E} + q\,D_n\,\mathrm{grad}\,n \tag{4.1}$$

und

$$\mathfrak{j}_p = 0 = q\,\mu_p\,p\,\mathbf{E} - q\,D_p\,\mathrm{grad}\,p. \tag{4.2}$$

Für einen eindimensionalen Fall erhält man mit Hilfe der EINSTEIN-Beziehung $\mu = D\,q/k\,T$ [s. Gl. (3.10)]

$$(q/k\,T)\,E = -\,(dn/dx)/n \tag{4.3}$$

und

$$(q/k\,T)\,E = (dp/dx)/p. \tag{4.4}$$

Mit der Substitution $E = -\,\mathrm{grad}\,\psi$ werden beide Gleichungen über die gesamte Breite der Raumladungszone integriert:

$$(q/k\,T)\,(\psi_\mathrm{N} - \psi_\mathrm{P}) = (q/k\,T)\,U_\mathrm{EQ} = \ln(n_{0\,\mathrm{N}}/n_{0\,\mathrm{P}}) \tag{4.5}$$

und

$$(q/k\,T)\,(\psi_{\mathrm{N}} - \psi_{\mathrm{P}}) = (q/k\,T)\,U_{\mathrm{EQ}} = -\ln(p_{0\,\mathrm{N}}/p_{0\,\mathrm{P}}) \qquad (4.6)$$

oder

$$n_{0\,\mathrm{P}} = n_{0\,\mathrm{N}}\,e^{-q U_{\mathrm{EQ}}/k\,T}\,; \qquad (4.7)$$

und

$$p_{0\,\mathrm{N}} = p_{0\,\mathrm{P}}\,e^{-q U_{\mathrm{EQ}}/k\,T}, \qquad (4.8)$$

wobei $n_{0\,\mathrm{N}}$, $p_{0\,\mathrm{N}}$ die Gleichgewichtsträgerdichten auf der N-Seite und $n_{0\,\mathrm{P}}$, $p_{0\,\mathrm{P}}$ die Gleichgewichtsträgerdichten auf der P-Seite sind. ψ_{N} und ψ_{P} sind die elektrostatischen Potentiale auf der N- und P-Seite. Da $n_{\mathrm{N}}\,p_{\mathrm{N}} = n_{\mathrm{P}}\,p_{\mathrm{P}} = n_i^2$ gilt, sind die Gln. (4.5) und (4.6) völlig äquivalent und geben die interne elektrostatische Potentialdifferenz U_{EQ} zwischen den beiden Seiten der Raumladungszone bei thermischem Gleichgewicht.

Es soll nun untersucht werden, welche Änderungen der Trägerdichten auftreten, wenn von außen eine bestimmte Spannung u_{AP} angelegt wird. In einem gebräuchlichen PN-Übergang kann die Elektronendichte innerhalb einer Schichtdicke von $1\,\mu\mathrm{m} = 10^{-4}\,\mathrm{cm} = 10^{-6}\,\mathrm{m}$ von $10^{17}\,\mathrm{cm}^{-3} = 10^{23}\,\mathrm{m}^{-3}$ auf der N-Seite auf $10^{9}\,\mathrm{cm}^{-3} = 10^{15}\,\mathrm{m}^{-3}$ auf der P-Seite abfallen. Das entspricht einem Gradienten der Trägerdichten in der Raumladungszone von ungefähr

$$\mathrm{d}n/\mathrm{d}x \cong 10^{29}\,\mathrm{m}^{-4}.$$

Aus Gl. (2.32) läßt sich mit $q = 1{,}6\cdot 10^{-19}\,\mathrm{C}$, $D_n \cong 10^2\,\mathrm{cm}^2/\mathrm{s} = 10^{-2}\,\mathrm{m}^2/\mathrm{s}$ ein Nährungswert für die *Diffusions*stromdichte berechnen:

$$j_{n,\,\mathrm{Diff}} \cong 1{,}6\cdot 10^8\,\mathrm{A/m}^2 = 160\,\mathrm{A/mm}^2. \qquad (4.9)$$

Außerhalb der Schicht treten nur sehr geringe elektrische Felder und relativ kleine Gradienten der Trägerdichte[1] auf. Die tatsächlichen Leitungsströme sind hier viele Größenordnungen kleiner als der Wert von Gl. (4.9), und aus Kontinuitätsgründen können sie nicht diese überaus großen Werte innerhalb der Schicht erreichen. Die Diffusionsstromdichte muß daher fast völlig durch eine gleich große Driftstromdichte in entgegengesetzter Richtung ausgeglichen werden. Die Größe der tatsächlichen Leitungsstromdichten in der Schicht ist dann vernachlässigbar im Vergleich zu den zwei gegenläufigen Drift- und Diffusionsstromkomponenten, so daß gilt

$$|j_n| \ll |q\,\mu_n\,n\,E|, \qquad (4.10)$$

$$|j_n| \ll |q\,D_n\,\mathrm{grad}\,n|, \qquad (4.11)$$

$$|j_p| \ll |q\,\mu_p\,p\,E|, \qquad (4.12)$$

$$|j_p| \ll |q\,D_p\,\mathrm{grad}\,p| \qquad (4.13)$$

---

[1] Die kleinen Gradienten der Trägerdichten rühren von den relativ langen Trägerlebensdauern in Transistoren her. Die hier entwickelte Theorie gilt nur für PN-Übergänge in solchen Materialien. Wenn diese langen Lebensdauern nicht vorhanden sind, ist die Analyse viel komplizierter.

und deshalb mit den Gln. (2.56) und (2.57)

$$(q/k\,T)\,E = -(\mathrm{d}n/\mathrm{d}x)/n \tag{4.14}$$

und

$$(q/k\,T)\,E = (\mathrm{d}p/\mathrm{d}x)/p. \tag{4.15}$$

Integriert man die Gln. (4.14) und (4.15), dann erhält man Resultate ähnlich wie die Gln. (4.5) bis (4.8)

$$(q/k\,T)\,u = \ln(n_N/n_P), \tag{4.16}$$

$$(q/k\,T)\,u = -\ln(p_N/p_P), \tag{4.17}$$

oder

$$n_P = n_N\,e^{-q\,u/kT} \tag{4.18}$$

und

$$p_N = p_P\,e^{-q\,u/kT}. \tag{4.19}$$

Die gesamte elektrostatische Potentialdifferenz u setzt sich hier zusammen aus der Diffusionsspannung U_{EQ} [Gl. (4.5)] und der außen angelegten Spannung u_{AP}:

$$u = U_{EQ} + u_{AP}. \tag{4.20}$$

Für den in Abb. 4.1b dargestellten Fall ist die Vorspannung negativ (N-Seite negativ gegenüber der P-Seite), so daß die Potentialdifferenz u über dem Übergang kleiner als die Diffusionsspannung U_{EQ} ist. Nimmt man ferner an, daß etwas entfernt von dem Übergang Neutralität herrschen muß

$$n_N - p_N = n_{0N} - p_{0N} \tag{4.21}$$

und

$$n_P - p_P = n_{0P} - p_{0P}, \tag{4.22}$$

was zusammen mit Gln. (4.18) und (4.19)

$$n_P = (p_N + n_{0N} - p_{0N})\,e^{-q\,u/kT}, \tag{4.23}$$

$$p_N = (n_P - n_{0P} + p_{0P})\,e^{-q\,u/kT} \tag{4.24}$$

ergibt oder mit den Gln. (4.7) und (4.8)

$$n_P = n_{0P}\,e^{-q\,u_{AP}/kT}(1 + p_N/n_{0N} - p_{0N}/n_{0N}), \tag{4.25}$$

$$p_N = p_{0N}\,e^{-q\,u_{AP}/kT}(1 + n_P/p_{0P} - n_{0P}/p_{0P}). \tag{4.26}$$

Die letzten Ausdrücke in den Klammern, p_{0N}/n_{0N} und n_{0P}/p_{0P}, sind außer in Eigenleitungsnähe ($n_0 \cong p_0$) in allen Fällen viel kleiner als Eins und sind deshalb stets vernachlässigbar. Es lassen sich dann die Gln. (4.25) und (4.26) folgendermaßen lösen:

$$n_P = \frac{n_{0P}\,e^{-q\,u_{AP}/kT} + n_{0P}\dfrac{p_{0N}}{n_{0N}}\,e^{-2q\,u_{AP}/kT}}{1 - \dfrac{n_{0P}\,p_{0N}}{p_{0P}\,n_{0N}}\,e^{-2q\,u_{AP}/kT}} \tag{4.25a}$$

und

$$p_{\mathrm{N}} = \frac{p_{0\mathrm{N}}\,\mathrm{e}^{-qu_{\mathrm{AP}}/kT} + p_{0\mathrm{N}}\dfrac{n_{0\mathrm{P}}}{p_{0\mathrm{P}}}\,\mathrm{e}^{-2qu_{\mathrm{AP}}/kT}}{1 - \dfrac{n_{0\mathrm{P}}\,p_{0\mathrm{N}}}{n_{0\mathrm{N}}\,p_{0\mathrm{P}}}\,\mathrm{e}^{-2qu_{\mathrm{AP}}/kT}}. \tag{4.26a}$$

Wenn die Vorspannung u_{AP} aus einer großen Gleichspannung U_{AP} besteht, der eine kleine Wechselspannung u_{ap} überlagert ist, d. h. $u_{\mathrm{AP}} = U_{\mathrm{AP}} + u_{\mathrm{ap}}$, erhält man aus Gl. (4.25a) durch Reihenentwicklung

$$n_{\mathrm{P}} \cong n_{\mathrm{P,DC}} + \frac{\partial n_{\mathrm{P}}}{\partial u_{\mathrm{AP}}}\,u_{\mathrm{ap}} = n_{\mathrm{P,DC}} - \frac{q}{kT}\,n_{0\mathrm{P}}\,\mathrm{e}^{-qU_{\mathrm{E}}/kT} \times$$

$$\times\,\{1 + (2p_{0\mathrm{N}}/n_{0\mathrm{N}})\,\mathrm{e}^{-qU_{\mathrm{E}}/kT} + [p_{0\mathrm{N}}\,n_{0\mathrm{P}}/(n_{0\mathrm{N}}\,p_{0\mathrm{P}})]\,\mathrm{e}^{-2qU_{\mathrm{E}}/kT}\} \times$$

$$\times\,\{1 - [p_{0\mathrm{N}}\,n_{0\mathrm{P}}/(n_{0\mathrm{N}}\,p_{0\mathrm{P}})]\,\mathrm{e}^{-2qU_{\mathrm{E}}/kT}\}^{-2} \cdot u_{\mathrm{ap}} \tag{4.25b}$$

und einen entsprechenden Ausdruck für p_{N} aus Gl. (4.26a). $n_{\mathrm{P,DC}}$ ist der Gleichspannungswert von n_{P}. Ausdrücke dieser Art werden im allgemeinen als linearisierte Kleinsignalrandbedingungen für die Minoritätsträgerdichten an PN-Übergängen benötigt. Vielfach ist es nicht nötig, die obigen relativ komplizierten Formeln zu verwenden, da sich wesentliche Vereinfachungen in verschiedenen Spezialfällen ergeben, die gewöhnlich beim Transistorbetrieb anwendbar sind.

a) Geringe Injektion auf beiden Seiten des PN-Überganges. Wenn die Überschuß-Minoritätsträgerdichten $p_{\mathrm{N}} - p_{0\mathrm{N}}$ und $n_{\mathrm{P}} - n_{0\mathrm{P}}$ viel kleiner als die entsprechenden Majoritätsträgerdichten $n_{0\mathrm{N}}$ und $p_{0\mathrm{P}}$ auf beiden Seiten des Überganges sind:

$$|p_{\mathrm{N}} - p_{0\mathrm{N}}| \ll n_{0\mathrm{N}}, \tag{4.27}$$

$$|n_{\mathrm{P}} - n_{0\mathrm{P}}| \ll p_{0\mathrm{P}}, \tag{4.28}$$

dann vereinfachen sich die Gln. (4.25) und (4.26) zu

$$n_{\mathrm{P}} = n_{0\mathrm{P}}\,\mathrm{e}^{-qu_{\mathrm{AP}}/kT} \tag{4.29}$$

und

$$p_{\mathrm{N}} = p_{0\mathrm{N}}\,\mathrm{e}^{-qu_{\mathrm{AP}}/kT}. \tag{4.30}$$

Diese beiden Gleichungen sind für die Gleichrichtertheorie des PN-Überganges grundlegend. Wenn die Vorspannung aus einer großen Gleichspannung U_{AP} besteht, der eine kleine Wechselspannung u_{ap} überlagert ist, d. i. $u_{\mathrm{AP}} = U_{\mathrm{AP}} + u_{\mathrm{ap}}$, dann erhält man durch Reihenentwicklung analog Gl. (4.25b)

$$n_{\mathrm{P}} \cong n_{\mathrm{P,DC}}(1 - q\,u_{\mathrm{ap}}/kT) \tag{4.29a}$$

und

$$p_{\mathrm{N}} \cong p_{\mathrm{N,DC}}(1 - q\,u_{\mathrm{ap}}/kT). \tag{4.30a}$$

b) Geringe Injektion auf der P-Seite, beliebige Injektion auf der N-Seite, und umgekehrt. Wenn nur Gl. (4.28) und nicht auch Gl. (4.27) erfüllt ist, erhält man mit den Gln. (4.25) und (4.26)

$$p_\mathrm{N} = p_{0\mathrm{N}}\, e^{-q u_{\mathrm{AP}}/kT} \qquad (4.31)$$

und

$$n_\mathrm{P} = n_{0\mathrm{P}}\, e^{-q u_{\mathrm{AP}}/kT}(1 + p_\mathrm{N}/n_{0\mathrm{N}} - p_{0\mathrm{N}}/n_{0\mathrm{N}}). \qquad (4.32)$$

Die Gln. (4.31) und (4.32) sind für Dioden- und Transistorbetrieb bei hohen Stromdichten wichtig. Für den Fall geringer Injektion auf der N-Seite und beliebiger Injektion auf der P-Seite gelten natürlich analoge Gleichungen.

Die Gln. (4.23) und (4.24) oder einer ihrer Sonderfälle (4.29) bis (4.32) stellen so die Randbedingungen für die Trägerdichten an PN-Übergängen dar, wenn eine Lösung der Grundgleichung (2.51) bis (2.60) gesucht wird. Da diese Randbedingungen von den angelegten Spannungen abhängen, kann man sich leicht vorstellen, daß sich dadurch die Spannungsabhängigkeit der Ströme ergibt.

Eine andere Methode zur Formulierung der Randbedingungen beruht auf dem Begriff der *Quasi-Fermi*-Niveaus, die ebenfalls die Trägerverteilungen im Nichtgleichgewichtszustand beschreiben. Sie wird in Anhang C erläutert, da der Begriff des Quasi-Fermi-Niveaus in der Halbleiterphysik eine wichtige Rolle spielt.

Es sollen nun kurz die Eigenschaften eines PN-Überganges erörtert werden. Die Grundgleichungen (2.51) bis (2.60) werden auf eine einzige Differentialgleichung für die Minoritätsträgerdichte in jeder Zone vereinfacht. Der genaue Vorgang wird in Kap. 5 erklärt. Dann wird die Differentialgleichung in jeder einzelnen Zone mit den Randbedingungen (4.23) und (4.24) am Übergang, und $n = n_0$, $p = p_0$ in unendlichem Abstand vom Übergang gelöst. (Die Gleichgewichtsträgerdichten bei $x = \pm\infty$ werden durch die Anwesenheit des Überganges nicht beeinflußt.) Verfolgt man diesen Lösungsweg für verschiedene Dotierungen und Vorspannungen, so erhält man typische Trägerverteilungen, wie Abb. 4.1 zeigt. Man beachte den Anstieg der Minoritätsträgerdichten in der Nähe einer in Flußrichtung vorgespannten Schicht, Injektion genannt, und den Abfall der Minoritätsträgerdichten an einer in Sperrrichtung vorgespannten Schicht (Sperrschicht), was auf die vorgenannte Kollektorwirkung zurückzuführen ist.

Für den einfachsten Fall einer geringen angelegten Gleichspannung verhalten sich die Minoritätsträgerdichten gemäß den einfachen Diffusionsgleichungen (die in § 5 A ausführlicher behandelt werden):

$$D_n\, \mathrm{div}\cdot\mathrm{grad}\, n = (n - n_0)/\tau_n \qquad (4.33)$$

auf der P-Seite und

$$D_p\, \mathrm{div}\cdot\mathrm{grad}\, p = (p - p_0)/\tau_p \qquad (4.34)$$

auf der N-Seite. Ihre Lösung führt zu der folgenden Strom-Spannungs-Beziehung:

$$J = q \left(\frac{p_{0N} D_p}{L_p} + \frac{n_{0P} D_n}{L_n} \right) (e^{-qU_{AP}/kT} - 1), \qquad (4.35)$$

wobei $L_p = \sqrt{D_p \tau_p}$, $L_n = \sqrt{D_n \tau_n}$ gilt.

Sie ist in Abb. 4.2 dargestellt und weist übereinstimmend mit Versuchen ausgeprägte Gleichrichtereigenschaften auf.

Die Minoritätsträgerströme sind in diesem Fall praktisch reine Diffusionsströme, d. h. $\mathbf{J}_p = -q D_p \operatorname{grad} p$ auf der N-Seite und $\mathbf{J}_n = q D_n \operatorname{grad} n$ auf der P-Seite (was ebenfalls in § 5 A noch ausführlicher besprochen wird). Auf dieser Grundlage läßt sich auch der Zusammenhang zwischen Träger- und Stromdichten in Abb. 4.1 b quantitativ verstehen. Für den Fall gleichen spezifischen Widerstandes und somit fast gleicher Dotierung (die Unterschiede der Störstellenkonzentration für gleiche spezifische Widerstände in N- und P-Material rühren von den unterschiedlichen Elektronen- und Defektelektronenbeweglichkeiten her) und ungefähr gleicher Lebensdauer, treten an der N- und an der P-Seite nahezu gleiche Gradienten der Minoritätsträgerdichten auf, was etwa gleiche Minoritätsträgerströme auf beiden Seiten des Überganges ergibt. Da die injizierten Träger in einem gewissen Abstand von der Schicht rekombinieren, fällt der Gradient, und der Strom wird immer mehr von Majoritätsträgern getragen, da gemäß der MAXWELL-Gleichung, $\operatorname{div} \mathbf{J}_{\mathrm{TOT}} = 0$, die Gesamtstromdichte natürlich konstant bleiben muß.

Wenn man nun den 2. Fall in Abb. 4.1 b, eine stark dotierte P-Seite und eine schwach dotierte N-Seite, betrachtet, fällt auf, daß viel mehr Defektelektronen in die N-Seite als Elektronen in die P-Seite injiziert werden, d. h., der Injektionswirkungsgrad einer stark dotierten Zone in eine schwach dotierte ist höher als umgekehrt. Entsprechend fließt ein großer Defektelektronenstrom von der Schicht in die N-Seite, (wo er durch Rekombination allmählich in einen Elektronenstrom übergeht), während von dem Übergang in die P-Seite fast kein Elektronenstrom fließt.

Der dritte, in Abb. 4.1 b gezeigte Fall mit einer schwach dotierten P-Zone und einer stark dotierten N-Zone ist dem eben erläuterten analog. Es sind lediglich die Rollen der Defektelektronen und Elektronen (n und p) vertauscht.

Zusammenfassend kann man sagen, daß entsprechend den Randbedingungen der Gln. (4.29) und (4.30) an einem Übergang zwischen einer stark und einer schwach dotierten Zone, an den eine geringe Flußspannung angelegt ist, Träger hauptsächlich aus der stark dotierten Zone in die schwach dotierte Zone injiziert werden und nicht umgekehrt. Der Strom am Übergang ist hauptsächlich ein Minoritätsträgerdiffusionsstrom in die schwach dotierte Zone. Bei hoher Injektion (hohe

Flußspannung), für die die Gln. (4.22) und (4.23) zutreffen, nähert sich die Übergangscharakteristik immer mehr dem Fall gleicher Dotierung (erster Fall in Abb. 4.1).

Der damit qualitativ eingeführte Begriff des *Injektionswirkungsgrades* an einem PN-Übergang ist sehr wichtig für die Auslegung des Emitterkontaktes im Transistor (s. später).

In § 4 A wurde in erster Linie auf die Formulierung der Randbedingungen für die Trägerdichten und nicht auf die Lösung der Grundgleichungen für das Strom-Spannungs-Verhalten an einem PN-Übergang Wert gelegt. Nach einem Studium von Kap. 5 kann der interessierte Leser die in Abb. 4.1 b dargestellten Fälle selbst lösen und ebenso die Ableitungen finden, die zu Gl. (4.35) führen.

Für Metall-Halbleiter-Kontakte und ihre Gleichrichtereigenschaften, die für Spitzenkontakte und einige Arten von „surface-barrier"-Transistoren wichtig sind (s. unten), gelten die gleichen allgemeinen Vorstellungen, ihr quantitatives Verständnis ist jedoch nicht so weit wie das des Halbleiterüberganges entwickelt. Einzelheiten können den Originalveröffentlichungen entnommen werden [7]. Alle folgenden Betrachtungen gehen von der Theorie des Halbleiter-PN-Überganges aus. Die ausgezeichnete Übereinstimmung dieser Theorie mit Versuchen scheint diese Näherung zu rechtfertigen.

B. Raumladungszonen an PN-Übergängen

In den §§ 4 B, 4 C und 4 D sollen spezielle Eigenschaften von PN-Übergängen abgeleitet werden, die für die Transistorentwicklung besonders wichtig sind.

Das elektrische Feld im Übergang ist immer so gerichtet, daß Elektronen zur N-Seite und Defektelektronen zur P-Seite getrieben werden. Dies hinterläßt eine Zone mit nur wenigen beweglichen Trägern, so daß die Raumladung der festen Donator- und Akzeptorionen unkompensiert bleibt. Diese Zone heißt *Raumladungs-* (oder Verarmungs-) Zone. Bei Übergängen in Durchlaßrichtung ist sie relativ schmal, in Sperrichtung jedoch relativ breit. Bei der Entwicklung von Transistoren muß man die Breite und das elektrische Feld an Übergängen mit verschiedenen Störstellenverteilungen berechnen. Durch einen in Sperrichtung gepolten Übergang fließt fast kein Strom, so daß der Ohmsche Spannungsabfall in den Gebieten auf beiden Seiten des Überganges vernachlässigt werden kann, d. h., die ganze Spannung liegt an der Raumladungszone des Überganges. Solange die Gebiete außerhalb der Raumladungszone, die sogenannten „Bahngebiete", genügend kurz sind und die Stromdichten nicht zu hoch werden, gilt das gleiche für den in Flußrichtung gepolten Übergang. Für analytische Untersuchungen kann man daher als Ränder der Raumladungszone auf der N- und P-Seite die Punkte x_N

und x_P definieren, an denen das elektrische Feld Null wird:

$$E(x_N) = 0 \qquad (4.36)$$

und

$$E(x_P) = 0. \qquad (4.37)$$

Die Breite der Raumladungszone ist dann gegeben durch

$$W = |x_N - x_P|. \qquad (4.38)$$

Abgeleitet aus der Poisson-Gleichung wird die Feldverteilung aus

$$-\nabla^2\,\psi = \varrho/\varepsilon = q\,(N_d - N_a)/\varepsilon \qquad (4.39)$$

berechnet mit den Randbedingungen, daß Potential und Feld stetige Funktionen und daß die Gln. (4.36) und (4.37) erfüllt sind.

Die Ladungsverteilung $N_d - N_a$ am Übergang kann verschieden verlaufen. Abb. 4.3 zeigt typische Beispiele. In Tab. 4.1 sind die Formeln für die verschiedenen elektrischen Größen in PN-Übergängen zusammengestellt. Die Breite der Raumladungszone und die Kapazität sind als Funktion der Spannung u am PN-Übergang dargestellt. Im

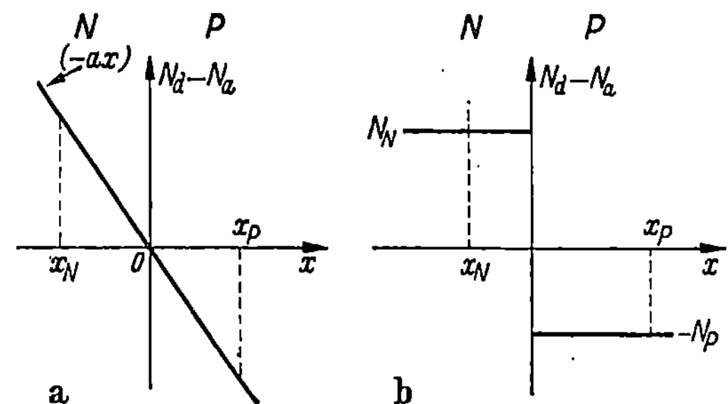

Abb. 4.3 a u. b
Störstellenverteilungen in Halbleiter-PN-Übergängen.
a) Allmählicher Übergang (linearer Anstieg der Störstellendichte); b) Stufenübergang oder abrupter Übergang

Sperrzustand stimmt diese Spannung gut mit der angelegten Spannung überein. In Flußrichtung muß die Spannung u als die Summe der Gleichgewichtspotentialdifferenz, Gln. (4.7) und (4.8),

$$U_{EQ} = (k\,T/q)\,\ln(n_{0P}/n_{0N}) \qquad (4.7\,\mathrm{a})$$

oder

$$U_{EQ} = (k\,T/q)\,\ln(p_{0N}/p_{0P}), \qquad (4.8\,\mathrm{a})$$

und der angelegten Spannung berechnet werden, d. h.

$$u = U_{EQ} + u_{AP}. \qquad (4.40)$$

Der Unterschied im Vorzeichen von Gln. (4.7) und (4.8) in § 4 A gegenüber Gln. (4.7a) und (4.8a) oben kommt daher, daß in § 4 A PN-Übergänge und hier nun NP-Übergänge behandelt werden. Im ersten Fall ist $U_{EQ} = \psi_N - \psi_P$, während hier $U_{EQ} = \psi_P - \psi_N$ ist. Der Leser kann sich diesen oft auftretenden Vorzeichenwechsel an Hand beider Ableitungen einprägen. In jedem Transistor hat man es ja mit einem PN- und einem NP-Übergang zu tun. Man beachte, daß für die Flußrichtung in beiden Fällen die Vorzeichen von U_{EQ} und U_{AP} verschieden sind.

Tabelle 4.1. *Elektrische Eigenschaften von NP-Übergängen mit verschiedenen Störstellenverteilungen nach Abb. 4.3*

Für alle Formeln gilt: $u = U_{EQ} + u_{AP}$, wobei U_{EQ} durch Gl. (4.7a) oder (4.8a) gegeben ist und mit u_{AP} die angelegte Spannung bezeichnet wird. Für Flußrichtung haben U_{EQ} und u_{AP} entgegengesetzte Vorzeichen, in Sperrichtung sind die Vorzeichen gleich.

A. Allmählicher Übergang (linearer Störstellenanstieg) $a > 0$

Ende der Raumladungszone auf der P-Seite:

$$|x_P| = \left[\frac{3\varepsilon}{2qa}|u|\right]^{1/3}$$

Ende der Raumladungszone auf der N-Seite:

$$|x_N| = |x_P| = \left[\frac{3\varepsilon}{2qa}|u|\right]^{1/3}$$

Sperrschichtkapazität:

$$C = A\left[\frac{qa\varepsilon^2}{12|u|}\right]^{1/3} = \frac{\varepsilon A}{2|x_P|}$$

Maximale elektrische Feldstärke im Übergang (bei $x = 0$):

$$|E_{MAX}| = \frac{qa}{2\varepsilon}x_P^2 = \frac{qa}{2\varepsilon}x_N^2$$

$$= \frac{1}{2}\left(\frac{9}{4}\frac{qa}{\varepsilon}u^2\right)^{1/3}$$

Spannung am Übergang als Funktion der maximalen Feldstärke im Übergang:

$$|u| = \frac{4}{3}\left(\frac{2\varepsilon}{qa}\right)^{1/2}|E_{MAX}|^{3/2}$$

B. Stufen- oder abrupter Übergang

Ende der Raumladungszone auf der P-Seite:

$$|x_P| = \left[\frac{2\varepsilon}{q}|u|\frac{N_N}{N_P(N_N + N_P)}\right]^{1/2}$$

Ende der Raumladungszone auf der N-Seite:

$$|x_N| = \left[\frac{2\varepsilon}{q}|u|\frac{N_P}{N_N(N_N + N_P)}\right]^{1/2}$$

Sperrschichtkapazität:

$$C = A\left[\frac{\varepsilon q}{2}\frac{1}{|u|}\frac{N_N N_P}{(N_N + N_P)}\right]^{1/2} = \frac{\varepsilon A}{|x_P| + |x_N|}$$

Maximale elektrische Feldstärke im Übergang (bei $x = 0$):

$$|E_{MAX}| = \frac{q}{\varepsilon}N_P|x_P| = \frac{q}{\varepsilon}N_N|x_N|$$

$$= \left[\frac{2q}{\varepsilon}|u|\frac{N_P N_N}{(N_P + N_N)}\right]^{1/2}$$

Spannung am Übergang als Funktion der maximalen Feldstärke im Übergang:

$$|u| = \frac{\varepsilon}{2q}\frac{N_P + N_N}{N_P N_N}E_{MAX}^2$$

Tab. 4.1 zeigt die Ausdehnung der Raumladungszone in die N- und P-Gebiete, die Sperrschichtkapazität (die Ausdrücke dafür werden in § 4 C abgeleitet) und das maximale elektrische Feld im Übergang zusammen mit der entsprechenden angelegten Spannung, die bei der Bestimmung des Durchbruchs wichtig ist (siehe § 4 D). Man beachte, daß diese Größen für verschiedene Störstellenverteilungen verschiedene Spannungsabhängigkeiten aufweisen, was man bei der Auslegung von Transistoren berücksichtigen muß.

Diese Zusammenhänge weisen keine nennenswerte Temperaturabhängigkeit auf, da die Verteilung der festen Ionen und die Dielektrizitätskonstante praktisch nicht von der Temperatur abhängen.

Die Potentialverteilung in einer Raumladungszone kann mit Hilfe einer Sonde auf der Oberfläche des Überganges bestimmt werden [8].

Manchmal lassen sich unter besonderen Bedingungen Träger direkt in die Raumladungszone injizieren [9]. Diese Methode wird später im Zusammenhang mit „Raumladungstransistoren" [10] besprochen.

C. Die Sperrschicht-Kapazität [11]

Unter dem Einfluß einer Wechselspannung schwankt die Dicke der Raumladungszone und es ändert sich damit die Größe der gesamten Raumladung beider Vorzeichen. Der Übergang verhält sich also wie eine Kapazität C

$$C = \mathrm{d}Q/\mathrm{d}u, \tag{4.41}$$

wobei Q die gesamte Ladung eines Vorzeichens in der Raumladungszone ist,

$$Q = q\,A\left|\int_{x_\mathrm{P}}^{0} (N_d - N_a)\,\mathrm{d}x\right| \tag{4.42}$$

oder

$$Q = q\,A\left|\int_{0}^{x_\mathrm{N}} (N_d - N_a)\,\mathrm{d}x\right|, \tag{4.43}$$

da die positive Gesamtladung im Übergang gleich der negativen Gesamtladung ist. A ist der Flächenquerschnitt.

In Tab. 4.1 sind Ausdrücke für die Kapazität (bei kleinen Signalen) angegeben, die sich von den Störstellenverteilungen aus Abb. 4.3 ableiten lassen.

Die Abhängigkeit der Wechselspannungskapazität eines Überganges von der angelegten Gleichspannung wird in einigen Bauelementen speziell ausgenützt [12]. Die parametrische Verstärkung mit Dioden beruht z. B. auf der Anwendung der nichtlinearen Spannungsabhängigkeit der Sperrschichtkapazität [13, 14].

Die Änderung der Kapazität mit der Temperatur ist aus den im vorangegangenen Abschnitt angegebenen Gründen nur gering.

Die Messung der Sperrschichtkapazität kann mit den bei gewöhnlichen Kapazitäten üblichen Methoden durchgeführt werden.

Aus den in Tab. 4.1 gegebenen Ausdrücken für die Kapazitäten läßt sich die interessante Feststellung machen, daß die Abhängigkeit der Kapazität (für kleine Signale) von der angelegten Gleichspannung für die einzelnen Störstellenverteilungen verschieden ist, und insbesondere, daß C beim allmählichen Übergang proportional $|U|^{-1/3}$ und beim abrupten Übergang proportional $|U|^{-1/2}$ ist. Es ist deshalb möglich, die Art der Störstellenverteilung eines PN-Überganges zu bestimmen, indem man die Sperrschichtkapazität als Funktion der Spannung aufnimmt.

D. Durchbruch am Übergang

In § 3 H wurde erklärt, daß sich Elektronen und Defektelektronen vervielfachen, wenn sie in einem Feld laufen, das die kritische Feldstärke für den Lawinendurchbruch ($\sim 10^6$ V/cm) überschreitet. Die Gesamtzahl der durch Vervielfachung hervorgerufenen Ladungsträger ergibt sich aus dem Integral über die feldabhängigen Ionisationsfaktoren in der ganzen Breite des Überganges. Für PN-Übergänge in Germanium, deren eine Seite hoch dotiert ist (so daß sich die Raumladung nur in die Zone hohen spezifischen Widerstandes erstreckt), wurde ein empirischer Ausdruck für den Multiplikationsfaktor M gefunden [15], der durch

$$M = \frac{1}{1 - (U/U_{BD})^k} \qquad (4.44)$$

Tabelle 4.2. *Der Exponent k in Gl. (4.44) als Funktion des spezifischen Widerstandes ϱ auf der schwach dotierten Seite eines abrupten Überganges in Germanium* (nach MILLER [15])

k	ϱ (Ωcm)	Leitungstyp
4,7	0,15	P
5,5	0,25	P
6,6	0,5	P
$\sim$6	2,0	P
3	0,1	N
3,4	0,6	N
3	2,0	N

gegeben ist, U ist die an den Übergang angelegte Spannung, U_{BD} die Durchbruchspannung, bei der der Multiplikationsfaktor unendlich wird. k ist ein empirischer Exponent, der in der in Tab. 4.2 gezeigten Weise von der Leitfähigkeit und vom Leitungstyp der schwach dotierten Seite des Überganges abhängt. Die Durchbruchspannung U_{BD} ist ebenfalls eine Funktion der Störstellenkonzentration und damit des spezifischen Widerstandes auf der schwach dotierten Seite des Überganges. Abb. 4.4 und 4.5 stellen diese Abhängigkeit für Germanium und Silizium dar.

Der Effekt läßt sich leicht dynamisch messen, indem man die Strom-Spannungs-Charakteristik des in Sperrichtung gepolten Überganges auf dem Bildschirm eines Oszillographen darstellt.

Die Ausdehnung der Raumladungszone in das P- und N-Gebiet im Durchbruch erhält man durch Einsetzen von U_{BD} in die Ausdrücke für x_P und x_N in Tab. 4.1.

Bei der gegenwärtigen Technologie tritt in vielen Transistoren die erwähnte Trägervervielfachung nicht im Volumen auf, sondern es findet an der Oberfläche ein anderer Durchbruchsvorgang bei niedrigen

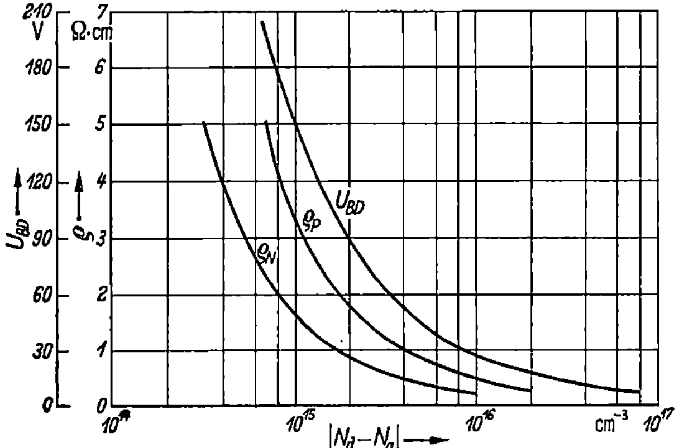

Abb. 4.4. Spezifischer Widerstand ϱ und Durchbruchspannung U_{BD} in Germanium als Funktion der resultierenden Störstellendichte $|N_d - N_a|$ auf der schwach dotierten Seite von abrupten PN-Übergängen. Nach S. L. MILLER u. J. J. EBERS: Bell Syst. techn. J. 34 (1955) 833

Spannungen statt, der einen ähnlichen Verlauf zeigt. Dieser ist noch nicht zufriedenstellend geklärt, und vage empirische Formeln wurden zu seiner Beschreibung aufgestellt. Gln. (4.45) und (4.46) zeigen 2 Beispiele

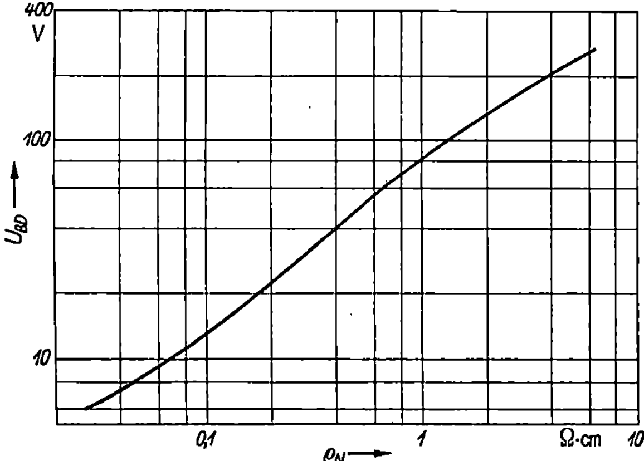

Abb. 4.5. Die Durchbruchspannung U_{BD} in Silizium als Funktion des spezifischen Widerstandes ϱ_N auf der N-Seite eines abrupten Überganges bei hochdotierter P-Zone. Nach K. G. McKAY: Phys. Rev. 94 (1954) 811

dieser Art:

$$U_{BD} = 32 \cdot \varrho^{1/2} \quad \text{in Ge,} \tag{4.45}$$

$$U_{BD} = 70 \cdot \varrho^{2/3} \quad \text{in Si,} \tag{4.46}$$

ϱ ist der spezifische Widerstand auf der schwächer dotierten Seite des Überganges, gemessen in Ωcm.

Mit der zunehmend besseren Beherrschung der Oberflächen bei der Herstellung ist zu erwarten, daß Transistoren mehr und mehr das Verhalten typischen Volumendurchbruchs aufweisen werden.

E. Ohmsche Kontakte

Ein Ohmscher Kontakt ist definiert als ein Kontakt, dessen Strom-Spannungs-Charakteristik absolut linear ist. Es ist praktisch unmöglich, einen solchen Kontakt zwischen einem Halbleiter und einem Metall herzustellen. Der Gleichrichtereffekt kann jedoch auf ein Minimum herabgesetzt werden, indem man dem Kontaktmetall die gleiche Stör-stellenart wie dem zu kontaktierenden Halbleiter beifügt, d. h., man muß an einen P-Halbleiter einen P-Kontakt und an einen N-Halbleiter einen N-Kontakt anbringen. Eine Injektion durch den Kontakt kann durch eine benachbarte Zone hoher Rekombination vermindert werden (Gitterstörungen, sandgestrahlte Oberflächen usw.), so daß alle injizierten Träger sofort rekombinieren und schon in geringer Entfernung vom Kontakt keinen Einfluß mehr ausüben.

Die genaue Theorie des Ohmschen Kontakts ist ziemlich kompliziert, und es wurden bisher noch nicht alle Fragen geklärt. Da sie aber für die Transistorbehandlung nicht entscheidend ist, soll hier nicht weiter darauf eingegangen werden. Wir setzen im folgenden voraus, daß, wo immer nötig, die erforderlichen sperrschichtfreien Kontakte zuverlässig hergestellt werden können.

Literaturverzeichnis zu Kapitel 4

[1] SHOCKLEY, W.: The theory of P-N junctions in semiconductors and P-N junction transistors. Bell Syst. techn. J. 28 (Juli 1949) 435—489.

[2] KLEINKNECHT, H., u. K. SEILER: Einkristalle und PN-Schichtkristalle aus Silizium. Z. Physik 139 (20. Dez. 1954) 599.

[3] PELL, E. M., and G. M. ROE: Reverse current and carrier lifetime as a function of temperature in germanium junction diodes. J. appl. Phys. 26 (Juni 1955) 658.

[4] SAH, C. T., R. N. NOYCE, and W. SHOCKLEY: Carrier generation and recombination in P-N junctions and P-N junction characteristics. Proc. IRE 45 (Sept. 1957) 1228.

[5] CUTLER, M., and H. M. BATH: Surface leakage current in silicon fused junction diodes. Proc. IRE 45 (Jan. 1957) 39.

[6] ERIKSEN, W. T., H. STATZ, and G. A. DEMARS: Excess surface current on germanium and silicon diodes. J. appl. Phys. 28 (Jan. 1957) 133.

[7] Hinweise sind zu finden bei W. Shockley: Electrons and Holes in Semiconductors. Princeton, N.J.: Van Nostrand 1950, S. 95ff.; u. E. Spenke: Elektronische Halbleiter. Berlin/Göttingen/Heidelberg: Springer 1956, S. 73ff. — Siehe auch M. Cutler: Point contact rectifier theory. IRE Trans. on Electron Devices ED-4 (3) (Juli 1957) 201.

[8] Pearson, G. L., W. T. Read, and W. Shockley: Probing the space charge layer in a P-N junction. Phys. Rev. 85 (15. März 1952) 1055.

[9] Matthei, W. G., and F. A. Brand: On the injection of carriers into a depletion layer. J. appl. Phys. 28 (April 1957) 513.

[10] Gärtner, W. W.: Design theory for depletion layer transistors. Proc. IRE 45 (Okt. 1957) 1392.

[11] In diesem Zusammenhang siehe auch L. J. Giacoletto: Junction capacitance and related characteristics using graded impurity semiconductors. IRE Trans. ED-4 (Juli 1957) 207. — L. S. Greenberg, Z. A. Martowska, and W. W. Happ: A method of determining impurity diffusion coefficients and surface concentrations of drift transistors. IRE Trans. ED-3 (April 1956) 97.

[12] Giacoletto, L. J., and J. O'Connell: A variable-capacitance germanium junction diode for UHF. RCA Rev. 17 (1956) 68.

[13] Uhlir, A., Jr.: Two-terminal P-N junction devices for frequency conversion and computation. Proc. IRE 44 (1956) 1183.

[14] Uhlir, A., Jr.: The potential of semiconductor diodes in high-frequency communications. Proc. IRE 46 (1958) 1099.

[15] Miller, S. L.: Avalanche breakdown in germanium. Phys. Rev. 99 (15. Aug. 1955) 1234.

Zusammenfassung von Teil II

In Teil II wurde versucht, dem Leser den Begriff des Halbleiters und seine Eigenschaften zu veranschaulichen, die die Wirkungsweise von Transistoren bestimmen. Es wurden die Definitionen und die mathematischen Zusammenhänge aller für den Transistor wichtigen Begriffe abgeleitet, soweit sie für spätere Ausführungen von Bedeutung sind. Obwohl das Gebiet der Festkörperphysik sehr kompliziert ist und die meisten Fragen nur durch die Quantenmechanik gelöst werden, manchmal sogar ohne klassische Analogie, wurde die Mathematik der Quantenmechanik nicht für die Einführung der Grundbegriffe benutzt. Die quantenstatistischen Formeln wurden nur dort verwendet, wo es unbedingt nötig war, um Trägerdichten und besonders ihre Temperaturabhängigkeit zu erklären.

In jedem Fall wurden die gebräuchlichsten Methoden zur Messung einer bestimmten Größe kurz erklärt. Außerdem sind für den interessierten Leser genügend Literaturangaben angeführt.

Es wurde auf die Änderungen aller Größen mit der Temperatur eingegangen, da sie die Temperaturabhängigkeit der elektrischen Eigenschaften der Transistoren bestimmen.

In den §§ 2 D, 3 E und 4 A sind alle Grundgleichungen, die den Trägerfluß in Halbleitern beschreiben, sowie die erforderlichen Randbedingungen aufgeführt. Diese Grundgleichungen bilden die Basis für die Auslegung von Transistoren (Kap. 5 und 6).

Wiederholungsfragen zu Teil II

Die Wiederholungsfragen sind aus zwei Gründen von Bedeutung: Erstens prüfen sie, wie gut der Leser den gebotenen Stoff verstanden und behalten hat, zweitens geben sie eine gute Zusammenfassung der in den verschiedenen Abschnitten behandelten Probleme und Fragen. Es ist daher ratsam, sie sorgfältig durchzuarbeiten.

1. Wie sind Halbleiter definiert? In welchem Bereich bewegen sich die Werte des spezifischen Widerstandes von Halbleitern bei Zimmertemperatur?

2. Welche elektrischen Eigenschaften haben Einfluß auf das Transistorverhalten? Wie lautet die Definition jeder einzelnen?

3. Was kann man an Hand der SCHRÖDINGER-Gleichung über das Verhalten von Teilchen (wie Elektronen) aussagen?

4. Erkläre die Begriffe: *Energieband* und *Bandabstand* in Festkörpern! Was gilt entsprechend im Einzelatom?

5. Wie lautet der mathematische Ausdruck der FERMI-DIRAC-Verteilung, was sagt letztere aus und was bedeuten die einzelnen darin enthaltenen Größen?

6. Erkläre metallische Leitung, Isolation und Halbleitung durch den Bandaufbau und die FERMI-Verteilung!

7. Erkläre die Defektelektronenleitung in Halbleitern!

8. Nenne die Methoden, Bandabstände zu messen, und die numerischen Werte der Bandabstände von Germanium und Silizium (in eV)!

9. Beschreibe das Wesen von *Substitutions-* und *Zwischengitterstörstellen*!

10. Nenne die Elemente der 3., 4. und 5. Gruppe des periodischen Systems!

11. Erkläre folgende Begriffe: *Donator-* und *Akzeptor*störstelle, N- und P-Halbleiter, *eigen-* und *fremdleitender* Halbleiter!

12. Wo liegen die Donator- und Akzeptorniveaus bezüglich der Bandkanten?

13. Welche grundlegende Beziehung besteht zwischen den Gleichgewichtsmajoritäts- und -minoritätsträgerdichten? Wie kann sie zur Bestimmung des Bandabstandes eines Halbleiters verwendet werden?

14. Zeichne die FERMI-Verteilung f bei Zimmertemperatur ($300\,°$K)!

15. Beweise die Gln. (2.6) und (2.9) aus (2.2)!

16. Berechne mit den Gln. (2.13), (2.14) und (2.18) die Elektronen- und Defektelektronendichten in N-Germanium mit einer Donatorkonzentration von $N_d = 10^{16}$ cm^{-3} als Funktion der Temperatur zwischen $0\,°$C ($273\,°$K) und $200\,°$C ($473\,°$K); vgl. mit Abb. 2.7!

17. Was ist der HALL-Effekt und wie kann er zur Messung von Trägerdichten verwendet werden?

18. Warum haben die HALL-Spannungen in N- und P-Proben verschiedene Vorzeichen[1]?

19. Nenne die beiden Komponenten der Elektronen- und Defektelektronenströme!

20. Wie lautet der Ausdruck für den gesamten Leitungsstrom in einem Halbleiter mit beiden Leitungsarten?

21. Wie lauten die Grundgleichungen, auf die sich jegliche Trägerbewegung in Halbleitern stützt? Beschreibe die physikalische Bedeutung der einzelnen Gleichungen!

22. Wie lautet die Definition eines PN-Überganges?

23. Was versteht man unter *Trägerinjektion* und *Kollektorwirkung*, und bei welchen Polaritäten treten sie auf?

24. Wie erfolgt die Gleichrichtung in einem PN-Übergang?

25. Was hindert Träger daran, über einen PN-Übergang zu diffundieren, obwohl ein sehr steiler Dichtegradient für Elektronen und Defektelektronen vorhanden ist?

26. Wiederhole die Überlegungen, die zur Ableitung der Randbedingungen für die Trägerdichten an PN-Übergängen führten!

27. Was meint man mit Quasi-FERMI-Niveau, und wie kann man mit diesem Begriff die Randbedingungen für den PN-Übergang formulieren (s. Anhang C)?

28. Wie lauten die Definitionsgleichungen der Elektronen- und Defektelektronenbeweglichkeiten?

29. Warum werden Träger in einem Festkörper durch ein elektrisches Feld nicht beschleunigt, sondern laufen mit einer praktisch konstanten Driftgeschwindigkeit, die proportional der Feldstärke ist?

30. Welche beiden Streumechanismen sind hauptsächlich dafür verantwortlich, daß die Trägerbewegung in hochreinem Halbleitermaterial behindert wird? Wie ist ihre Temperaturabhängigkeit, und warum ist sie in den beiden Fällen verschieden?

31. Wie werden die Beiträge der beiden Streumechanismen für die Gesamtbeweglichkeit berücksichtigt?

32. Beschreibe eine Methode zur Messung der Driftbeweglichkeit in Halbleitern und nenne die μ-Werte für Germanium und Silizium bei Zimmertemperatur!

33. Unter welchen Bedingungen verliert der Begriff der Beweglichkeit seine Gültigkeit und wie verhält sich die Trägerdriftgeschwindigkeit bei hohen Feldstärken?

34. Wie sind Leitfähigkeit und spezifischer Widerstand definiert und in welchen Einheiten werden sie gewöhnlich gemessen?

---

[1] Das muß nicht bei allen Temperaturen der Fall sein; siehe Originalveröffentlichungen!

35. Wie hängt der spezifische Widerstand eines Halbleiters von der Temperatur ab?

36. Mit welcher Methode wird der spezifische Widerstand von Halbleitern gewöhnlich gemessen und warum?

37. Welche Gleichung definiert die Trägerdiffusionskonstante, und in welchen Einheiten wird sie gemessen?

38. Wie hängen Diffusionskonstante und Driftgeschwindigkeit in einem Halbleiter zusammen?

39. Welche Werte haben die Diffusionskonstanten in reinem Germanium und Silizium bei Zimmertemperatur?

40. Welche Größen beschreiben Rekombination und Erzeugung von Defektelektronen und Elektronen, wenn ihre Dichten von den Gleichgewichtswerten abweichen? Wie sind sie definiert?

41. Was sind die Grundzüge des SHOCKLEY-READ-Rekombinationsmechanismus?

42. Wie hängt die Trägerlebensdauer von der Dichte der Rekombinationszentren, vom spezifischen Widerstand und von der Temperatur ab?

43. Beschreibe die drei gebräuchlichsten Methoden zur Lebensdauermessung!

44. Wie lautet die Definition der Trägerdiffusionslänge? Zeige, daß sie die Dimension einer Länge hat!

45. Welche Werte hat die Dielektrizitätskonstante von Germanium und Silizium?

46. Bei welchen Feldstärken tritt Trägervervielfachung in Germanium und Silizium auf und begrenzt so die Spannung, die an einen Halbleiter, speziell an den Übergang, angelegt werden kann?

47. Wie entsteht die *Verarmungszone* oder *Raumladungszone* von PN-Übergängen?

48. Wie berechnet man die Potentialverteilung von PN-Übergängen?

49. Wie ist die Kapazität eines PN-Überganges definiert und wie werden die mathematischen Ausdrücke für sie abgeleitet?

50. Leite alle Formeln in Tab. 4.1 für die in Abb. 4.3. gezeigten Geometrien ab!

51. Was wissen Sie über Ohmsche Kontakte an Halbleitern?

Dritter Teil

Aufbau und Eigenschaften von Transistoren

5. Der Flächentransistor [*1* bis *6*]

In Kap. I wurde rein qualitativ das Grundprinzip des Transistors erklärt. Es fließen Minoritätsträger durch die Basiszone von einem injizierenden Übergang zu einem in Sperrichtung vorgespannten Übergang, wo sie „gesammelt" werden. Man nennt den ersten Übergang „Emitterdiode", den zweiten Übergang „Kollektordiode". Der zwischen Emitter und Basiszuleitung auftretende Eingangswiderstand der in Flußrichtung gepolten Emitterdiode ist klein. Der zwischen Kollektor und Basiszuleitung gemessene Ausgangswiderstand der in Sperrichtung gepolten Kollektordiode ist groß; die Stromverstärkung ist ungefähr gleich Eins. Die Leistungsverstärkung ergibt sich aus dem Verhältnis von Last- und Eingangswiderstand. In diesem Kapitel wird die für die Entwicklung von Transistoren nötige Theorie beschrieben. Es wird eine quantitative mathematische Beschreibung des Transistorverhaltens abgeleitet, wobei die Geometrie und die Materialeigenschaften mit dem elektrischen Verhalten des Bauelementes in Beziehung gesetzt werden.

Außer dem Minoritätsträgertransport durch die Basiszone haben die Sperrschichtkapazitäten, der Ohmsche Widerstand in der Basiszone und verschiedene andere Erscheinungen einen Einfluß auf die elektrischen Eigenschaften. Auf Grund der komplizierten Aufgabe müssen die Effekte zuerst einzeln untersucht und dann zu einer vollständigen Beschreibung des Transistors zusammengefaßt werden.

Ein wichtiges Ergebnis dieser Theorie sind die Ausdrücke für die Kleinsignal-Vierpolparameter des Transistors, die zusammen mit weiteren Einzelheiten sein Verhalten als Verstärker und Oszillator beschreiben und von denen die Ersatzschaltungen abgeleitet werden können. Diese Ableitungen werden in Anlehnung an das in Abb. 5.1. gezeigte Schema in den Abschn. 5 A bis C durchgeführt.

A. Untersuchung des Kleinsignalverhaltens (eindimensionaler Fall)

Zur Beschreibung des Trägerflusses von einem in Flußrichtung gepolten PN-Übergang (Emitter) durch eine dünne Basiszone zu einem in Sperrichtung vorgespannten PN-Übergang (Kollektor) wird das System allgemeiner Transportgleichungen [(2.51) bis (2.60)], das sehr kompliziert ist und keine geschlossene Lösungen ermöglicht, durch die Annahme *elektrischer Neutralität* und *geringer Injektion* vereinfacht. Unter diesen

Bedingungen reduziert sich das System auf eine einfache partielle Differentialgleichung, nämlich auf die bekannte Gestalt einer Potentialgleichung für die Dichte der Minoritätsträger. Alle anderen Träger- und Stromdichten sowie die elektrischen Felder können von den Lösungen für die Minoritätsträgerdichten in den 3 Zonen abgeleitet werden. Die Vektor-

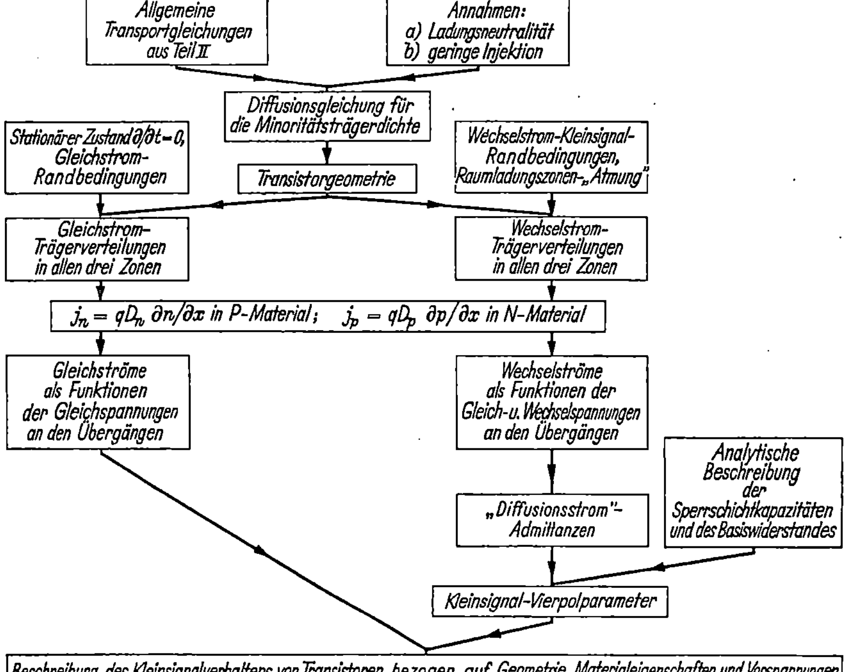

Abb. 5.1. Entwicklungsschema der Ableitungen für Flächentransistoren bei Kleinsignalbetrieb

gleichungen können in dem Koordinatensystem geschrieben werden, das sich am besten für die jeweilige Transistorgeometrie eignet. Am einfachsten und zugleich am wichtigsten ist der eindimensionale Fall, womit ein ebener Fluß der Träger gemeint ist und in dem man die Flächen der Übergänge senkrecht zum Trägerfluß annimmt.

Die Trägerdichten an den Übergängen hängen in der durch die Gln. (4.23) und (4.24) oder einen ihrer Sonderfälle ausgedrückten Weise von den angelegten Spannungen ab. Diese Ausdrücke gelten nun als Randbedingungen für die Differentialgleichungen (je eine für Emitter-, Basis- und Kollektorzone). Diese werden zuerst nur für den stationären Zustand und für Gleichspannung gelöst, woraus die Gleichstromträgerverteilung in den 3 Zonen folgt. Sodann können die Gleichströme in Abhängigkeit von den angelegten Spannungen berechnet werden. Um lineare Wechselstrom-Spannungs-Beziehungen zu erhalten, werden schließlich Lösungen der zeitabhängigen Differentialgleichungen abgeleitet, für den Fall, daß in den Randbedingungen kleine Wechselspannungen den angelegten Gleichspannungen überlagert werden, was eine geringe Störung der Trägerdichten hervorruft. Außerdem ist der kollektorseitige Rand der Basiszone nicht mehr fest, da sich die Breite der Kollektorraumladungszone der in Sperrichtung gepolten Kollektordiode mit der Kollektorspannung relativ stark ändert. So wird die Basisdicke selbst eine zeitabhängige Größe. Unter diesen Bedingungen ergibt die Lösung der Differentialgleichungen die Trägerverteilungen bei Wechselstrom und daraus die Abhängigkeit der Wechselströme von den angelegten Gleich- und Wechselspannungen. Man kommt so zu den lediglich auf den *Diffusionsströmen* basierenden Kleinsignal-Vierpoladmittanzen. Diese ergeben zusammen mit den Sperrschichtkapazitäten und dem *Basisbahnwiderstand* die vollständigen Vierpolparameter für kleine Signale, die in allen weiteren Erläuterungen des Transistorverhaltens verwendet werden.

In diesem Abschnitt werden die Ableitungen wegen ihrer grundlegenden Bedeutung ausführlich behandelt. Spätere Betrachtungen sind Verallgemeinerungen und Erweiterungen des Grundgedankens.

Um auf eine vereinfachte Form der Grundgleichungen (2.51) bis (2.60) zu kommen, machen wir zuerst die Annahme, daß die in Betracht gezogenen Frequenzen so niedrig sind, daß die Verschiebungsströme im Volumen der Emitter-, Basis- und Kollektorzone — jedoch nicht in den Raumladungszonen der Übergänge — vernachlässigt werden können:

$$\frac{\partial \mathbf{D}}{\partial t} = 0. \tag{5.1}$$

Wir nehmen zweitens an, daß in der Emitter-, Basis- und Kollektorzone die Bedingung *örtlicher Ladungsneutralität* erfüllt ist. Das bedeutet, daß die Differenz zwischen den Dichten von positiven und negativen Trägern so klein ist, daß sie in allen Gleichungen vernachlässigt werden kann, außer in der POISSON-Gleichung, wo sie zur Berechnung der elektrischen Feldstärke dient. Dieser wichtige Punkt soll noch etwas weiter geklärt werden (zusätzliche Erläuterungen enthalten die Arbeiten von HERRING [7] und VAN ROOSBROECK [8]). Wenn die gesamte Überschußdichte von positiven Trägern durch $\delta = p - n + N_d - N_a$ gegeben ist, findet man, auch wenn δ innerhalb eines kleinen Volumens nur 1% von $(p - n)$ oder $(N_d - N_a)$ beträgt, daß Felder auftreten, die groß genug sind, um die Raumladung in bedeutend kürzeren Zeiten zu neutralisieren als sie bei den hier besprochenen Vorgängen in Betracht kommen. So kann δ im Vergleich zu den Majoritätsträgerdichten vernachlässigt werden, da es immer nur ein kleiner Teil dieser Größen sein kann. Wenn jedoch mit Hilfe der POISSON-Gleichung das elektrische Feld berechnet wird, kann δ nicht gleich Null gesetzt werden, da hier selbst sehr kleine δ-Werte beträchtliche Felder erzeugen.

Durch die Bedingung elektrischer Neutralität kann die POISSON-Gleichung in dem System der Grundgleichungen für die Trägerdichten in den drei Zonen durch die Beziehung

$$p - n = N_a - N_d \qquad (5.2)$$

oder

$$p - n = p_0 - n_0 \qquad (5.3)$$

ersetzt werden, da $N_a - N_d = p_0 - n_0$ ist. Das bringt offensichtlich eine wesentliche Vereinfachung der Untersuchungen mit sich. Wenn die Bedingung elektrischer Neutralität innerhalb von Abständen und Zeiten erfüllt ist, die klein im Vergleich zu den hier interessierenden sind, kann man auch

$$\nabla p = \nabla n \qquad (5.4)$$

und

$$\frac{\partial p}{\partial t} = \frac{\partial n}{\partial t} \qquad (5.5)$$

setzen. Durch diese Bedingungen kommen wir zu dem folgenden vereinfachten System von Grundgleichungen:

$$\mathbf{j}_{\mathrm{TOT}} = \mathbf{j}_n + \mathbf{j}_p \qquad (5.6)$$

$$\mathbf{j}_n = q\,\mu_n\,n\,\mathbf{E} + q\,D_n\,\nabla n \qquad (5.7)$$

$$\mathbf{j}_p = q\,\mu_p\,p\,\mathbf{E} - q\,D_p\,\nabla p \qquad (5.8)$$

$$\frac{\partial n}{\partial t} = -\frac{n - n_0}{\tau_n} + \frac{1}{q}\cdot\nabla \mathbf{j}_n \qquad (5.9)$$

$$\frac{\partial p}{\partial t} = -\frac{p - p_0}{\tau_p} - \frac{1}{q}\cdot\nabla \mathbf{j}_p \qquad (5.10)$$

$$p - n = p_0 - n_0. \qquad (5.11)$$

Eliminiert man das Feld $\mathbf{E}$ und die Teilstromdichten $\mathbf{j}_n$ und $\mathbf{j}_p$, dann erhält man für eine gegebene Gesamtstromdichte $\mathbf{j}_{\mathrm{TOT}}$ zwei wichtige partielle Differentialgleichungen für die Minoritätsdichten, die das Transistorverhalten bestimmen:

$$\frac{\partial p}{\partial t} = -\frac{p - p_0}{\tau_p} - \frac{1}{q}\nabla\left[\frac{p\,\mathbf{j}_{\mathrm{TOT}} - q\,D_p\,b(2p + n_0 - p_0)\,\nabla p}{(b + 1)\,p + b(n_0 - p_0)}\right] \qquad (5.12)$$

oder

$$\frac{\partial n}{\partial t} = -\frac{n - n_0}{\tau_n} + \frac{1}{q}\nabla\left[\frac{n\,\mathbf{j}_{\mathrm{TOT}} + q\,D_n\,\dfrac{1}{b}(2n + p_0 - n_0)\,\nabla n}{\left(1 + \dfrac{1}{b}\right)n + \dfrac{1}{b}(p_0 - n_0)}\right], \qquad (5.13)$$

wovon die erste oder zweite angewendet wird, je nachdem, ob N- oder P-Material vorliegt. b gibt das Verhältnis der Beweglichkeiten $\mu_n/\mu_p = D_n/D_p$ an. Diese beiden Differentialgleichungen für die Trägerdichten bilden die Grundlage für alle weiteren Ausführungen. Sie sind verschiedene Darstellungen des gleichen Sachverhalts und die Lösung der einen ergibt mit Gl. (5.11) die Lösung der anderen. Aus den bekannten Ausdrücken für die Trägerdichten können dann das elektrische Feld $\mathbf{E}$

und die Stromdichten $\mathbf{j}_p$ und $\mathbf{j}_n$ mit den folgenden Gleichungen berechnet werden:

$$E = \frac{\mathbf{j}_{\text{TOT}} + q\,D_p(1-b)\,\nabla p}{q\,\mu_p[(b+1)\,p + b(n_0-p_0)]}\,, \tag{5.14}$$

$$E = \frac{\mathbf{j}_{\text{TOT}} + q\,D_n\left(\dfrac{1}{b}-1\right)\nabla n}{q\,\mu_n\left[\left(1+\dfrac{1}{b}\right)n + \dfrac{1}{b}\,(p_0-n_0)\right]}\,, \tag{5.15}$$

$$\mathbf{j}_p = \frac{p\,\mathbf{j}_{\text{TOT}} - q\,D_p\,b(2p+n_0-p_0)\,\nabla p}{(b+1)\,p + b(n_0-p_0)}\,, \tag{5.16}$$

$$\mathbf{j}_n = \frac{n\,\mathbf{j}_{\text{TOT}} + q\,D_n\dfrac{1}{b}\,(2n+p_0-n_0)\,\nabla n}{\left(1+\dfrac{1}{b}\right)n + \dfrac{1}{b}\,(p_0-n_0)}\,. \tag{5.17}$$

Das Hauptproblem bei der Untersuchung der Trägerdiffusion liegt in
der Lösung der Gln. (5.12) oder (5.13) für die in Frage kommende
Geometrie und Randbedingungen. Man sieht, daß die Gleichgewichtsträgerdichten, die Trägerbeweglichkeiten, die Diffusionskonstanten und
die Trägerlebensdauern das elektrische Verhalten des Transistors bestimmen. Ihre Änderung mit der Temperatur ist auch für die Temperaturabhängigkeit der elektrischen Parameter verantwortlich.

Wenn die in Gl. (5.12) angegebenen Rechenoperationen durchgeführt
werden, kommt man auf

$$\frac{\partial p}{\partial t} = -\frac{p-p_0}{\tau_p} - \frac{1}{q}\,\frac{-b(p_0-n_0)}{[(b+1)(p-p_0)+b\,n_0+p_0]^2} \times$$

$$\times\,[\mathbf{j}_{\text{TOT}}\,\nabla p - q\,D_p(b-1)\,(\nabla p)^2] +$$

$$+\,\frac{b\,D_p[2(p-p_0)+p_0+n_0]}{(b+1)(p-p_0)+b\,n_0+p_0}\,(\nabla^2 p) \tag{5.18}$$

und mit Gl. (5.13) auf einen analogen Ausdruck für die Kontinuitätsgleichung der Elektronen. Gl. (5.18) kann durch die Bedingungen

$$|p-p_0| \ll \frac{p_0+n_0}{2} \tag{5.19}$$

und

$$|p-p_0| \ll \frac{p_0+b\,n_0}{b+1} \tag{5.20}$$

auf eine bedeutend einfachere Form gebracht werden:

$$\frac{\partial p}{\partial t} = -\frac{p-p_0}{\tau_p} + \frac{1}{q}\,\frac{b(p_0-n_0)}{(p_0+b\,n_0)^2} \times$$

$$\times\,[\mathbf{j}_{\text{TOT}}\,\nabla p - q\,D_p(b-1)\,(\nabla p)^2] + \frac{b\,D_p(p_0+n_0)}{p_0+b\,n_0}\,(\nabla^2 p). \tag{5.21}$$

Da das Verhältnis $b = D_n/D_p = \mu_n/\mu_p$ in Germanium und Silizium
in der Größenordnung von 2 liegt, besagen Gln. (5.19) und (5.20) im
wesentlichen, daß die Dichte von zusätzlich injizierten Trägern viel

kleiner sein soll als die Majoritätsträgerdichte bei Gleichgewicht. Sie stellen damit die mathematischen Bedingungen für den *Fall kleiner Injektion* dar, der große praktische Bedeutung hat. Man stellt fest, daß die Gl. (5.21), außer bei reiner Eigenleitung, wo $p_0 = n_0$ ist, immer noch nichtlinear bleibt. Dennoch konnte eine Lösung dieser Gleichung gefunden werden [9]. Für die Basiszone von Transistoren unterscheidet sie sich jedoch nicht nennenswert von der Lösung der linearen eindimensionalen Diffusionsgleichung, die man aus Gl. (5.21) erhält, wenn man den mittleren Ausdruck wegläßt:

$$\frac{\partial p}{\partial t} = - \frac{p - p_0}{\tau_p} + D_a \nabla^2 p. \qquad (5.22)$$

„D_a" nennt man den *ambipolaren Diffusionskoeffizienten*, gegeben durch

$$D_a = \frac{D_n(p_0 + n_0)}{p_0 + b\, n_0}. \qquad (5.23)$$

In hochdotiertem P-Material ($p_0 \gg b\, n_0$) ist er gleich D_n und in hochdotiertem N-Material ($p_0 \ll b\, n_0$) gleich D_p. Bei höheren spezifischen Widerständen ($p_0 \cong n_0$) beschreibt er die Wirkung der Majoritätsträger auf die Diffusion der Minoritätsträger (mit entgegengesetztem Vorzeichen). In Germanium und Silizium verzögert dieser Effekt die Diffusion von Elektronen und beschleunigt die Diffusion von Defektelektronen.

Aus Gl. (3.12) folgt, daß bei geringer Injektion die Lebenszeit τ_p gewöhnlich auch eine Konstante ist, so daß Gl. (5.22) wirklich linear ist.

Die Emitterzone aller Transistoren ist zur Erreichung eines hohen Emitterwirkungsgrades hochdotiert, und Gl. (5.22) ist daher immer eine sehr gute Näherung. In der Basis ist sie nur für geringe Stromdichten eine gute Näherung, für größere Stromdichten müssen die vollständigen Gleichungen verwendet werden.

Wenn der Kollektor hochdotiert ist, gibt die eindimensionale Diffusionsgleichung wiederum eine sehr gute Näherung. Weist er dagegen einen hohen spezifischen Widerstand auf, so ist eine kompliz*iertere Behandlung erforderlich (s. unten bei „Stromvervielfachung im Kollektor").

Gl. (5.22) bildet die Grundlage für alle Untersuchungen bei kleiner Injektion. Als nächster Schritt wird ein Koordinatensystem gewählt, in dem diese Gleichung zu lösen ist. Es soll einfach, aber doch eine gute Näherung für tatsächlich auftretende Transistorstrukturen sein, für welche einige typische Beispiele in Abb. 5.2 dargestellt sind. Man sieht, daß analytische Untersuchungen an einigen Strukturen große Schwierigkeiten bereiten würden. Es können jedoch alle durch die einfache Geometrie von Abb. 5.3 angenähert werden. Sie ist eindimensional in der x-Richtung und vom PNP-Typ, so daß die vom Emitter in die Basis injizierten Träger Defektelektronen sind. Die Untersuchung für NPN-Transistoren ist genau analog, und die Ergebnisse der PNP-Darstellung können, wie später erläutert wird, leicht umgewandelt werden.

Für die Struktur von Abb. 5.3 hat Gl. (5.22) folgende Form:

$$\frac{\partial p}{\partial t} = -\frac{p - p_0}{\tau_p} + D_a \frac{\partial^2 p}{\partial x^2} \qquad (5.24)$$

für die Defektelektronen in der Basiszone, und die Gleichung

$$\frac{\partial n}{\partial t} = -\frac{n - n_0}{\tau_n} + D_a \frac{\partial^2 n}{\partial x^2} \qquad (5.25)$$

gilt für die Elektronen in der Emitter- und Kollektorzone.

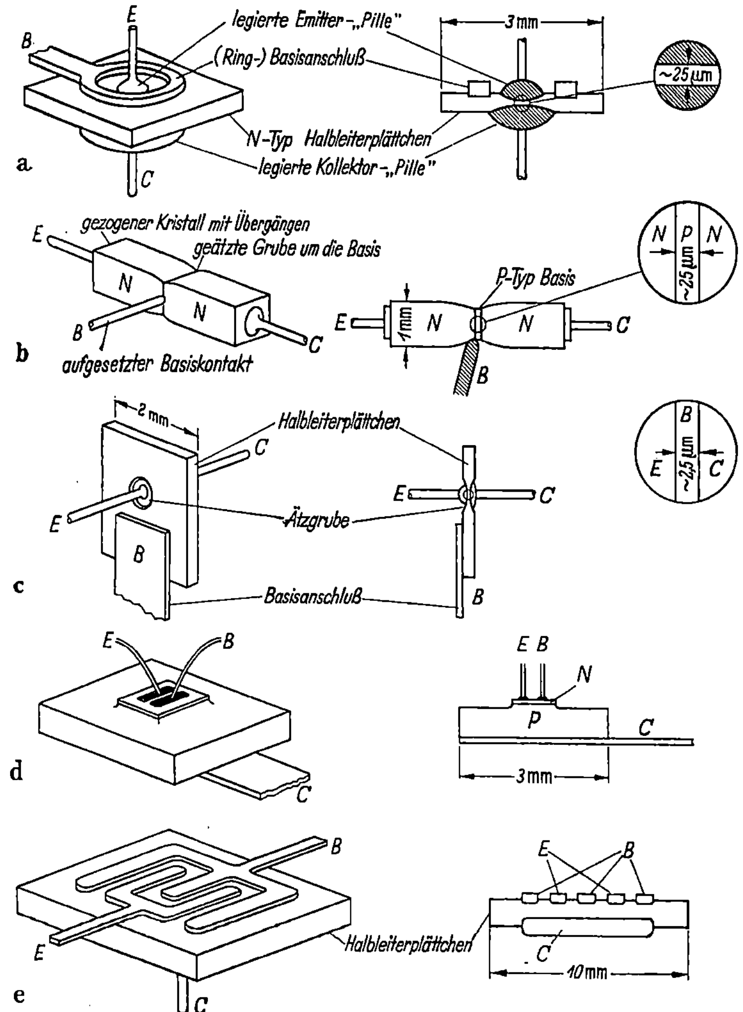

Abb. 5.2. Typische Transistorstrukturen. a) Legierter PNP-Flächentransistor; b) gezogener NPN-Transistor; c) surface-barrier- (micro-alloyed-) Transistor; d) Transistor mit diffundierter Basis in Mesa-Ausführung; e) Großflächenleistungstransistor

Die allgemeinen Lösungen der linearen partiellen Differentialgleichungen (5.24) und (5.25) erhält man durch die bekannte Separationsmethode. Sie ergeben sich als Summen von Ausdrücken folgender Form:

$$p - p_0 = \sum_i (C_{1i}\, e^{\Gamma_{pi} x} + C_{2i}\, e^{-\Gamma_{pi} x})\, e^{C_{3i} t}, \qquad (5.24\,\mathrm{a})$$

mit

$$\Gamma_{pi} = \frac{\sqrt{1 + C_{3i}\tau_p}}{\sqrt{D_a \tau_p}}$$

und

$$n - n_0 = \sum_i (C_{4i}\, e^{\Gamma_{ni} x} + C_{5i}\, e^{-\Gamma_{ni} x})\, e^{C_{6i} t}, \qquad (5.25\,\mathrm{a})$$

mit

$$\Gamma_{ni} = \frac{\sqrt{1 + C_{6i}\tau_n}}{\sqrt{D_a \tau_n}}.$$

Die C_{ki} mit $k = 1, 2, 4, 5$ sind Integrationskonstanten; mit Hilfe der Koeffizienten C_{3i} und C_{6i} kann den zeitabhängigen Randbedingungen (zusammen mit den Integrationskonstanten) genügt werden.

Unsere Aufgabe liegt darin, die Minoritätsträgerverteilung und daraus die Ströme in den 3 Zonen zu finden, wenn gegebene Spannungen an der Emitter- und Kollektordiode liegen. Der Untersuchung liegt die Annahme zugrunde, daß jede der 3 Zonen auf einheitlichem Potential liegt und daß das gesamte Potential innerhalb der PN-Übergänge abfällt (s. Abb. 5.4).

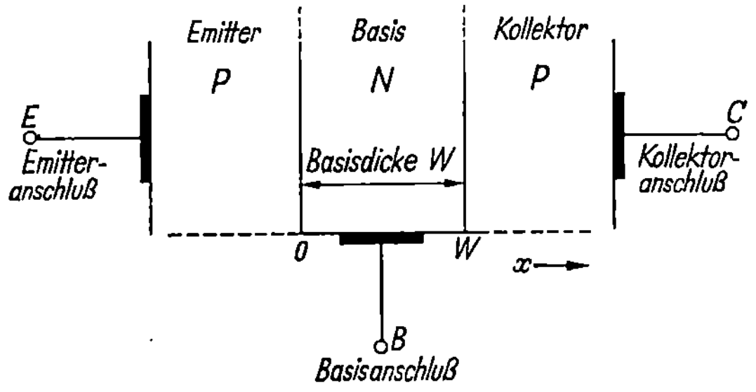

Außerdem nehmen wir an, daß sich Emitter- und Kollektorzone ins Unendliche erstrecken. Beide Annahmen werden später abgeändert.

Die Randbedingungen für die Trägerdichte an den Rändern der PN-Übergänge sind unter der Annahme geringer Injektion, entsprechend Gln. (4.29) und (4.30) durch die folgenden Ausdrücke gegeben:

Abb. 5.3. Darstellung eines PNP-Flächentransistors für einen ebenen eindimensionalen Trägerfluß

$$p_1 = p_{0\,\mathrm{B}}\, e^{q\, u_\mathrm{E}/k\,T} \qquad (5.26)$$

für Defektelektronen in der Basiszone am Emitterübergang, $x = 0$;

$$p_2 = p_{0\,\mathrm{B}}\, e^{q\, u_\mathrm{C}/k\,T} \qquad (5.27)$$

für Defektelektronen in der Basiszone am Kollektorübergang, $x = w$;

$$n_1 = n_{0\,\mathrm{E}}\, e^{q\, u_\mathrm{E}/k\,T} \qquad (5.28)$$

für Elektronen in der Emitterzone am Emitterübergang, $x = 0$;

$$n_2 = n_{0\,\mathrm{C}}\, e^{q\, u_\mathrm{C}/k\,T} \qquad (5.29)$$

für Elektronen in der Kollektorzone am Kollektorübergang, $x = w$. u_E und u_C sind die jeweils am Emitter- bzw. am Kollektorübergang liegenden Spannungen.

In den Gln. (4.29) und (4.30) erhält man gegenüber den Gln. (5.26) bis (5.29) unterschiedliche Vorzeichen der Spannungen, da bei der Besprechung des PN-Überganges in § 4 A das Potential auf der N-Seite

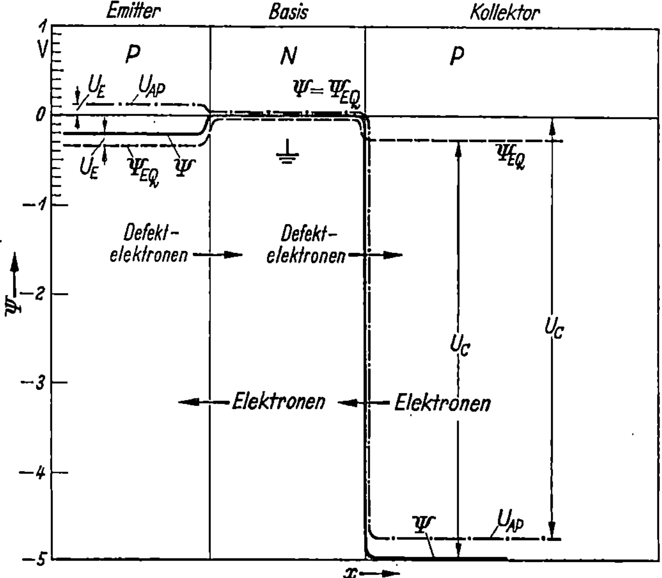

Abb. 5.4. Theoretische Verteilung des elektrischen Potentials an einem Transistormodell für eindimensionalen Trägerfluß. ———— Gesamtpotential; — — — Gleichgewichtspotential (ohne angelegte Gleichspannungen) zum Vergleich; — · — · — Potential ohne Berücksichtigung des Gleichgewichtspotentials. Basisschaltung

gegen das Potential auf der P-Seite gemessen wurde, $u = \psi_N - \psi_P$. In der Transistortheorie ist es hingegen gebräuchlich, die Anordnung bei geerdeter Basis zu betrachten (s. Abb. 5.3), so daß in einem PNP-Transistor die Potentiale der Emitter- und Kollektor-P-Zonen gegen die N-Basis gemessen werden, $u = \psi_P - \psi_N$. Die Randbedingungen, Gln. (4.29) und (4.30), lassen sich unverändert bei PNP-Transistoren verwenden.

Für die Elektronendichten in der Emitter- und Kollektorzone in sehr großer Entfernung von den Übergängen[1] nimmt man an, daß sie ihre Gleichgewichtswerte n_{0E}, n_{0C} haben. Die Aufgabenstellung ist dann vollständig definiert. Um die Lösung für eine spezielle Transistorstruktur zu

---

[1] Der interessierte Leser kann den Fall lösen, wo Emitter- und Kollektoranschlüsse (Emitter- bzw. Kollektorkontaktierung) sehr nahe an den Übergängen angebracht sind (innerhalb einer Diffusionslänge), unter der Annahme, daß die Trägerdichten an diesen Kontakten ihre Gleichgewichtswerte haben (vgl. R. L. PRITCHARD: Proc. IRE 42 (1954) 786. Beachte dann die Auswirkung solcher Kontakte auf den Emitterwirkungsgrad).

finden, muß man die Gleichgewichtsträgerdichten (die spezifischen Widerstände), die Diffusionskonstanten, die Lebensdauer in jeder der 3 Zonen und außerdem die angelegten Gleichspannungen kennen.

Zuerst wird der stationäre Fall gelöst. Er ist durch $\partial/\partial t = 0$ gekennzeichnet, woraus die Gleichstrombeziehungen folgen. Die Emitter- und Kollektorspannung u_E und u_C in den Randbedingungen, Gln. (5.26) bis (5.29), sind dann Gleichspannungen U_E, U_C; die Trägerdichten an den Grenzen p_1, p_2, n_1, n_2 sind die Gleichstromträgerdichten p_{10}, p_{20}, n_{10}, n_{20}.

Es ergibt sich für die Basiszone

$$p(x) = p_{0B} + \left[\frac{p_{20} - p_{0B} - (p_{10} - p_{0B})\,e^{-W/L_B}}{2\sinh(W/L_B)}\right] e^{x/L_B} -$$

$$- \left[\frac{p_{20} - p_{0B} - (p_{10} - p_{0B})\,e^{W/L_B}}{2\sinh(W/L_B)}\right] e^{-x/L_B}, \quad (5.30)$$

wobei p_{0B} die Gleichgewichtsdefektelektronendichte in der Basiszone und L_B die Defektelektronendiffusionslänge in der Basis, $L_B = \sqrt{D_B\,\tau_p}$, ist. Für die Elektronendichte in der Emitterzone erhält man

$$n(x) = n_{0E} + (n_{10} - n_{0E})\,e^{x/L_E} \quad (5.31)$$

(n_{0E} ist die Gleichgewichtselektronendichte, L_E die Elektronendiffusionslänge in der Emitterzone) und für Elektronen in der Kollektorzone

$$n(x) = n_{0C} + (n_{20} - n_{0C})\,e^{-(x-W)/L_C} \quad (5.32)$$

(n_{0C} ist die Gleichgewichtselektronendichte, L_C die Elektronendiffusionslänge in der Kollektorzone). Aus den Gln. (5.31) und (5.32) sieht man, daß die Elektronendichten innerhalb einiger Diffusionslängen vom Übergang auf ihre Gleichgewichtsdichten abgefallen sind. Es ist also zulässig, von unendlicher Ausdehnung dieser beiden Zonen zu sprechen, selbst wenn sie nur einige Diffusionslängen tief sind. Gln. (5.30) bis (5.32) beschreiben die Trägerverteilung im Transistor (wegen der Bedingung elektrischer Neutralität sind die Überschußmajoritätsträgerdichten gleich den entsprechenden Überschußminoritätsträgerdichten). Abb. 5.5 zeigt diese Gleichstromträgerverteilung für einen gewöhnlichen PNP-Transistor ohne Vorspannungen und unter normalen Betriebsbedingungen mit geringer Flußspannung am Emitter und hoher Sperrspannung am Kollektor.

Da das Verständnis der Trägerverteilungen die Voraussetzung für das Verständnis der Transistorwirkungsweise ist, wurden sie sowohl in einfach-logarithmischem Maßstab wie auch im linearen Maßstab dargestellt.

Der in Sperrichtung vorgespannte Kollektorübergang hält die Minoritätsträgerdichten auf beiden Seiten des Überganges praktisch auf Null (s. Besprechung des PN-Überganges in § 4 A), die Flußspannung am Emitter hingegen hebt die Dichten über den Gleichgewichtswert an, so daß ein Gradient der Minoritätsträgerdichte vom Emitter zum Kollektor entsteht. Dieser Gradient ist praktisch linear, wenn, wie meistens, die Diffusionslänge in der Basis ein Mehrfaches der Basisdicke W beträgt. Dagegen hat er exponentiellen Verlauf, wenn $W > L_B$ ist. Der Abfall der Elektronendichten in der Emitter- und Kollektorzone von ihren Randwerten am Übergang auf ihre Gleichgewichtswerte ist ex-

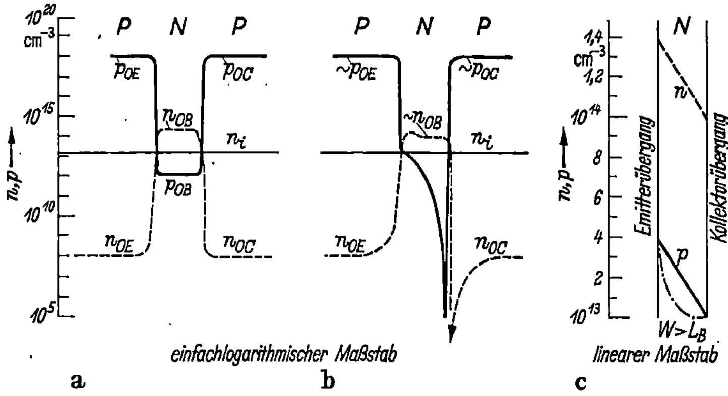

Abb. 5.5 a—c. Verteilung der Elektronen- und Defektelektronendichte in den 3 Zonen eines gebräuchlichen Germanium-PNP-Flächentransistors bei Gleichspannung. a) Ohne Vorspannung (Gleichgewicht); b) mit Vorspannungen für normalen Betrieb; c) Basiszone wie unter b, jedoch in linearem Maßstab. —·—·— Diffusionslänge kleiner als die Basisbreite

ponentiell. Er wird durch die Diffusionslängen in den einzelnen Zonen charakterisiert. Die Wirkung dieser Verteilungen wird klar, wenn man die dadurch hervorgerufenen Ströme betrachtet.

Aus den analytischen Ausdrücken für die Trägerdichten kann man die Elektronen- und Defektelektronenstromdichten mit den Gln. (5.16) und (5.17) an jedem Punkt berechnen. Bei geringer Injektion in hochdotiertes N-Material (Basis) $n_0 \gg p$, p_0, vereinfachen sich diese Gleichungen zu

$$j_p = -q D_{pB} \frac{\partial p}{\partial x} \tag{5.33}$$

und

$$j_n = j_{TOT} + q D_{pB} \frac{\partial p}{\partial x}. \tag{5.34}$$

j_p ist die Stromdichte der Minoritätsträger und D_{pB} die Defektelektronendiffusionskonstante in der Basis. Aus Gln. (5.33) und (5.34) ist ersichtlich, daß bei einer gegebenen Gesamtstromdichte $j_{TOT} = j_p + j_n$ der von Minoritätsträgern getragene prozentuale Anteil um so größer ist, je steiler der Gradient $(\partial p/\partial x)$ der Trägerdichte ist. Sobald dieser Gradient [der für Minoritäts- und Majoritätsträger gleich ist, s. Gl. (5.4)] abnimmt, wird ein zunehmender Teil der Gesamtstromdichte von Majoritätsträgern getragen.

Wie später noch gezeigt wird, ist dieser Gradient in der ganzen Basiszone eines Transistors so groß, daß praktisch der gesamte fließende

Strom ein Minoritätsträgerstrom ist (d. h. ein Defektelektronenstrom bei einem PNP-Transistor).

Ähnlich ergibt sich in der P-leitenden Emitter- und Kollektorzone

$$j_n = q\,D_n\,\frac{\partial n}{\partial x} \tag{5.35}$$

und

$$j_p = j_{\text{TOT}} - q\,D_n\,\frac{\partial n}{\partial x}. \tag{5.36}$$

Setzt man die Gleichstromträgerdichten aus Gln. (5.30) bis (5.32) in die obigen Gleichungen ein und bezieht die letzteren auf den Emitterübergang $x = 0$ und Kollektorübergang $x = W$, dann ergibt sich

$$J_{p\mathrm{E}} = -q\,D_{p\mathrm{B}}\frac{1}{L_\mathrm{B}}\frac{p_{20} - p_{0\mathrm{B}} - (p_{10} - p_{0\mathrm{B}})\cosh(W/L_\mathrm{B})}{\sinh(W/L_\mathrm{B})}, \tag{5.37}$$

$$J_{n\mathrm{E}} = q\,D_{n\mathrm{E}}(n_{10} - n_{0\mathrm{E}})/L_\mathrm{E} \tag{5.38}$$

am Emitterübergang und

$$J_{p\mathrm{C}} = -q\,D_{p\mathrm{B}}\frac{1}{L_\mathrm{B}}\frac{(p_{20} - p_{0\mathrm{B}})\cosh(W/L_\mathrm{B}) - (p_{10} - p_{0\mathrm{B}})}{\sinh(W/L_\mathrm{B})}, \tag{5.39}$$

$$J_{n\mathrm{C}} = -q\,D_{n\mathrm{C}}(n_{20} - n_{0\mathrm{C}})/L_\mathrm{C} \tag{5.40}$$

am Kollektorübergang. Setzt man die Randbedingungen für geringe Injektion [Gln. (4.29) und (4.30)] ein und bezeichnet den wirksamen Querschnitt des Transistors mit A, dann erhält man den gesamten Emittergleichstrom in Abhängigkeit von den angelegten Spannungen:

$$I_\mathrm{E} = A\,q\left\{-\frac{D_{p\mathrm{B}}\,p_{0\mathrm{B}}}{L_\mathrm{B}}\left[\frac{e^{qU_\mathrm{C}/kT} - 1 - (e^{qU_\mathrm{E}/kT} - 1)\cosh(W/L_\mathrm{B})}{\sinh(W/L_\mathrm{B})}\right] + \right.$$
$$\left. + \frac{D_{n\mathrm{E}}\,n_{0\mathrm{E}}(e^{qU_\mathrm{E}/kT} - 1)}{L_\mathrm{E}}\right\} \tag{5.41}$$

und für den gesamten Kollektorstrom

$$I_\mathrm{C} = A\,q\left\{-\frac{D_{p\mathrm{B}}\,p_{0\mathrm{B}}}{L_\mathrm{B}}\left[\frac{(e^{qU_\mathrm{C}/kT} - 1)\cosh(W/L_\mathrm{B}) - (e^{qU_\mathrm{E}/kT} - 1)}{\sinh(W/L_\mathrm{B})}\right] - \right.$$
$$\left. - \frac{D_{n\mathrm{C}}\,n_{0\mathrm{C}}(e^{qU_\mathrm{C}/kT} - 1)}{L_\mathrm{C}}\right\}. \tag{5.42}$$

Die Differenz zwischen diesen beiden Strömen ist klein und erscheint als *Basisstrom* am Basisanschluß.

Wie an Hand der Gln. (5.33) und (5.34) gezeigt wurde, sind die Minoritätsträgerströme dem Gradienten der Minoritätsträgerdichten proportional. Im Interesse einer hohen Verstärkung sollte ein möglichst großer Teil des Emitterstromes den Kollektor erreichen. Dies wird offensichtlich eintreten, wenn keine Verringerung der Defektelektronenstromdichte zwischen Emitter und Kollektor auftritt und der Elektronenstrom von der Basis in den Emitter klein gehalten wird. Die erste Bedingung ist offenbar erfüllt, wenn der Gradient für die Defektelektronen durch die ganze Basiszone konstant ist. Letzteres ist der Fall, wenn $W \ll L_\mathrm{B}$[1] ist. Da $L_\mathrm{B} = \sqrt{D_p\,\tau_p}$ ist, erfordert diese Bedingung *lange* Lebensdauer in der Basis oder dünne Basiszonen. Die gestrichelte Linie in Abb. 5.5c zeigt den Fall, wenn die Lebensdauer und damit die Diffusionslänge zu klein werden ($W > L_\mathrm{B}$). Die Trägerdichte fällt vom Emitter aus exponentiell ab, und der Gradient am Kollektorübergang ist klein. So erreicht nur ein kleiner Prozentsatz des Emitterstromes den Kollektor, da die meisten injizierten Träger vorher rekombinieren. Das ist der Hauptgrund, warum man Transistoren mit Basiszonen aus einkristallinem Material mit wenig Kristallfehlern und niedriger Konzentration von Störstellen, die als Rekombinationszentren wirken können, herstellt. Diese Forderung ist das Haupthindernis bei der Verwendung von anderen Halbleitern als Germanium oder Silizium zur Transistorherstellung in großem Maßstab. Wenn die Lebensdauer klein ist, muß die Basiszone dünner gemacht werden. Es gibt jedoch eine untere Grenze ($3 \cdot 10^{-5}$ cm), die mit herkömmlichen Verfahren noch nicht unterschritten werden kann.

Eine andere unerwünschte Verminderung an nutzbarem Emitterstrom ergibt sich, wenn der Elektronenstrom am Emitterübergang zu hoch ist. Er kann offensichtlich klein gehalten werden, wenn die Lebensdauer in der Emitterzone genügend groß ist [s. Gl. (5.38)] (eine Bedingung, die bei dem gegenwärtigen Stand der Technik nicht immer erfüllt ist) und wenn die Gleichgewichtselektronendichte in der Emitterzone klein ist. Daraus ersieht man, daß die Emitterzone eines Transistors immer so hoch wie möglich dotiert sein soll (niedriger spezifischer Widerstand ist gleichbedeutend mit niedriger Minoritätsträgerdichte, weil $p_0\,n_0 = n_i^2$ gilt) [*10*]. Die Frage des Emitterwirkungsgrades wird später im Zusammenhang mit den Wechselstromleitwerten noch genauer besprochen.

Schließlich soll noch der Kollektorelektronenstrom erwähnt werden, der ebenfalls unerwünscht ist. Er fließt auch dann über die in Sperrichtung betriebene Kollektordiode, wenn kein Emitterstrom injiziert wird. Außerdem steigt er, wie man aus Gl. (5.42) sehen kann, mit der Temperatur ebenso schnell wie die Minoritätsträgerdichten an. Ähnlich dem obengenannten Emitterelektronenstrom kann er durch hohe Dotierung herabgesetzt werden.

Bis jetzt läßt sich also sagen, daß für eine zufriedenstellende Transistorfunktion eine lange Lebensdauer in der Basiszone (Diffusionslänge ein Vielfaches der Basisdicke), hohe Dotierung der Emitterzone wesentlich und hohe Dotierung der Kollektorzone erwünscht sind.

---

[1] Um diese Feststellung zu beweisen, kann der interessierte Leser Träger- und Stromdichten als Funktion von x in der Basis für verschiedene Werte von W/L_B unter Verwendung der Gln. (5.30) und (5.33) berechnen.

Die Gleichstromvorgänge in einem Transistor sind somit analytisch beschrieben. Es sollen nun analoge Ausdrücke für den Wechselstromfall abgeleitet werden, wo Spannungen und Ströme Funktionen der Zeit sind.

Wir verwenden die zeitabhängigen Gln. (5.24) und (5.25) und wenden darauf Randbedingungen ähnlich (5.26) bis (5.29) an, bei denen sich die Emitter- und Kollektorspannungen aus einem Gleichspannungs- und einem Wechselspannungsanteil zusammensetzen. Aus Linearitätsgründen darf der Wechselspannungsanteil nur ein kleiner Bruchteil von $k\,T/q$ sein. Man hat dann

$$u_\mathrm{E} = U_\mathrm{E} + u_e \tag{5.43}$$

mit

$$|u_e| \ll k\,T/q \tag{5.44}$$

und

$$u_\mathrm{C} = U_\mathrm{C} + u_c \tag{5.45}$$

mit

$$|u_c| \ll k\,T/q. \tag{5.46}$$

Daraus ergeben sich durch Reihenentwicklung von Gln. (5.26) bis (5.29) die folgenden linearisierten Randbedingungen

$$p_1 \cong p_{0\mathrm{B}}\,e^{q\,U_\mathrm{E}/k\,T}(1 + q\,u_e/k\,T) = p_{10}(1 + q\,u_e/k\,T), \tag{5.47}$$

$$p_2 \cong p_{0\mathrm{B}}\,e^{q\,U_\mathrm{C}/k\,T}(1 + q\,u_c/k\,T) = p_{20}(1 + q\,u_c/k\,T), \tag{5.48}$$

$$n_1 \cong n_{0\mathrm{E}}\,e^{q\,U_\mathrm{E}/k\,T}(1 + q\,u_e/k\,T) = n_{10}(1 + q\,u_e/k\,T), \tag{5.49}$$

$$n_2 \cong n_{0\mathrm{C}}\,e^{q\,U_\mathrm{C}/k\,T}(1 + q\,u_c/k\,T) = n_{20}(1 + q\,u_c/k\,T). \tag{5.50}$$

Aus diesen Gleichungen geht hervor, daß die durch überlagerte Wechselspannungen kleiner Amplitude hervorgerufenen Abweichungen der Trägerdichten von ihren Gleichstromwerten diesen Spannungen proportional sind. Wenn man bedenkt, daß der Wert für $k\,T/q$ bei Zimmertemperatur ungefähr 25 mV ist, dann sind die in Gln. (5.44) und (5.46) festgelegten Einschränkungen ziemlich streng. Dies ist für den in Flußrichtung betriebenen Emitter nicht so wichtig, da bereits geringe Spannungsänderungen große Stromänderungen bedeuten. Eine Begrenzung der Ausgangswechselspannung u_c auf sehr kleine Werte würde jedoch die ganze Theorie in Frage stellen. Glücklicherweise kann die Bedingung (5.46) weitgehend gemildert werden, wenn an der Kollektordiode eine hohe Sperrspannung liegt, wie es beim Betrieb des Transistors gewöhnlich der Fall ist. Dann genügt die Forderung

$$-u_\mathrm{C} = -(U_\mathrm{C} + u_c) \gg k\,T/q, \tag{5.46a}$$

die in Gln. (5.27) und (5.29) eingesetzt,

$$p_2 \approx 0, \tag{5.48a}$$

$$n_2 \approx 0. \tag{5.50a}$$

ergibt. Das bedeutet aber, daß die folgende Untersuchung Gültigkeit besitzt, solange der Momentanwert der Kollektorspannung einige kT/q ($= 25\,\text{mV}$) in Sperrichtung beträgt. Der Spitzenwert der Kollektorwechselspannung kann damit fast so hoch wie die Kollektorvorspannung werden, die in den meisten Fällen mindestens einige Volt beträgt. Wir halten die Bedingung (5.46) in der folgenden Berechnung der Trägerdichten vorläufig fest und stellen keine einschränkende Forderung an die Kollektorgleichspannung. Dadurch sind die untengenannten Ausdrücke (5.56) bis (5.61) etwas allgemeiner und schließen z. B. den Fall eines in Flußrichtung vorgespannten Kollektors ein. Bevor die Vierpoladmittanzen berechnet werden, setzt man jedoch alle Ausdrücke, welche die Kollektorgleichspannung enthalten, gleich Null, was gleichbedeutend mit der Annahme einer hohen Sperrspannung am Kollektor ist, wie sie durch die Gln. (5.46a), (5.48a) und (5.50a) beschrieben wird. Vor der Lösung der Diffusionsgleichungen mit diesen Randbedingungen muß aber noch ein wichtiger Effekt beachtet werden — nämlich die zuerst von EARLY [3] beschriebene Änderung der Basisdicke mit der angelegten Spannung. In Gl. (4.38) und Tab. 4.1 wurde gezeigt, wie die Breite $|x_\text{P}| + |x_\text{N}|$ einer Raumladungszone von der anliegenden Spannung abhängt. Die Wechselspannungsänderungen am Emitter und Kollektor ändern die Dicken der Emitter- und Kollektorraumladungszonen und somit die dazwischenliegende Basiszone. Man kann sehr leicht zeigen, daß die Schwankungen der Dicke einer in Flußrichtung betriebenen Emitterdiode in den meisten Fällen vernachlässigbar sind, während sie sich bei der in Sperrichtung vorgespannten Kollektordiode relativ stark bemerkbar machen. Da alle injizierten Träger „gesammelt" werden, sobald sie die Kante der Kollektorraumladungszone erreichen, ist die elektrisch wirksame Basisdicke w nicht mehr konstant, sondern variiert mit der Kollektorspannung.

Wenn man annimmt, daß diese Änderung klein ist, kann man die spannungsabhängige Basisdicke als Reihe entwickeln und alle Ausdrücke, außer dem linearen Glied, vernachlässigen:

$$w = W + (\partial w/\partial u_\text{C})\, u_c + \cdots \tag{5.51}$$

Dieser Sachverhalt ist in Abb. 5.6 dargestellt. $(\partial w/\partial u_\text{C})$ hängt von der Art des Kollektorüberganges ab und ist gleich der Verschiebung des basisseitigen Randes der Kollektorraumladungszone mit der Spannung. In PNP-Transistoren ist sie gleich $(\partial x_\text{N}/\partial u_\text{C})$ und in NPN-Transistoren gleich $(\partial x_\text{P}/\partial u_\text{C})$, wobei x_N und x_P die in § 4 B erklärte Bedeutung haben. Tab. 4.1 enthält alle entsprechenden Gleichungen. Für einen allmählichen Übergang gilt

$$\frac{\partial w}{\partial u_\text{C}} = \left| \frac{1}{3\,U_\text{C}}\, x_\text{N} \right| = \left| \frac{1}{3\,U_\text{C}} \left(\frac{3\,\varepsilon}{2q\,a}\, |U_\text{C}| \right)^{1/3} \right| \tag{5.52}$$

und für einen abrupten Übergang

$$\frac{\partial w}{\partial u_\mathrm{C}} = \left| \frac{1}{2\,U_\mathrm{C}}\, x_\mathrm{N} \right| = \left| \frac{1}{2\,U_\mathrm{C}} \left[\frac{2\,\varepsilon}{q}\, \frac{p_{0\mathrm{C}}}{n_{0\mathrm{B}}(p_{0\mathrm{C}} + n_{0\mathrm{B}})}\, \left| U_\mathrm{C} \right| \right]^{1/2} \right| \qquad (5.53)$$

Diese Ausdrücke nennt man *Ausbreitungsfaktoren der Raumladungszone.*
Die Reihenentwicklung (5.51) ist natürlich nur für $|u_c| \ll |U_\mathrm{C}|$ zulässig.
Dies stellt eine größere Einschränkung für die Kollektorwechselspannung
dar als die Ungleichung (5.46a). Sie wird in praktischen Fällen manchmal
nicht eingehalten. Dadurch ergibt
sich eine gewisse Nichtlinearität in
den elektrischen Charakteristiken,
besonders bei der inneren Rückwirkung des Transistors. Die entsprechenden Glieder sind aber
nicht so groß, daß sich eine Ver-
letzung obiger Ungleichung ernst-
haft bemerkbar machen würde.
Deshalb kann dieser Effekt vernachlässigt und Gl. (5.51) weiter
verwendet werden. Bei allmählichen

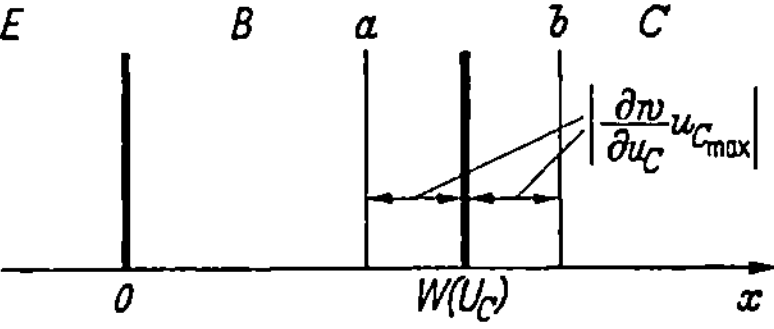

Abb. 5.6. Änderung der Basisbreite w bei Anlegen einer Kollektorwechselspannung. Die
Verschiebungen des Emitterraumladungs-
randes sind meistens vernachlässigbar. Der
kollektorseitige Rand der Basiszone hingegen
bewegt sich zwischen a und b, wenn $W(U_0)$ der
Rand der Basiszone bei der Kollektorgleich-
spannung U_0 ist

und symmetrischen abrupten Übergängen erstreckt sich die Raumladungszone in beide Gebiete. Bei hoher Dotierung der Kollektorzone
erstreckt sie sich vornehmlich in die Basis. In diesem Fall ist die
Änderung von w groß, während bei hochohmigem Kollektor die Basisdicke nur wenig beeinflußt wird und sich die Raumladungszone hauptsächlich in den Kollektor erstreckt. Die zwischen dem allmählichen
und dem abrupten Übergang liegenden Fälle verhalten sich entsprechend. Wir nehmen an, daß alle Wechselstromgrößen a von der
Form $a_0\, e^{j\omega t}$ sind (wegen der Linearität der Gleichungen können die
Lösungen superponiert werden). Für die Trägerdichten setzen wir speziell

$$p(x, t) = p_{\mathrm{DC}}(x) + p_\omega\, e^{j\omega t} \qquad (5.54)$$

und

$$n(x, t) = n_{\mathrm{DC}}(x) + n_\omega\, e^{j\omega t}. \qquad (5.55)$$

In dieser und allen folgenden Beziehungen befassen wir uns natürlich
nur mit den Realteilen der Funktionen.

Aus Gln. (5.54) und (5.55) ersieht man, daß die Trägerdichte an
jedem Punkt x eine Gleichstromkomponente $p_{\mathrm{DC}}(x)$, $n_{\mathrm{DC}}(x)$ hat, die
durch die Gleichspannungen am Übergang bestimmt wird, und eine
Wechselstromkomponente $p_\omega\, e^{j\omega t}$, $n_\omega\, e^{j\omega t}$, wobei p_ω und n_ω nur von x,
nicht aber von t abhängen. Wenn man Gl. (5.54) in Gl. (5.24) einsetzt,
erhält man den Ausdruck (5.30) für die Gleichstromkomponenten. Die
Wechselstromkomponenten sind Lösungen der zeitabhängigen Gl. (5.24)
mit den zeitabhängigen Randbedingungen, Gln. (5.47) und (5.48). Man

setzt $u_e = u_{e\omega}\, e^{j\omega t}$ und $u_c = u_{c\omega}\, e^{j\omega t}$, wobei $u_{e\omega}$, $u_{c\omega}$ Konstanten sind. Für die Stelle $x = w$ setzt man Gl. (5.51) ein und streicht in dem entstandenen Ausdruck alle Glieder, die Produkte höherer Potenzen von u_e und u_c enthalten. Man kommt dann zu der folgenden Gleichung für die Defektelektronendichte in der Basiszone, die in den Wechselspannungen linear ist:

$$p(x,\, t) = p_{0\mathrm{B}} + \left[\frac{p_{20} - p_{0\mathrm{B}} - (p_{10} - p_{0\mathrm{B}})\, e^{-W/L_\mathrm{B}}}{2\sinh(W/L_\mathrm{B})}\right] e^{x/L_\mathrm{B}} -$$

$$- \left[\frac{p_{20} - p_{0\mathrm{B}} - (p_{10} - p_{0\mathrm{B}})\, e^{W/L_\mathrm{B}}}{2\sinh(W/L_\mathrm{B})}\right] e^{-x/L_\mathrm{B}} +$$

$$+ \frac{q}{k\,T}\left[\frac{p_{20}\, u_c - p_{10}\, u_e\, e^{-\Gamma_\mathrm{B} W}}{2\sinh(\Gamma_\mathrm{B} W)}\right] e^{\Gamma_\mathrm{B} x} -$$

$$- \frac{q}{k\,T}\left[\frac{p_{20}\, u_c - p_{10}\, u_e\, e^{-\Gamma_\mathrm{B} W}}{2\sinh(\Gamma_\mathrm{B} W)}\right] e^{-\Gamma_\mathrm{B} x} + \frac{\partial w}{\partial u_c}\frac{u_c}{L_\mathrm{B}}\frac{\sinh(\Gamma_\mathrm{B} x)}{\sinh(\Gamma_\mathrm{B} W)} \times$$

$$\times\, [(p_{10} - p_{0\mathrm{B}})\frac{1}{\sinh(W/L_\mathrm{B})} - (p_{20} - p_{0\mathrm{B}})\coth(W/L_\mathrm{B})]$$

$$\tag{5.56}$$

mit
$$\Gamma_\mathrm{B} = (1 + j\,\omega\,\tau_{p\mathrm{B}})^{1/2}/L_{p\mathrm{B}}. \tag{5.57}$$

Für die Elektronendichte in der Emitterzone erhält man

$$n_\mathrm{E}(x,\, t) = n_{0\mathrm{E}} + (n_{10} - n_{0\mathrm{E}})\, e^{x/L_{n\mathrm{E}}} + n_{10}\frac{q}{k\,T}(e^{\Gamma_\mathrm{B} x})\, u_e \tag{5.58}$$

mit
$$\Gamma_\mathrm{E} = (1 + j\,\omega\,\tau_{n\mathrm{E}})^{1/2}/L_{n\mathrm{E}}, \tag{5.59}$$

und für die Elektronendichte in der Kollektorzone

$$n_\mathrm{C}(x,\, t) = n_{0\mathrm{C}} + (n_{20} - n_{0\mathrm{C}})\frac{e^{-x/L_{n\mathrm{C}}}}{e^{-W/L_{n\mathrm{C}}}} + n_{20}\frac{q}{k\,T}\frac{e^{-\Gamma_\mathrm{C} x}}{e^{-\Gamma_\mathrm{C} W}}\, u_c \tag{5.60}$$

mit
$$\Gamma_\mathrm{C} = (1 + j\,\omega\,\tau_{n\mathrm{C}})^{1/2}/L_{n\mathrm{C}}. \tag{5.61}$$

Die obenerwähnte Vereinfachung kann nun angewendet werden, da bei gewöhnlichem Transistorbetrieb die Kollektorsperrspannung so hoch ist, daß alle mit $e^{q U_\mathrm{C}/kT}$ zu multiplizierenden Glieder vernachlässigt werden können (Trägerverlauf gemäß Abb. 5.5). Mit den Trägerdichten, welche die anliegenden Spannungen berücksichtigen, können die resultierenden Stromdichten berechnet werden, die in jedem Punkt durch Gln. (5.33) bis (5.36) gegeben sind. Wie man sieht, ist der gesamte Emitterdiffusionsstrom, der am Emitterübergang berechnet wurde, die Summe eines Gleichstromanteils I_E und zweier Wechselstromanteile, wovon der eine proportional der Emitterwechselspannung u_e und der andere proportional der Kollektorwechselspannung u_c ist:

$$i_{\mathrm{E,\,DIFF}} = I_\mathrm{E} + y'_{11,\,diff}\, u_e + y'_{12,\,diff}\, u_c. \tag{5.62}$$

Das gleiche gilt für den Kollektorstrom

$$i_{C,DIFF} = I_C + y'_{21,diff}\, u_e + y'_{22,diff}\, u_c. \tag{5.63}$$

Die Proportionalitätsfaktoren y'_{ik} haben die Form

$$y'_{11} = A\, q\, \frac{D_{pB}\, p_{0B}}{L_{pB}}\, \frac{q}{k\, T}\, e^{q U_E/kT}(1 + j\,\omega\,\tau_{pB})^{1/2}\,\coth[(W/L_{pB}) \times$$
$$\times (1 + j\,\omega\,\tau_{pB})^{1/2}] + A\, q\, \frac{D_{nE}\, n_{0E}}{L_{nE}}\, \frac{q}{k\, T}\, e^{q U_E/kT}(1 + j\,\omega\,\tau_{nE})^{1/2}, \tag{5.64}$$

$$y'_{12} = -A\, q\, \frac{D_{pB}\, p_{0B}}{L_{pB}^2}\, [(e^{q U_E/kT} - 1)\, \frac{1}{\sinh(W/L_{pB})} + \coth(W/L_{pB})] \times$$
$$\times \left(\frac{\partial w}{\partial u_C}\right)(1 + j\,\omega\,\tau_{pB})^{1/2}\, \frac{1}{\sinh(W/L_{pB})}\,(1 + j\,\omega\,\tau_{pB})^{1/2}], \tag{5.65}$$

$$y'_{21} = -A\, q\, \frac{D_{pB}\, p_{0B}}{L_{pB}}\, \frac{q}{k\, T}\, e^{q U_E/kT} \times$$
$$\times (1 + j\,\omega\,\tau_{pB})^{1/2}\, \frac{1}{\sinh(W/L_{pB})}\,(1 + j\,\omega\,\tau_{pB})^{1/2}], \tag{5.66}$$

$$y'_{22} = A\, q\, \frac{D_{pB}\, p_{0B}}{L_{pB}^2}\, [(e^{q U_E/kT} - 1)\, \frac{1}{\sinh(W/L_{pB})} + \coth(W/L_{pB})] \times$$
$$\times \left(\frac{\partial w}{\partial u_C}\right)(1 + j\,\omega\,\tau_{pB})^{1/2}\,\coth[(W/L_{pB})\,(1 + j\,\omega\,\tau_{pB})^{1/2}], \tag{5.67}$$

wobei A der wirksame Querschnitt ist. Der Emitter-Elektronenwechsel-
strom von der Basis in den Emitter, den das zweite Glied in Gl. (5.64)
ausdrückt, ist unerwünscht, da er nicht zum Kollektorstrom beiträgt
und damit die Verstärkung für eine gegebene Emittersteuerleistung
herabsetzt. Um ihn klein zu halten, ist es offensichtlich nötig, in der
(P-Typ-) Emitterzone eine geringe Elektronendichte n_{0E} zu haben.
Zur Erfüllung dieser Forderung wählt man eine viel höhere Majoritäts-
trägerkonzentration im Emitter als in der Basis (da dann p_{0E} groß und
$n_{0E} = n_i^2/p_{0E}$ klein ist; n_i ist die Trägerdichte bei Eigenleitung und somit
eine Konstante für ein gegebenes Material bei konstanter Temperatur).
Man betrachtet den Transistor oft als Vierpol, was im allgemeinen
Fall ein „Kasten" mit 2 Klemmenpaaren ist. In dem Kasten kann sich
ein einziges Bauelement befinden, wie der in Abb. 5.7b gezeigte Transistor, oder eine beliebig komplizierte Kombination von aktiven und
passiven Bauelementen. Der Begriff des Vierpols wird im Zusammenhang mit der Charakterisierung von Transistoren ausführlich besprochen.
Die linearen Wechselstromeigenschaften eines Vierpols werden durch
ein System von 4 Parametern, den sog. *Vierpolparametern*, beschrieben,
die die Beziehungen zwischen Eingangs- und Ausgangsströmen und
-spannungen angeben. Man kann beispielsweise schreiben:

$$i_1 = y_{11}\, u_1 + y_{12}\, u_2,$$
$$i_2 = y_{21}\, u_1 + y_{22}\, u_2. \tag{5.68}$$

Die Festlegung der Vorzeichen für Spannungen und Ströme wird in Abb. 5.7a gezeigt. Man beachte, daß die Vorzeichen der Kollektorströme, wenn sie von physikalischen Betrachtungen abgeleitet und positiv in Richtung von positivem x angenommen werden, umgekehrt werden müssen, sobald sie für Vierpolberechnungen verwendet werden. Die y_{ik} haben die Dimensionen von Admittanzen und werden deshalb Vierpoladmittanzen genannt. Im allgemeinen sind sie komplexe und frequenzabhängige Größen. Aus den Definitionsgleichungen (5.68) ist leicht ersichtlich, daß y_{11} die Eingangsadmittanz für wechselstrommäßig

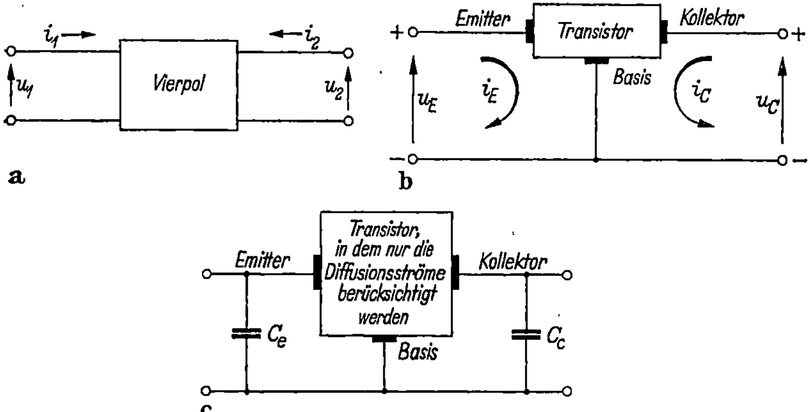

Abb. 5.7. a) Vierpol; b) übliche Vorzeichenwahl für die Vierpoldarstellung in Basisschaltung; c) Ergänzung des Vierpols durch die Sperrschichtkapazitäten

kurzgeschlossenen Ausgang ($u_2 = 0$) ist; y_{12} ist die Rückwärtssteilheit („Rückwirkungsleitwert", „Kernleitwert rückwärts") für wechselstrommäßig kurzgeschlossenen Eingang ($u_1 = 0$); y_{21} ist die Vorwärtssteilheit („Kernleitwert vorwärts") für wechselstrommäßig kurzgeschlossenen Ausgang ($u_2 = 0$); und y_{22} ist die Ausgangsadmittanz für wechselstrommäßig kurzgeschlossenen Eingang ($u_1 = 0$).

Die oben berechneten y'-Parameter [Gln. (5.64) bis (5.67)] sind damit genau diese Vierpoladmittanzen des Transistors, sofern sie auf die Wirkung der Diffusionsströme in dem Bauelement zurückzuführen sind. Die y'_{ik} werden deshalb oft mit *Diffusionsadmittanzen* bezeichnet, oder Admittanzen des inneren (Shockley-) Transistors. Die anderen früher erwähnten Einflüsse müssen noch hinzugefügt werden, um die vollständigen Kleinsignaladmittanzen y_{ik} des Transistors zu erhalten. Man muß beachten, daß sich das Vorzeichen des Kollektorstromes im Vergleich zu Gl. (5.42) geändert hat, um eine Übereinstimmung mit der Vorzeichenfestlegung für Vierpole in Abb. 5.7a zu erzielen.

Das Verhältnis y_{21}/y_{11} ist der Kleinsignalstromverstärkungsfaktor für wechselstrommäßig kurzgeschlossenen Ausgang, wie man aus

Gl. (5.68) erkennen kann, wenn man $u_2 = 0$ setzt. Man bezeichnet ihn gewöhnlich mit Alpha, α.

Die Ableitung wurde für PNP-Transistoren durchgeführt. Die Ergebnisse können auf NPN-Transistoren angewendet werden, wenn man u_E durch $(-u_E)$, u_C durch $(-u_C)$, $\partial w/\partial u_C$ durch $-\partial w/\partial u_C$ sowie n durch p und umgekehrt ersetzt und die Vorzeichen aller Ströme ändert. Anstelle von Defektelektronen werden Elektronen in die Basis injiziert.

Hinsichtlich der *Kollektorzone* ist noch eine weitere Bemerkung von Wichtigkeit. Bei manchen Herstellungsverfahren (gezogener Transistor) kann der Kollektorwiderstand so hoch werden (relativ wenige Störstellen und Majoritätsträger), daß bei dem Durchgang des Kollektordefektelektronenstromes i_c durch die Kollektorzone beachtliche Feldstärken auftreten können:

$$E(t) = \varrho_C J_C + \varrho_C j_c, \tag{5.69}$$

wobei ϱ_C der spezifische Widerstand der Kollektorzone ist.

Der Elektronenstrom in der Kollektorzone ist deshalb kein reiner Diffusionsstrom, sondern enthält einen Driftanteil. Wenn wir also das bekannte elektrische Feld von Gl. (5.69) in die grundlegenden Transistortransportgleichungen (5.7) und (5.9) einsetzen und sie zu einer einzigen Kontinuitätsgleichung für die Elektronendichte zusammenfassen, dann ergibt sich:

$$\frac{\partial n}{\partial t} = -\frac{n - n_0}{\tau} + \mu_n E \frac{\partial n}{\partial x} + D_n \frac{\partial^2 n}{\partial x^2}, \tag{5.70}$$

wobei die Elektronendichte klein im Vergleich zur Defektelektronendichte angenommen wurde. Man kann dann eine Lösung mit Hilfe der Randbedingungen (5.29, 45) und $n = n_{0C}$ bei $x = \infty$ finden [4] (unter Vernachlässigung aller Glieder 2. Ordnung in den Wechselstromgrößen). Der resultierende Elektronenstrom ist

$$i_n = A \, n_{0C} \, q \, D_n \left[-m \, e^{m(x-W)} - \frac{\mu_n \varrho_C j_c}{j\,\omega} m \, (m - m \, e^{r(x-W)} - \right.$$
$$\left. - r \, e^{r(x-W)}) \, e^{m(x-W)} \right] \tag{5.71}$$

mit

$$m = -\frac{\mu_n \varrho_C J_C}{2 D_n} - \left[\left(\frac{\mu_n \varrho_C J_C}{2 D_n} \right)^2 + \frac{1}{D_n \tau_n} \right]^{1/2}, \tag{5.72}$$

$$r = -\frac{1}{2} \left(2m + \frac{\mu_n \varrho_C J_C}{D_n} \right) - \left[\frac{1}{4} \left(2m + \frac{\mu_n \varrho_C J_C}{D_n} \right)^2 + \frac{j\,\omega}{D_n} \right]^{1/2}. \tag{5.73}$$

Es erscheint also nun an der Kollektordiode ein Elektronenwechselstrom der Größe

$$i_{nc} = \frac{n_{0C} \, q \, D_n \, \mu_n \, m \, r \, \varrho_C}{j\,\omega} A \, j_c = \beta_C A \, j_c, \tag{5.74}$$

der zum Kollektordefektelektronenstrom von Gl. (5.63) addiert werden muß. Dies führt zu neuen „Diffusions"-Vierpoladmittanzen $\bar{y}'_{21}$ und $\bar{y}'_{22}$, gegeben durch

$$\bar{y}'_{21} = y'_{21}/(1 - \beta_C) \cong y'_{21}(1 + \beta_C) = y'_{21}\,\alpha_C, \qquad (5.75)$$

$$\bar{y}'_{22} = y'_{22}/(1 - \beta_C) \cong y'_{22}(1 + \beta_C) = y'_{22}\,\alpha_C \qquad (5.76)$$

mit

$$\beta_C = \frac{n_{0C}\,q\,D_n\,\mu_n\,m\,r\,\varrho_C}{j\,\omega}. \qquad (5.77)$$

Eine Reihenentwicklung von (5.77) zeigt, daß in den meisten Fällen auch

$$\beta_C \cong \frac{\mu_{nC}\,n_{0C}}{\mu_{pC}\,p_{0C}} = \frac{\sigma_{nC}}{\sigma_{pC}} \qquad (5.77\,\text{a})$$

genügt.

Der Ausdruck $(1 + \beta_C) = \alpha_C$ heißt verständlicherweise *Kollektorstromvervielfachungsfaktor*. Im allgemeinen ist σ_{nC} viel kleiner als σ_{pC}, und die Korrektur ist unbedeutend. Bei Material mit sehr hohem spezifischem Widerstand und für erhöhte Temperaturen wird sie jedoch beachtlich, und das ist der Grund, warum die Kurzschlußstromverstärkung α in einigen Transistorarten (hauptsächlich gezogenen Transistoren) bei hohen Temperaturen über Eins steigt.

Es muß erwähnt werden, daß es natürlich möglich ist, die Trägerdiffusionsgleichung mit der LAPLACE-Transformation zu lösen. Obwohl man hier bei kleinen Wechselströmen keine allgemeinere Lösung erhält, kann die Formulierung für die Behandlung von Kleinsignalschaltproblemen einfacher sein.

Wie schon in § 4 C erwähnt, besitzt ein PN-Übergang eine Kapazität. Insbesondere fließt zusätzlich zu den in diesem Abschnitt besprochenen Diffusionsströmen ein kapazitiver Strom $j\,\omega\,C_e\,u_e$ über die Emitterdiode vom Emitter zur Basis. Die Emittersperrschichtkapazität C_e liegt also parallel zur Richtung des Leitungs- (meist Diffusions-) Stromes durch den Übergang. Der Transistor verhält sich so, als ob eine Kapazität C_e zwischen Emitter- und Basiszuleitung vorhanden wäre, wie Abb. 5.7c zeigt. Genau das gleiche gilt für die Kollektordiode, über die ein kapazitiver Strom $j\,\omega\,C_c\,u_c$ fließt, wenn mit C_c die Kollektor- (Sperrschicht-) Kapazität bezeichnet wird. Da bei den tatsächlichen Bauelementen die Übergänge nie direkt mit den externen Zuführungen verbunden sind, müssen die kapazitiven Ströme (als Majoritätsträger) durch die 3 Zonen fließen, die einen endlichen spezifischen Widerstand haben. Man muß deshalb noch die Ohmschen Serienwiderstände der Halbleiterzonen in Rechnung setzen. Diese Gesichtspunkte werden später unter der Überschrift „Basisbahnwiderstand" (§ 5 C) ausführlich behandelt. Wenn wir nun zuerst die Wirkung der Kapazitäten allein betrachten und $j\,\omega\,C_e\,u_e$ und $j\,\omega\,C_c\,u_c$ zu den Emitter- und Kollektor-Diffusionswechselströmen, Gln. (5.62) bzw. (5.63), addieren, finden wir neue Kurzschlußeingangs- und -ausgangsadmittanzen y_{11}'' und y_{22}'', bei denen die Sperrschichtkapazitäten berücksichtigt sind

$$y_{11}'' = y_{11,diff}' + j\,\omega\,C_e, \tag{5.78}$$

$$y_{22}'' = (y_{22,diff}' + j\,\omega\,C_c)\,\alpha_C. \tag{5.79}$$

Die tatsächlichen Werte für die Kapazitäten hängen von der Geometrie und der Störstellenkonzentration des Überganges ab. Sie wurden für zwei Fälle in Tab. 4.1 angegeben.

Der Kollektor-Vervielfachungsfaktor α_C hat auch einen Einfluß auf die Kollektor-Sperrschichtkapazität, wie aus Gl. (5.79) ersichtlich ist, da der kapazitive Strom zu dem Wechselstromdriftfeld in der Kollektorzone beiträgt, was einen entsprechenden Kollektor-Elektronenwechselstrom hervorruft.

B. Kleinsignaluntersuchung im dreidimensionalen Fall

In § 5 A wurden die Ladungsträgerdiffusion in einem eindimensionalen Modell untersucht und die daraus resultierenden elektrischen Eigenschaften berechnet. Messungen an fertigen Transistoren haben gute Übereinstimmung mit den aus der eindimensionalen Theorie berechneten Werten gezeigt. Trotzdem weicht das Verhalten wirklicher Transistoren aus 2 Gründen von dem eindimensionalen Modell ab:

1. Die PN-Übergänge sind in einigen Fällen nicht absolut eben bzw. vom gleichen Durchmesser, so daß die Stromfäden der Ladungsträger keine geraden Linien vom Emitter zum Kollektor darstellen.

2. Die Rekombination der injizierten Überschußladungsträger ist auf der Oberfläche gewöhnlich anders (höher) als im Innern, was zu Querkomponenten im Trägerfluß führt. Beide Erscheinungen sind von Wichtigkeit, speziell in der Basiszone. Im Interesse einer Verbesserung der Theorie zur Dimensionierung von Transistoren hat man nun versucht, solche Effekte zu berücksichtigen. Sie werden kurz in diesem Abschnitt behandelt.

Die dreidimensionale Theorie für rechtwinklige Geometrie mit Oberflächenrekombination [1, 6]. Wir wollen zunächst den Ladungsträgerfluß in der in Abb. 5.8 dargestellten Struktur untersuchen. Die Randbedingungen in der x-Richtung sollen die gleichen wie in dem obengenannten eindimensionalen Fall sein. In der y- und z-Richtung führen wir nun analog die bekannten Oberflächen-Rekombinationsrandbedingungen, Gln. (3.17) und (3.18), ein

$$D_{p\,\mathrm{B}}\,\frac{\partial p}{\partial y} = \mp s_0(p - p_0) \quad \text{bei} \quad y = \pm a, \tag{5.80}$$

$$D_{p\,\mathrm{B}}\,\frac{\partial p}{\partial z} = \mp s_0(p - p_0) \quad \text{bei} \quad z = \pm a. \tag{5.81}$$

Die Gleichstromlösungen der Emitter- und Kollektor-Defektelektronen-stromdichten $J_{p\mathrm{E}}$ und $J_{p\mathrm{C}}$ sind dann gegeben durch

$$J_{p\mathrm{E}} = q\,D_p\,p_{\mathrm{B}} \sum_{i,j=0}^{\infty} \frac{A_{ij}}{L_{ij}} \left[(\mathrm{e}^{q U_{\mathrm{E}}/kT} - 1)\coth(W/L_{ij}) - \right.$$

$$\left. - (\mathrm{e}^{+q U_{\mathrm{C}}/kT} - 1)\frac{1}{\sinh(W/L_{ij})} \right], \tag{5.82}$$

$$J_{p\mathrm{C}} = q\,D_p\,p_{\mathrm{B}} \sum_{i,j=0}^{\infty} \frac{A_{ij}}{L_{ij}} \left[(\mathrm{e}^{q U_{\mathrm{E}}/kT} - 1)\frac{1}{\sinh(W/L_{ij})} - \right.$$

$$\left. - (\mathrm{e}^{q U_{\mathrm{C}}/kT} - 1)\coth(W/L_{ij}) \right], \tag{5.83}$$

wobei

$$A_{ij} = \frac{4\sin^2\Theta_i \sin^2\Theta_j}{\Theta_i^2\,\Theta_j^2[1 + (\sin 2\Theta_i)/2\Theta_i]\,[1 + (\sin 2\Theta_j)/2\Theta_j]}. \tag{5.84}$$

Die Größen Θ_i sind die Lösungen der Gleichung

$$\Theta_i \tan\Theta_i = s_0\,a/D_p. \tag{5.85}$$

L_{ij} ist gegeben durch

$$L_{ij} = \sqrt{D_p\,\tau_{ij}} \tag{5.86}$$

mit

$$1/\tau_{ij} = (D_p/a^2)\,(\Theta_i^2 + \Theta_j^2) + 1/\tau_p. \tag{5.87}$$

Ohne Oberflächenrekombination ($s_0 = 0$), was gleichbedeutend mit einem ungestörten eindimensionalen Fluß in der x-Richtung ist, findet man, daß $\Theta_i = 0$, $A_{ij} = 1$ und $\tau_{ij} = \tau_p$ ist. Die Gleichungen für $J_{p\mathrm{E}}$ und $J_{p\mathrm{C}}$ vereinfachen sich zu denen des eindimensionalen Falles. Andererseits kann es vorkommen, daß eine große Oberflächenrekombinations-geschwindigkeit s_0 durch ihren Beitrag zum Rekombinationsparameter τ_{ij} [Gl. (5.8)] die Volumenlebensdauer der Ladungsträger überdeckt. Die obige Untersuchung über den Einfluß der Oberflächenre-kombination ist offensichtlich zu kompliziert, um brauchbare Ergebnisse für die Ent-

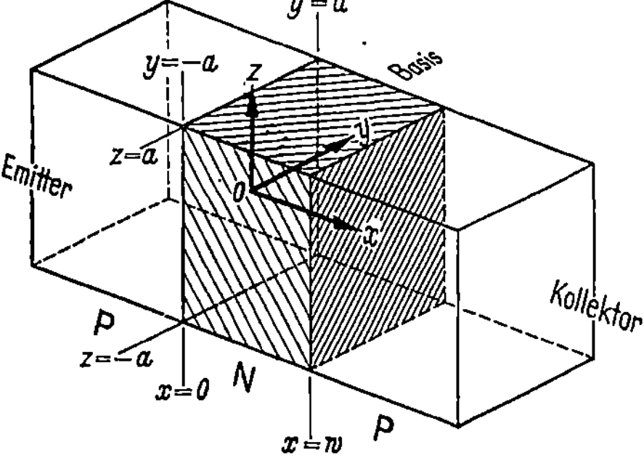

Abb. 5.8
Räumliches Modell für den Transistorkristall mit rechteckigen Begrenzungsflächen (nicht maßstabs-gerecht; im Vergleich zum Querschnitt des Vier-kantstabes in der Abbildung wäre die wirkliche Dicke der Basiszone nur 0,1 bis 0,3 % der Höhe des Stabes)

wicklung von Transistoren zu liefern. Aus diesen Gründen wollen wir eine andere Näherung betrachten, die dasselbe Problem [6] für die-selbe Geometrie (Abb. 5.8) viel einfacher behandelt. Die wichtigste Folge der Rekombination ist eine geringfügige Reduzierung des Emitterstromes in der Basis vor Erreichen der Kollektordiode. Wenn wir die Defektelektronendichte in der Basis durch eine lineare Funktion von x beschreiben

$$p(x) = p_1 \frac{W - x}{W} \tag{5.88}$$

(s. Abb. 5.9), was für die gebräuchlichen Lebensdauern $[L \gg W$, Gl. (5.30)] eine gute Näherung darstellt, dann ergibt sich der Defektelektronenstrom zu

$$I_p = A\, q\, D_p p_1 / W. \tag{5.89}$$

Von diesem Strom geht ein Anteil durch Volumenrekombination

$$A\, q \int_0^W \frac{p - p_0}{\tau_p}\, \mathrm{d}x = \frac{A\, q}{\tau_p}\left(\frac{p_1 W}{2} - p_0 W\right) \tag{5.90}$$

[s. stationäre Kontinuitätsgleichung für Defektelektronen (5.10)] und ein Teil

$$q\, 8\, a \int_0^W s_0 (p - p_0)\, \mathrm{d}x = 8\, a\, q\, s_0\left(\frac{p_1 W}{2} - p_0 W\right) \tag{5.91}$$

durch Oberflächenrekombination verloren. Der Kollektorstrom ist daher gleich

$$-I_C = A\, q\, D_p\, p_1 / W - A\, q\, p_1\, W/(2\tau_p) - 4a\, q\, s_0\, p_1\, W; \quad (p_1 \gg p_0) \tag{5.92}$$

(Vorzeichen nach der Vierpoltheorie) und der Stromverstärkungsfaktor für Gleichstrom $\alpha = -(I_C/I_E)$ ist gegeben durch

$$\alpha \cong 1 - W^2/(2D_p\, \tau_p) - 4a\, s_0\, W^2/(A\, D_p). \tag{5.93}$$

(In dieser Ableitung wurde der Elektronenstrom über die Emitterdiode vernachlässigt, d. h., der Emitterwirkungsgrad wurde gleich Eins gesetzt.) Der einfache Ausdruck (5.93) zeigt, daß für

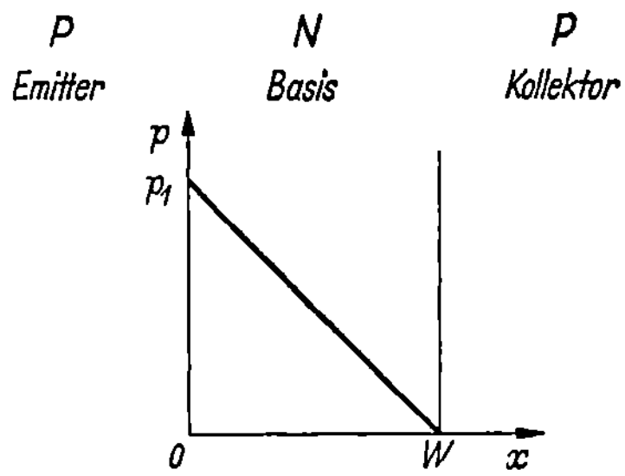

$$\tau_p \ll A/(8a\, s_0) \tag{5.94}$$

der größte Teil der Rekombination im Volumen stattfindet, wohingegen für

$$\tau_p \gg A/(8a\, s_0) \tag{5.95}$$

die Oberflächenrekombination vorherrscht. Offensichtlich wird die Oberflächenrekombination um so stärker, je kleiner der Durchmesser der Emitterdiode wird. Es ist daher naheliegend, bei der Theorie des eindimensionalen Falles eine effektive Lebensdauer τ_{eff} einzuführen, die durch

$$1/\tau_{\text{eff}} = 1/\tau_p + S\, s_0/A \tag{5.96}$$

gegeben ist (S ist der Umfang der Basiszone; $S = 8a$ für die Geometrie der Abb. 5.8).

Abb. 5.9. Die Defektelektronendichte fällt in der Basis eines PNP-Transistors annähernd linear ab $p(x) = p_1 \dfrac{W-x}{W}$

Diese effektive Lebensdauer, die natürlich kürzer als die Lebensdauer im Volumen des Kristalls ist, berücksichtigt näherungsweise beide Rekombinationsvorgänge und gestattet, die Einfachheit des eindimensionalen Falles beizubehalten.

Dreidimensionale Theorie für Zylindergeometrie [*11* bis *15*]. In vielen Fällen weist die Transistorstruktur eine Rotationssymmetrie (Zylindersymmetrie) wie in Abb. 5.10 auf (nach Laplume [*12*]). Die Diffusionsgleichung nimmt dann die folgende Form an

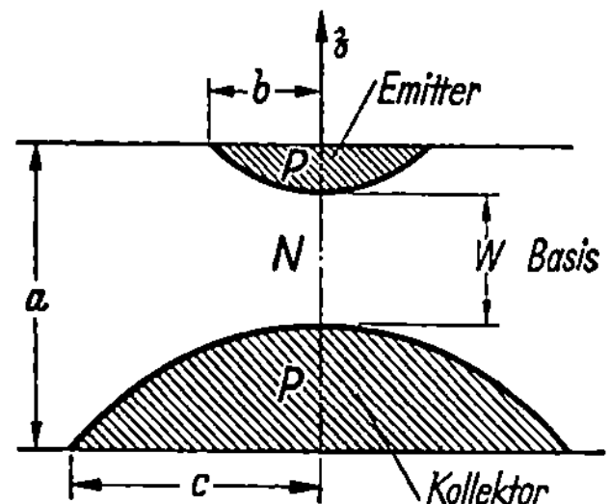

Abb. 5.10. Modell eines rotationssymmetrischen Transistorkristalls. Es ist ein Schnitt längs der z-Achse dargestellt (nach Laplume)

$$\frac{\partial p}{\partial t} = -\frac{p - p_0}{\tau_p} + D_p \times$$

$$\times \left[\frac{\partial^2 p}{\partial r^2} + \frac{1}{r}\frac{\partial p}{\partial r} + \frac{\partial^2 p}{\partial z^2} \right]. \qquad (5.97)$$

Eine allgemeine Lösung ist natürlich viel komplizierter als für den rechtwinkligen Fall. Laplume [*12*] löste die Gl. (5.97) für den stationären Fall ohne Volumenrekombination (nur Oberflächenrekombination) und zog die folgenden Schlüsse:

1. Der Stromverstärkungsfaktor α nimmt mit dem Kollektordurchmesser zu.

2. Für einen vorgegebenen Wert des Kollektorradius c (z. B. auf Grund der Kollektorkapazität) erhält man die höchsten α-Werte, wenn b etwas kleiner als c ist.

3. Wenn b größer als c ist, nimmt α sehr schnell ab.

4. Der maximale Wert von α wird durch folgende Näherungsgleichung dargestellt

$$\alpha_{\max} = 1 - 2s_0/(D_p \, \Theta_i \, c) \, (a - W)/[\ln(a/W)], \qquad (5.98)$$

mit

$$\Theta_i = -(s_0/D_p) \tan(\Theta_i \, a). \qquad (5.99)$$

Die optimalen Abmessungen hängen daher offensichtlich von der Größe der Oberflächenrekombinationsgeschwindigkeit s_0 ab.

Wenn wir dasselbe Problem mit den auf den rechtwinkligen Fall angewandten Methoden behandeln und die vereinfachte Geometrie von Abb. 5.11 verwenden, dann ist wieder der Emitterdefektelektronenstrom durch Gl. (5.98) und der Volumenrekombinationsstrom durch

$$\bar{A} \, q \, p_E \, W/(2\tau_p) \qquad (5.90\,\mathrm{a})$$

gegeben, wobei $\bar{A}$ etwas größer als A ist (der größte Teil der Rekombination erfolgt nahe dem Emitterübergang, wo die Überschußträgerdichte am höchsten ist). Die Oberflächenrekombination erfolgt jedoch hauptsächlich entlang einer ringähnlich geformten Fläche A_s um den

Emitterübergang, was einen Oberflächenrekombinationsstrom gleich

$$q\,A_s\,s_0\,p_1 \qquad (5.100)$$

zur Folge hat. Wenn wir wieder $\alpha = (-I_C/I_E)$ berechnen, finden wir

$$\alpha \cong 1 - W^2/(2D_p\,\tau_p) - (A_s\,s_0\,W)/(A\,D_p). \qquad (5.101)$$

Man kann dann eine *effektive (Oberflächen-) Diffusionslänge* einführen

$$L_{\text{eff}} = (A\,D_p)/(A_s\,s_0). \qquad (5.102)$$

Alle diese Formeln sind mehr empirisch (A_s wurde nicht exakt definiert), und man kann daher nur qualitative Schlüsse ziehen:

1. Hohe α-Werte erfordern niedrige Oberflächenrekombinationsgeschwindigkeiten.

2. Der Einfluß der Oberflächenrekombination ist um so stärker, je kleiner die Emitterfläche ist.

Bevor wir diesen Abschnitt über die dreidimensionale Untersuchung beenden, wollen wir noch eine elektrische Analogmethode [13] erwähnen, die gestattet, Stromfäden und daher den Stromverstärkungsfaktor im zylindrischen Transistor zu bestimmen, wenn die Volumenrekombination vernachlässigbar im Vergleich zur Oberflächenrekombination ist. In diesem Falle ist die Differentialgleichung für die Überschuß-Ladungsträgerdichte die gleiche wie für das Potential (oder Stromdichte) einer leitenden Fläche (nämlich die LAPLACE-Gleichung) mit Äquipotentialkontakten als Emitter und Kollektor. Die freien Oberflächen, an denen Rekombination stattfindet, sind durch Kontakte der Länge a (s. Abb. 5.12) vorgetäuscht, die alle über Widerstände der Größe $R = \varrho\,D_p/(a\,s_0)$ mit Masse verbunden sind, wobei ϱ der spezifische Flächenwiderstand des Blattes ist. Abb. 5.13 zeigt ein Beispiel einer Stromfadenverteilung, die man auf diese Weise erhält. Die Folgerungen bezüglich eines günstigen Verhältnisses von Kollektor- und Emitterdurchmesser sind im wesentlichen dieselben wie oben. Als Kompromiß zwischen hohem „Kollektorwirkungsgrad" („Sammelwirkungsgrad" am Kollektor) und niedriger Oberflächenrekombination ergibt sich ein für maximale Stromverstärkung optimales Verhältnis von Kollektor- zu Emitter-

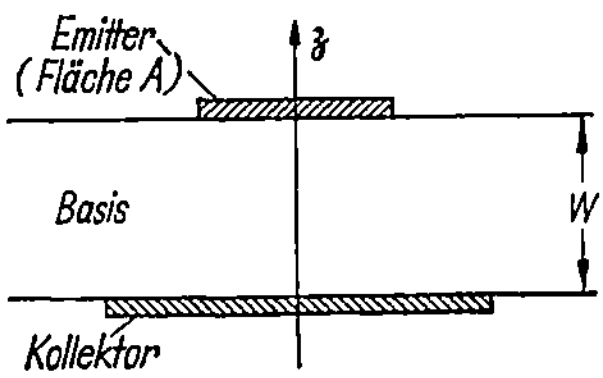

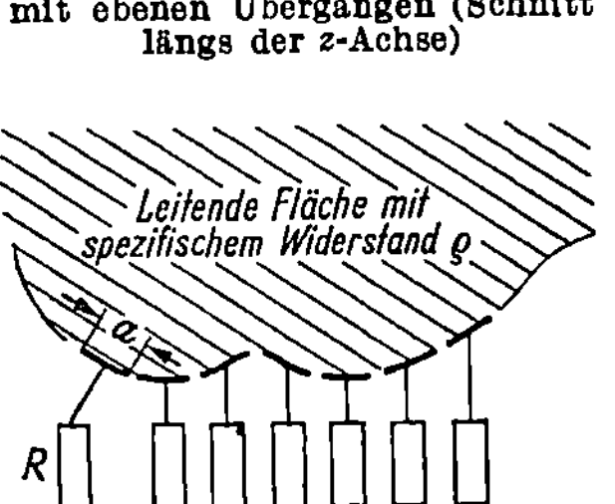

Abb. 5.11. Modell eines rotationssymmetrischen Transistorkristalls mit ebenen Übergängen (Schnitt längs der z-Achse)

Abb. 5.12. Zur Analogiedarstellung der Oberflächenrekombination. Der Rand einer elektrisch leitenden Fläche wird über Widerstände mit Masse verbunden (nach MOORE und PANKOVE). $R=\varrho D_p/(a\,s_0)$

fläche. Bei Transistoren mit einer zylindrischen Struktur wie in Abb. 5.10 liegt dieses optimale Verhältnis ungefähr bei Zwei bis Drei. Analoguntersuchungen mit einem elektrolytischen Trog [*14*] zeigten ferner, daß es für hohe α-Werte vorteilhaft ist, die Eindringtiefe des Emittermaterials möglichst klein zu halten (s. Abb. 5.14).

Wir haben also in § 5 B gesehen, daß die Oberflächenrekombination um die Basiszone die Stromverstärkung eines Transistors verringern kann. Die exakte dreidimensionale Theorie ist kompliziert, doch genügt es in den meisten Fällen,

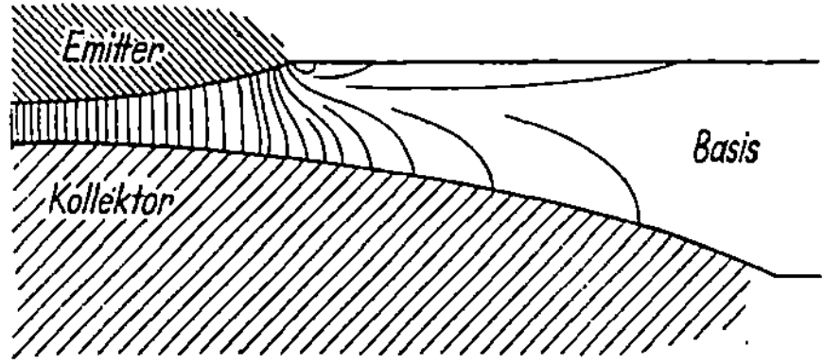

Abb. 5.13. Stromlinien, die man bei Anwendung der Analogdarstellung mit Hilfe einer leitenden Fläche erhält (nach MOORE und PANKOVE)

die Ergebnisse der eindimensionalen Theorie zu verwenden und die tatsächliche Volumenlebensdauer durch eine effektive Lebensdauer zu ersetzen, die auch die Oberflächenrekombination berücksichtigt. Auch ist es für den dreidimensionalen Fall kennzeichnend, daß die Länge der Stromfäden zwischen Emitter und Kollektor, entlang denen die Träger fließen, nicht für alle injizierten Träger der gleiche ist. Es entsteht so eine gewisse *Laufzeitstreuung* des Eingangssignals, welche das Hochfrequenzverhalten begrenzt. Man kann einen derartigen Fall theoretisch untersuchen,

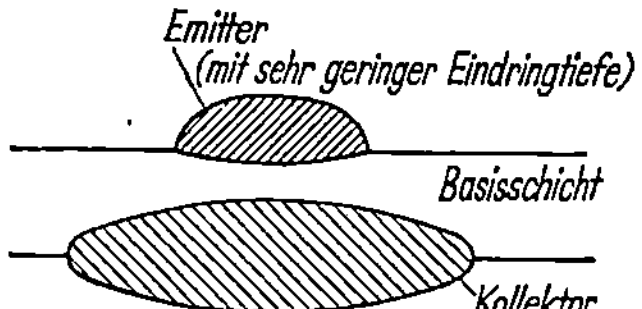

Abb. 5.14. Wenn eine hohe Stromverstärkung erreicht werden soll, ist es vorteilhaft, das Emitterkügelchen nur wenig in das Basismaterial eindringen zu lassen

indem man eine Parallelanordnung mehrerer eindimensionaler Transistoren mit verschiedenen Basisdicken betrachtet.

Die Behandlung der Ladungsträgerdiffusion im Transistor ist hiermit im wesentlichen abgeschlossen. Die elektrischen Eigenschaften der Transistoren hängen jedoch nicht nur vom Diffusionsprozeß, sondern auch von anderen wichtigen Effekten ab, wie z. B. vom endlichen spezifischen Widerstand in der Basiszone, vom Lawinendurchbruch, von der Sperrschichtberührung (punch through) und von der Hochstrominjektion. Alle diese Einflüsse werden in dem folgenden Kapitel betrachtet.

C. Basisbahnwiderstand

Die Untersuchung der Diffusionsadmittanzen für den ein- und den dreidimensionalen Fall wurde unter der Annahme durchgeführt, daß der Spannungsabfall über der ganzen Fläche des Überganges der gleiche ist, d. h., daß die Randflächen des Raumladungsgebietes Äquipotentialflächen sind. Zusätzlich wurde angenommen, daß die Spannungen an den PNÜbergängen die gleichen sind wie die, die zwischen Emitter- und Basisanschluß bzw. Kollektor- und Basisanschluß liegen. Diese Annahme ist aber gleichbedeutend mit unendlich hoher Leitfähigkeit in der Basiszone. In der Praxis ist dies jedoch nicht der Fall, und wir wollen daher die Einflüsse des endlichen spezifischen Widerstandes in der Basiszone näher untersuchen. Der Widerstand verursacht elektrische Verluste und, was weit wichtiger ist, er erzeugt eine Gegenkopplung vom Ausgang zum Eingang, die die Leistungsverstärkung des Bauelementes beeinflußt. Außerdem ist er so mit den Kapazitäten der Übergänge und den Diffusionsadmittanzen verbunden, daß er die Hochfrequenzverstärkung des Transistors begrenzt. Die Geometrie und die Dotierung der Basis, die Durchmesser der PN-Übergänge und die Lage des Basisanschlusses sind daher bei der Dimensionierung von Transistoren von besonderer Bedeutung.

Alle diese Effekte werden von Majoritätsträgerströmen (Elektronenströme in PNP-Transistoren) hervorgerufen, die von den Übergängen oder aus dem Inneren der Basiszone zum Basiskontakt fließen. Die Vorzeichen dieser Ströme hängen natürlich von der Art der Ladungsträger und dem betreffenden Effekt ab. Im einzelnen sind es die folgenden Ströme (für einen PNP-Transistor):

1. der Elektronenstrom $i_{n\,E}$, der von der Basis zum Emitter fließt;

2. der Elektronenstrom $i_{n\,C}$, der vom Kollektor in die Basis fließt;

3. der Wechselstrom über die Emittersperrschichtkapazität;

4. der Wechselstrom über die Kollektorsperrschichtkapazität;

5. der Elektronenstrom, der nötig ist, um die Verringerung des injizierten Defektelektronenstromes infolge Rekombination zu kompensieren. Ein bestimmter Anteil an Defektelektronen rekombiniert mit Elektronen innerhalb der Basiszone. Da für jedes verlorene Elektron eine neues vom Basiskontakt nachgeliefert werden muß, fließt ein Basisstrom. Bei vielen Transistoren erfolgt der Hauptteil der Rekombination an der Halbleiteroberfläche, so daß eine entsprechende Komponente des Basisstromes zur Oberfläche fließt.

Abb. 5.15 zeigt schematisch diese Ströme. Die einzelnen Widerstände sollen den Widerstandscharakter des Materials andeuten. Es ist einleuchtend, daß die verschiedenen Anteile des Basisstromes verschiedene Strompfade aufweisen. Die Vielfalt des Problems wird deutlich, wenn man einige der heute üblichen Basiskontakte (Abb. 5.2) betrachtet. Die Stromflußpfade hängen von der Ausgangsspannung ab, da sich mit ihr die Dicke der effektiven Basiszone ändert. Die Ausgangsspannung ändert somit die geometrische Anordnung und moduliert die Gleichstromkomponenten dieser Ströme. Bei hohem Emitterstrom wird eine große Anzahl von zusätzlichen Ladungsträgern (gegenüber dem Gleichgewichtswert) in die

Basiszone injiziert und läßt ihre Leitfähigkeit über den Gleichgewichtswert ansteigen. Dieser Effekt beeinflußt wiederum die verschiedenen
oben betrachteten Basisstromkomponenten.

Diese Ströme erzeugen natürlich in der mit endlichem spezifischem
Widerstand behafteten Basiszone elektrische Felder, die ihrerseits Komponenten parallel zu den Flächen der PN-Übergänge haben. Entlang
des basisseitigen Randes des Emitter-PN-Übergangs ist die Spannung
daher nicht überall gleich; in der Nähe des Basiskontakts ist sie am
höchsten und fällt mit der Entfernung von
diesem Punkt. Der Einfluß auf den stark
in Sperrichtung vorgespannten Kollektorübergang ist nicht so ausgeprägt. Da
einige der genannten Stromkomponenten
von der *Kollektorspannung* abhängen und
sehr nahe am *Emitter* entlangführen,
ändern sie dort das Potential. Daraus ergibt sich eine innere *Gegenkopplung*,
die eine Verringerung der erreichbaren
Leistungsverstärkung zur Folge hat.

Das allgemeine Problem des endlichen Widerstandes in der Basiszone ist
somit beschrieben, und es erhebt sich die
Frage, wie man alle diese Einflüsse analytisch behandeln kann. Die Möglichkeit, die allgemeine Transportgleichung
für verschiedene Geometrien unter Berücksichtigung des Basisanschlusses zu
lösen, erscheint nicht zweckmäßig, denn
selbst wenn eine analytische Lösung
gefunden würde, wäre sie zu kompliziert,
um brauchbare Hinweise zur Dimensionierung von Transistoren·zu liefern.

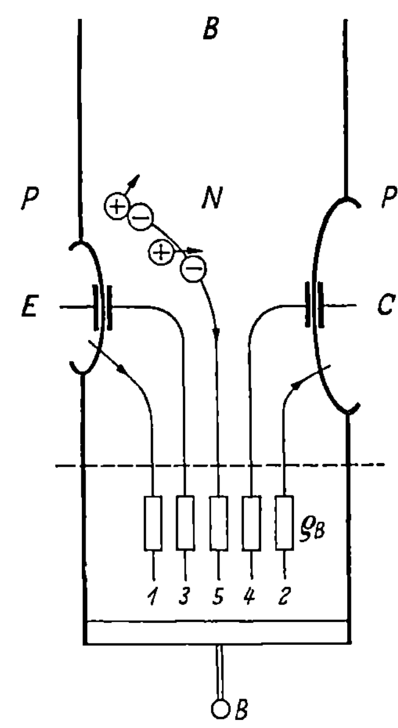

Abb. 5.15
Schematische Darstellung der verschiedenen Basisstromkomponenten.
Zwischen den Übergängen (über der
gestrichelten Linie) sind ihre Strompfade verschieden; Erklärungen siehe
Text. Die Basisbreite ist im Vergleich
zu den Durchmessern der Übergänge
stark vergrößert dargestellt

Eine einfachere Beschreibung, die für
die Berechnung und Dimensionierung von Transistoren brauchbar
ist, beruht auf folgender Methode: Man teilt den Trägertransport
durch die Basiszone in 2 Komponenten auf, behandelt beide getrennt und vereinigt dann die Ergebnisse. Die beiden Komponenten sind 1. die Trägerdiffusion der §§ 5 A und 5 B, die zu den Diffusionsadmittanzen führen und 2. der Einfluß des spezifischen Basiswiderstandes,
der nachstehend untersucht werden soll. Um die Aufteilung in die
2 Komponenten zu bewerkstelligen, muß man die Annahme machen,
daß jede der beiden Begrenzungen eines PN-Überganges auf gleichem
Potential (Äquipotentialflächen) liegt. Die Diffusionsadmittanzen und

Sperrschichtkapazitäten können daher wie in den zwei vorangegangenen Abschnitten berechnet werden. Die in den Gleichungen auftretenden Spannungen sind hierbei die über den Raumladungszonen liegenden Spannungen und nicht die von außen an die Anschlüsse angelegten Spannungen. Der Hauptzweck dieses Abschnitts ist, die Beziehung zwischen den äußeren und den an den Übergängen liegenden Spannungen zu finden. Abweichungen von der Annahme eines konstanten Potentials

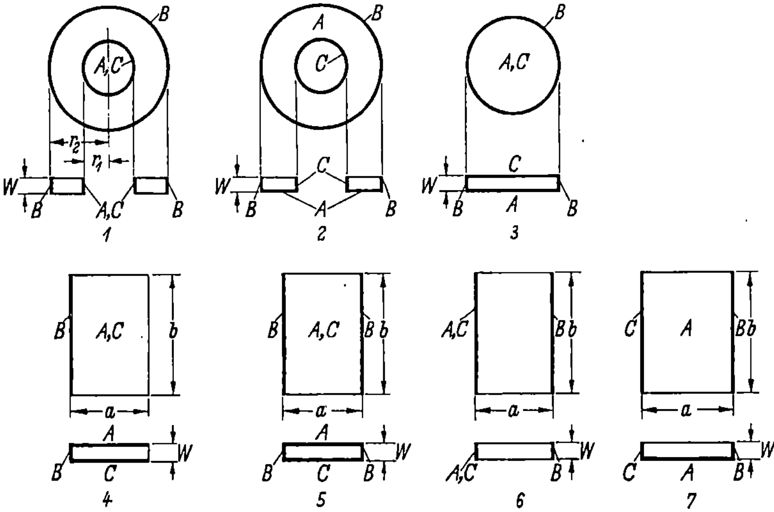

Abb. 5.16. Hilfsfiguren für die Berechnung des Basisbahnwiderstandes und der damit verbundenen Rückwirkungsspannungen (für kleine Basisdicken W) (Nr. 1 bis 3 nach EARLY)

an den Sperrschichtbegrenzungen werden erst bei Leistungstransistoren mit großen Sperrschichtflächen erforderlich; sie werden später besprochen.

Wir nehmen weiter an, daß die injizierte Ladungsträgerdichte so klein ist, daß keine Modulation des spezifischen Widerstandes in der Basiszone auftritt, d. h. ϱ_B wird als Konstante behandelt.

Nach diesen Vereinfachungen kann man das Problem des endlichen spezifischen Widerstandes in der Basiszone folgendermaßen neu definieren. Man bestimme die Spannungen zwischen dem Basiskontakt und den PN-Rändern, welche von den verschiedenen durch die Basiszone fließenden Strömen herrühren. Da der Einfluß auf die relativ hohe Kollektorspannung nur gering ist und die PN-Übergänge als Äquipotentialflächen betrachtet werden, vereinfacht sich das Problem noch weiter: Man berechne die über die Emitterfläche gemittelte Spannung zwischen Basiskontakt und Emitterrand, die von den verschiedenen Komponenten des Basisstromes hervorgerufen werden.

Wir lösen das Problem, indem wir zunächst eine Reihe von Hilfsformeln für Transistoren mit homogenem spezifischem Widerstand ϱ_B und den in Abb. 5.16 dargestellten geometrischen Konfigurationen ableiten. A bezeichnet eine Fläche (gewöhnlich keine Äquipotentialfläche), durch welche der Strom I gleichmäßig mit einer Normalkomponente der Stromdichte gleich I/a_A eintritt, wobei a_A die Fläche, z. B. in cm² ist. B ist ein metallischer Flächenkontakt (Äquipotentialfläche), durch welche der Strom I gleichmäßig abfließt. C ist die Fläche, deren mittlere Spannung $\overline{U}$ gegenüber B gemäß der Gleichung

$$\overline{U} = 1/a_C \int\limits_{a_C} U(x, y)\, \mathrm{d}a_C \tag{5.103}$$

berechnet wird. a_C ist die Fläche und $\mathrm{d}a_C$ ein Oberflächenelement von C. $U(x, y)$ ist das Potential des Punktes (x, y) auf C gegenüber B. Die grundlegenden Konfigurationen der Abb. 5.16 wurden so ausgewählt, daß die tatsächlichen Transistorbasisgebiete aus einigen dieser Grundstrukturen zusammengesetzt werden können.

Die nebenstehende Tabelle 5.1 zeigt die Ergebnisse von Berechnungen [16], die alle unter der Bedingung $W \ll$ gegenüber allen anderen Dimensionen errechnet wurden.

Diese Formeln können dazu verwendet werden, um die von den durch den Emitter- oder Kollektorübergang einfließenden Basisstromkomponenten erzeugten Spannungen zu errechnen.

Tabelle 5.1. *Rückwirkungsspannungen für die Hilfskonfigurationen der Abb. 5.16*

Konfiguration Nr.	$\overline{U}$ für kleines W[1]
1	$\overline{U} = \dfrac{\varrho_B}{W} \cdot \dfrac{1}{2\pi} \ln\left(\dfrac{r_2}{r_1}\right) \cdot I$
2	$\overline{U} = \dfrac{\varrho_B}{W} \dfrac{1}{4\pi} \cdot I$
3	$\overline{U} = \dfrac{\varrho_B}{W} \dfrac{1}{8\pi} \cdot I$
4	$\overline{U} = \dfrac{\varrho_B}{W} \dfrac{a}{3b} \cdot I$
5	$\overline{U} = \dfrac{\varrho_B}{W} \dfrac{a}{12b} \cdot I$
6	$\overline{U} = \dfrac{\varrho_B}{W} \dfrac{a}{b} \cdot I$
7	$\overline{U} = \dfrac{\varrho_B}{W} \dfrac{a}{2b} \cdot I$

[1] $W \ll$ gegenüber jeder anderen Abmessung.

Zur Berechnung des Einflusses des Rekombinationsstromes muß ein anderes Verfahren verwendet werden. Zu diesem Zweck leiten wir noch einige Hilfsformeln für die Konfigurationen der Abb. 5.17 ab. Über das Volumen verteilt denkt man sich Stromquellen von der Form:

$$\frac{1}{q} \operatorname{div} J = g(x, y, z). \tag{5.104}$$

Alle diese Ströme fließen über den metallischen Kontakt B ab. Die mittlere Spannung zwischen B und C wird wieder gemäß der obigen Gl. (5.103) und unter der Annahme, daß $W \ll$ gegenüber den übrigen Abmessungen ist, berechnet. Die Ergebnisse sind in Tab. 5.2 gegeben.

Mit den obengenannten Formeln ist es nun möglich, den Einfluß der verschiedenen Basisstromkomponenten auf das elektrische Verhalten des Transistors abzuschätzen. Dies geschieht, indem man den

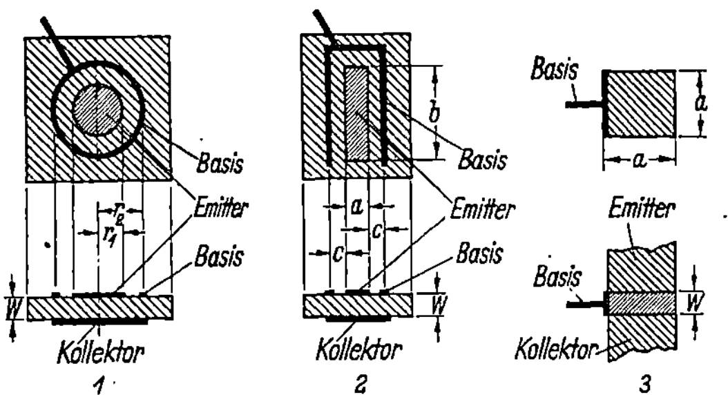

Abb. 5.17. Hilfsfiguren für die Berechnung des Basisbahnwiderstandes und der damit verbundenen Rückwirkungsspannungen (für kleine Basisdicken W)

Strompfad jeder einzelnen Komponente in einem speziellen Transistor bestimmt und verschiedene der obigen Konfigurationen kombiniert, um diesen Stromfluß nachzubilden. Wir betrachten zuerst die Beispiele (1)

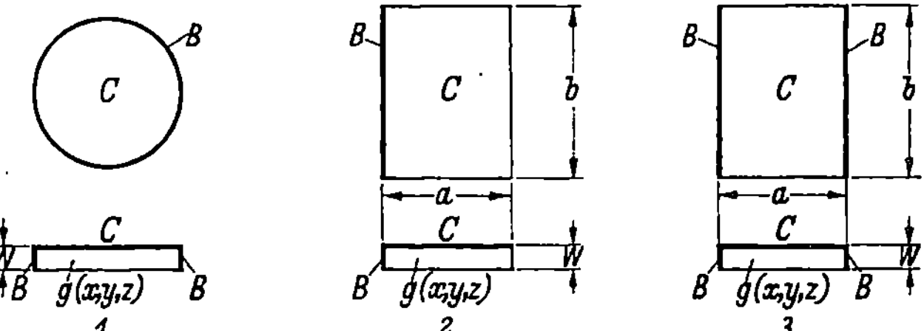

Abb. 5.18. Beispiele für übliche Anordnungen des Basiskontaktes

und (2) in Abb. 5.18. Für die koaxiale Geometrie (Nr. 1) fließen der Emitterelektronenstrom, der kapazitive Emitterstrom und der Rekombinationsstrom nacheinander durch die Strukturen Nr. 3 und Nr. 1 von Abb. 5.16. Daraus resultiert eine Rückwirkungsspannung

$$\overline{U} = \frac{\varrho_B}{W}\left[\frac{1}{8\pi} + \frac{1}{2\pi}\ln\left(\frac{r_2}{r_1}\right)\right] i_B = r'_{B1} i_B. \qquad (5.105)$$

Im Gegensatz hierzu enthält der kapazitive Kollektorstrom 2 Komponenten: die eine Komponente $(r_1/r_2)^2 i_{kap}$ fließt durch dieselben Strukturen wie oben, und die zweite Komponente $[1 - (r_1/r_2)]^2 i_{kap}$ fließt durch die Geometrie Nr. 2 von Abb. 5.16. Die gesamte Rückwirkungsspannung, hervorgerufen durch den kapazitiven Kollektorstrom, ist somit

$$\overline{U} = \frac{\varrho_B}{W}\left\{\left(\frac{r_1}{r_2}\right)^2\left[\frac{1}{8\pi} + \frac{1}{2\pi}\ln\left(\frac{r_2}{r_1}\right)\right] + \right.$$

$$\left. + \left[1 - \left(\frac{r_1}{r_2}\right)^2\right]\frac{1}{4\pi}\right\} i_{kap} = r'_{B2}\, i_{kap}. \qquad (5.106)$$

Diese Gleichungen zeigen, daß die durch den endlichen spezifischen Widerstand in der Basiszone hervorgerufene Rückwirkung mit der Trägerdiffusion in der in Abb. 5.19 angedeuteten Weise kombiniert werden kann. Zwischen dem fiktiven Basisanschluß des inneren Transistors, der durch die Diffusionsadmittanzgleichungen (5.64) bis (5.67) beschrieben ist, und dem äußeren Basisanschluß werden die Ohmschen Basisbahnwiderstände[2] r'_{B1} und r'_{B2} eingefügt, durch die

Tabelle 5.2. *Rückwirkungsspannungen für die Hilfskonfigurationen der Abb. 5.17*

Konfiguration Nr.	$\overline{U}$ für kleines W [1]
1	$\overline{U} = \dfrac{\varrho_B}{W}\,\dfrac{1}{8\pi}\cdot I$
2	$\overline{U} = \dfrac{\varrho_B}{W}\,\dfrac{a}{3b}\cdot I$
3	$\overline{U} = \dfrac{\varrho_B}{W}\,\dfrac{a}{12b}\cdot I$

[1] $W \ll$ gegenüber jeder anderen Abmessung.

die verschiedenen oben beschriebenen Komponenten des Basisstromes fließen und die Spannung am Emitterübergang beeinflussen.

Wenn wir uns der Geometrie Nr. 2 in Abb. 5.18 zuwenden, beobachten wir einen ähnlichen Sachverhalt (Abb. 5.19) mit

$$r'_{B1} = \frac{\varrho_B}{W}\,\frac{a + 6c}{12b} \qquad (5.107)$$

und

$$r'_{B2} = \frac{\varrho_B}{W}\,\frac{a^2 + 6ac + 6c^2}{12b(a + 2c)}. \qquad (5.108)$$

Bei einer einfachen Geometrie wie Nr. 3 in Abb. 5.18 sind schließlich die Strompfade für alle Stromkomponenten gleich und man erhält einen einzigen Basisbahnwiderstand r'_B

$$r'_B = \frac{\varrho_B}{3W} = r'_{B1} = r'_{B2} \qquad (5.109)$$

(s. Abb. 5.20).

Während bei Legierungstransistoren und anderen Transistoren ähnlicher Geometrie die Einflüsse des spezifischen Basiswiderstandes durch die obigen Formeln gut beschrieben werden, kann man andererseits feststellen, daß bei gezogenen Transistoren (ähnlich der Struktur Nr. 3 in Abb. 5.18) ein Modell mit einem einzigen Ohmschen Basis-

---

[2] Der Ausdruck Basisbahnwiderstand wurde zur Unterscheidung vom Basiswiderstand im T-Ersatzschaltbild eingeführt (s. später).

bahnwiderstand nicht ausreichend ist, um das gemessene Hochfrequenz-verhalten der Vierpolparameter richtig wiederzugeben. Man muß viel-mehr den Basisbahnwiderstand als komplexe Größe ansetzen. Eine annähernde Beschreibung der experimentellen Ergebnisse erhält man, wenn man den Basisbahn-widerstand durch eine RC-Parallelkombination er-setzt.

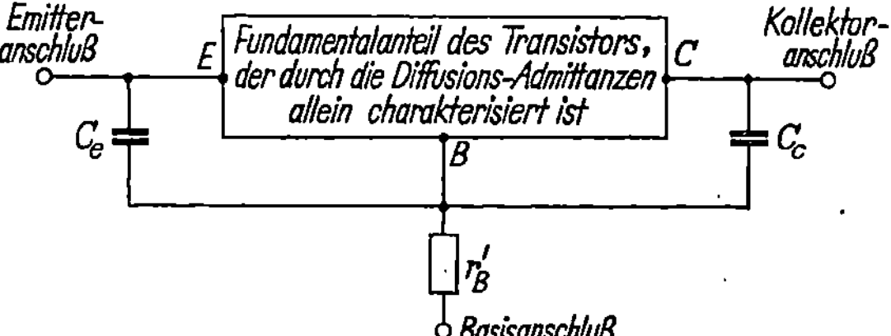

Abb. 5.19. Zur Beschreibung der Rückwirkungseffekte, die durch Basisbahnwiderstände verursacht werden

Es wurde zu Beginn dieses Teiles erwähnt, daß sich die effektive Basis-dicke mit der Kollektor-spannung ändert. Diese Dickenänderung ruft eine Änderung des Ohmschen Widerstandes der Basis-zone und eine Modulation des Basisgleichstromes hervor. Dieser Rück-wirkungseffekt ist jedoch meistens vernachlässigbar.

Später beschriebene schaltungstechnische Gründe machen es wün-schenswert und manchmal unumgänglich, einen möglichst kleinen Basisbahnwiderstand zu fordern. Aus den Gln. (5.105) bis (5.109) wie

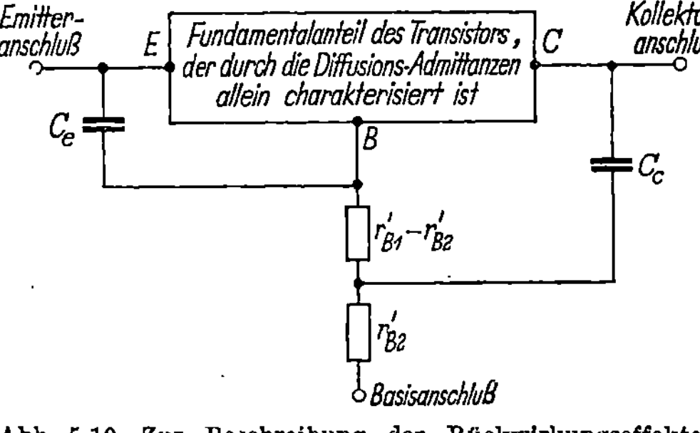

Abb. 5.20. In vielen Fällen genügt die Berücksichtigung eines einzelnen Basisbahnwiderstandes

auch aus den Tab. 5.1 und 5.2 kann man entnehmen, daß man einen niedrigen Bahnwiderstand in dicken Basiszonen (W groß bedeutet jedoch niedrige α-Grenzfrequenz) und bei hoher Dotierung in der Basis erhält (ϱ_B klein bedeutet jedoch Abnahme des Emitterwirkungsgrades). Außerdem muß man die geometrische Anordnung so wählen, daß der Basiskontakt nahe an den Emitterkontakt heranrückt und diesen weit-gehend umgibt. Besonders bemerkenswert ist die Tatsache, daß für die gleiche Emitterfläche ein Kontakt mit langen parallelen Streifen (Abb. 5.18, Nr. 2) einen viel niedrigeren Basisbahnwiderstand ergibt als die kreisförmige Anordnung von Abb. 5.18, Nr. 1. Unter Verwendung von Abb. 5.19 können wir nun die vollständigen Vierpoladmittanzen y_{ik} formulieren, die sowohl die Kapazitäten der PN-Übergänge wie auch die Ohmschen Basisbahnwiderstände berücksichtigen

$$y_{11} = (\bar{y}_{11} + r'_{B2}\,\Delta^{\bar{y}})/[1 + r'_{B2}(\bar{y}_{11} + \bar{y}_{12} + \bar{y}_{21} + \bar{y}_{22} + j\,\omega\,C_c)], \quad (5.110)$$

$$y_{12} = (\bar{y}_{12} - r'_{B2}\,\Delta^{\bar{y}})/[1 + r'_{B2}(\bar{y}_{11} + \bar{y}_{12} + \bar{y}_{21} + \bar{y}_{22} + j\,\omega C_c)], \quad (5.111)$$

$$y_{21} = (\bar{y}_{21} - r'_{B2}\,\Delta^{\bar{y}})/[1 + r'_{B2}(\bar{y}_{11} + \bar{y}_{12} + \bar{y}_{21} + \bar{y}_{22} + j\,\omega C_c)], \quad (5.112)$$

$$y_{22} = (\bar{y}_{22} + j\omega C_c + r'_{B2}\Delta^{\bar{y}})/[1 + r'_{B2}(\bar{y}_{11} + \bar{y}_{12} + \bar{y}_{21} + \bar{y}_{22} + j\omega C_c)],$$
$$(5.113)$$

$$\Delta^{\bar{y}} = \bar{y}_{11}(\bar{y}_{22} + j\,\omega\,C_c) - \bar{y}_{12}\,\bar{y}_{21}, \quad (5.114)$$

wobei

$$\bar{y}_{11} = [y'_{11} + j\,\omega\,C_e + (r'_{B1} - r'_{B2})\,\Delta^{y'}]/[1 + (r'_{B1} - r'_{B2}) \times$$
$$\times (y'_{11} + j\,\omega\,C_e + y'_{12} + y'_{21} + y'_{22})], \quad (5.115)$$

$$\bar{y}_{12} = [y'_{12} - (r'_{B1} - r'_{B2})\,\Delta^{y'}]/[1 + (r'_{B1} - r'_{B2}) \times$$
$$\times (y'_{11} + j\,\omega\,C_e + y'_{12} + y'_{21} + y'_{22})], \quad (5.116)$$

$$\bar{y}_{21} = [y'_{21} - (r'_{B1} - r'_{B2})\,\Delta^{y'}]/[1 + (r'_{B1} - r'_{B2}) \times$$
$$\times (y'_{11} + j\,\omega\,C_e + y'_{12} + y'_{21} + y'_{22})], \quad (5.117)$$

$$\bar{y}_{22} = [y'_{22} + (r'_{B1} - r'_{B2})\,\Delta^{y'}]/[1 + (r'_{B1} - r'_{B2}) \times$$
$$\times (y'_{11} + j\,\omega\,C_e + y'_{12} + y'_{21} + y'_{22})], \quad (5.118)$$

$$\Delta^{y'} = (y'_{11} + j\,\omega\,C_e)\,y'_{22} - y'_{12}\,y'_{21} \quad (5.119)$$

und wobei die „Diffusionsadmittanzen" y'_{ik} durch die Gln. (5.64) bis
(5.67) gegeben sind. Die Ableitung der Ausdrücke (5.110) bis (5.119)
ist zwar etwas umständlich, bereitet aber keine mathematischen
Schwierigkeiten. Man beginnt mit dem einfachen „Diffusionsvierpol" y'_{ik},
indem man die Strom-Spannungs-Beziehungen für Wechselstrom nach
Gl. (5.68) ansetzt. Anschließend betrachtet man nacheinander die Einflüsse von C_e, $r'_{B1} - r'_{B2}$, C_c, r'_{B2}. Addiert man z. B. $j\,\omega\,C_e u_1$ zu i_1,
dann enthält das neue y_{11} ein zusätzliches Glied $j\,\omega\,C_e$. An $(r'_{B1} - r'_{B2})$
tritt eine Spannung $(r'_{B1} - r'_{B2})(i_1 + i_2)$ auf, die sich zu u_1 und u_2
addiert, was y_{ik} nochmals ändert, bis sich schließlich die obigen Ausdrücke ergeben. Wenn man $(r'_{B1} - r'_{B2})$ in den Gln. (2.115) bis (2.119)
gleich Null setzt, erhält man die vollständigen Vierpoladmittanzen für
den einfacheren Fall der Abb. 5.20.

D. Schaltvorgänge und Großsignalverhalten

Kleinsignalschaltvorgänge. Da die Diffusion der Träger durch die
Basis eine bestimmte Zeit benötigt und sowohl Kapazitäten wie auch
Ohmsche Serienwiderstände im Transistor vorhanden sind, muß erwartet werden, daß ein Emitterstromimpuls gewisse Änderungen erfährt,
bevor er den Ausgangskreis erreicht. Der einfachste Fall dieses Schaltverhaltens ergibt sich, wenn man den Impuls sehr klein macht (d. h.

$u_e \ll k\,T/q$). Das Schaltverhalten ist dann durch die komplexen Vierpolparameter in dem speziellen Arbeitspunkt bestimmt. Dies kann man leicht folgendermaßen zeigen.

Die Kleinsignalvierpolparameter beschreiben vollständig das Verhalten eines Transistors bei kleinen sinusförmigen Aussteuerungen. Die Theorie ist linear, so daß das Superpositionsprinzip gilt. Dieses besagt: Wenn das Eingangssignal die Summe von mehreren Komponenten ist, kann man das Ausgangssignal individuell für jede Komponente berechnen und die Ergebnisse addieren und erhält auf diese Weise das richtige Ausgangssignal. Dieses Verfahren gestattet, die Kleinsignalschaltvorgänge im Transistor zu behandeln. Man braucht nur das Eingangssignal in Sinus- und Kosinusglieder zu zerlegen (FOURIER-Analyse) und dann auf jede Komponente die Vierpolgleichungen anzuwenden:

$$i_{e\omega} = y_{11}(\omega,\,U_{\mathrm{E}})\,u_{e\omega} + y_{12}(\omega,\,U_{\mathrm{E}})\,u_{c\omega}, \qquad (5.120)$$

$$i_{c\omega} = y_{21}(\omega,\,U_{\mathrm{E}})\,u_{e\omega} + y_{22}(\omega,\,U_{\mathrm{E}})\,u_{c\omega}. \qquad (5.121)$$

Ein derartiges Gleichungssystem gilt für jede Frequenz ω. Es kann entweder an Hand der Gln. (5.110) bis (5.113) theoretisch abgeleitet werden, oder man mißt die Parameter an einem tatsächlichen Transistor. Kennt man die Lastimpedanz $Z_L(\omega)$, so daß

$$- Z_L(\Delta)\,i_{c\omega} = u_{c\omega} \qquad (5.122)$$

gilt, dann ist es möglich, die obigen Gleichungen für $i_{c\omega}$ als Funktion von $i_{e\omega}$ zu lösen:

$$i_{c\omega} = \frac{y_{21}(\omega,\,U_{\mathrm{E}})}{y_{11}(\omega,\,U_{\mathrm{E}}) + Z_L\,\Delta^y}\,i_{e\omega} \qquad (5.123)$$

mit

$$\Delta^y = y_{11}\,y_{22} - y_{12}\,y_{21}. \qquad (5.124)$$

Diese Gleichung gilt für jede einzelne Frequenz. Wenn daher $i_e(t)$ als Funktion der Zeit gegeben ist (mit beliebigem Kleinsignalimpulsverlauf), ist es möglich, den entsprechenden Kollektorstrom zu erhalten, indem man die $i_{c\omega}$-Werte aller Frequenzen, in die das Eingangssignal zerlegt wurde, addiert.

Um diesen Vorgang zu beschreiben, verwendet man häufig die LAPLACE-Transformation und findet dann für den Kollektorstrom

$$i_c(t) = \mathscr{L}^{-1}\{y_{21}/(y_{11} + Z_L\,\Delta^y)\,\mathscr{L}(i_e)\}, \qquad (5.125)$$

wobei $\mathscr{L}$ die LAPLACE-Transformation mit dem Parameter s und $\mathscr{L}^{-1}$ die inverse Transformation bedeuten. Wenn der Emitterstrom um einen Einheitssprung erhöht wird, dann gilt für den Kollektorstrom

$$i_c(t) = \mathscr{L}^{-1}\{(1/s)\,[y_{21}/(y_{11} + Z_L\,\Delta^y)]\}. \qquad (5.126)$$

Die Möglichkeit einer Auswertung dieser Formeln hängt von der Kompliziertheit der Ausdrücke für die Vierpolparameter ab.

Ein ziemlich einfacher Fall ergibt sich für kleine Lastimpedanzen ($Z_L \cong 0$). Unter diesen Bedingungen (und anderen Vereinfachungen) wurde das Schaltverhalten nach einem Emitterstromeinheitssprung untersucht [18] und für den Kollektorstrom die folgende Näherung gefunden

$$i_c(t) \cong 1 - e^{-2\pi f_\alpha t} \qquad (5.127)$$

[f_α bedeutet die α-Grenzfrequenz, bei welcher der Betrag des Kurzschlußstromverstärkungsfaktors α auf 0,707 ($= 1/\sqrt{2} \triangleq -3$ dB) gegenüber seinem Niederfrequenzwert α_0 abgefallen ist; eine genaue Diskussion der α-Grenzfrequenz folgt später]. Gl. (5.127) zeigt, daß der Kollektorstrom nicht gleichzeitig auf Eins ansteigt, wenn der Emitterstrom von Null auf Eins erhöht wird, sondern sich dem Wert Eins nach einer Exponentialfunktion nähert. Dieser exponentielle Anstieg wird durch eine Zeitkonstante der folgenden Form charakterisiert:

$$1/(2\pi f_\alpha) = 0{,}16/f_\alpha . \qquad (5.128)$$

Die Gln. (5.127) und (5.128) drücken das gefühlsmäßig erwartete Ergebnis aus, daß das Kleinsignalschaltverhalten bei Transistoren mit guter Hochfrequenzverstärkung besser ist. Es konnte eine gute Übereinstimmung der Gl. (5.127) mit Messungen festgestellt werden.

Man kann weitere Fälle mit verschiedenen vereinfachten Ausdrücken für die y-Parameter berechnen, die später näher besprochen werden.

Bei allen obigen Untersuchungen wurden kleine Signale und geringe Injektion vorausgesetzt, wie sie in § 5 A formuliert wurden. In vielen Fällen sind die Signale jedoch größer und führen zu verschiedenen Effekten, die nun betrachtet werden sollen.

Große Signale und hohe Injektion. In den folgenden 5 Abschnitten wollen wir Großsignaleffekte, Spannungsdurchbruch, Sperrschichtberührung (punch through), die Abhängigkeit des Stromverstärkungsfaktors vom Emitterstrom und die Selbstvorspannung des Emitterüberganges untersuchen.

Gleichstromgroßsignalverhalten bei kleiner Injektion [19]. In den §§ 5 A und 5 B wurden die Ausdrücke für die Strom-Spannungs-Beziehungen bei Gleichstrom [Gln. (5.41), (5.42), (5.82) und (5.83)] für den Fall geringer Injektion abgeleitet [Bedingung (5.19) und (5.20)], wobei der Ladungsträgertransport in der Basis durch die lineare Diffusionsgleichung (5.22) beschrieben wird. Diese Ergebnisse werden nicht durch die Annahme der Kleinsignalbedingungen [Gl. (5.44) für den Emitter, Gl. (5.46) für den in Flußrichtung geschalteten Kollektor und Gl. (5.46a) für den in Sperrichtung gepolten Kollektor] beschränkt. Man kann sie daher zur Untersuchung des Schaltverhaltens von Transistoren, einer sehr wichtigen Großsignalanwendung, verwenden. Wir sind jedoch an den stationären Fall gebunden, so daß die Ergebnisse nur bei niedrigen Frequenzen Gültigkeiten haben, wo die Transistorparameter noch frequenzunabhängig sind. Die Ergebnisse gelten nur, wenn die Änderungen der Ströme und Spannungen so langsam sind, daß der Transistor in jedem Augenblick einen stationären Zustand erreicht. Im folgenden wollen wir diese Ergebnisse auf Fälle verallgemeinern, bei denen die komplizierte Geometrie des Transistors eine explizite Ableitung der Strom-Spannungs-Beziehungen verhindert.

Es folgt aus der Linearität der Differentialgleichung (5.22) und der Randbedingungen, Gln. (5.26) bis (5.29), (5.80) und (5.81), daß bei Gleichstrom eine dreidimensionale Lösung für die Defektelektronendichte p in der Basis eines PNP-Transistors immer von der Form

$$p - p_{0\mathrm{B}} = (p_{10} - p_{0\mathrm{B}}) f(x, y, z) + (p_{20} - p_{0\mathrm{B}}) g(x, y, z) \qquad (5.129)$$

ist, wobei $p_{10} = p_{0\mathrm{B}}\, e^{q\, U_\mathrm{E}/kT}$ die Defektelektronendichte am Emitterübergang und $p_{20} = p_{0\mathrm{B}}\, e^{q\, U_\mathrm{C}/kT}$ die Defektelektronendichte am Kollektorübergang ist. Die Ortsfunktionen $f(x, y, z)$ und $g(x, y, z)$ haben die folgenden Eigenschaften: $f = 1$ und $g = 0$ am Emitterübergang und $f = 0$ und $g = 1$ am Kollektorübergang. Ähnlich ergeben sich die Elektronendichten im Emitter und Kollektor zu

$$n - n_{0\mathrm{E}} = (n_{10} - n_{0\mathrm{E}}) h(x, y, z), \qquad (5.130\,\mathrm{a})$$

$$n - n_{0\mathrm{C}} = (n_{20} - n_{0\mathrm{C}}) k(x, y, z), \qquad (5.130\,\mathrm{b})$$

wobei $n_{10} = n_{0\mathrm{E}}\, e^{q\, U_\mathrm{E}/kT}$ die Elektronendichte am Emitterübergang und $h(x, y, z)$ eine Ortsfunktion mit $h = 1$ am Emitterübergang ist. Am Kollektorübergang ist $n_{20} = n_{0\mathrm{C}}\, e^{q\, U_\mathrm{C}/kT}$ die Elektronendichte, wobei $k(x, y, z)$ eine Ortsfunktion mit $k = 1$ am Kollektorübergang ist. Die gesamten Elektronen- und Defektelektronenströme I_n und I_p erhält man nun, indem man die durch die Gln. (5.33) und (5.35) gegebenen Stromdichten über den wirksamen Querschnitt A des Emitters und des Kollektors integriert:

$$I_p = -q \int_A D_p (\mathrm{grad}\, p)\, \mathrm{d}A,$$

$$I_n = q \int_A D_n (\mathrm{grad}\, n)\, \mathrm{d}A. \qquad (5.131)$$

Addiert man die Elektronen- und Defektelektronenanteile, so findet man, daß die Ausdrücke für die gesamten Emitter- und Kollektorströme die folgende allgemeine Form haben:

$$I_\mathrm{E} = A_{11}(e^{q U_\mathrm{E}/kT} - 1) + A_{12}(e^{q U_\mathrm{C}/kT} - 1) \qquad (5.132)$$

und

$$I_\mathrm{C} = A_{21}(e^{q U_\mathrm{E}/kT} - 1) + A_{22}(e^{q U_\mathrm{C}/kT} - 1). \qquad (5.133)$$

Die Koeffizienten A_{ij} haben eine gewisse Ähnlichkeit mit den oben besprochenen Vierpolparametern, jedoch sind die Gln. (5.132) und (5.133)

Großsignalgleichstrombeziehungen. Die Koeffizienten A_{ij} hängen von der Geometrie und den Materialeigenschaften ab, aus denen man sie in einfacheren Fällen ableiten kann. In den Gln. (5.41) und (5.42), (5.82) und (5.83) sind Beispiele dafür gegeben. Wenn die Berechnung zu schwierig ist — d. h. z. B. bei einem zu komplizierten Aufbau —, kann man die Koeffizienten A_{ij} eines derartigen Transistors durch Messung der folgenden 4 Größen bestimmen:

I_{EBO} = Emitterreststrom der Emitterdiode, $e^{q\,U_E/kT} \ll 1$ bei offenem Kollektor $I_C = 0$;

I_{CBO} = Kollektorreststrom der Kollektordiode, $e^{q\,U_C/kT} \ll 1$ bei offenem Emitter $I_E = 0$;

α_N = Stromverstärkungsfaktor des Transistors unter normalen Betriebsbedingungen, d. h. mit injizierendem Emitter (in Durchlaßrichtung gepolt) und „sammelndem" Kollektor (in Sperrrichtung gepolt). Unter diesen Bedingungen ist der Kollektorstrom gegeben durch $I_C = -\alpha_N I_E + I_{CBO}$, woraus man α_N bestimmen kann;

α_I = Stromverstärkungsfaktor des Transistors bei inversem Betrieb, d. h. mit „sammelndem" Emitter (in Sperrichtung gepolt) und emittierendem Kollektor (in Flußrichtung gepolt). Unter diesen Bedingungen ist der Emitterstrom gegeben durch $I_E = -\alpha_I I_C +$ $+ I_{EBO}$, woraus man α_I ermitteln kann. Für die meisten Transistoren findet man $\alpha_I < \alpha_N$, da gewöhnlich der Emitterdurchmesser kleiner als der Kollektordurchmesser ist. Aus diesem Grund ist der Kollektor viel wirksamer im „Sammeln" von Ladungsträgern, die vom Emitter wegdiffundieren, als umgekehrt.

Es folgt dann aus den Gln. (5.132) und (5.133), daß die einzelnen Koeffizienten A_{ij} durch

$$A_{11} = -I_{EBO}/(1 - \alpha_N \alpha_I), \qquad (5.134\,\mathrm{a})$$

$$A_{12} = \alpha_I I_{CBO}/(1 - \alpha_N \alpha_I), \qquad (5.134\,\mathrm{b})$$

$$A_{21} = \alpha_N I_{EBO}/(1 - \alpha_N \alpha_I), \qquad (5.134\,\mathrm{c})$$

$$A_{22} = -I_{CBO}/(1 - \alpha_N \alpha_I) \qquad (5.134\,\mathrm{d})$$

gegeben sind. Es kann auch gezeigt werden, daß ganz allgemein $A_{12} = A_{21}$ gilt. Die Gln. (5.132) bis (5.134 d) stellen die Grundlage dar, mit der ein nicht linearer Großsignalgleichstromfall näherungsweise untersucht werden kann. Die Behandlung ist nicht völlig exakt und befriedigend, so daß die Voraussetzungen diskutiert werden müssen, unter denen die obigen Angaben gültig sind:

1. Die spezifischen Widerstände in den 3 Zonen des Transistors sind niedrig.

2. Die injizierten Trägerdichten sind klein.

Die Voraussetzungen 1. und 2. gestatten, den Trägerfluß mit Hilfe der linearen Diffusionsgleichung zu untersuchen und innere Spannungsabfälle z. B. am Ohmschen Basisbahnwiderstand zu vernachlässigen.

3. Durch Änderung der Raumladungszone bedingte Effekte, wie mit den Gln. (5.51) bis (5.53) beschrieben, können vernachlässigt werden.

Es ist offensichtlich, daß eine echte Wechselstromgroßsignaltheorie noch nicht existiert; die genannten Gleichungen stimmen jedoch in vielen Fällen in befriedigender Weise mit der Praxis überein. Sehr oft ist es auch möglich, einige der vernachlässigten Effekte nachträglich zu berücksichtigen, wenn man das Ersatzschaltbild für einen Transistor aufstellt (ähnlich der Betrachtung des Basisbahnwiderstandes in Abb. 5.19 und 5.20).

Der extreme Fall eines Großsignalbetriebs ergibt sich bei Schaltanwendungen. Hier werden Transistoren weitgehend verwendet, da sie die folgenden Vorzüge besitzen:

1. Sehr geringer Leistungsverbrauch, was von sehr großer Wichtigkeit ist, wenn Tausende von Exemplaren gleichzeitig in Betrieb sind, wie in elektronischen Großrechenanlagen.

2. Sperrwiderstände bis zu vielen Megohm im „Aus"-Zustand.

3. Widerstände bis zu 1 Ω und weniger im „Ein"-Zustand bei einem Spannungsabfall von wenigen Millivolt, und damit sehr geringe Verlustleistung im Transistor.

4. Schaltzeiten vom „Ein"- zum „Aus"-Zustand oder umgekehrt in der Größenordnung von 1 nsec, was Impulsfolgefrequenzen von 10 bis 100 MHz entspricht.

5. Der Vorteil, daß die im Lastwiderstand auftretende Leistung um mehrere tausend Mal höher sein kann als die am Eingang zum Schalten erforderliche Leistung.

Im Hinblick auf die Wichtigkeit des Transistors als Schaltelement, diskutieren wir nun diese Betriebsart eingehender. Zur Charakterisierung eines Schalters verwendet man gewöhnlich folgende Parameter [20]:

1. die Impedanz im „Aus"-Zustand,
2. die Impedanz im „Ein"-Zustand,
3. die Schaltzeit,
4. die maximale Strombelastbarkeit,
5. die maximale Spannungsbelastbarkeit im „Aus"-Zustand.

Die maximale Strombelastbarkeit wird meist durch die höchstmögliche Verlustleistung bestimmt und hängt daher von der Impedanz des Schalters in den verschiedenen Betriebsbereichen und von der thermischen Auslegung des Transistors ab. Die thermische Auslegung wird in § 5 E näher diskutiert.

Die maximale Spannungsbelastbarkeit des Transistors wird durch den Durchbruch und die Sperrschichtberührung (punch through) bestimmt. Beide Vorgänge werden später untersucht. Wir konzentrieren uns vorerst auf die ersten 3 Parameter.

Wir betrachten nun, wie ein Transistor als Schalter funktioniert und berechnen Ausdrücke für die Impedanzen im „Ein"- und „Aus"-Zustand und für die Schaltzeiten. Abb. 5.21 zeigt die 3 Transistorgrundschaltungen, von denen die Emitterschaltung (b) die wichtigste ist. Die

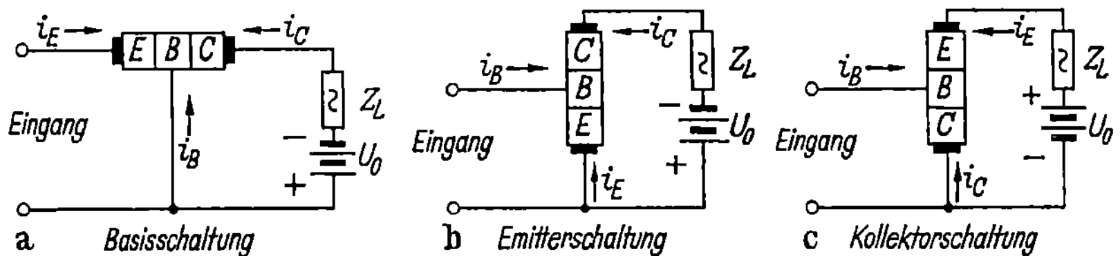

Abb. 5.21. Grundlegende Transistorschaltungen. Z_L ist die Lastimpedanz. Die angegebene Polarität der Batteriespannung gilt für den normalen Betrieb eines PNP-Transistors

Bezeichnungen *Basisschaltung, Emitterschaltung, Kollektorschaltung* beziehen sich auf die Fälle, bei denen Eingangskreis und Ausgangskreis die Basis, den Emitter bzw. den Kollektor als gemeinsamen Anschluß haben.

Ein Transistorschalter arbeitet in der folgenden Weise. Der Ausgangskreis enthält eine Last (Z_L) und eine Batterie (U_0), welche den Kollektorübergang in Sperrichtung vorspannt (Anschluß an 2 Elektroden des Transistors). Die Spannung an der dritten Elektrode bestimmt, ob ein Strom durch die Last fließt oder nicht — mit anderen Worten, ob sich der Schalter im „Ein"- oder im „Aus"-Zustand befindet. Wir betrachten nun z. B. die Basisschaltung von Abb. 5.21 a. Für einen PNP-Transistor spannt die Batterie den Kollektor gegen die Basis negativ vor. Wenn nun der Emitter ebenfalls negativ (in Sperrichtung) gegen die Basis vorgespannt ist, fließt nur der sehr kleine Sperrstrom durch den Lastwiderstand, und der Schalter ist im „Aus"-Zustand. Wird dagegen das Emitterpotential gegen die Basis positiv gemacht d. h., fließt ein positiver Strom durch den Emitterübergang, dann diffundiert dieser Strom zum Kollektor und fließt durch den Lastwiderstand; der Schalter befindet sich dann im „Ein"-Zustand. Ist der Strom sehr hoch, dann ist auch der Spannungsabfall am Lastwiderstand sehr groß, so daß ein Großteil der Batteriespannung an Z_L abfällt, und der Kollektor sogar ein wenig in Durchlaßrichtung vorgespannt ist. Da der Stromverstärkungsfaktor nahe bei Eins liegt und die Eingangsimpedanz viel niedriger als die Ausgangsimpedanz ist, braucht man weniger Leistung, um den Transistor zu schalten, als Leistung, die der Transistor an die Last abgeben kann, so daß eine Verstärkung möglich ist. Der Transistor bleibt im „Ein"-Zustand, solange ein positiver Strom durch den Emitter fließt. Wenn dies nur für eine kurze Zeit eintritt — z. B. in Form eines Rechteckimpulses —, dann erscheint der gleiche Impuls etwas verzerrt am Lastwiderstand. Der Schalter arbeitet als Impulsverstärker. Je kürzer die Impulse sind, desto kritischer ist die Frequenzabhängigkeit des Großsignalübertragungsverhaltens des Transistors.

Wir betrachten nun die Emitterschaltung in Abb. 5.21 b. Bei einem PNP-Transistor spannt die Batterie den Kollektor negativ gegen den Emitter vor. Wenn die Basis positiv (in Sperrichtung) gegen den Emitter vorgespannt ist, dann fließt kein Strom durch die Last; der Schalter befindet sich im „Aus"-Zustand. Wird nun eine negative Spannung (oder Strom) an die Basis (Eingang) gelegt, groß genug, um den Emitterübergang in Flußrichtung zu polen, dann fließt Strom von der Batterie durch den Emitter, die Basis und den Kollektor in die Last; der Schalter befindet sich im „Ein"-Zustand. Bei hohen Eingangsströmen sind wieder beide Übergänge (Emitter und Kollektor) in Flußrichtung vorgespannt. Besteht der Eingangsstrom aus (kurzen) Impulsen, arbeitet die Anordnung als Impulsverstärker.

· Ganz analoge Betrachtungen gelten für die Kollektorschaltung in Abb. 5.21. Bei NPN-Transistoren, die manchmal gewisse Vorteile gegenüber PNP-Transistoren in bezug auf Schaltzeit und maximal zulässige Sperrspannung bieten, sind alle Polaritäten umgekehrt.

Aus den vorangegangenen Betrachtungen geht hervor, daß sich ein Transistor im Schaltbetrieb in drei verschiedenen Betriebsbereichen befinden kann [21]:

Bereich I: Emitter- wie auch Kollektorübergang sind in Sperrichtung gepolt (Sperrbereich).

Bereich II: Der Emitterübergang ist in Flußrichtung und der Kollektorübergang in Sperrichtung gepolt (aktiver Bereich).

Bereich III: Emitter und Kollektorübergang sind in Flußrichtung gepolt (Übersteuerungsbereich oder Sättigungsbereich).

Bereich I entspricht einem Schalter im „Aus"-Zustand, die Bereiche II und III entsprechen dem „Ein"-Zustand. Bereich II wird entweder nur zum Teil oder als Ganzes durchlaufen, und zwar jedes Mal, wenn der Schalter vom „Ein"- in den „Aus"-Zustand oder umgekehrt geschaltet wird.

Wir betrachten nun zuerst die Impedanzen des Schalters in den verschiedenen Bereichen und behandeln dann die Schaltzeiten. Um die Spannungen zwischen den Anschlüssen eindeutig zu kennzeichnen, verwenden wir im folgenden die internationale Schreibweise mit zwei Indizes, wobei die Spannung positiv gezählt wird, wenn sie zwischen der mit dem ersten Index bezeichneten Elektrode positiv gegenüber der mit dem zweiten Index bezeichneten Elektrode ist.

Basisschaltung: *Bereich I:* Bereich I wird durch

$$e^{qU_{EB}/kT} \ll 1, \tag{5.135a}$$

$$e^{qU_{CB}/kT} \ll 1 \tag{5.135b}$$

charakterisiert, so daß wir aus den Gln. (5.132) und (5.133)

$$I_E = -A_{11} - A_{12}, \tag{5.136a}$$

$$I_C = -A_{21} - A_{22} \tag{5.136b}$$

finden, wobei die Koeffizienten A_{ij} durch Gl. (5.134) gegeben sind. Die Impedanz im „Aus"-Zustand ist dann

$$U_{CB}/I_C = U_{CB}(1 - \alpha_N \alpha_I)/(I_{CBO} - \alpha_N I_{EBO}). \tag{5.137}$$

Wie man sieht, ist die Impedanz im „Aus"-Zustand bei kleinen Sperrströmen I_{CBO}, I_{EBO} an den Übergängen sehr hoch. Früher wurde gezeigt, daß auf Grund der Trägervervielfachung, der Trägererzeugung in der Raumladungszone und der Oberflächenleckströme der Sperrstrom mit der Sperrspannung ansteigt, eine Tatsache, die man berücksichtigen muß, wenn man das Ersatzschaltbild eines Schalttransistors aufstellt.

Bereich II: Bereich II wird charakterisiert durch

$$e^{qU_{EB}/kT} \quad \text{gewöhnlich} \quad \gg 1, \tag{5.138a}$$

$$e^{qU_{CB}/kT} \ll 1 \tag{5.138b}$$

und man findet bei Verwendung der Gln. (5.132) und (5.133)

$$I_E = A_{11}\, e^{qU_{EB}/kT} - A_{12}, \tag{5.139a}$$

$$I_C = A_{21}\, e^{qU_{EB}/kT} - A_{22} \tag{5.139b}$$

oder

$$I_C = -\alpha_N I_E + I_{CBO}. \tag{5.139c}$$

Die Ausgangsimpedanz im aktiven Bereich ist

$$U_{CB}/I_C = -U_{CB}/(\alpha_N I_E - I_{CBO}), \tag{5.140}$$

und sie ist damit von dem steuernden Emitterstrom abhängig, dem sie in erster Näherung umgekehrt proportional ist.

Bereich III: Der Übersteuerungsbereich III wird charakterisiert durch

$$e^{qU_{EB}/kT} \quad \text{gewöhnlich} \quad \gg 1 \tag{5.141a}$$

und

$$e^{qU_{CB}/kT} \quad \text{gewöhnlich} \quad \gg 1, \tag{5.141b}$$

so daß wir mit Gln. (5.132) und (5.133)

$$I_E = A_{11}\, e^{qU_{EB}/kT} + A_{12}\, e^{qU_{CB}/kT}, \tag{5.142a}$$

$$I_C = A_{21}\, e^{qU_{EB}/kT} + A_{22}\, e^{qU_{CB}/kT} \tag{5.142b}$$

finden. In diesem Fall sind beide Übergänge in Durchlaßrichtung gepolt. Die inneren Impedanzen sind so niedrig, daß die Ströme von den äußeren Impedanzen bestimmt werden. Die Spannungsabfälle über den beiden Übergängen werden *Restspannungen*, manchmal auch Übersteuerungsspannungen, genannt (englisch meist „saturation voltage") und können aus Gl. (5.142) berechnet werden:

$$U_{\mathrm{EB}} = (k\,T/q)\ln\left[-\frac{I_{\mathrm{E}} + \alpha_{\mathrm{I}} I_{\mathrm{C}}}{I_{\mathrm{EBO}}}\right], \qquad (5.143\,\mathrm{a})$$

$$U_{\mathrm{CB}} = (k\,T/q)\ln\left[-\frac{I_{\mathrm{C}} + \alpha_{\mathrm{N}} I_{\mathrm{E}}}{I_{\mathrm{CBO}}}\right]. \qquad (5.143\,\mathrm{b})$$

Diese Spannungen sind sehr klein, da $k\,T/q$ in der Größenordnung von 25 mV liegt. Die Ausgangsimpedanz

$$U_{\mathrm{CB}}/I_{\mathrm{C}} = (k\,T)/(q\,I_{\mathrm{C}})\ln\left[-\frac{I_{\mathrm{C}} + \alpha_{\mathrm{N}} I_{\mathrm{E}}}{I_{\mathrm{CBO}}}\right] \qquad (5.144)$$

ist ungefähr umgekehrt proportional dem Kollektorstrom I_{C}. In Wirklichkeit tragen die Ohmschen Serienwiderstände der Emitter-, Basis- und Kollektorzonen zu der Impedanz des Transistors bei und müssen bei einem Ersatzschaltbild berücksichtigt werden.

Emitterschaltung: In der Emitterschaltung der Abb. 5.21 b ist wieder I_{C} der Ausgangsstrom, aber die Ausgangsspannung ist nun $U_{\mathrm{CB}} - U_{\mathrm{EB}} = U_{\mathrm{CE}}$. Der Eingangsstrom ist der Basisstrom

$$I_{\mathrm{B}} = -(I_{\mathrm{E}} + I_{\mathrm{C}}) \qquad (5.145)$$

und die Eingangsspannung ist U_{BE}. Mit diesen Substitutionen findet man für den Kollektorstrom

$$I_{\mathrm{C}} = \frac{\alpha_{\mathrm{N}}}{1 - \alpha_{\mathrm{N}}} I_{\mathrm{B}} - \frac{I_{\mathrm{CBO}}}{1 - \alpha_{\mathrm{N}}} (e^{q U_{\mathrm{CB}}/kT} - 1). \qquad (5.146)$$

Die Beziehung gilt für alle 3 Bereiche.

Bereich I: Bereich I wird durch die Gln. (5.135) und (5.136) charakterisiert und man findet

$$I_{\mathrm{C}} = (I_{\mathrm{CBO}} - \alpha_{\mathrm{N}} I_{\mathrm{EBO}})/(1 - \alpha_{\mathrm{N}} \alpha_{\mathrm{I}}) \qquad (5.147\,\mathrm{a})$$

oder mit $A_{12} = A_{21}$

$$I_{\mathrm{C}} = I_{\mathrm{CBO}}(1 - \alpha_{\mathrm{I}})/(1 - \alpha_{\mathrm{N}} \alpha_{\mathrm{I}}). \qquad (5.147\,\mathrm{b})$$

Bereich II: Im Bereich II, der durch die Gln. (5.138) und (5.139 c) charakterisiert wird, ist der Kollektorstrom gegeben durch

$$I_{\mathrm{C}} = (I_{\mathrm{B}}\,\alpha_{\mathrm{N}})/(1 - \alpha_{\mathrm{N}}) + (I_{\mathrm{CBO}})/(1 - \alpha_{\mathrm{N}}), \qquad (5.148)$$

und die Schalterimpedanz $U_{\mathrm{CE}}/I_{\mathrm{C}}$ hängt vom Basisstrom ab.

Bereich III: In Bereich III, der durch Gl. (5.141) charakterisiert wird, berechnen wir wieder den gesamten Spannungsabfall U_{CE} über dem Transistor im Ausgangskreis (zwischen Emitter- und Kollektoranschluß). Aus Gl. (5.143) finden wir für diese Kollektorrestspannung

$$U_{\mathrm{CE}} = (k\,T/q)\ln\frac{I_{\mathrm{EBO}}[\alpha_{\mathrm{N}} - (1 - \alpha_{\mathrm{N}})(I_{\mathrm{C}}/I_{\mathrm{B}})]}{I_{\mathrm{CBO}}[1 + (1 - \alpha_{\mathrm{I}})(I_{\mathrm{C}}/I_{\mathrm{B}})]}. \qquad (5.149)$$

Analoge Ausdrücke können für die Kollektorschaltung in Abb. 5.21 c abgeleitet werden.

Großsignalschaltzeiten. Außer den Impedanzen in den verschiedenen Bereichen sind noch die Schaltzeiten beim Schalterbetrieb von großer Wichtigkeit [*22, 23*]. Dies sind die Zeiten, die ein Schalttransistor von dem „Ein"- in den „Aus"-Zustand oder umgekehrt braucht. Gewöhnlich ist die Einschaltzeit verschieden von der Ausschaltzeit. Wir betrachten zunächst die Basisschaltung von Abb. 5.21 a und legen einen kräftigen Flußstrom an den Emitter eines Transistors, der sich vor diesem Impuls im „Aus"-Zustand (Bereich I) befand, wie es Abb. 5.22 a zeigt. Wir stellen dann fest, daß der Kollektorstrom nicht genau die gleiche Impulsform aufweist. Es sind Ein- und Ausschaltverzögerungen aufgetreten, die man am besten durch die Betrachtung der Trägerdichtenverteilung in der Basiszone für jeden der 3 Schaltbereiche untersucht. Abb. 5.23 zeigt die Trägerdichten. Im Bereich I, von dem wir ausgehen, sind beide Übergänge in Sperrichtung gepolt, und die Minoritätsträgerdichte ist auf beiden Seiten der Basis ungefähr Null. Wird nun am Emitter ein Stromimpuls injiziert (Abb. 5.22 a), dann entsteht ein Trägerdichtengradient in der Basis, und der Kollektorstrom steigt an. Die Zeit, die der Kollektorstrom i_{C1} benötigt, um 90 % seines

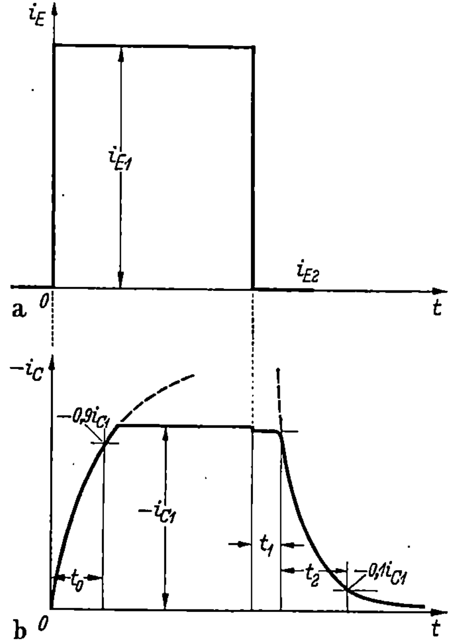

Abb. 5.22 a u. b. Schalt- (Impuls-) Verhalten des Transistors in Basisschaltung. a) Emitterstromimpuls; b) Kollektorstromimpuls, t_0 = Anstiegszeit, t_1 = Speicherzeit, t_2 = Abfallzeit

Endwerts zu erreichen, nennt man Anstiegszeit t_0. Die maximale Höhe des Ausgangsstromes kann im Bereich II (aktiver Bereich) liegen, wenn der Strom durch einen festgelegten Emitterstrom begrenzt wird. Sollte dies nicht der Fall sein, dann steigt der Ausgangsstrom (unter der Voraussetzung, daß der Eingangsstrom genügend groß ist), bis der Spannungsabfall am Lastwiderstand die Batteriespannung U_0 so weit kompensiert hat, daß der Kollektorübergang in Flußrichtung gepolt ist. Der Ausgangssättigungsstrom ist dann gegeben als

$$i_{C1} = U_0/R_L, \qquad (5.150)$$

und der Transistor erreicht den Übersteuerungsbereich III. In diesem Fall ist die Minoritätsträgerdichte am Kollektorübergang nicht mehr gleich Null. Es erfolgt im Gegenteil Injektion von beiden Übergängen.

Wenn nun der Emitterstromimpuls, während sich der Transistor im Bereich III befindet, plötzlich abgeschaltet wird, fließt der Kollektorstrom praktisch in derselben Größe weiter; auf Grund der zahlreichen Minoritätsträger in der Basis hat der Transistor zwischen dem Basis- und dem Kollektoranschluß fast keinen Widerstand. Der Stromfluß wird nur durch die Batteriespannung U_0 und den Lastwiderstand R_L bestimmt, so daß noch immer $i_C = U_0/R_L$ gilt. Da keine weitere Injektion vom Emitter erfolgt, werden die Minoritätsträger in der Basis von diesem Stromfluß aufgebraucht. Dieser Vorgang setzt sich so lange fort, bis die Minoritätsträgerdichte am Kollektor auf Null abgesunken ist. Der Transistor gelangt in den aktiven Bereich II, in dem kein Driftstrom von der Basis zum Kollektor mehr möglich ist. Der Kollektor bekommt rasch eine hohe Impedanz, der Strom fällt ab, und die Kollektorsperrspannung U_0 baut sich am Übergang auf. Es fließt noch ein schnell abfallender Strom, bis sämtliche Überschußminoritätsträger aus der Basiszone verschwunden sind und der Transistor sich im Bereich I befindet (Abb. 5.23). Die Zeit t_1 in Abb. 5.22b, in der nach Abschalten des Emitterstromimpulses noch der volle Kollektorstrom fließt, nennt man „Speicherzeit“, gemäß der Tatsache, daß dieser Stromfluß auf einer Speicherung von Ladungsträgern in der Basiszone beruht. Die Zeit t_2 in Abb. 5.22b, in welcher der Kollektorstrom auf 10% seines Sättigungswerts absinkt, nachdem der Transistor in den aktiven Bereich II gelangt ist, nennt man „Abfallzeit“. Es ist gefühlsmäßig klar, daß alle diese Zeiten klein sind, wenn die Basiszone schmal ist, so daß sich nur wenige Ladungsträger in der Basis speichern können und Dichtegradienten schnell auf- und abgebaut werden. Wir wollen nun das Schaltverhalten quantitativ untersuchen. Die Schaltvorgänge hängen natürlich vom Außenkreis ab, und einfachheitshalber beschränken wir uns auf kleine Lastwiderstände R_L.

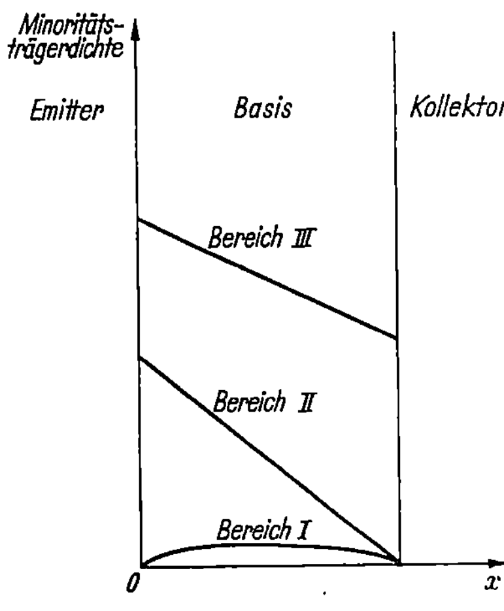

Abb. 5.23. Minoritätsträgerdichten in der Basis des Transistors für die 3 Betriebsbereiche (linearer Maßstab)

Die Anstiegszeit t_0 in Basisschaltung. Die Anstiegszeit t_0 in Basisschaltung von Abb. 5.22 ist die Zeit, in welcher der Kollektorstrom i_C von I_{CBO} (Grenze von Bereich I) bis an die Grenze von Bereich II,

d. h. $i_{C1} = U_0/R_L$ ansteigt, wenn vorher ein Emitterstromimpuls i_{E1} (Abb. 5.22a) in den Emitter eingespeist wurde. I_{CB0} ist so klein im Vergleich zu den hier betrachteten Strömen, daß wir ihn in den folgenden Diskussionen vernachlässigen. Während des ganzen Einschaltvorgangs befindet sich der Transistor im aktiven Bereich, wobei die Kleinsignalfrequenzabhängigkeit durch die Gl. (5.68) gegeben ist. Nimmt man einen kleinen Lastwiderstand an, dann ist die Kollektorwechselspannung praktisch gleich Null, so daß das Verhältnis zwischen Ausgangs- und Eingangsstrom — der Stromverstärkungsfaktor, für den wir uns hier interessieren — einfach durch

$$(-i_c)/i_e = -(y_{21})/(y_{11}) = \alpha. \tag{5.151}$$

gegeben ist. Dieser Kurzschlußstromverstärkungsfaktor wird gewöhnlich mit α bezeichnet (das Minuszeichen ergibt sich durch die Festlegung der Stromrichtungen in der Vierpoltheorie, Abb. 5.7a, b). Man kann nun hier die allgemeinen Ausdrücke (5.110) und (5.112) einsetzen, aber für die folgende vereinfachte Betrachtung verwenden wir die Diffusionsadmittanzen der Gln. (5.64) und (5.66). Setzen wir nun diese in Gl. (5.151) ein, dann finden wir, daß α unabhängig von der Emitterspannung und dem Emitterstrom ist. Es kann daher erwartet werden, daß die Stromverstärkung in dem gesamten aktiven Bereich relativ konstant ist, und das Problem der Großsignalanstiegszeit mathematisch ähnlich ist wie bei dem früher diskutierten Kleinsignalverhalten. Der Stromverstärkungsfaktor hängt jedoch in Wirklichkeit von der Stromdichte ab. Die Abhängigkeit ergibt sich nicht auf Grund der Diffusion, sondern rührt von anderen Einflüssen her, die später noch erläutert werden. Die vorliegende Analyse müßte dann entsprechend abgeändert werden. Zum Zweck unserer vereinfachten Betrachtung leiten wir die Zeitabhängigkeit des Kollektorstroms $i_C(t)$ für einen Emitterstromsprung der Höhe i_{E1} mit Hilfe der Frequenzabhängigkeit des Kleinsignalstromverstärkungsfaktors α aus Gl. (5.151) ab. Eine relativ genaue und mathematisch brauchbare Näherung für α enthält man durch Reihenentwicklung der Hyperbelfunktionen (z. B. J. M. EARLY [4]). Verschiedene Näherungen für die Vierpolparameter werden später noch genauer diskutiert):

$$\alpha = \frac{\alpha_{N0}}{1 + j\,\omega/\omega_N}, \tag{5.152}$$

wobei α_{N0} der Niederfrequenzwert des Stromverstärkungsfaktors und ω_N die „α-Grenzfrequenz" ist, bei welcher $|\alpha|/\alpha_{N0} = 1/\sqrt{2}$ ($\triangleq -3\,\text{dB}$) ist. Nun berechnen wir die Zeitabhängigkeit des Kollektorstroms $i_C(t)$, wenn der Emitterstrom $i_E(t)$ sprungförmig von Null auf i_{E1} zur Zeit $t = 0$ ansteigt. Wie bei der oben genannten Kleinsignalbetrachtung zerlegen wir den Eingangsstrom in seine Frequenzkomponenten, wenden auf jede von diesen Gl. (5.151) an und summieren alle Anteile auf, um den Ausgangsstrom zu erhalten. In der LAPLACE-Schreibweise lautet dann der Kollektorstrom

$$-i_C(t) = \mathscr{L}^{-1}\left\{ \frac{\alpha_{N0}}{1 + s/\omega_N} \, \mathscr{L}\{i_E(t)\}\right\}, \qquad (5.153)$$

wobei α_N der Niederfrequenzstromverstärkungsfaktor unter normalen Betriebsbedingungen, ω_N seine Grenzfrequenz und $s = j\,\omega$ die LAPLACE-Veränderliche ist. Die LAPLACE-Transformation für die Sprungfunktion lautet [24]

$$\mathscr{L}\{i_E(t)\} = i_{E1}/s, \qquad (5.154)$$

so daß wir aus Gl. (5.153) erhalten

$$-i_C(t) = \mathscr{L}^{-1}\left\{ \frac{\alpha_{N0}}{1 + s/\omega_N} \, \frac{i_{E1}}{s}\right\} = i_{E1}\,\alpha_{N0}(1 - e^{-\omega_N t}). \qquad (5.155)$$

Bezeichnen wir den Sättigungswert, den der Kollektorstrom in Bereich III (oder in Bereich II bei äußerer Begrenzung) erreicht, mit i_{C1}, dann ist die Anstiegszeit des Transistorschalters in Basisschaltung die Zeit, die der Kollektorstrom benötigt, um vom Wert Null auf $0{,}9\,i_{C1}$ anzusteigen. Eingesetzt in Gl. (5.155) erhält man

$$t_0 = \frac{1}{\omega_N} \ln\left(\frac{i_{E1}\,\alpha_{N0}}{i_{E1}\,\alpha_{N0} + 0{,}9\,i_{C1}}\right). \qquad (5.156)$$

(Beachte, daß i_{E1} und i_{C1} verschiedene Vorzeichen haben.) Die Geschwindigkeit, mit welcher der Kollektorimpuls ansteigt, hängt von i_{E1} ab; würde der Kollektorstrom nicht von außen oder durch den Tran-

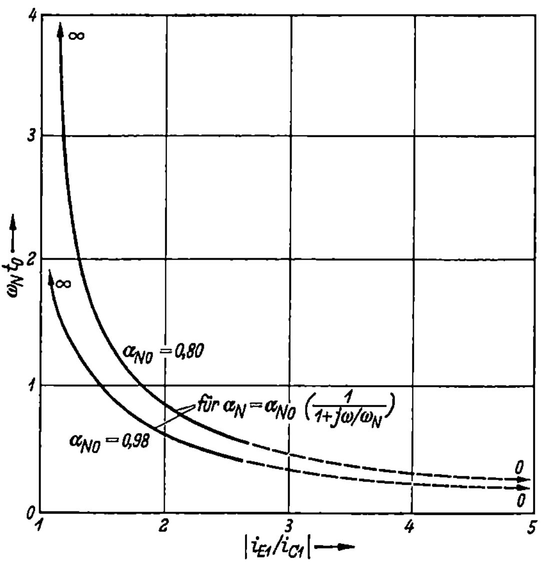

Abb. 5.24. Normierte Anstiegszeit $\omega_N t_0$ in Basisschaltung als Funktion des normierten Emitterstromes für zwei verschiedene Stromverstärkungsfaktoren als Parameter

sistor begrenzt, dann würde i_C zur Zeit $t \to \infty$ den Wert $-i_E \alpha_{N0}$ erreichen, und die Anstiegszeit würde sich in diesem Fall zu der Kleinsignal-anstiegszeit $t_{0,ss}$ vereinfachen:

$$t_{0,ss} = (1/\omega_N) \ln 10 = 2,3/\omega_N \quad \text{für} \quad i_C = -\alpha_{N0}\, i_E. \tag{5.157}$$

Gewöhnlich ist jedoch der steuernde Emitterstrom höher als der Kollektorsättigungsstrom, so daß die Anstiegskurve des Kollektorstromimpulses begrenzt wird und die Anstiegszeit kleiner als der in Gl. (5.157) gegebene Wert wird; für unendlich großen Emitterstrom würde sie gegen Null gehen. Das Produkt $\omega_N\, t_0$ ist in Abb. 5.24 als Funktion des Quotienten $-i_{E1}/i_{C1}$ (wie in Abb. 5.22 definiert) aufgetragen, um diese Abhängigkeit der Anstiegszeit t_0 vom Emitterstrom zu zeigen. In diesem Beispiel wurde der Niederfrequenzstromverstärkungsfaktor α_{N0} mit 0,98 und 0,80 angenommen. Es ist leicht einzusehen, daß die Anstiegszeit bei großem α, hoher α-Grenzfrequenz und hohem Emittersteuerstrom kurz wird. Weiterhin kann man feststellen, daß sich der Einfluß des Niederfrequenz-Alpha am stärksten bei kleinen Emitterströmen auswirkt.

Die für α benutzte Näherung in Gl. (5.152) ist nicht sehr befriedigend. Im folgenden zeigen wir, daß man eine analoge Lösung erhalten kann [18, 25 bis 27], wenn man den genaueren Ausdruck [s. Gln. (5.64) und (5.66)]

$$\alpha = \frac{1}{\cosh\left[\dfrac{W}{L_{pB}}(1 + j\,\omega\,\tau_{pB})^{1/2}\right]} \tag{5.158}$$

verwendet. (Die verschiedenen Näherungsausdrücke für Vierpolparameter werden später behandelt.) Wir setzen

$$W/L_{pB} = a, \tag{5.159}$$

$$\frac{W}{L_{pB}} \sqrt{\tau_{pB}} = b \tag{5.160}$$

und

$$j\omega = s, \tag{5.161}$$

so daß folgt

$$\alpha = \frac{1}{\cosh[(a^2 + b^2 s)^{1/2}]}. \tag{5.162}$$

Der Niederfrequenzstromverstärkungsfaktor α_{N0} $(\omega = 0)$ ist gegeben durch

$$\alpha_{N0} = \frac{1}{\cosh a} = \frac{1}{\cosh(W/L_{pB})}. \tag{5.163}$$

In Analogie zu Gl. (5.153) finden wir nun den Kollektorstromanstieg nach einem Emitterstromsprung i_{E1} wie folgt:

$$-i_C(t) = \mathscr{L}^{-1}\left\{\frac{1}{\cosh[(a^2 + b^2 s)^{1/2}]}\,\mathscr{L}\{i_E(t)\}\right\} \tag{5.164}$$

und mit Gl. (5.154)

$$\frac{-i_\mathrm{C}(t)}{\alpha_{\mathrm{N}0}\,i_{\mathrm{E}1}} = \frac{1}{\alpha_{\mathrm{N}0}}\,\mathscr{L}^{-1}\left\{\frac{1}{s\cosh[(a^2+b^2 s)^{1/2}]}\right\}. \tag{5.165}$$

Ersetzen wir $(a^2 + b^2 s)^{1/2}$ durch λ, dann erhalten wir

$$\alpha = \frac{1}{\cosh\lambda} = 2e^{-\lambda}(1 + e^{-2\lambda})^{-1}, \tag{5.166}$$

und durch Reihenentwicklung

$$\frac{1}{\cosh\lambda} = 2\sum_{n=0}^{\infty}(-1)^n e^{-(2n+1)\lambda}. \tag{5.167}$$

Benutzt man Tabellen für die Integraltransformationen [28], dann findet man, daß

$$\mathscr{L}^{-1}\left\{\frac{e^{-N(a^2+b^2 s)^{1/2}}}{s}\right\} = \frac{1}{2}\left\{[\exp(N a)]\,\mathrm{erfc}\left(\frac{N}{2}\,\frac{b}{\sqrt{t}} + \frac{a}{b}\,\sqrt{t}\right) + \right.$$
$$\left. + [\exp(-N a)]\,\mathrm{erfc}\left(\frac{N}{2}\,\frac{b}{\sqrt{t}} - \frac{a}{b}\,\sqrt{t}\right)\right\}, \tag{5.168}$$

wobei erfc die komplementäre GAUSSsche Fehlerfunktion darstellt. Sie ist gegeben durch

$$\mathrm{erfc}(x) = 1 - \mathrm{erf}(x) = 1 - \frac{2}{\sqrt{\pi}}\int_0^x e^{-\tau^2}\,d\tau. \tag{5.169}$$

Die Fehlerfunktion erf(x) kann in Tabellen nachgeschlagen werden [29]. Setzt man Gl. (5.168) in Gl. (5.167) ein, dann findet man schließlich für Gl. (5.165)

$$\frac{-i_\mathrm{C}(t)}{\alpha_{\mathrm{N}0}\,i_{\mathrm{E}1}} = \frac{1}{\alpha_{\mathrm{N}0}}\sum_{n=0}^{\infty}(-1)^n\left\{\exp[(2n+1)a]\,\mathrm{erfc}\left[\frac{(2n+1)}{2}\,\frac{b}{\sqrt{t}} + \frac{a}{b}\,\sqrt{t}\right] + \right.$$
$$\left. + \exp[-(2n+1)a]\,\mathrm{erfc}\left[\frac{(2n+1)}{2}\,\frac{b}{\sqrt{t}} - \frac{a}{b}\,\sqrt{t}\right]\right\}. \tag{5.170}$$

Wenn wir die α-Grenzfrequenz ω_{N}, bei der $|\alpha|/\alpha_{\mathrm{N}0} = 1/\sqrt{2}$ wird, mit Hilfe des Ausdrucks (5.158) für α berechnen, dann finden wir

$$\omega_{\mathrm{N}} = \varkappa/b^2, \tag{5.171}$$

wobei $\varkappa = 2{,}89$ für $\alpha_{\mathrm{N}0} = 0{,}8$ und $\varkappa = 2{,}47$ für $\alpha_{\mathrm{N}0} = 0{,}98$ ist. Führen wir nun die neue Variable $x = \omega_{\mathrm{N}}\,t$ in Gl. (5.170) ein, dann erhalten wir

$$\frac{-i_\mathrm{C}(t)}{\alpha_{\mathrm{N}0}\,i_{\mathrm{E}1}} = \frac{1}{\alpha_{\mathrm{N}0}}\sum_{n=0}^{\infty}(-1)^n\left\{\exp[(2n+1)a]\cdot\mathrm{erfc}\left[\frac{(2n+1)}{2}\,\frac{\sqrt{\varkappa}}{\sqrt{x}} + \right.\right.$$
$$\left. + \frac{a}{\sqrt{\varkappa}}\,\sqrt{x}\right] + \exp[-(2n+1)a] \times$$
$$\times \mathrm{erfc}\left[\frac{(2n+1)}{2}\,\frac{\sqrt{\varkappa}}{\sqrt{x}} - \frac{a}{\sqrt{\varkappa}}\,\sqrt{x}\right]\Big\}. \tag{5.172}$$

Diese Funktion ist in Abb. 5.25 aufgetragen, wo sie mit der früheren Lösung $(1 - e^{-\omega_N t})$ aus Gl. (5.155) verglichen wird. Man stellt fest, daß der Unterschied zwischen den Kurven im Kleinsignalfall, wo der Kollektorstrom auf $-\alpha_{N0}\, i_{E1}$ ansteigt, nicht groß ist. Die zuerst verwendete Näherung ist also relativ gut. Bei Großsignalproblemen jedoch, wo eine Begrenzung des Kollektorstroms bei $-(1/2)\,\alpha_{N0}\, i_{E1}$ oder sogar

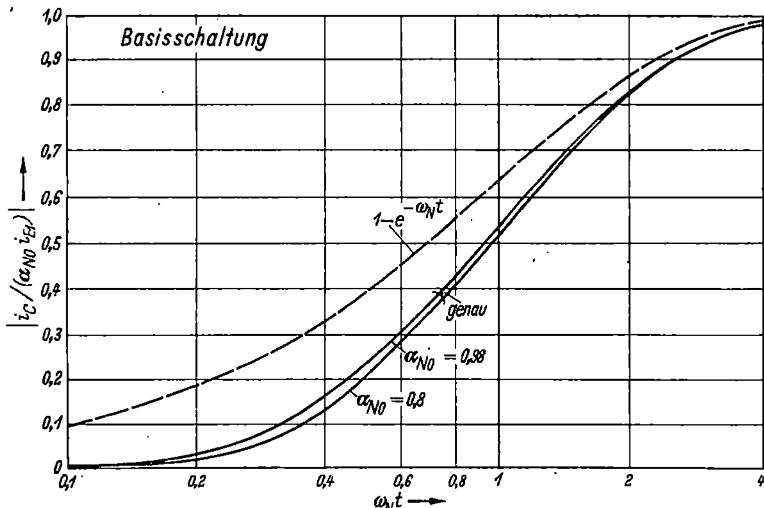

Abb. 5.25. Theoretische Zeitabhängigkeit des Kollektorstromes i_C nach einem Emitterstromsprung der Höhe i_{E1}, wie man sie aus der Näherungsgleichung (5.152) und aus dem genaueren Ausdruck (5.158) berechnet. Basisschaltung

schon früher durch Übersteuerung (Bereich III) oder äußere Begrenzung eintreten kann, ist die mit Hilfe des genaueren Ausdrucks (5.158) berechnete Anstiegszeit bedeutend länger als der mit dem weniger genauen Ausdruck (5.152) berechnete Wert.

Wir wenden uns nun der Berechnung der Speicherzeit t_1 zu (siehe Abb. 5.22). Dies ist die Zeit, in welcher der Kollektorstrom in fast voller Größe weiterfließt, obwohl der Emitterstrom schon abgeschaltet ist. Zur Untersuchung dieses Effekts nehmen wir die Dauer des Emitterimpulses so groß an, daß der Transistor einen stationären Zustand im Übersteuerungsbereich III erreicht. Man kann zeigen [22], daß dies der Fall ist, wenn die Impulsdauer größer als $[(1 - \alpha_{I0})\,\omega_I]^{-1}$ ist. α_{I0} ist dabei der Niederfrequenzwert der Stromverstärkung bei inversem Betrieb und ω_I die zugehörige Grenzfrequenz.

Aus den gleichen Gründen, die zu Gl. (5.129) führten, folgt, daß im Bereich III, wo beide Übergänge in Flußrichtung gepolt sind, die gesamten Emitter- und Kollektorströme so behandelt werden können, als bestünden sie aus 2 Komponenten, nämlich

$$i_E = i_{Ef} + i_{Er} \tag{5.173}$$

und

$$i_C = i_{Cf} + i_{Cr}. \tag{5.174}$$

i_{Ef} und i_{Cf} sind Flußstromkomponenten, die den an den beiden Übergängen injizierten Strömen entsprechen; i_{Er} und i_{Cr} sind Rückstromkomponenten, die an den beiden Übergängen aufgenommen werden. Die vom Emitter injizierte Stromkomponente i_{Ef} und die vom Kollektor aufgenommene Stromkomponente i_{Cr} hängen wieder über die normale Kleinsignalstromverstärkung α_N [s. Gl. (5.151)] zusammen, so daß wir für jede Frequenzkomponente

$$i_{cr}(j\,\omega) = -\alpha_N(j\,\omega)\,i_{ef}(j\,\omega). \tag{5.175}$$

schreiben können. Auf ähnliche Weise erhält man die folgende Beziehung zwischen dem am Kollektor injizierten Strom i_{Cf} und dem vom Emitter aufgenommenen Strom

$$i_{er}(j\,\omega) = -\alpha_I(j\,\omega)\,i_{cf}(j\,\omega). \tag{5.176}$$

Wir definieren nun die zu berechnende Speicherzeit als die Zeit t_1, die vom Abschalten des Emitterstroms, d. h. von einer sprunghaften Änderung von i_{E1} (Abb. 5.22) auf einen anderen kleinen Wert i_{E2}, bis zu dem Moment verstreicht, wo die Flußstromkomponente des Kollektorstroms i_{Cf} und die Rückstromkomponente des Emitterstroms i_{Er} (der vom Kollektor emittierten Träger) verschwinden. In diesem Zeitpunkt gelangt der Transistor in den normalen Betriebsbereich II:

$$i_{Cf} = 0 \quad \text{und} \quad i_{Er} = 0 \quad \text{für} \quad t \gtreqless t_1. \tag{5.177}$$

Kombiniert man die obigen Gln. (5.173) bis (5.176), dann erhält man die Zeitabhängigkeit von i_{Cf}

$$i_{Cf}(t) = \mathscr{L}^{-1}\left\{\frac{\mathscr{L}\{i_C\} + \alpha_N\,\mathscr{L}\{i_E\}}{1 - \alpha_N\,\alpha_I}\right\} + \frac{i_{C2} + \alpha_{N0}\,i_{E2}}{1 - \alpha_{N0}\,\alpha_{I0}}, \tag{5.178}$$

wobei das erste Glied den durch das Abschalten des Emitterstromes hervorgerufenen Schaltvorgang erfaßt und das zweite Glied den asymptotischen Gleichstromwert im Bereich III nach dem Abschalten darstellt. Gl. (5.178) beschreibt somit das Kleinsignalschaltverhalten des injizierten Kollektorstromes im Übersteuerungsbereich III. Wir lösen nun Gl. (5.178) für den Fall, daß i_C konstant auf dem Wert i_{C1} gehalten wird (diese Annahme ist während der Speicherzeit zulässig, s. Abb. 5.22) und der Emitterstrom zur Zeit $t = 0$ sprunghaft von i_{E1} auf i_{E2} geändert wird. Für den Stromverstärkungsfaktor nehmen wir wieder die einfache Frequenzabhängigkeit aus Gl. (5.152) an und erhalten

$$i_{C2} = i_{C1}, \tag{5.179}$$

$$\mathscr{L}\{i_C\} = 0, \tag{5.180}$$

$$\mathscr{L}\{i_E\} = (i_{E2} - i_{E1})/s, \tag{5.181}$$

$$\alpha_N = \alpha_{N0}/(1 + j\,\omega/\omega_N), \tag{5.182}$$

$$\alpha_I = \alpha_{I0}/(1 + j\,\omega/\omega_I) \tag{5.183}$$

und daher

$$i_{Cf}(t) = \mathscr{L}^{-1}\left\{\frac{(i_{E2} - i_{E1})\,\alpha_{N0}(1 + j\,\omega/\omega_I)}{\dfrac{s}{\omega_N\,\omega_I}\,[s^2 + s(\omega_N + \omega_I) + \omega_N\,\omega_I(1 - \alpha_{N0}\alpha_{I0})]}\right\} +$$

$$+ \frac{i_{C1} + \alpha_{N0}\,i_{E2}}{1 - \alpha_{N0}\alpha_{I0}}. \tag{5.184}$$

Wertet man die inverse LAPLACE-Transformation des ersten Gliedes aus, dann erhält man

$$i_{Cf}(t) = \frac{i_{C1} + \alpha_{N0}\,i_{E2}}{1 - \alpha_{N0}\alpha_{I0}} - \frac{(i_{E2} - i_{E1})\,\alpha_{N0}}{(1 - \alpha_{N0}\alpha_{I0})\left(1 - \dfrac{\omega_B}{\omega_A}\right)}\left[\left(\frac{\omega_B}{\omega_I} - \frac{\omega_B}{\omega_A}\right)e^{-\omega_A t} + \right.$$

$$\left. + \left(1 - \frac{\omega_B}{\omega_I}\right)e^{-\omega_B t}\right], \tag{5.185}$$

wobei ω_A und ω_B Lösungen von

$$\omega^2 - \omega(\omega_N + \omega_I) + \omega_N\,\omega_I(1 - \alpha_{N0}\alpha_{I0}) = 0 \tag{5.186}$$

sind, die man bei praktisch vorkommenden Werten näherungsweise als

$$\omega_A \cong \omega_N + \omega_I - \frac{\omega_N\,\omega_I(1 - \alpha_N\alpha_I)}{\omega_N + \omega_I} \tag{5.187}$$

und

$$\omega_B \cong \frac{\omega_N\,\omega_I(1 - \alpha_N\alpha_I)}{\omega_N + \omega_I} \tag{5.188}$$

schreiben kann. Die Zeit t_{C1}, bei welcher $i_{Cf}(t) = 0$, erhält man dann aus

$$\frac{(i_{C1} + \alpha_{N0}\,i_{E2})(1 - \omega_B/\omega_A)}{(i_{E2} - i_{E1})\,\alpha_{N0}} = \left(\frac{\omega_B}{\omega_I} - \frac{\omega_B}{\omega_A}\right)e^{-\omega_A t_{1C}} +$$

$$+ (1 - \omega_B/\omega_I)e^{-\omega_B t_{1C}}. \tag{5.189}$$

Wir wiederholen nun dieses Verfahren für i_{Er}, um die Zeit t_{1E} zu bestimmen, in welcher die Emitterrückstromkomponente i_{Er} aus Gl. (5.173) auf Null abgeklungen ist, und finden analog zu der letzten Gl. (5.189)

$$\frac{(i_{C1} + \alpha_{N0}\,i_{E2})(1 - \omega_B/\omega_A)}{(i_{E2} - i_{E1})\,\alpha_{N0}} = -\frac{\omega_B}{\omega_A}\,e^{-\omega_A t_{1E}} + e^{-\omega_B t_{1E}}. \tag{5.190}$$

Bei den meisten Transistoren sind die Stromverstärkung bei normalem Betrieb α_N und die dazugehörige Grenzfrequenz ω_N höher als die entsprechenden Werte α_I, ω_I für inversen Betrieb:

$$\alpha_I < \alpha_N, \tag{5.191}$$

$$\omega_B < \omega_I < \omega_N < \omega_A, \tag{5.192}$$

so daß

$$0 < t_{1C} < t_{1E}, \tag{5.193}$$

gilt, und der Augenblick, in dem der Transistor in den aktiven Bereich gelangt, ist durch t_{1E} gegeben. Sie ist die größere der beiden den Speicherbereich charakterisierenden Zeitintervalle. Löst man Gl. (5.190) nach t_{1E} auf, dann erhält man

$$t_1 = t_{1E} = \frac{\omega_N + \omega_I}{\omega_N \omega_I (1 - \alpha_{N0} \alpha_1)} \cdot \ln\left(\frac{i_{E2} - i_{E1}}{i_{E2} + i_{C1}/\alpha_{N0}}\right) \tag{5.194}$$

wobei ω_B/ω_A gegenüber Eins und die Exponentialfunktion $e^{-\omega_A t_{1E}}$ gegenüber $e^{-\omega_B t_{1E}}$ vernachlässigt wurde, da $\omega_A > \omega_B$ ist. Man beachte, daß die Speicherzeit t_1 Null wird, wenn der Transistor nicht in den Übersteuerungsbereich III gelangt, da in diesem Fall

$$i_{C1} = -\alpha_{N0}\, i_{E1} \tag{5.195}$$

ist.

Wenn der Transistor in den aktiven Bereich II eintritt, beginnt der zweite Teil des in Abb. 5.22 dargestellten Abschaltvorgangs, die *Abfallzeit*, die analog zur obigen Berechnung der Anstiegszeit durch das Schaltverhalten der Kleinsignalstromverstärkung im aktiven Bereich bestimmt ist.

Nach MOLL [22] wird die Abfallzeit wie folgt berechnet. In dem Augenblick, wo der Transistor in den aktiven Bereich eintritt, ist der Kollektorstrom praktisch immer noch gleich i_{C1}, wenngleich der vom Emitter injizierte Strom bereits auf $(-i_{C1})/\alpha_{N0}$ abgefallen ist. Da der gesamte Emitterstrom Null ist, und der vom Emitter injizierte Strom nicht mehr von dem vom Emitter aufgenommenen Strom i_{Er} kompensiert wird, muß der Strom $i_{Ef} = (-i_{C1})/\alpha_N$ am Emitterübergang sprungartig zu Beginn der Abfallzeit auf i_{E2} abfallen. Der Trägerdichtengradient in der Basiszone am Anfang der Abfallzeit entspricht daher einem Emitterstrom von der Größe $i_E = (-i_{C1})/\alpha_{N0}$ und wird sich allmählich über den Kollektor abbauen. Wir berechnen daher die Zeitabhängigkeit des Kollektorstromes, wenn der Emitterstrom sprungartig von $(-i_{C1})/\alpha_{N0}$ auf i_{E2} abfällt, indem wir die Näherung für α aus Gl. (5.152) verwenden:

$$-i_C(t) = -i_{C1} + (i_{C1} + \alpha_N\, i_{E2})(1 - e^{-\omega_N t}). \tag{5.196}$$

Wir definieren die Abfallzeit t_2 als das Intervall von dem Augenblick, in dem der Transistor in den aktiven Bereich eintritt bis zu dem Zeitpunkt, wo der Kollektorstrom auf $0,1\, i_{C1}$ (Abb. 5.22) abgefallen ist und finden

$$t_2 = \frac{1}{\omega_N} \ln\left(\frac{i_{C1} + \alpha_{N0}\, i_{E2}}{0,1\, i_{C1} + \alpha_{N0}\, i_{E2}}\right). \tag{5.197}$$

Wir kommen nun zu der Berechnung der Schaltzeiten für die Emitter- und Kollektorschaltung in Abb. 5.21b und c.

Emitterschaltung: In der Emitterschaltung befindet sich der Transistor im „Aus"-Zustand, wenn man die Basis so vorspannt, daß der Emitterübergang gesperrt ist; er befindet sich im „Ein"-Zustand, wenn der Emitterübergang in Flußrichtung gepolt ist. Das Signal, das den Schalter öffnet bzw. schließt, ist gewöhnlich ein Stromimpuls, wie er in Abb. 5.26 dargestellt ist.

Berücksichtigt man, daß

$$i_\mathrm{B} = -i_\mathrm{E} - i_\mathrm{C}, \quad (5.198)$$

dann findet man mit Gl. (5.151)

$$i_\mathrm{C}/i_\mathrm{B} = \alpha_\mathrm{N}/(1 - \alpha_\mathrm{N}), \quad (5.199)$$

und mit der Näherung (5.152) erhält man

$$\frac{i_\mathrm{C}}{i_\mathrm{B}} = \frac{\alpha_{\mathrm{N}\,0}}{(1 - \alpha_{\mathrm{N}\,0})} \times$$

$$\times \frac{1}{\left[1 + \dfrac{j\omega}{\omega_\mathrm{N}(1 - \alpha_{\mathrm{N}\,0})}\right]}. \quad (5.200)$$

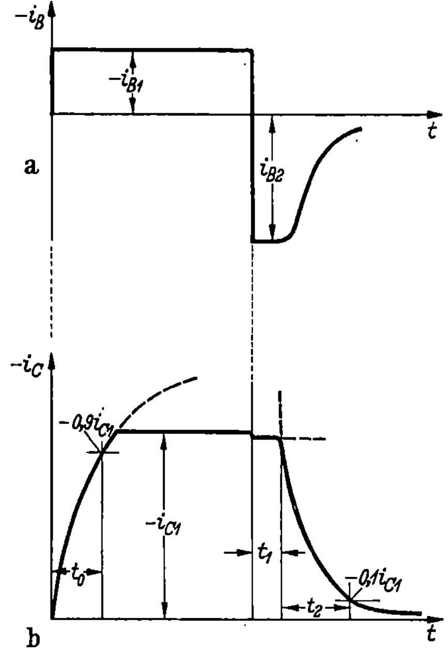

Abb. 5.26 a u. b. Schalt- (Impuls-) Verhalten eines Transistors in Emitterschaltung. a) Basisstromimpuls; b) Kollektorstromimpuls. t_0 = Anstiegszeit, t_1 = Speicherzeit, t_2 = Abfallzeit

Die Anstiegs-, Speicher- und Abfallzeiten t_0, t_1 und t_2 für die Emitterschaltung leitet man genau analog zu der Basisschaltung ab und erhält (s. Abb. 5.26):

Emitterschaltung:

Anstiegszeit

$$t_0 = \frac{1}{\omega_\mathrm{N}(1 - \alpha_{\mathrm{N}\,0})} \ln\left(\frac{i_{B1}}{i_{B1} - 0{,}9\,i_{C1}\dfrac{1 - \alpha_{\mathrm{N}\,0}}{\alpha_{\mathrm{N}\,0}}}\right); \quad (5.201)$$

Speicherzeit

$$t_1 = \frac{\omega_\mathrm{N} + \omega_\mathrm{I}}{\omega_\mathrm{N}\,\omega_\mathrm{I}(1 - \alpha_{\mathrm{N}\,0}\,\alpha_{\mathrm{I}\,0})} \ln\left(\frac{i_{B2} - i_{B1}}{i_{B2} - i_{C1}\left(\dfrac{1 - \alpha_{\mathrm{N}\,0}}{\alpha_{\mathrm{N}\,0}}\right)}\right); \quad (5.202)$$

Abfallzeit

$$t_2 = \frac{1}{\omega_\mathrm{N}(1 - \alpha_{\mathrm{N}\,0})} \ln\left(\frac{i_{C1} - \dfrac{\alpha_{\mathrm{N}\,0}}{1 - \alpha_{\mathrm{N}\,0}}\,i_{B2}}{0{,}1\,i_{C1} - \dfrac{\alpha_{\mathrm{N}\,0}}{1 - \alpha_{\mathrm{N}\,0}}\,i_{B2}}\right). \quad (5.203)$$

Bei der Betrachtung der Basisschaltung wurde erwähnt, daß die Näherung der Gl. (5.152) für α in der Berechnung der Anstiegszeit nicht sehr genau ist. Das gleiche gilt in der Emitterschaltung, für die wir nun einen genaueren Ausdruck finden wollen [27], indem wir Gl. (5.158) für α verwenden. Mit Gl. (5.199) finden wir, daß das Schaltverhalten des

Kollektorstromes $i_C(t)$ nach einer sprunghaften Erhöhung des Basisstromes auf i_{B1} durch

$$i_C(t) = \mathscr{L}^{-1}\left\{\frac{1}{\cosh\lambda\left(1 - \dfrac{1}{\cosh\lambda}\right)}\,\mathscr{L}\{i_B\}\right\} \qquad (5.204)$$

gegeben ist, wobei λ wieder durch Gl. (5.166) definiert ist.

Mit $\mathscr{L}\{i_B(t)\} = i_{B1}/s$ findet man $\qquad (5.205)$

$$\frac{i_C(t)}{i_{B1}\left(\dfrac{\alpha_{N0}}{1-\alpha_{N0}}\right)} = \frac{1-\alpha_{N0}}{\alpha_{N0}}\,\mathscr{L}^{-1}\left\{\frac{1}{s}\,\frac{1}{\cosh\lambda\left(1-\dfrac{1}{\cosh\lambda}\right)}\right\}. \qquad (5.206)$$

Um die inverse LAPLACE-Transformation zu erhalten, führen wir folgende Umformung durch

$$\frac{\dfrac{1}{\cosh\lambda}}{1-\dfrac{1}{\cosh\lambda}} = \frac{1}{\cosh\lambda - 1} = \frac{1}{2\sinh^2(\lambda/2)}$$

$$= 2(e^{\lambda/2})^{-2}(1 - e^{-\lambda})^{-2} = 2\sum_{n=1}^{\infty} n\,e^{-n\lambda}. \qquad (5.207)$$

Schließlich finden wir unter Verwendung tabellierter Transformationen [28]

$$\frac{i_C(t)}{i_{B1}\left(\dfrac{\alpha_{N0}}{1-\alpha_{N0}}\right)} = \left(\frac{1-\alpha_{N0}}{\alpha_{N0}}\right)\sum_{n=1}^{\infty} n\left\{[\exp(n\,a)]\times\right.$$

$$\times \operatorname{erfc}\left[\frac{n}{2}\,\frac{\sqrt{\varkappa(1-\alpha_{N0})}}{\sqrt{x}} + \frac{a}{\sqrt{\varkappa(1-\alpha_{N0})}}\sqrt{x}\right] +$$

$$\left. + [\exp(-n\,a)]\operatorname{erfc}\left[\frac{n}{2}\,\frac{\sqrt{\varkappa(1-\alpha_{N0})}}{\sqrt{x}} - \frac{a}{\sqrt{\varkappa(1-\alpha_{N0})}}\sqrt{x}\right]\right\},$$

$$(5.208)$$

wobei a, $\varkappa$ und erfc durch die Gln. (5.159), (5.171) und (5.169) definiert sind, und

$$x = \omega_N(1 - \alpha_{N0})\,t \qquad (5.209)$$

substituiert wurde. Diese Funktion ist in Abb. 5.27 für 2 Werte von α_{N0} (0,8 und 0,98) dargestellt und mit der folgenden Zeitabhängigkeit (gestrichelte Kurve) verglichen

$$\frac{i_C(t)}{i_{B1}\left(\dfrac{\alpha_{N0}}{1-\alpha_{N0}}\right)} = 1 - e^{-\omega_N(1-\alpha_{N0})t}, \qquad (5.210)$$

die man erhält, wenn man α aus Gl. (5.152) einsetzt. Man stellt wieder fest, daß die mit dem genaueren Ausdruck (5.158) berechnete Anstiegszeit länger ist und der Unterschied bei größerem Basissteuerstrom ausgeprägter wird.

Kollektorschaltung: In der Kollektorschaltung von Abb. 5.21c, die hier der Vollständigkeit[1] halber angeführt sei, findet man

Anstiegszeit

$$t_0 = \frac{1}{\omega_N (1 - \alpha_{N0})} \ln\left(\frac{\alpha_{N0}\, i_{B1}}{i_{B1} - 0,9\,(1 - \alpha_{N0})\, i_{E1}}\right);$$

(5.211)

Speicherzeit

$$t_1 = \frac{\omega_N + \omega_I}{\omega_N\, \omega_I (1 - \alpha_{N0}\alpha_{I0})} \ln\left(\frac{i_{B2} - i_{B1}}{i_{B2} + i_{E1}(1 - \alpha_{N0})}\right);$$

(5.212)

Abfallzeit

$$t_2 = \frac{1}{\omega_N (1 - \alpha_{N0})} \ln\left(\frac{i_{E1} - \dfrac{i_{B2}}{1 - \alpha_{N0}}}{0,1\, i_{E1} - \dfrac{i_{B2}}{1 - \alpha_{N0}}}\right).$$

(5.213)

In diesen Formeln beschreibt i_E das Verhalten des Emitterstromes (ähnlich wie i_C in Abb. 5.26b) nach Einspeisung eines Basisstromimpulses i_B (wie in Abb. 5.26a).

In den obigen Ableitungen wurde von Anfang an angenommen,

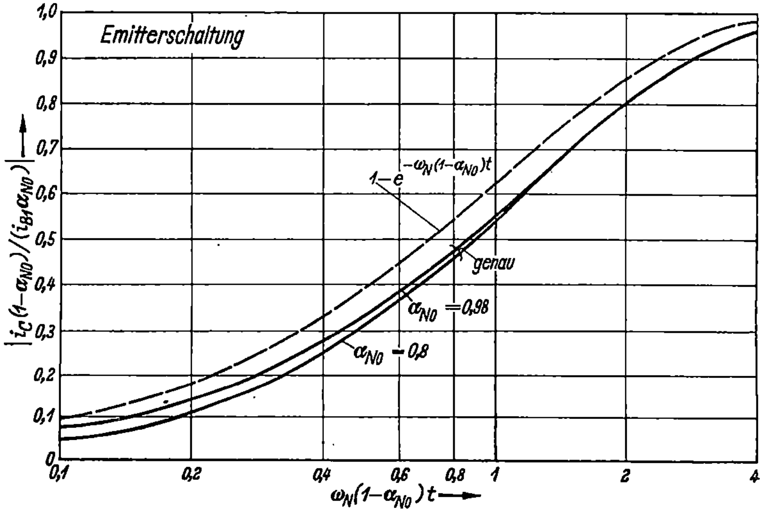

Abb. 5.27. Theoretische Zeitabhängigkeit des Kollektorstromes i_C nach einem Basisstromsprung der Höhe i_{B1}, wie man sie aus der Näherungsgleichung (5.152) und aus dem genaueren Ausdruck (5.158) berechnet. Emitterschaltung

daß der Lastwiderstand R_L klein ist. Wenn diese Annahme nicht erfüllt ist, dann verlängern sich alle Schaltzeiten, die hier berechnet wurden, nach EASLEY [23] ungefähr um den Faktor

$$(1 + \omega_N R_L C_C).$$

(5.214)

C_C ist hierbei ein über den Kollektorspannungsbereich gemittelter Wert der Kollektorkapazität.

---

[1] Einzelheiten s. Literaturhinweis [22].

Spannungsdurchbruch in dem in Sperrichtung vorgespannten Kollektorübergang. In den §§ 3 H und 4 D wurde der Lawinendurchbruch in dem in Sperrichtung gepolten PN-Übergang besprochen. Speziell wurde der Multiplikationsfaktor M in einem abrupten Übergang, bei dem eine Seite wesentlich höher dotiert ist als die andere, durch Gl. (4.44) beschrieben

$$M = \frac{1}{1 - (U/U_{BD})^k}, \qquad (5.115)$$

wobei die Durchbruchsspannung U_{BD} sowie der Exponent k als Funktion des spezifischen Widerstandes der schwächer dotierten Seite des Über-

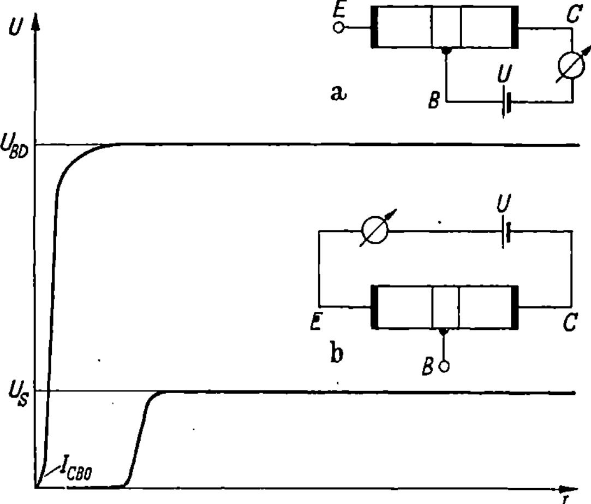

Abb. 5.28. Zum Kollektordurchbruchsverhalten

ganges für relativ niedrige spezifische Widerstände in Germanium angegeben wurden (s. Tab. 4.2). Es interessieren nun die Strom-Spannungs-Beziehungen, die aus diesem Lawineneffekt [30] resultieren.

Legt man die Spannung zwischen Kollektor- und Basisanschluß bei offenem Emitter ($I_E = 0$), dann wird nur der thermisch erzeugte Kollektorreststrom I_{CB0} vervielfacht, was den folgenden Kollektorstrom

$$I_C = M\,I_{CB0} = \frac{I_{CB0}}{1 - (U/U_{BD})^k} \qquad (5.216)$$

hervorruft (Kurve a in Abb. 5.28).

In der Praxis interessiert jedoch mehr der Fall, in dem ein bestimmter Emitter- (Gleich-) Strom durch den Kollektorübergang fließt und dort vervielfacht wird. Aus Gl. (5.215) folgt, daß die Stromverstärkung α des Transistors die Form

$$\alpha(U_{CB}) = \alpha_0\,M(U_{CB}) = \frac{\alpha_0}{1 - (U_{CB}/U_{BD})^k} \qquad (5.217)$$

$(U_{CB} < 0,\ U_{BD} < 0)$

hat, wobei α_0 die Stromverstärkung bei niedrigen Spannungen (ohne Vervielfachung) ist und der durch Vergrößerung der Kollektorraumladungszone hervorgerufene α-Anstieg vernachlässigt wurde. Bei der Spannung

$$U_S = U_{BD}(1 - \alpha_0)^{1/k} \qquad (5.218)$$

wird $\alpha = 1$ und steigt weiter mit der Spannung gemäß Gl. (5.127). $-U_S$ kann offensichtlich viel kleiner als $-U_{BD}$ sein. Die tatsächliche Größe des Unterschiedes hängt von den speziellen Werten von α_0 und k ab. Man kann U_S messen, indem man bei offener Basis zwischen Emitter und Kollektor (Kurve b in Abb. 5.28) eine Spannung anlegt, da in dieser Schaltung der Durchbruch durch die folgende Gleichung beschrieben wird

$$I_C = \frac{M\,I_{CB0}}{1 - \alpha_0\,M}. \qquad (5.219)$$

Sobald $U_{CE} \approx U_{CB}$ den Wert U_S erreicht (wo $\alpha_0\,M = 1$ wird), wird der Strom nur von äußeren Widerständen begrenzt.

Diese Darstellung des Durchbrucheffekts im Volumen kann natürlich durch einen Oberflächendurchbruch verschleiert werden, der ganz anderen Gesetzen gehorchen kann, wie in § 4 D erwähnt wurde.

Sperrschichtberührung (punch through) [*31* bis *34*]. Wenn die Kollektorspannung eines Flächentransistors erhöht wird, kann es vorkommen, daß der PN-Übergang entsprechend den im vorangegangenen Abschnitt beschriebenen Effekten „durchbricht". Es kann aber auch der Fall eintreten, daß sich die Raumladungszone des Kollektors über die Basiszone ausdehnt und schließlich den Emitterübergang berührt, eine Erscheinung, die *Sperrschichtberührung (punch through)* genannt wird. Tritt dies ein, dann hängt der Emitterstrom nicht mehr von der Emitter-Basis-Spannung ab, und der Transistor hat seine Steuerfähigkeit verloren. Der Strom steigt nach einer Strom-Spannungs-Beziehung analog dem CHILDschen Gesetz in Vakuumröhren [*32, 33*] an. Da dieser Effekt die maximal erlaubte Kollektorspannung begrenzt, ist es wichtig, die Sperrschichtberührungsspannung (punch through-Spannung) zu berechnen. Die Berechnung erfolgt wieder über die POISSON-Gleichung analog zur Berechnung der Raumladungszonendicke eines PN-Übergangs in § 4 B. Die zusätzlichen Bedingungen sind wieder, daß das Potential und die Feldstärke stetige Ortsfunktionen sind und daß das Feld an den Grenzen der Raumladungszone x_N und x_P verschwindet [s. Gln. (4.36) und (4.37)]. Man erhält die *Sperrschichtberührungsspannung U_P (punch through-Spannung)*, indem man x_N in einem PNP-Transistor und x_P in einem NPN-Transistor) gleich der Basisdicke W setzt. Da die Störstellenverteilung in der Basis eine beliebige Ortsfunktion sein kann, wird die eben beschriebene Lösung der POISSON-Gleichung mitunter schwierig. Bei einem PNP-Transistor mit homogenem spezifischem Widerstand in der Basis und einem abrupten Kollektorübergang kann man für x_N den Ausdruck des abrupten Überganges von Tab. 4.1 verwenden. Wenn man für $x_\mathrm{N} = W$ setzt, findet man für die Sperrschichtberührungsspannung

$$|U_\mathrm{P}| = \frac{q}{2\,\varepsilon} \frac{(N_\mathrm{P} + N_\mathrm{N})\,N_\mathrm{N}}{N_\mathrm{P}} W^2. \qquad (5.220)$$

In dem Fall (nur begrenzt verwendbar), wo die Basiszone und der Kollektorübergang einen linearen Störstellengradienten aufweisen, kann man für x_N die Formel des allmählichen Überganges in Tab. 4.1 verwenden. Setzt man $x_\mathrm{N} = W$, dann erhält man

$$|U_\mathrm{P}| = \frac{2\,q\,a}{3\,\varepsilon} W^3. \qquad (5.221)$$

Gl. (5.220) wird allgemein bei der Entwicklung von herkömmlichen Transistoren verwendet. Ist die Basiszone P-leitend, dann gelten die gleichen Formeln, nur mit vertauschten Indizes P und N und umgekehrtem Vorzeichen von U_P. Hohe Sperrschichtberührungsspannungen (punch through-Spannungen) erhält man offensichtlich, wenn man die Basisbreite W groß macht. Im Gegensatz hierzu ergibt sich die Notwendigkeit, besonders bei Hochfrequenztransistoren, W klein zu machen, um hohe α-Grenzfrequenzen zu erhalten. Hohe Sperrschichtberührungsspannungen (punch through-Spannungen) fordern auch hohe Dotierung in der Basiszone, was jedoch den Emitterwirkungsgrad und die Durchbruchspannungen herabsetzt.

Man sieht, daß man für eine optimale Auslegung sinnvolle Kompromisse schließen muß.

Wenn man wissen will, ob Sperrschichtberührung (punch through) oder Durchbruch zuerst auftritt, dann braucht man nur U_P, das in diesem Abschnitt berechnet wurde, mit der Durchbruchspannung U_BD aus dem letzten Abschnitt zu vergleichen.

Beliebig hohe Injektion: Die Abhängigkeit des Stromverstärkungsfaktors von der Emitterstromdichte [6, 35, 36]. Es hat sich gezeigt, daß der Stromverstärkungsfaktor von Transistoren vom Emitterstrom abhängt. Dies ist ein Effekt, den man berücksichtigen muß, um einen günstigen Arbeitspunkt zu wählen bzw. Transistoren zu bauen, die eine hohe, gleichmäßige Verstärkung über einen großen Emitterstrombereich aufweisen. Zur Lösung der allgemeinen Gleichungen kann man nun nicht mehr die Annahme geringer Injektion aus den Gln. (5.19) und (5.20) verwenden. Um einige der auftretenden Schwierigkeiten zu vermeiden, betrachten wir den stationären Fall und nehmen weiterhin an, daß die Rekombination vernachlässigt werden kann ($\tau = \infty$). Wir führen sie später als Störung ein. Man kann dann eine Lösung auf folgendem Wege erhalten: Durch Elimination von E und n aus den Gln. (5.7), (5.8) und (5.11) wird für die Defektelektronendichte p in der Basis eine Differentialgleichung abgeleitet, die man direkt integrieren kann. Man erhält:

$$x + K =$$

$$= - \frac{2q\,D_{p\mathrm{B}}\{n_{0\mathrm{B}} - p_{0\mathrm{B}} + p\,(1 - J_n/b\,J_p) - (n_{0\mathrm{B}} - p_{0\mathrm{B}})\ln[(n_{0\mathrm{B}} - p_{0\mathrm{B}}) + p\,(1 - J_n/b\,J_p)]\}}{J_p(1 - J_n/b\,J_p)^2}$$

$$- \frac{q\,D_{p\mathrm{B}}(n_{0\mathrm{B}} - p_{0\mathrm{B}})\ln[n_{0\mathrm{B}} - p_{0\mathrm{B}} + p\,(1 - J_n/b\,J_p)]}{J_p(1 - J_n/b\,J_p)} \qquad (5.222)$$

(K ist eine Integrationskonstante). Setzt man die Randbedingungen der Gln. (5.26) und (5.27) ein und verwendet die Gleichspannungen U_E und U_C, dann führt dies zu

$$J_p = \frac{q\,D_{p\mathrm{B}}(n_{0\mathrm{B}} - p_{0\mathrm{B}})}{W}\left\{\frac{2(p_{10} - p_{20})}{n_{0\mathrm{B}} - p_{0\mathrm{B}}} - \ln\left(\frac{n_{0\mathrm{B}} - p_{0\mathrm{B}} + p_{10}}{n_{0\mathrm{B}} - p_{0\mathrm{B}} + p_{20}}\right)\right\} \qquad (5.223)$$

(konstant über die ganze Basiszone), wobei die Annahme gemacht wurde, daß $J_n/\,b\,J_p \ll 1$, d. h., der Emitterwirkungsgrad hoch ist. Um die gesamten Emitter- und Kollektorstromdichten

$$J_\mathrm{E} = J_{p\mathrm{E}} + J_{n\mathrm{E}}, \qquad (5.224)$$

$$J_\mathrm{C} = J_{p\mathrm{C}} + J_{n\mathrm{C}} \qquad (J_{p\mathrm{E}} = J_{p\mathrm{C}}) \qquad (5.225)$$

zu erhalten, muß man die Emitter- und Kollektorelektronenstromdichten berechnen. $J_{p\mathrm{E}}$ und $J_{p\mathrm{C}}$ bedeuten die Defektelektronenstromdichten am Emitter- und Kollektorübergang. Die Elektronenstromdichte in dem in Sperrichtung gepolten Kollektorübergang ist in Gl. (5.40) gegeben

$$J_{n\mathrm{C}} = - q\,D_{n\mathrm{C}}(n_{20} - n_{0\mathrm{C}})/L_{n\mathrm{C}} \qquad (5.40)$$

mit

$$n_{20} = n_{0\mathrm{C}}\,e^{q\,U_\mathrm{C}/k\,T} \qquad (5.29\,\mathrm{a})$$

(zusätzlich aller evtl. auftretenden Kollektormultiplikationseffekte; s. § 5 A). Die Emitterelektronenstromdichte

$$J_{n\mathrm{E}} = q\,D_{n\mathrm{E}}(n_{10} - n_{0\mathrm{E}})/L_{n\mathrm{E}} \qquad (5.38)$$

hat sich gegenüber der Kleinsignaltheorie auf Grund der verschiedenen Randbedingungen geändert [s. Gl. (4.32)]

$$n_{10} = n_{0\mathrm{E}}\,e^{q\,U_\mathrm{E}/k\,T}(1 + p_{10}/n_{0\mathrm{B}}). \qquad (4.32)$$

Setzt man die Gln. (5.223), (5.38) und (5.40) in die Gln. (5.224) und (5.225) ein, dann erhält man die folgenden Ausdrücke für den Emitter- und Kollektorstrom bei beliebiger Injektion, aber ohne Rekombination

$$I_\mathrm{E} = A\,\frac{q\,D_{p\mathrm{B}}(n_{0\mathrm{B}} - p_{0\mathrm{B}})}{W}\left[\frac{2(p_{10} - p_{20})}{n_{0\mathrm{B}} - p_{0\mathrm{B}}} - \ln\left(\frac{n_{0\mathrm{B}} - p_{0\mathrm{B}} + p_{10}}{n_{0\mathrm{B}} - p_{0\mathrm{B}} + p_{20}}\right)\right] +$$

$$+ A\,q\,D_{n\mathrm{E}}(n_{10} - n_{0\mathrm{E}})/L_{n\mathrm{E}}, \qquad (5.226)$$

$$I_\mathrm{C} = - A\,\frac{q\,D_{p\mathrm{B}}(n_{0\mathrm{B}} - p_{0\mathrm{B}})}{W}\left[\frac{2(p_{10} - p_{20})}{n_{0\mathrm{B}} - p_{0\mathrm{B}}} - \ln\left(\frac{n_{0\mathrm{B}} - p_{0\mathrm{B}} + p_{10}}{n_{0\mathrm{B}} - p_{0\mathrm{B}} + p_{20}}\right)\right] -$$

$$- A\,q\,D_{n\mathrm{C}}(n_{20} - n_{0\mathrm{C}})/L_{n\mathrm{C}}. \qquad (5.227)$$

A ist der wirksame leitende Querschnitt. Aus diesen Gleichungen kann man nun die Kleinsignalvierpolparameter (für beliebige Injektion) berechnen

$$y_{11} = \frac{\partial I_{\mathrm{E}}}{\partial U_{\mathrm{E}}} = \frac{q^2 A}{kT}\, \mathrm{e}^{q U_{\mathrm{E}}/kT} \left\{ \frac{2 D_{p\mathrm{B}}\, p_{0\mathrm{B}}}{W} - \frac{D_{p\mathrm{B}}\, p_{0\mathrm{B}}}{W} \frac{n_{0\mathrm{B}} - p_{0\mathrm{B}}}{n_{0\mathrm{B}} - p_{0\mathrm{B}} + p_{0\mathrm{B}}\, \mathrm{e}^{q U_{\mathrm{E}}/kT}} \right.$$
$$\left. + \frac{D_{n\mathrm{E}}\, n_{0\mathrm{E}}}{L_{n\mathrm{E}}} \left(1 + \frac{2 p_{0\mathrm{B}}}{n_{0\mathrm{B}} - p_{0\mathrm{B}}}\, \mathrm{e}^{q U_{\mathrm{E}}/kT} \right) \right\}, \tag{5.228}$$

$$y_{12} = \frac{\partial I_{\mathrm{E}}}{\partial U_{\mathrm{C}}} = -y_{22} = -\frac{\partial I_{\mathrm{C}}}{\partial U_{\mathrm{C}}} = -\frac{\partial w}{\partial U_{\mathrm{C}}} \frac{q A D_{p\mathrm{B}}}{W^2} \times$$
$$\times \left\{ 2 p_{0\mathrm{B}}\, \mathrm{e}^{q U_{\mathrm{E}}/kT} - (n_{0\mathrm{B}} - p_{0\mathrm{B}}) \ln \left[1 + \frac{p_{0\mathrm{B}}}{n_{0\mathrm{B}} - p_{0\mathrm{B}}}\, \mathrm{e}^{q U_{\mathrm{E}}/kT} \right] \right\}, \tag{5.229}$$

$$y_{21} = \frac{\partial I_{\mathrm{C}}}{\partial U_{\mathrm{E}}}$$
$$= -\frac{q^2 A}{kT}\, \mathrm{e}^{q U_{\mathrm{E}}/kT} \left[\frac{2 D_{p\mathrm{B}}\, p_{0\mathrm{B}}}{W} - \frac{D_{p\mathrm{B}}\, p_{0\mathrm{B}}}{W} \frac{n_{0\mathrm{B}} - p_{0\mathrm{B}}}{n_{0\mathrm{B}} - p_{0\mathrm{B}} + p_{0\mathrm{B}}\, \mathrm{e}^{q U_{\mathrm{E}}/kT}} \right]. \tag{5.230}$$

Mit Hilfe der obigen Ausdrücke sind wir in der Lage, den Stromverstärkungsfaktor zu berechnen:

$$\alpha = -\partial I_{\mathrm{C}}/\partial I_{\mathrm{E}} = -y_{21}/y_{11}. \tag{5.231}$$

Diese Gleichungen berücksichtigen allerdings nur den Emitterwirkungsgrad und nicht die Rekombination, die nun als Störung hinzugefügt werden soll.

Der Emitterstrom I_{E} und damit y_{11} sei unbeeinflußt von der Rekombination. Vom Kollektorstrom hingegen ziehen wir 2 Terme ab, die die Rekombinationsverluste im Volumen der Basiszone und an seiner Oberfläche darstellen. Diese beiden Terme wurden in § 5 B, „Die dreidimensionale Kleinsignaluntersuchung" [Gln. (5.90), (5.91) und (5.100)], berechnet. Differenzieren wir die Gln. (5.90) und (5.91) nach U_{E} und kombinieren sie mit Gl. (5.231), dann erhalten wir den folgenden Ausdruck für y_{21}, der für die in Abb. 5.8 dargestellte quaderförmige Struktur gilt

$$y_{21} = \frac{\partial I_{\mathrm{C}}}{\partial U_{\mathrm{E}}} = \frac{q^2 A}{kT} \frac{W p_{0\mathrm{B}}}{2 \tau_{p\mathrm{B}}}\, \mathrm{e}^{q U_{\mathrm{E}}/kT} + \frac{q^2}{kT} \frac{A_s s_0 p_{0\mathrm{B}}}{2}\, \mathrm{e}^{q U_{\mathrm{E}}/kT} -$$
$$- \frac{q^2 A}{kT}\, \mathrm{e}^{q U_{\mathrm{E}}/kT} \left[\frac{2 D_{p\mathrm{B}}\, p_{0\mathrm{B}}}{W} - \frac{D_{p\mathrm{B}}\, p_{0\mathrm{B}}}{W} \frac{n_{0\mathrm{B}} - p_{0\mathrm{B}}}{n_{0\mathrm{B}} - p_{0\mathrm{B}} + p_{0\mathrm{B}}\, \mathrm{e}^{q U_{\mathrm{E}}/kT}} \right]. \tag{5.232}$$

Eingesetzt in Gl. (5.231) ergibt sich

$$1 - \alpha =$$
$$\frac{s_0 A_s p_{0\mathrm{B}}/2 A + W p_{0\mathrm{B}}/2 \tau_{p\mathrm{B}} + (D_{n\mathrm{E}}\, n_{0\mathrm{E}}/L_{n\mathrm{E}})\, [1 + (2 p_{0\mathrm{B}}/n_{0\mathrm{B}})\, \mathrm{e}^{q U_{\mathrm{E}}/kT}]}{2 D_{n\mathrm{B}}\, p_{0\mathrm{B}}/W - (D_{p\mathrm{B}}\, p_{0\mathrm{B}}/W)\, [1 + (p_{0\mathrm{B}}/n_{0\mathrm{B}})\, \mathrm{e}^{q U_{\mathrm{E}}/kT}]^{-1} + } \,,$$
$$+ (D_{n\mathrm{E}}\, n_{0\mathrm{E}}/L_{n\mathrm{E}})\, [1 + (2 p_{0\mathrm{B}}/n_{0\mathrm{B}})\, \mathrm{e}^{q U_{\mathrm{E}}/kT}] \tag{5.233}$$

wobei $A_s = 8aW$, $A = 4a^2$ ist. Auf die gleiche Art erhält man für die rotationssymmetrische Struktur in Abb. 5.11 mit Gl. (5.100) den folgenden Ausdruck:

$$1 - \alpha =$$

$$\frac{s_0\, A_s\, p_{0\mathrm{B}}/A + W\, p_{0\mathrm{B}}/2\,\tau_{p\mathrm{B}} + (D_{n\mathrm{E}}\, n_{0\mathrm{E}}/L_{n\mathrm{E}})\,[1 + (2p_{0\mathrm{B}}/n_{0\mathrm{B}})\,\mathrm{e}^{q U_\mathrm{E}/kT}]}{2 D_{p\mathrm{B}}\, p_{0\mathrm{B}}/W - (D_{p\mathrm{B}}\, p_{0\mathrm{B}}/W)\,[1 + (p_{0\mathrm{B}}/n_{0\mathrm{B}})\,\mathrm{e}^{q U_\mathrm{E}/kT}]^{-1} + {} \atop {} + (D_{n\mathrm{E}}\, n_{0\mathrm{E}}/L_{n\mathrm{E}})\,[1 + (2p_{0\mathrm{B}}/n_{0\mathrm{B}})\,\mathrm{e}^{q U_\mathrm{E}/kT}]} \cdot$$

$$\tag{5.234}$$

In einer noch allgemeineren Ableitung könnte sogar die Abhängigkeit der Lebensdauer und der Oberflächenrekombinationsgeschwindigkeit von der Größe der Injektion berücksichtigt werden [6, 37]. Bei geringer Injektion

$$1 \gg (p_{0\mathrm{B}}/n_{0\mathrm{B}})\,\mathrm{e}^{q\, U_\mathrm{E}/k\, T} \tag{5.235}$$

und einer hochdotierten Emitterzone (hoher Emitterwirkungsgrad)

$$D_{p\mathrm{B}}\, p_{0\mathrm{B}}/W \gg D_{n\mathrm{E}}\, n_{0\mathrm{E}}/L_{n\mathrm{E}}, \tag{5.236}$$

vereinfachen sich die Gln. (5.233) und (5.234) auf die früher abgeleiteten Kleinsignalbeziehungen der Gln. (5.93) und (5.101), jedoch mit einem zusätzlichen Glied für den Emitterwirkungsgrad:

$$1-\alpha=(W^2)/(2 D_{p\mathrm{B}}\tau_{p\mathrm{B}}) + (4a s_0 W^2/(A D_{p\mathrm{B}}) + (D_{n\mathrm{E}} n_{0\mathrm{E}} W)/(D_{p\mathrm{B}} p_{0\mathrm{B}} L_{n\mathrm{E}}).$$

$$\tag{5.237}$$

Diese Gleichung gilt für die quaderförmige Struktur. Für die rotationssymmetrische Struktur erhält man

$$1-\alpha = W^2/(2 D_{p\mathrm{B}}\tau_{p\mathrm{B}}) + (A_s s_0 W)/(A D_{p\mathrm{B}}) + (D_{n\mathrm{E}} n_{0\mathrm{E}} W)/(D_{p\mathrm{B}} p_{0\mathrm{B}} L_{n\mathrm{E}}).$$

$$\tag{5.238}$$

Tabelle 5.3

Angenommene Werte der räumlichen Abmessungen und Materialparameter für das in Abb. 5.29 dargestellte Rechenbeispiel (für einen Germanium Transistor)

$W = 5{,}0 \cdot 10^{-3}$ cm	$n_i = 2{,}5 \cdot 10^{13}/\mathrm{cm}^3$
$a = 1{,}76 \cdot 10^{-2}$ cm	$p_{0\mathrm{B}} = 1{,}25 \cdot 10^{12}/\mathrm{cm}^3$
$A = 4a^2 = 1{,}24 \cdot 10^{-3}$ cm^2	$n_{0\mathrm{E}} = n_{0\mathrm{C}} = 4{,}0 \cdot 10^{8}/\mathrm{cm}^3$
$A_s = 8a w = 7{,}04 \cdot 10^{-4}$ cm^2	$s_0 = 400$ cm/sec
$D_{p\mathrm{B}} = 44$ cm^2/sec	$\tau_{p\mathrm{B}} = 5 \cdot 10^{-4}$ sec
$D_{n\mathrm{E}} = D_{n\mathrm{C}} = 93$ cm^2/sec	$L_{n\mathrm{E}} = L_{n\mathrm{C}} = 10^{-3}$ cm

In Abb. 5.29 wurde die Gl. (5.233) unter Berücksichtigung der vorgegebenen Parameter aus Tab. 5.3 (RITTNER [6], Tab. II) aufgetragen. Die Abbildung zeigt den Wert $1/(1 - \alpha)$, da diese Größe stärker als α selbst von Emitterstromänderungen abhängt und außerdem sehr leicht als Stromverstärkungsfaktor in Emitterschaltung gemessen werden kann.

Um die hier auftretenden Einflüsse besser überblicken zu können, schreiben wir nochmals die Gl. (5.233) in vereinfachter Form. Man kann gewöhnlich ohne große Einbuße an Genauigkeit das letzte Glied im Nenner der Ausdrücke (5.233) und (5.234) vernachlässigen. Wenn wir nun setzen

$$\frac{p_{0B}}{n_{0B}}\,e^{q\,U_E/kT} = P, \qquad (5.239)$$

dann erhalten wir

$$1 - \alpha \cong \mathscr{R}\left(\frac{1+P}{1+2P}\right) + \mathscr{E}(1+P) \qquad (5.240)$$

mit

$$\mathscr{R} = (A_s\,W\,s_0)/(2A\,D_{pB}) + 1/2(W/L_{pB})^2 \qquad (5.241)$$

und

$$\mathscr{E} = (D_{nE}\,n_{0E}\,W)/(D_{pB}\,p_{0B}\,L_{nE}). \qquad (5.242)$$

Das erste Glied in Gl. (5.240) beschreibt die Rekombination und das zweite den Emitterwirkungsgrad. P hängt über die Gln. (5.224) und (5.223) mit der Emitterstromdichte zusammen, wo die Emitterelektronenstromdichte gegenüber der Emitterdefektelektronenstromdichte vernachlässigt und $J_E \cong J_{pE}$ gesetzt wurde. Man darf gewöhnlich annehmen, daß

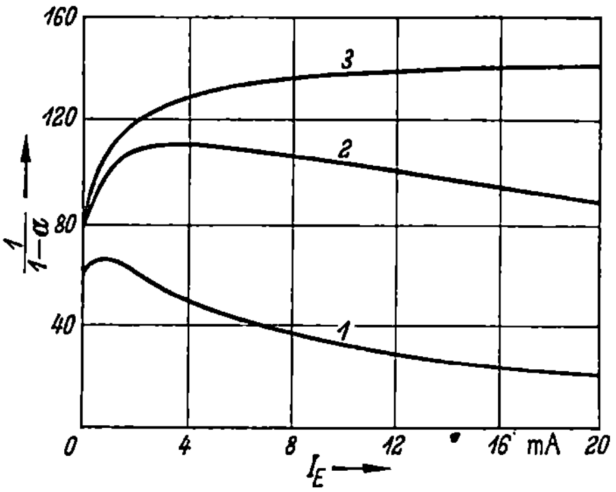

$$\left.\begin{array}{l} p_{0B} \ll n_{0B}, \\ p_{20} \ll p_{10}, \\ p_{20} \ll n_{0B} \end{array}\right\} \qquad (5.243)$$

gilt, und man findet so aus Gl. (5.223)

$$Z = \left(\frac{W}{q\,D_{pB}\,n_{0B}}\right) J_E =$$
$$= 2P - \ln(1+P), \qquad (5.244)$$

wobei Z die normierte Emitterstromdichte ist. Die beiden Ausdrücke in Gl. (5.240)

$$\frac{1+P}{1+2P} = g(Z) \qquad (5.245)$$

und

$$1 + P = f(Z) \qquad (5.246)$$

sind eine abfallende bzw. steigende Funktion des Emitterstromes Z. Die Abb. 5.30 und 5.31 zeigen ihren Verlauf und erklären die zwei gegenläufigen Prozesse, die in den Kurven für α und $1/(1-\alpha)$ zu einem Maximum führen. Das beschleunigende Feld für die Minoritätsträger in der Basiszone nimmt mit Erhöhung des Emitterstromes zu.

Abb. 5.29. Stromverstärkung in Emitterschaltung in Abhängigkeit vom Emitterstrom. Nach E. S. RITTNER: Phys. Rev. 94 (1954) 1161: Kurve 1: Parameterwerte aus Tab. 5.3; Kurve 2: Dotierung in der Emitterzone um den Faktor 10 erhöht; Kurve 3: Emitterwirkungsgrad gleich Eins über den gesamten Strombereich

Die Ladungsträger haben daher eine höhere Geschwindigkeit in der Basiszone, die Laufdauer ist kürzer, und es rekombiniert bei einem ge-

gebenen Wert der (mittleren) Lebensdauer nur ein kleinerer Anteil von diesen. Man beschreibt diesen Vorgang durch den „Feldfaktor" $g(Z)$, Abbildung 5.30, der α mit zunehmendem Emitterstrom ansteigen läßt. Gleichzeitig wird jedoch der Emitterwirkungsgrad reduziert, da die in die Basiszone injizierten Ladungsträger den spezifischen Widerstand der Basis verringern. Dieser Abfall des Emitterwirkungsgrades wird durch den sog. „Abfallfaktor" $f(Z)$, Abb. 5.31, beschrieben, der den Wert von α bei zunehmendem Emitterstrom verringert und der in höheren Strombereichen stärker zur Geltung kommt. Die gute Übereinstimmung der Theorie mit dem Experiment bei mittleren und hohen Strömen zeigt Abb. 5.32 an Hand eines PNP-Transistors. Bei sehr niedrigen Emitterströmen ist die Übereinstimmung nicht sehr gut. Der Grund für diese Abweichung wird unten näher erläutert. Auf Grund obiger Diskussionen sieht man, daß alle Transistoren, die bei hohen Emitterstromdichten arbeiten, einen hohen Emitterwirkungsgrad haben müssen. Man erhält einen hohen Wirkungsgrad, wenn die Emitterzone einen niedrigen spezifischen Widerstand ($n_{0E} \ll p_{0B}$ in PNP- und

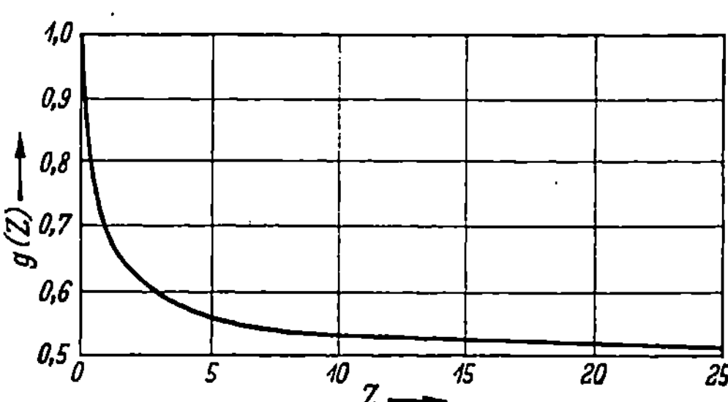

Abb. 5.30. Der Feldfaktor $g(Z)$ als Funktion von Z. Nach W. M. Webster: Proc. IRE 42 (1954) 914

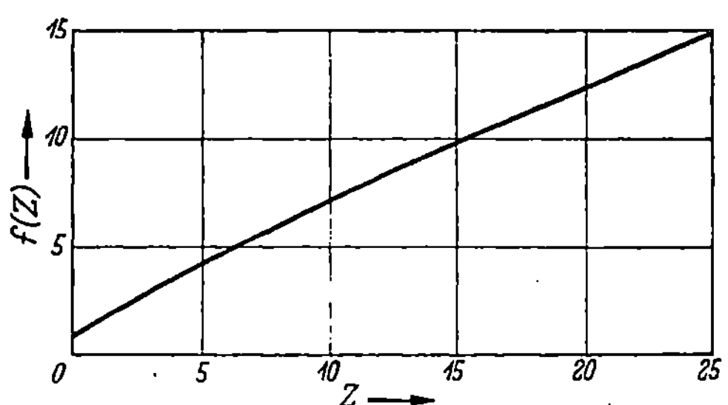

Abb. 5.31
Der Abfallfaktor $f(Z) = 1 + P$ als Funktion von Z

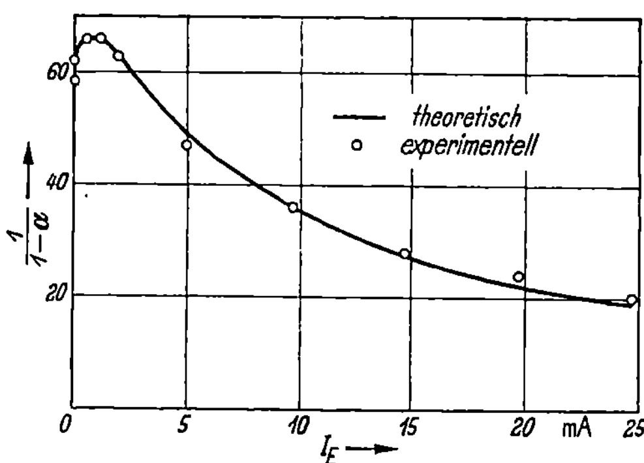

Abb. 5.32. Vergleich zwischen theoretischem und experimentellem Stromverstärkungsfaktor (Emitterschaltung) bei einem gebräuchlichen PNP-Legierungstransistor. Nach W. M. Webster: Proc. IRE 42 (1954) 914

$p_{0E} \ll n_{0B}$ in NPN-Transistoren) aufweist und die Basisdicke W klein ist.

Bei kleinen Emitterströmen müßte α entsprechend der Theorie konstant und unabhängig vom Emitterstrom sein. Messungen zeigen jedoch, daß bei vielen Transistoren α im Bereich kleiner Stromdichten mit wachsendem Emitterstrom zunimmt, wie es Abb. 5.33 zeigt. Diese Erscheinung ist durch eine Rekombination innerhalb der Raumladungszone des in Flußrichtung gepolten Emitters zu erklären [37 bis 42]. Für die Stromabhängigkeit von α sind somit 3 Vorgänge verantwortlich, von denen jeder bei einer bestimmten Stromdichte dominiert. Bei sehr niedrigen Emitterströmen ist der durch Rekombination und Erzeugung von Ladungsträgern in der Emitterraumladungszone herrührende prozentuale Anteil des Emitterstromes hoch im Vergleich zum wirksamen Diffusionsstrom von Minoritätsträgern durch die Basis, so daß der Emitterwirkungsgrad klein ist. Mit der Erhöhung des Emitterstromes steigt der Anteil des Diffusionsstromes über den durch Rekombination und Erzeugung in der Raumladungszone entstehenden Strom, und der Emitterwirkungsgrad steigt auf einen durch $\mathscr{E}$ in Gl. (5.242) beschriebenen Wert.

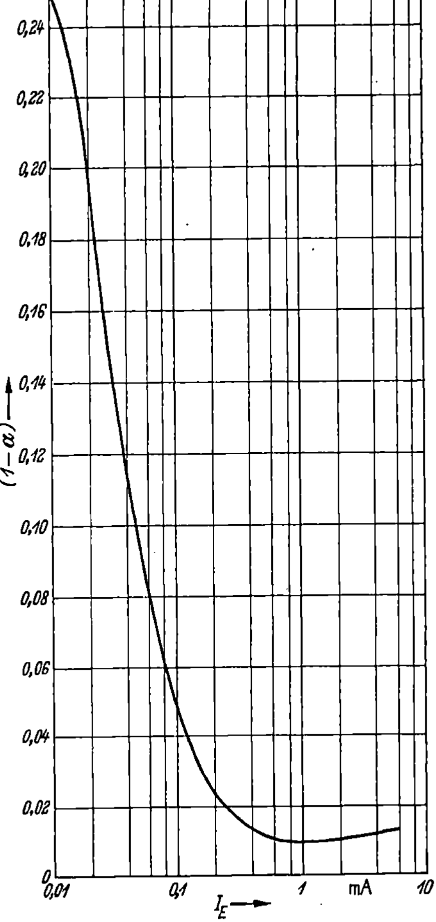

Abb. 5.33
(1 — α) als Funktion des Emitterstromes, gemessen an einem Germanium-PNP-Transistor

Bei höheren Emitterströmen stellt sich der oben beschriebene Effekt ein: Es baut sich ein beschleunigendes Feld in der Basiszone auf, das die effektive Diffusionslänge der Minoritätsträger erhöht, wodurch α weiter ansteigt. Bei weiterem Stromanstieg jedoch verringern die injizierten Träger in der Nähe des Emitterüberganges den spezifischen Widerstand der Basiszone so stark, daß dieser Effekt einen Abfall des Emitterwirkungsgrades bewirkt. α durchläuft daher ein Maximum und fällt dann stetig bei höheren Strömen. Unter gewissen vereinfachenden Annahmen zeigten SAH u. a. [*38*], daß der Strom durch einen PN-Übergang, in dem Rekombination und Trägererzeugung stattfinden, durch

$$I_{RG} = A \, \frac{kT}{qE} \, q \, n_i \, \frac{1}{\tau_0} \, \mathrm{e}^{q\,U_E/2\,k\,T}, \qquad (5.247)$$

gegeben ist, wobei A der wirksame Querschnitt, E die mittlere elektrische Feldstärke und τ_0 die Trägerlebensdauer in der Emitterraumladungszone ist. Dieser Strom muß zu dem Emitterstrom in Gl. (5.226) addiert werden. Zusammen mit den vereinfachenden Annahmen von Gl. (5.243) erhält man

$$I_E = K[2P - \ln(1+P) + \mathscr{E}\,P(1+P) + 2\mathscr{S}\,\sqrt{P}] \qquad (5.248)$$

mit

$$K = (A \, q \, D_{pB} \, n_{0B})/W, \qquad (5.249)$$

$$\mathscr{S} \equiv \frac{1}{2} \, \frac{kT}{qE} \, \frac{W}{D_{pB}\,\tau_0}. \qquad (5.250)$$

Die übrigen Symbole haben die bereits in den Gln. (5.239) und (5.242) erklärte Bedeutung. Die neue Eingangsimpedanz y_{11} erhält man durch Differentiation von Gl. (5.248) nach U_E unter Vernachlässigung der Spannungsabhängigkeit von $\mathscr{S}$:

$$y_{11} = \frac{\partial I_E}{\partial U_E} = \frac{q}{kT} \, K \, P \left[\frac{1+2P}{1+P} + \mathscr{E}(1+2P) + \mathscr{S}\,P^{-1/2} \right]. \qquad (5.251)$$

Das erste Glied des Ausdrucks in der Klammer beschreibt die Wirkung des Diffusionsstromes, das zweite den gesamten Emitterwirkungsgrad und das dritte die Rekombination und Erzeugung von Trägern im Emitterübergang.

Die Vorwärtssteilheit (Kernleitwert-vorwärts) y_{21} ist nach wie vor durch Gl. (5.232) gegeben. Mit der Vereinfachung (5.243) und obiger Bezeichnungsweise erhält man

$$y_{21} = -K \, \frac{q}{kT} \, P \left[\frac{1+2P}{1+P} - \mathscr{R} \right]. \qquad (5.252)$$

Nun kann man leicht $1 - \alpha = (y_{11} + y_{21})/y_{11}$ berechnen, ein Ausdruck, der ebenfalls eine starke Abhängigkeit von α-Änderungen mit dem Emitterstrom zeigt. Man findet

$$1 - \alpha = \mathscr{R}\,a(I_E) + \mathscr{E}\,b(I_E) + c(I_E) \qquad (5.253)$$

mit

$$a(I_E) = \frac{(1+P)\,\sqrt{P}}{(1+2P)\,\sqrt{P} + \mathscr{S}(1+P)}, \qquad (5.254)$$

$$b(I_E) = \frac{(1+P)(1+2P)\,\sqrt{P}}{(1+2P)\,\sqrt{P} + \mathscr{S}(1+P)}, \qquad (5.255)$$

$$c(I_E) = \frac{\mathscr{S}(1+P)}{(1+2P)\,\sqrt{P} + \mathscr{S}(1+P)}. \qquad (5.256)$$

Diese 3 Faktoren beschreiben die Stromabhängigkeit von α und sind in den Abb. 5.34 bis 5.36 als Funktionen des normierten Emitterstromes dargestellt

$$Z = I_{\mathrm{E}}/K = 2P - \ln(1 + P) + 2\mathscr{S}\sqrt{P}. \tag{5.257}$$

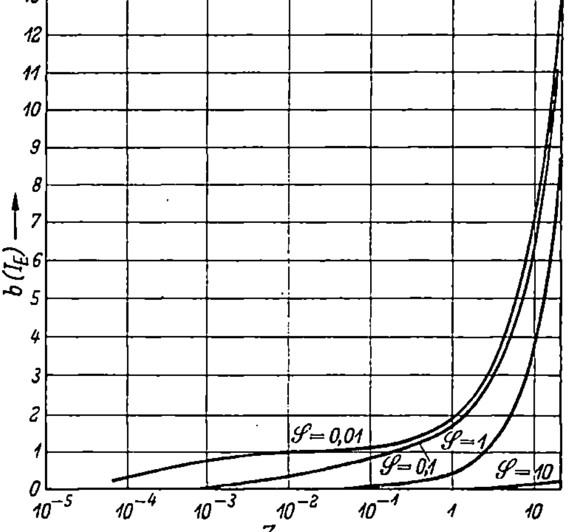

Abb. 5.34. Die Funktion $a(I_{\mathrm{E}})$ in Abhängigkeit vom normierten Emitterstrom Z

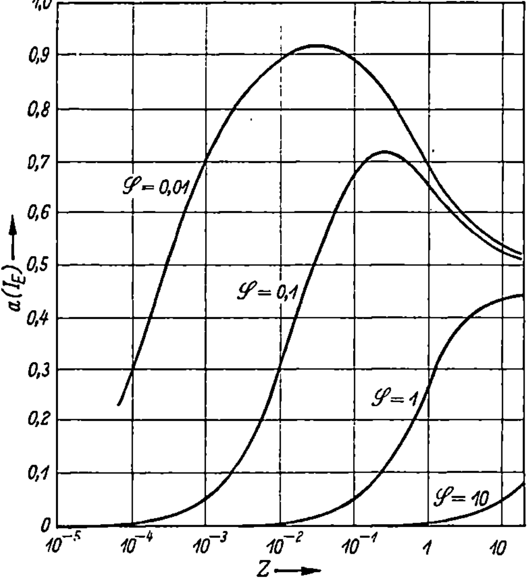

Abb. 5.35. Die Funktion $b(I_{\mathrm{E}})$ in Abhängigkeit vom normierten Emitterstrom Z

In den Gln. (5.254) bis (5.257) wurde ein hoher Emitterwirkungsgrad angenommen, so daß $\mathscr{E}$ eine kleine Zahl ist.

Betrachten wir nun die Abb. 5.33, so zeigt sich, daß die Kurve innerhalb der experimentellen Genauigkeit weitgehend mit der Theorie übereinstimmt, wenn man für die Parameter folgende für NF-Transistoren üblichen Werte annimmt:

$$A = 1{,}25 \cdot 10^{-3}\,\mathrm{cm}^2,$$
$$D_{p\,\mathrm{B}} = 40\,\mathrm{cm}^2/\mathrm{sec},$$
$$n_{0\,\mathrm{B}} = 5 \cdot 10^{14}\,\mathrm{cm}^{-3},$$
$$W = 10^{-2}\,\mathrm{cm},$$
$$K = 4 \cdot 10^{-4}\,\mathrm{A},$$
$$\mathscr{S} = 0{,}08,$$
$$\mathscr{E} = 5 \cdot 10^{-4},$$
$$\mathscr{R} = 1{,}3 \cdot 10^{-2}.$$

Man beachte, daß sich der α-Abfall bei kleinen Strömen durch die Rekombination von Ladungsträgern im Emitterübergang erklären läßt (Funktion c), was innerhalb der obigen WEBSTER - RITTNER - MISAWA-Theorie nicht möglich war.

Selbstvorspannung eines Überganges [43, 44]. Wie bereits erwähnt, verursacht der in der Basiszone parallel zu den Übergangsflächen fließende Basisstrom einen Spannungsabfall, der parallel zur Emitterfläche

liegt, so daß verschiedene Gebiete der Emitterfläche verschieden vorgespannt sind. Die Richtung des Basisstromes ist hierbei so, daß die
maximale Durchlaßspannung nahe dem Basiskontakt liegt und mit dem
Abstand davon abnimmt. In einem bestimmten Abstand vom Basiskontakt wird sie so klein, daß nur noch wenig Strom injiziert wird und

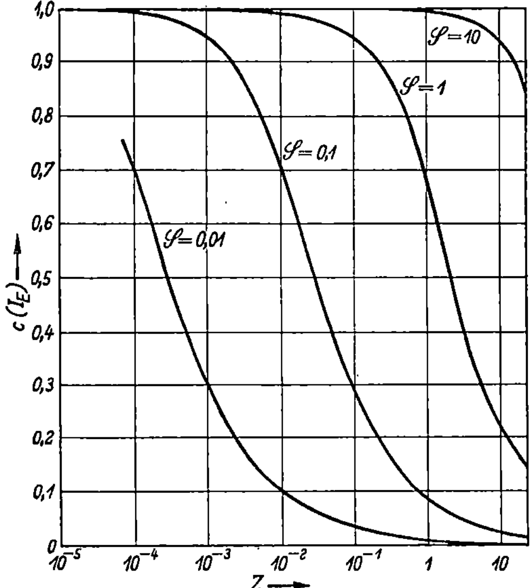

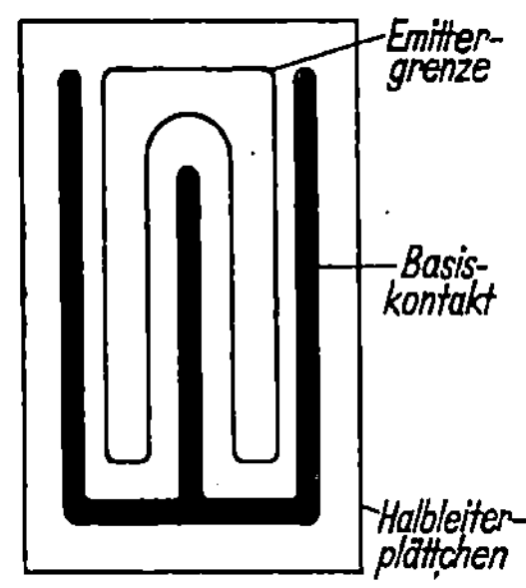

Abb. 5.37. Beispiel für eine Mehr-
fachstreifenanordnung bei großflächigen Leistungstransistoren
zur Reduzierung des Basiswiderstandes und zur weitgehenden
Vermeidung der Selbstvorspannung des Emitters

dieser Teil des Über-
ganges nicht zur Ver-
stärkung beiträgt. Der
größte Teil des Emitter-
stromes fließt durch den

Abb. 5.36. Die Funktion $c(I_E)$ in Abhängigkeit vom normierten Emitterstrom Z

Rand der Emitterfläche. Der Effekt ist am stärksten bei Leistungstransistoren, wo er eine obere Grenze für den Emitterdurchmesser
bedingt. Hier erweist sich wieder eine Anordnung aus einem oder
mehreren Streifen (Abb. 5.37) als vorteilhaft, weil sie die Verwendung
großflächiger Übergänge gestattet, ohne daß Teile des Emitters zu
weit vom Basiskontakt entfernt liegen. Anordnungen mehrerer kon-
zentrischer Ringe, die abwechselnd Emitter- und Basisanschlüsse darstellen, wurden ebenfalls mit Erfolg verwendet.

E. Thermische und mechanische Probleme bei der Konstruktion von Transistoren [45, 46]

Die in einem Transistor unter normalen Betriebsbedingungen entstehende Wärme entspricht praktisch dem Produkt aus Kollektorgleichstrom und -gleichspannung. Sie muß von der Kollektordiode weg zur
Außenseite des Gehäuses abgeführt werden, um eine Überhitzung des
Transistors zu vermeiden, was seine elektrischen Eigenschaften drastisch
ändern und ihn sogar zerstören könnte. Die wichtigste thermische
Größe eines Transistors ist der Wärmewiderstand [47] R_{th}, definiert

durch

$$R_{th} = \frac{\Delta T}{P_D} = \frac{T_j - T_c}{P_D},\tag{5.258}$$

wobei T_j die Kollektorsperrschichttemperatur, T_c die Gehäusetemperatur und P_D die Verlustleistung in Watt ist. Er gibt an, wieviel Wärme bei einer gegebenen Temperaturdifferenz zwischen Kollektorübergang und Gehäuse vom Transistor abgeführt werden kann. Da die Temperatur, bei der die Kollektordiode betrieben werden darf, eine bestimmte obere Grenze hat (s. §§ 8 A und 8 B über die Temperaturabhängigkeit der Transistorparameter), und das Gehäuse gewöhnlich nicht unter Raumtemperatur gekühlt wird, bestimmt der Wärmewiderstand offensichtlich die maximal zulässige Verlustleistung des Transistors und ist damit einer der wesentlichsten Parameter bei der Entwicklung von Transistoren. Er sollte natürlich so klein wie möglich sein. Da man zeigen kann, daß die Wärmeabfuhr durch Konvektion und Strahlung bei Transistoren vernachlässigbar ist, wird der Wärmewiderstand durch den Wärmeleitwert des Materials zwischen Kollektorübergang und Gehäuseaußenseite (die mit einer Kühlanordnung, z. B. einem Chassis oder speziellen Kühlblech, in Berührung gebracht werden kann) bestimmt. Der Wärmewiderstand läßt sich abschätzen, wenn die Geometrie und die spezifischen Wärmeleitfähigkeiten $\varkappa_{th}$ bekannt sind. Sie sind in Tab. 5.4 für einige häufig verwendete Materialien zusammengestellt.

Es ist schwierig, den Wärmewiderstand für komplizierte Anordnungen aus verschiedenen Materialien zu berechnen. Meist findet man auch nur eine geringe Übereinstimmung mit den experimentellen Werten. Jedoch gibt die Formel für den Wärmewiderstand eines rechteckigen oder zylindrischen Stabes der Querschnittsfläche A und Länge h, in den die Wärme (homogen über den Querschnitt verteilt) ein- und am entgegengesetzten Ende wieder genauso austritt, einen gewissen Anhaltspunkt:

$$\frac{\Delta T}{P_D} = \frac{h}{\varkappa_{th} A}\tag{5.259}$$

(1 cal = 4,189 Wsec). Man sieht, daß kleine Wärmewiderstände große Querschnitte, über die die Wärme abfließen kann, kurze Abstände zwischen Kollektorübergang und Gehäuseaußenseite und hohe Wärmeleitfähigkeit des dazwischenliegenden Materials erfordern. Die erste Forderung führt zu großflächigen Kollektorübergängen, die jedoch den für Hochfrequenzanwendungen erwünschten kleinen Kollektorkapazitäten entgegenstehen. Dies ist der Hauptgrund für die Schwierigkeit, Hochfrequenz-Leistungstransistoren zu bauen. Die abgeführte Wärmemenge nimmt mit der Kollektorsperrschichttemperatur zu. Es ist einleuchtend, daß die pro Flächeneinheit am Kollektor zugelassene Verlustleistung um so größer ist, je höher die maximale Sperrschichttemperatur liegt. So bringt eine Zunahme dieser Temperatur eine Erhöhung der

zulässigen Verlustleistung, ohne die obere Frequenzgrenze durch großflächige Übergänge zu reduzieren. Die Wärme entsteht nicht homogen
über die Kollektorfläche verteilt, sondern in der Hauptsache in dem Teil
der Kollektorfläche, die dem
Emitter gegenüberliegt,
und wo daher die Strom-
dichte am größten ist. Dies
führt zu „heißen Stellen",
die den Transistor zer-
stören können, bevor die
durchschnittliche Kollek-
tortemperatur den kriti-
schen Wert erreicht.

Eine thermisch ein-
wandfreie Konstruktion
des Transistorsockels und
des Gehäuses erfordert auch Vorkehrungen für einen guten Wärme-
kontakt zwischen dem Gehäuse und dem Kühlsystem (z. B. Kühlblech),
um den zusätzlichen äußeren Wärmewiderstand zwischen Gehäuse und
Umgebungstemperatur herabzusetzen.

Tabelle 5.4. *Spezifische Wärmeleitfähigkeiten* $\varkappa_{th}$ *verschiedener Stoffe bei Zimmertemperatur*

Material	$\varkappa_{th}$ (cal sec^{-1} cm^{-1} °C^{-1})
Germanium	0,153
Silizium	0,346
Kupfer	0,94
Messing	0,2—0,3
Gold	0,71
Wolfram	0,48
Molybdän	0,35
Lote	0,07—0,15
Plastik (leitend)	0,1—0,3

Da der Wärmewiderstand eine Konstante ist, die in erster Näherung
nur von der Geometrie und dem verwendeten Material abhängt, und
da die maximale Kollektorsperrschichttemperatur für einen gegebenen
Transistor ebenfalls eine feste Größe ist, zeigt der Ausdruck für den
Wärmewiderstand, daß die zulässige Verlustleistung von der Umgebungstemperatur abhängt und etwa umgekehrt proportional zu ihr abnimmt, es sei denn, der Transistor wird in irgendeiner Weise gekühlt.

Mechanischer Aufbau. Es sollen hier noch ganz kurz die Überlegungen erwähnt werden, die bei der mechanischen Konstruktion des
Transistorsockels und -gehäuses eine Rolle spielen. Das Gehäuse soll
so klein und leicht gehalten werden, wie es die Verlustleistung des
Transistors erlaubt. Um eine hohe Betriebssicherheit bei allen Um-
gebungsbedingungen (Feuchtigkeit) zu gewährleisten, muß das Gehäuse
hermetisch verschlossen werden. Der innere Aufbau muß so konstruiert
sein, daß das System mechanischen Stößen und Erschütterungen bis
zu einem gewissen Grade widerstehen kann. Wieviel es aushalten
muß, hängt von der Anwendung ab — Hörgerät, Autoradio oder Rakete.

F. Der Einfluß von Kernstrahlung auf Transistoren und Halbleiter im allgemeinen

Die Eigenschaften von Halbleitern ändern sich unter dem Einfluß
von radioaktiver Strahlung, und damit ändert sich auch das elektrische
Verhalten von Transistoren und anderen Halbleiterbauelementen. Die

augenfälligsten Veränderungen sind die Zunahme des Kollektorreststromes I_{CB0} und die Abnahme des Stromverstärkungsfaktors α, was eine allgemeine Verschlechterung des Transistorverhaltens bewirkt. Diese beiden Effekte können der Entstehung zusätzlicher Rekombinationszentren im Halbleiter zugeschrieben werden. Umfangreiche Untersuchungen dieser Erscheinungen wurden . wegen ihrer offensichtlich militärischen und möglicherweise auch kommerziellen Bedeutung angestellt, und der interessierte Leser kann sämtliche bis heute verfügbaren Informationen vom „Radiation Effects Information Center", Battelle Memorial Institute, Columbus 1, Ohio, erhalten.

G. Zusammenfassung der Theorie zur Entwicklung und Dimensionierung von Flächentransistoren

Der mathematische Teil der Transistortheorie wurde in den §§ 5 A bis 5 E beschrieben und ist in Abb. 5.38 schematisch dargestellt: In § 5 A führten die vereinfachten Annahmen von elektrischer Quasineutralität, eindimensionaler Geometrie und kleiner Injektion [Gln.(5.19) und (5.20)] zusammen mit den allgemeinen Transportgleichungen für Ladungsträger [Gln. (2.51) bis (2.60)] zu den einfachen Diffusionsgleichungen für die Bewegung der Defektelektronen und Elektronen [Gln. (5.24) und (5.25)]. Die Lösung dieser Gleichungen lieferte die *Zusammenhänge zwischen Gleichströmen und Gleichspannungen für kleine Injektion*

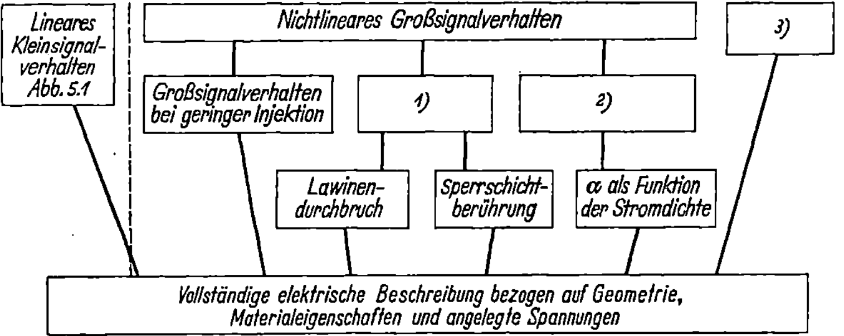

Abb. 5.38. Schematische Darstellung der Theorie für die Auslegung von Flächentransistoren
1) Einflüsse auf die Spannungsfestigkeit; *2)* Hochstromeinflüsse; *3)* thermische Dimensionierungsbetrachtungen (Verlustleistung)

[Gln. (5.41) und (5.42)]. Unter der zusätzlichen Annahme kleiner Aussteuerung [Gln. (5.44)und (5.46)] kann auch der zeitabhängige Fall gelöst werden. Er liefert ein System linearer *Vierpoladmittanzen* [Gln. (5.64) bis (5.67)], die das Wechselstromverhalten des Transistors als Funktion der Frequenz beschreiben, soweit es durch die Trägerdiffusion in der Basiszone bestimmt ist. Dazu kommen die *Kapazitäten* der Übergänge [Gln. (5.78) und (5.79)], von denen die Kollektorkapazität die wichtigere

Rolle spielt. Der tatsächliche Trägerfluß jedoch kann von dem eindimensionalen Modell, auf das sich diese Untersuchung gründet, etwas abweichen. Außerdem rekombinieren die Träger, wenn immer sie die Oberfläche des Halbleiters erreichen, und zwar gewöhnlich viel schneller als im Inneren. Diese beiden Effekte wurden in § 5 B „Dreidimensionale Untersuchung" abgeschätzt. Die Berechnung der dreidimensionalen Vierpolparameter ist zwar möglich, liefert jedoch so komplizierte Ausdrücke, daß sie für die Dimensionierung von Transistoren praktisch unbrauchbar sind. Trotzdem zeigten die Ableitungen einen Weg, wie man Einflüsse der Oberflächenrekombination und eines dreidimensionalen Stromflusses auf den Stromverstärkungsfaktor verringert, der unter den Vierpolparametern am stärksten von diesem Effekt betroffen ist.

Zusätzlich zum Hauptstrom der Minoritätsträger vom Emitterzum Kollektorübergang fließen eine Reihe weiterer Stromkomponenten vom Emitter oder Kollektor zum Basiskontakt, wie in Abb. 5.15 angedeutet ist. Diese Ströme wurden in § 5 C im einzelnen behandelt. Da das Basismaterial einen endlichen Widerstand hat, rufen die Ströme parallel zu den Flächen der Übergänge elektrische Felder hervor, die speziell die Vorspannung am Emitterübergang beeinflussen. Stammen diese Ströme aus dem Kollektorkreis, so erhält man eine Rückwirkung, deren Größe von der Geometrie und dem spezifischen Widerstand der Basiszone abhängt. In vielen Fällen lassen sich diese Einflüsse zu einem Ohmschen Widerstand zusammenfassen — *dem Basisbahnwiderstand* — der entsprechend den Abb. 5.19 und 5.20 bei den Diffusionsadmittanzen mitberücksichtigt wird. Beispiele für seine Größenordnung sind in den Tab. 5.1 und 5.2 sowie in den Gln. (5.107) bis (5.109) gegeben. Hat man somit die „Diffusionsadmittanzen", die Sperrschichtkapazitäten und den Basisbahnwiderstand bei der Aufstellung der Vierpolparameter berücksichtigt [Gln. (5.110) bis (5.119)], so erhält man eine weitgehend *vollständige und genaue Beschreibung des Kleinsignalverhaltens von Transistoren.*

Da sich das Interesse an den elektrischen Eigenschaften von Transistoren jedoch nicht nur auf die Verstärkung kleiner sinusförmiger Signale beschränkt, mußten in § 5 D die obigen Untersuchungen durch die Behandlung des Schalt- und Großsignalverhaltens vervollständigt werden (s. § 5 D). *Kleinsignalschaltvorgänge* können durch die LAPLACE-Transformation mit Hilfe der obigen Kleinsignalvierpolparameter untersucht werden, ohne eine genauere Behandlung des Trägertransportes durch den Transistor in Betracht zu ziehen. Das nichtlineare Großsignalverhalten ist viel schwieriger zu untersuchen, doch wurden die meisten Fälle bisher dadurch gelöst, daß man an der Annahme kleiner Injektion festhielt und so die eindimensionale Diffusionsgleichung für den Stromfluß noch anwendbar blieb. Das Gleichstrom-Großsignalverhalten kann dann bei kleiner Injektion für jede beliebige Geometrie durch die beiden Gln. (5.132) und (5.133) beschrieben werden, die als Verallgemeinerungen der obigen Strom-Spannungs-Beziehungen für Gleichstrom, Gln. (5.41) und (5.42), angesehen werden können. Die 4 Parameter A_{ij}, die in die Ausdrücke eingehen, sind im allgemeinen nicht berechenbar, können aber relativ einfach am fertigen Transistor gemessen werden. Eine sehr wichtige Großsignalanwendung des Transistors ist der Schalterbetrieb. Die oben erwähnten Ausdrücke erlauben die Berechnung der Impedanzen eines Schalttransistors im „Ein-" und „Aus"-Zustand. Die Schaltzeiten werden in den verschiedenen Arbeitsbereichen näherungsweise aus den Kleinsignalvierpolparametern bestimmt.

Ein Teil der Großsignaluntersuchungen ist auch die Bestimmung der *maximalen Spannungen, Ströme und Leistungen,* denen der Transistor ausgesetzt werden darf, ohne daß er zerstört wird oder seine Eigenschaften bleibend geändert werden. Es wurde gezeigt, daß die maximale (Kollektor-) Spannung, die an einen Transistor gelegt werden darf, entweder durch das Einsetzen des *Lawinendurchbruchs* in dem in Sperrrichtung gepolten Übergang [Gln. (5.215) und (5.216)] oder durch die *Sperrschichtberührung* der Kollektorraumladungszone über die Basis mit der Emitterraumladungszone [Gl. (5.220)] begrenzt wird.

Der Stromverstärkungsfaktor ändert sich mit der Emitterstromdichte, d. h., er steigt zunächst mit dem Emitterstrom an und fällt dann wieder ab. Die Folge davon sind Verzerrungen und ein Abfall der Leistungsverstärkung bei hohen Strömen. Zur Untersuchung dieses Effektes wurden die grundlegenden Transportgleichungen für den Gleichstromfall ohne die einschränkende Bedingung geringer Injektion gelöst. Doch wurde zunächst die Volumen- und Oberflächenrekombination vernachlässigt und erst hinterher als Störung eingeführt. Hieran schlossen sich einige Bemerkungen zum Abfall des Stromverstärkungsfaktors α bei kleinen Emitterströmen, die die Diskussion des Großsignalverhaltens vervollständigen und die gesamte Stromabhängigkeit des Stromverstärkungsfaktors α von ganz kleinen bis zu sehr großen Emitterströmen beschreiben.

Die Maximalleistung eines Transistors wird gewöhnlich durch die Möglichkeit bestimmt, die am Kollektorübergang entstehende Wärme abzuleiten. Die charakteristische Größe für diese Wärmeleitung ist der in § 5 E beschriebene *Wärmewiderstand.* Es wird deutlich, daß die zulässige Verlustleistung mit der *maximal erlaubten Kollektor-Sperrschichttemperatur* zunimmt sowie mit dem *Betrag der Wärmeleitung zwischen Kollektorübergang und Gehäuseaußenseite.* Um die Emitterstromdichte niedrig zu halten und um eine Überhitzung des Transistors auf einer kleinen Fläche zu vermeiden, ist es bei Leistungstransistoren erwünscht, die Emitterfläche so groß wie möglich zu machen. Es wurde jedoch gezeigt, daß die am Emitter auftretende *Querkomponente der Spannung* den erlaubten Emitterdurchmesser nach oben begrenzt. Der Basisstrom spannt die vom Basiskontakt weiter entfernten Teile des Emitterüberganges so vor, daß sie nur wenig Ladungsträger injizieren und somit nicht zur Stromverstärkung beitragen. Dieser Effekt kann durch eine abwechselnde Anordnung von Basis- und Emitterstreifen umgangen werden.

Die Überlegungen, die für den *mechanischen Aufbau* des Transistorsockels und des Gehäuses notwendig sind, wurden kurz behandelt und beziehen sich in der Hauptsache auf die mechanische Stabilität, die Größe und den hermetischen Verschluß des Gehäuses, der für eine gute Betriebssicherheit erforderlich ist.

Die Großsignaltheorie bei großer Injektion ist bei weitem nicht so vollständig wie die Kleinsignaltheorie. Dies ist hauptsächlich auf die mathematischen Schwierigkeiten zurückzuführen, die sich einer Lösung der Grundgleichungen in den Weg stellen, wenn einige der oben gemachten einschränkenden Annahmen wegfallen. Strenggenommen gibt es keine zufriedenstellende Großsignalwechselstromtheorie des Transistors für große Ströme.

Die vorangehenden Paragraphen fassen den jetzigen Stand der Theorie des Flächentransistors zusammen, wie sie in Kap. 5 beschrieben wurde. Mit Hilfe der abgeleiteten Gleichungen ist es möglich, die Variablen zu bestimmen, die das Transistorverhalten beeinflussen und in Betracht gezogen werden müssen, wenn ein Transistor für eine spezielle Anwendung entwickelt wird. Es sind dies *die geometrischen Faktoren: Basisdicke, Form und Fläche der PN-Übergänge, Anordnung des Basiskontaktes, Störstellenkonzentration und räumliche Verteilung der Störstellen in Emitter-, Basis- und Kollektorzone, Störstellenverteilung im Emitter- und Kollektorübergang,* sowie *die Materialeigenschaften: Trägerdichten* (abhängig von obiger Störstellenkonzentration), *Trägerbeweglichkeiten und Diffusionskonstanten, Trägerlebensdauer, Oberflächenrekombinationsgeschwindigkeit, Dielektrizitätskonstante, kritische Feldstärke für Trägervervielfachung, Oberflächendurchbruchskonstanten und Wärmeleitfähigkeiten.* Diese Eigenschaften variieren von Material zu Material, und die meisten von ihnen sind zusätzlich noch in den 3 Zonen des Transistors verschieden. Ihre numerischen Werte und ihre Abhängigkeit vom spezifischen Widerstand und der Temperatur wurden in Teil II behandelt. Aus den obigen Ausführungen geht hervor, daß eine viel größere Anzahl von (z. T. untereinander abhängigen) Parametern in die Dimensionierung des Transistors eingeht, als z. B. bei der Elektronenröhre. Umgekehrt erreicht man jedoch wegen der einfacheren Geometrie und Trägerbewegung bei der Dimensionierung von Transistoren einen vergleichbaren oder höheren Grad der Genauigkeit.

H. Der Bau von Transistoren mit gezogenen, legierten und diffundierten Übergängen und von Surface-Barrier-, Epitaxial- und Planartransistoren aus Germanium und Silizium sowie ihre Unterschiede

Bisher wurde wenig über die praktische Herstellung von Transistoren gesagt. In diesem Abschnitt sollen kurz die wesentlichsten der verschiedenen hierbei verwendeten Verfahren erwähnt werden.

Transistoren mit gezogenen Übergängen. Abb. 5.39 zeigt einen montierten NPN-Transistor mit gezogenen Übergängen in einem luftdicht verschlossenen Gehäuse und Abb. 5.40 einen Querschnitt durch das Transistorsystem selbst. Dieses System wird nach dem in Abb. 5.41 dargestellten Kristallziehverfahren hergestellt. Das Halbleitermaterial (Germanium oder Silizium) wird in einem Tiegel aus Quarz oder Graphit geschmolzen, der durch Widerstands- oder Induktionsheizung in einer Edelgas-Atmosphäre hochgeheizt wird. Ein Kristallkeim geeigneter Orientierung wird in die Schmelze eingetaucht und langsam herausgezogen. Auf diese Weise wächst an den Kristallkeim ein Einkristall aus dem entsprechenden Halbleitermaterial an. Gewöhnlich läßt man den Kristall rotieren oder vibrieren, um ein gleichmäßiges Wachstum zu erzielen. Die Schmelze ist anfangs relativ schwach dotiert, etwa so, daß ein N-Kristall von z. B. 5 Ωcm bei Zimmertemperatur entsteht. Dieser Teil bildet später die Kollektorzone. Hat man eine gewisse Länge des Kristalls mit dem gewünsch-

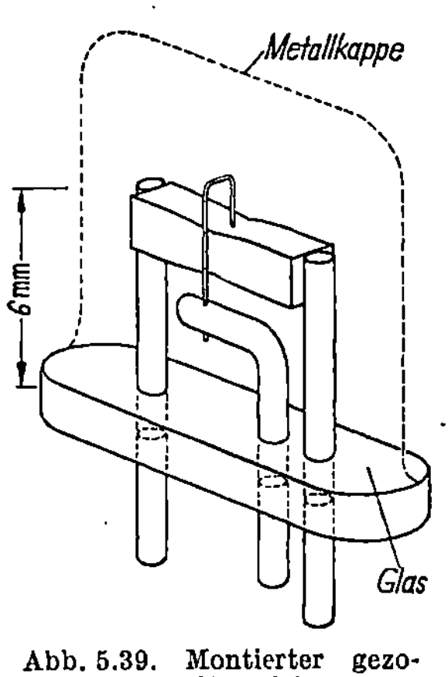

Abb. 5.39. Montierter gezogener Transistor

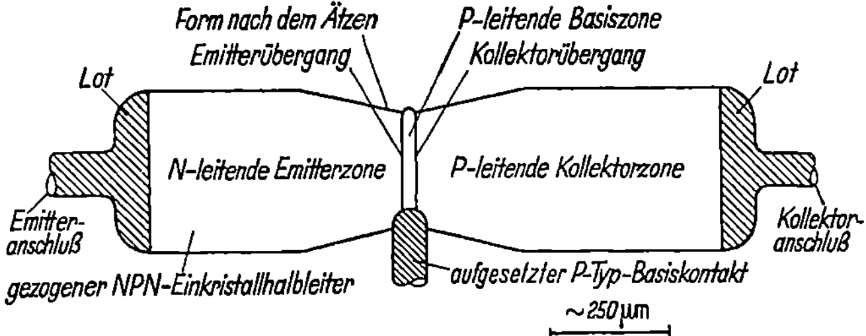

Abb. 5.40. Übliche Form eines gezogenen NPN-Transistors

ten Durchmesser gezogen, dann läßt man Kügelchen aus P-dotierendem Material in die Schmelze fallen und darin lösen, und der Kristall wird um eine der Basisdicke entsprechende Länge weitergezogen. Ein gebräuchlicher Wert für den spezifischen Widerstand in der Basis ist 0,5 Ωcm. Dann mischt man wieder N-dotierendes Material in die Schmelze und zieht die hochdotierte N-Typ-Emitterzone. Auf diese Weise erhält man einen Halbleitereinkristall, der aus einer dünnen P-Schicht zwischen zwei N-Bereichen besteht. Der Kristall wird dann mit Hilfe von Diamantsägen in rechtwinklige NPN-Stäbchen zersägt. Emitter- und Kollektoranschluß werden an das Stäbchen angelötet und ·ein Basiskontakt angebracht, was gewöhnlich durch eine Formierung geschieht. Dabei wird ein Stromstoß durch den Kontakt geschickt, der den Basisanschluß in den Halbleiter einlegiert. Das Basis-drähtchen enthält häufig P-dotiertes Metall, so daß die PN-Übergänge selbst bei einer Überlappung nicht kurzgeschlossen werden. Die fertige Struktur wird dann rund um die Basiszone elektrolytisch geätzt. Ein Transistor mit gezogenen Übergängen hat folgende charakteristische Merkmale: Die Übergänge sind gewöhnlich eher flach als abrupt, wenn nicht spezielle Unterbrechungen des Ziehvorganges oder das Rückschmelzverfahren (melt back) verwendet werden. Die Kollektorzone hat einen hohen spezifischen Widerstand, der zu einem unerwünschten Serienwiderstand bei hohen Frequenzen und evtl. zu Trägervervielfachung am Kollektor führen kann. Die Basiszone ist stärker dotiert als der Kollektor, so daß sich die Kollektorraumladungszone hauptsächlich in den Kollektor hinein ausdehnt, dessen spezifischer Widerstand die Durchbruchsspannung und den Kollektorreststrom bestimmt. Aus diesem Grund tritt in Transistoren mit gezogenen Übergängen gewöhnlich keine Sperrschichtberührung auf. Diese Sachlage ändert sich, wenn die ursprüngliche Schmelze sehr hoch dotiert ist. In diesem Falle sind die Eigenschaften des gezogenen Transistors ähnlich denen des legierten Transistors.

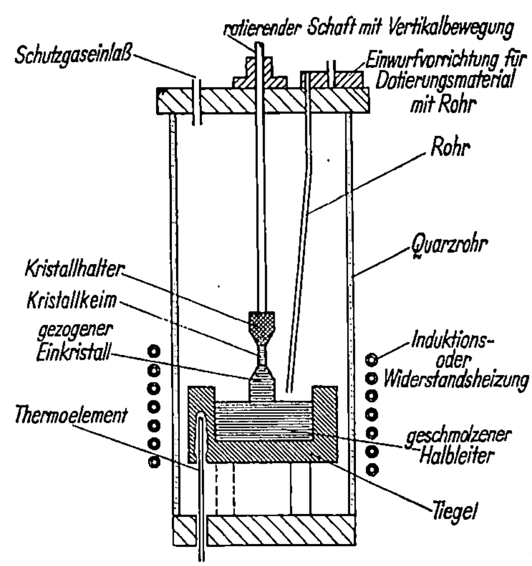

Abb. 5.41. Kristallziehvorrichtung

„Rate-grown"-Flächentransistoren. Ein Nachteil des Ziehprozesses ist die Tatsache, daß der fertige Kristall nur eine P-Schicht enthält, was relativ wenige und daher teuere Systeme pro Kristall ergibt (Verschnitt). Eine Abwandlung des Ziehvorgangs [48], das „rate-grown"-Verfahren umgeht diese Schwierigkeit. Man macht dabei von der Tatsache Gebrauch, daß die Segregationskonstanten der einzelnen Dotierungsmaterialien verschieden von der Ziehgeschwindigkeit des Kristalls abhängen. Man bringt Störstellen beider Typen in die Schmelze ein und zieht den Kristall mit periodisch wechselnden Geschwindigkeiten, so daß der fertige Kristall aus einer großen Zahl abwechselnder P- und N-Schichten besteht, aus dem eine viel größere Zahl von Transistorstäbchen geschnitten werden kann als aus einem Kristall, der nach der ursprünglichen Methode mit nur einer Zwischenschicht gezogen wurde. Schwierigkeiten beim „rate-grown"-Verfahren bestehen in der Ungleichheit des spezifischen Widerstandes bei Stäbchen, die aus verschiedenen Teilen des Kristalls geschnitten wurden, und in der Tatsache, daß sich die gewünschte Störstellendichte durch die sehr geringe Variationsmöglichkeit nicht immer erreichen läßt. Rate-grown-Transistoren haben daher bisher keine kommerzielle Bedeutung erlangt.

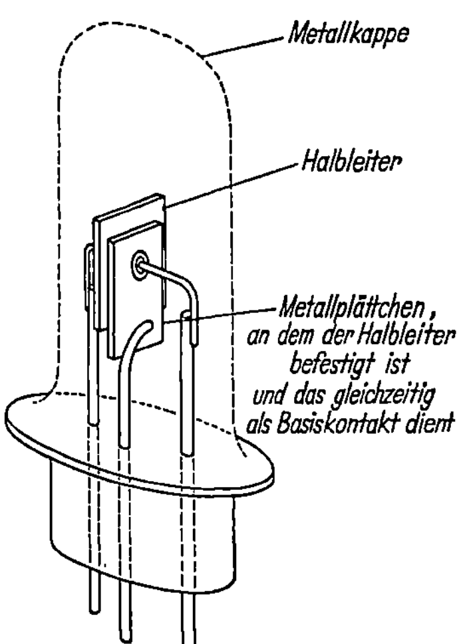

Abb. 5.42. Legierungsstransistor oder Surface-Barrier-Transistor, montiert

Legierte Flächentransistoren. Beim legierten Flächentransistor werden die PN-Übergänge durch Einlegieren eines geeigneten Dotierungsmaterials in ein Halbleiterplättchen entgegengesetzten Leitungstyps erzeugt. Ein gebräuchliches System und einen Querschnitt zeigen die Abb. 5.42 und 5.43. Gewöhnlich wird eine Legierungsform wie in Abb. 5.44 verwendet. Manchmal werden die Emitter- und Kollektor-

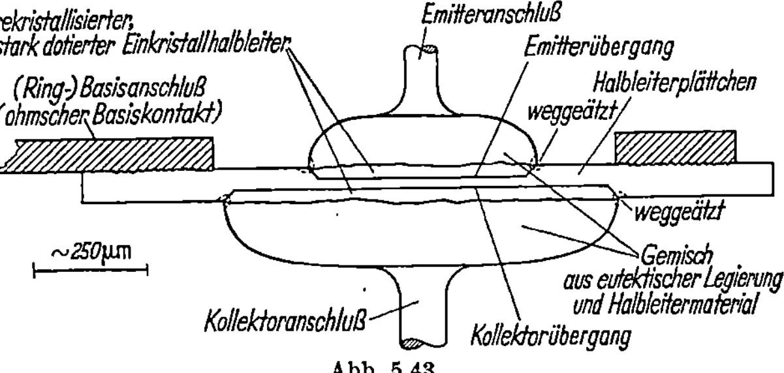

Abb. 5.43
Gebräuchlicher Legierungstransistor (Querschnitt durch ein rotationssymmetrisches Modell)

übergänge gleichzeitig einlegiert, in anderen Fällen legiert man beide getrennt. Der Legierungsvorgang wird in einer Edelgas-Atmosphäre ausgeführt, häufig in einem Durchlaufofen. Das Halbleiterplättchen wird sorgfältig geätzt, um eine homogene Benetzung durch das geschmolzene Dotierungsmaterial zu gewährleisten. Wenn die eutektische Temperatur erreicht ist, wird ein Teil des Halbleiters gelöst. Die Eindringtiefe hängt von der Temperatur, der Zeit und dem Volumen des Dotierungsmaterials ab. Der ebene Verlauf der Legierungsfront, der eine Vorbedingung für ebene Übergänge ist, wird durch passende Kristallorientierung des Halbleiterplättchens erzielt. Bei der Abkühlung rekristallisiert (vgl. Ziehverfahren) die flüssige Zone, wobei eine relativ große Menge von Störstellenatomen in den Kristall eingebaut wird. So erhält man zwischen den Metallkontakten, an denen die Zuleitungsdrähte befestigt werden, ein monokristallines Halbleiterplättchen, das auf beiden Seiten einer dünnen Basiszone je einen PN-Übergang aufweist. Der Basiskontakt wird gewöhnlich durch Anlegieren eines Fähnchens oder eines Basisringkontaktes, das denselben Störstellentyp wie die Basiszone enthält, ausgeführt.

Legierungstransistoren haben folgende charakteristische Merkmale: Die Übergänge sind fast immer abrupt. Die Kollektorzone ist höher dotiert als die Basiszone, deren spezifischer Widerstand die Durchbruchspannung

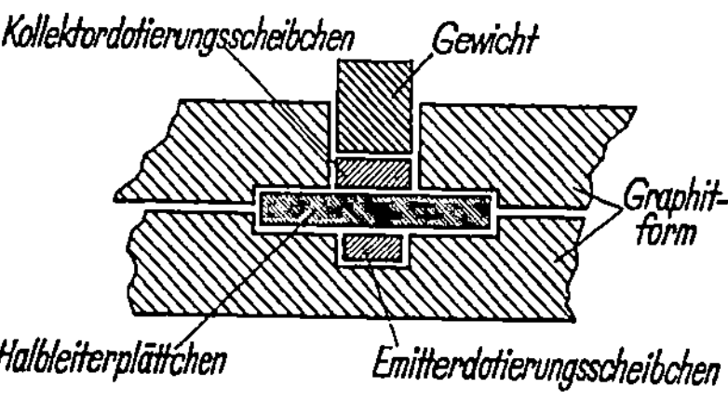

Abb. 5.44
Legierungsform vor dem Legierungsprozeß

und die Größe des Kollektorreststromes I_{CBO} bestimmt. In Strukturen mit genügend dünner Basis kann Sperrschichtberührung auftreten, weil sich die Kollektorraumladungszone hauptsächlich in die Basis hinein ausbreitet. Der Kollektorserienwiderstand ist sehr klein.

Transistor mit diffundierten Übergängen. Die Verwendung von Diffusionsverfahren für den Einbau von Störstellen [49] erlaubt eine ausgezeichnete Kontrolle der Eindringtiefe und hat große Bedeutung auf dem Gebiet der Hochfrequenztransistoren [50] erlangt, wo die Basiszonen extrem dünn sein müssen, und auch bei den Leistungstransistoren [51], bei denen großflächige, homogene Übergänge gefordert werden. Außerdem kann diese Methode mit Vorteil in allen Fällen angewendet werden, in denen die Legierungstechnik versagt, weil zu große Unterschiede zwischen der thermischen Ausdehnung des Halbleiters und der des Legierungsmetalls die Gefahr des Zerspringens beim Abkühlen in sich schließen. Diese Erscheinung hat insbesondere bei Silizium verschiedene Probleme aufgeworfen.

Einen gebräuchlichen Transistor, bei dem beide Übergänge durch Diffusion hergestellt wurden, zeigt Abb. 5.45. Der Diffusionsprozeß ist relativ einfach: Passend geschnittene Halbleiterscheiben werden in einen hoch erhitzten und mit einer Gasatmosphäre gefüllten Ofen eingebracht. Die Gasatmosphäre enthält eine bestimmte Menge gasförmiges Dotierungsmaterial (s. Abb. 5.46). Dieses Dotierungsmaterial befindet sich gewöhnlich in einem Schiffchen an einem Ende des Diffusionsofens. Die

Temperatur an dieser Stelle bestimmt das Ausmaß, in dem das Trägergas mit Dotierungsmaterial angereichert wird. Das Trägergas bringt das Dotierungsmaterial an die Oberfläche der Halbleiterscheibchen, in welche die Donator- und Akzeptoratome infolge der hohen Temperatur eindiffundieren. Anstatt die Proben einer das Dotierungsmaterial ent-

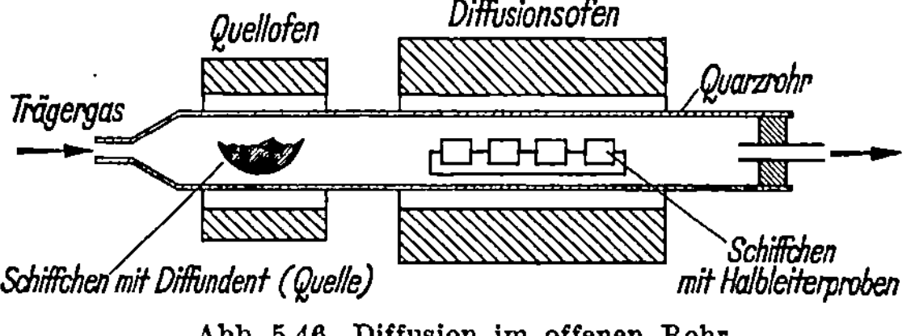

Abb. 5.45. Doppeltdiffundierter Transistor

haltenden Atmosphäre auszusetzen, ist es auch möglich, die Halbleiterscheibe damit zu überziehen und die notwendige Oberflächenkonzentration auf diese Weise herzustellen. Die Diffusionskonstante des

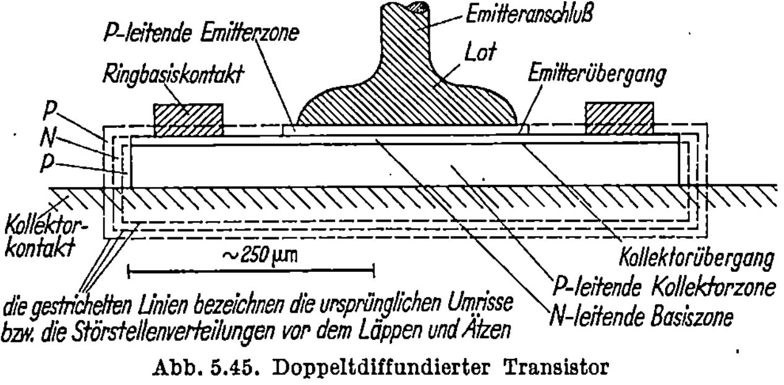

Abb. 5.46. Diffusion im offenen Rohr

Störstellenelementes im Halbleiter hängt von der Temperatur ab, so daß die Eindringtiefe des diffundierten Bereiches eine Funktion der Oberflächenkonzentration, der Diffusionszeit und der Temperatur ist. Nach dem Diffusionsvorgang besitzen die Scheiben eine Oberflächenschicht, die das dotierende Element enthält, z. B. eine N-Schicht auf P-leitendem Material. Um den zweiten Übergang zu erhalten, setzt man nun die Scheiben einem Diffusionsprozeß in einer P-Atmosphäre aus. Diesmal hält man die Eindringtiefe geringer als im ersten Fall, so daß eine dünne N-Schicht (Basis) zwischen dem P-leitenden Ausgangsmaterial und der P-Typ-Oberflächenschicht zurückbleibt. Dieselbe Struktur kann man auch erhalten, wenn man die Probe der gleichzeitigen Diffusion von Störstellenatomen beider Typen aussetzt, wenn man die N-Typ-Störstellenart so wählt, daß sie eine höhere Diffusionskonstante als die P-Störstellenart bei der gleichen Temperatur hat. Die unerwünschten Teile der Scheibe werden dann, wie in Abb. 5.45

angedeutet, durch Ätzen oder Läppen entfernt, und es entsteht die
sog. Mesa-Struktur. Die Kontakte werden nach einem der üblichen
Verfahren angebracht. Die Diffusionsmethode erlaubt große Freiheit
in der Wahl der Störstellenkonzentration in den drei Zonen des Transistors,
so daß diffundierte Systeme keine gemeinsamen Merkmale aufweisen.
In allen Fällen jedoch sind die Übergänge sehr eben und beim Doppel-
diffusionsprozeß absolut parallel zueinander.

Der Epitaxialtransistor. Bei der Epitaxialtechnik [52 bis 57], Abbildung 5.47, wird eine dünne Schicht hochohmigen einkristallinen Halbleitermaterials durch Aufdampfen im Vakuum oder durch eine Reaktion
in der Dampfphase auf eine sehr niederohmige Probe desselben Leitungs-

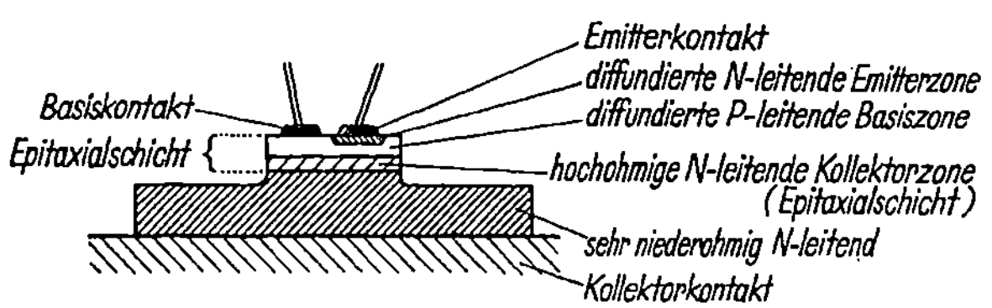

Abb. 5.47. Doppeltdiffundierter Epitaxial-Mesa-Transistor

typs aufgebracht. Diese hochohmige Schicht dient als Kollektorzone
für einen doppelt-diffundierten Transistor, dessen Herstellung im vorhergehenden Abschnitt beschrieben wurde. Der Vorteil des Epitaxial-
transistors gegenüber dem herkömmlichen Mesatransistor ist sein
niedriger Kollektorbahnwiderstand und seine geringe Minoritätsträger-
speicherung im Kollektor, wenn der Transistor im Übersteuerungsbereich betrieben wird (Kollektorübergang in Durchlaßrichtung gepolt,
wie es bei verschiedenen Schalteranwendungen vorkommt).

Der Planartransistor. Die „Planar“-Technik gründet sich auf die
Tatsache, daß eine Siliziumoxydschicht an der Oberfläche einer Siliziumscheibe die Diffusion einiger Donator- und Akzeptormaterialien ins

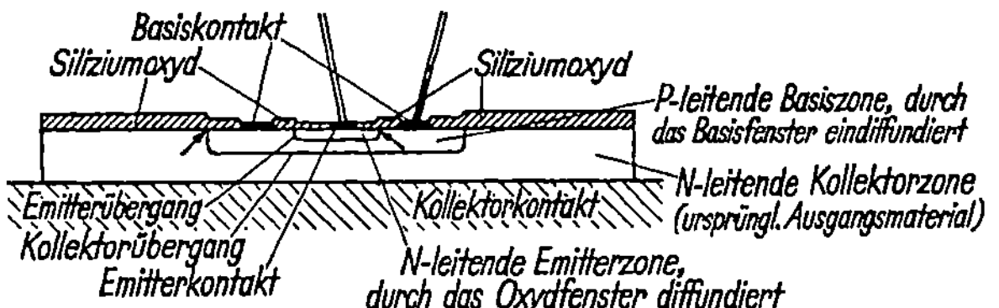

Abb. 5.48. Silizium-Planar-Transistor (nach HOERNI)

Innere des Kristalls verhindert [58]. Anstatt die Kollektorfläche eines
Transistors durch eine „Mesa-Ätzung“ einzugrenzen, kann man bei der
Herstellung eines diffundierten Transistors [59] auch folgendermaßen
vorgehen (s. Abb. 5.48): Zuerst wird die Oberfläche der Siliziumscheibe
vollständig oxydiert. Dann wird das Oxyd durch einen Photoresist-

prozeß an der Stelle entfernt, wo der Kollektorübergang entstehen soll. Anschließend wird die Basisdotierung durch das Fenster in der Oxydhaut eindiffundiert. Die Emitterzone wird durch einen analogen Vorgang hergestellt. Der Hauptvorteil dieser Technik besteht darin, daß die Stellen, an denen die Übergänge an die Oberfläche treten, durch nicht abgeätztes Siliziumoxyd geschützt und stabilisiert werden (s. Pfeile in Abb. 5.48). Dies ergibt einen sehr niedrigen Leckstrom in Sperrichtung, einen niedrigen Rauschfaktor und einen hohen Stromverstärkungsfaktor bei sehr kleinen Emitterströmen.

Der Surface-Barrier-Transistor [60]. Vollständig verschieden von den vorhergehenden Methoden, bei denen die Übergänge im Innern des Halbleiters gebildet werden, ist die Surface-Barrier-Technik, bei der Metallkontakte auf beide Seiten der Halbleiterbasisschicht aufplattiert werden. Eine gebräuchliche Struktur zeigt Abb. 5.49, während die wesentlichen Einzelheiten der Plattierungsvorrichtung in Abb. 5.50 dargestellt sind. Eine Halbleiterscheibe wird in eine Halterung zwischen zwei axial angeordneten Glasdüsen gebracht, aus denen zwei feine Strahlen eines Elektrolyten gegen die ebenen Flächen der Scheiben spritzen. Zwischen dem Halbleiter und den Elektroden im Elektrolyten wird eine Vorspannung so angelegt, daß das Halbleitermaterial weggeätzt wird. Eine sehr genaue Dickenkontrolle des übrigbleibenden Materials erhält man dadurch, daß man Licht in Richtung der Elektrolytstrahlen durch die Probe schickt. Die Intensität oder Farbe des hindurchgeschickten Lichts wird von einem photoempfindlichen Element aufgenommen und dient als Dickenanzeige. Wenn die gewünschte Basisdicke erreicht ist, wird die Polung zwischen der Probe und dem Elektrolyten umgekehrt und Metall auf dem Halbleiter abgeschieden. So entstehen die „*Surface-Barriers*" (*Oberflächenschichten*), deren elektrisches Verhalten dem von PN-Übergängen in vieler Hinsicht

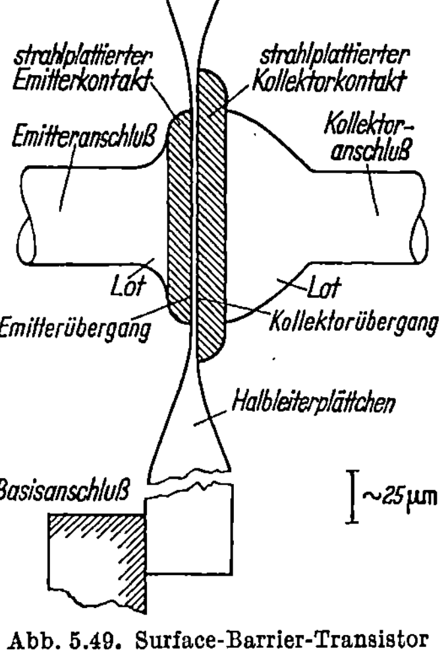

Abb. 5.49. Surface-Barrier-Transistor

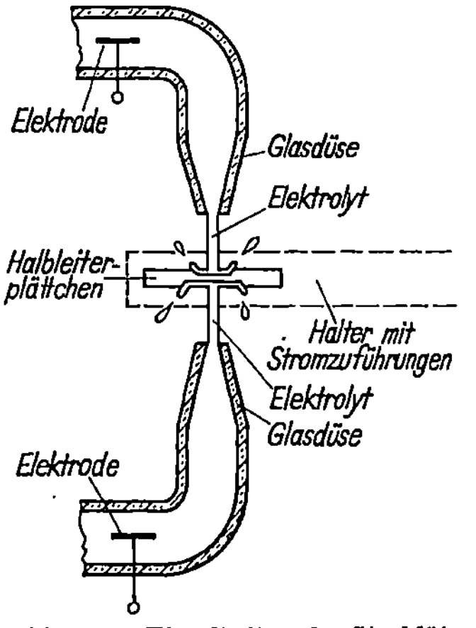

Abb. 5.50. Einzelheiten der Strahlätz- und Strahlplattierungsvorrichtung

ähnlich ist. An diese Metallkontakte werden dann Zuführungen angelötet und ein Basisanschluß angebracht.

Das Verfahren erlaubt eine äußerst genaue Kontrolle der Basisdicke (bis 0,5 µm) und die Herstellung sehr kleinflächiger Übergänge (75 µm-Durchmesser). Es eignet sich daher sehr gut für Hochfrequenztransistoren.

Wegen des Metallkontaktes erstreckt sich die Kollektorraumladungszone hauptsächlich in die Basis, so daß bei geringer Basisdicke schon bei relativ niedrigen Spannungen Sperrschichtberührung auftritt. Der spezifische Widerstand der Basiszone bestimmt die Durchbruchspannung und den Reststrom I_{CBO}.

Aufgedampfte Kontakte. Das Aufdampfen von Metallen auf saubere Halbleiteroberflächen im Vakuum wird vielfach zur Anbringung injizierender oder Ohmscher Kontakte verwendet. Die Verwendung sorgfältig ausgeführter Masken ermöglicht eine ausgezeichnete Kontrolle der Form und Fläche der Kontakte („Mesa"-Transistor).

Kombination verschiedener Verfahren. Bei vielen neuen Transistortypen werden einige der oben einzeln beschriebenen Verfahren kombiniert [*61* bis *65*]. Beim *diffusionslegierten Transistor* werden zwei Blei-Antimon-Kügelchen in möglichst geringem Abstand voneinander auf ein

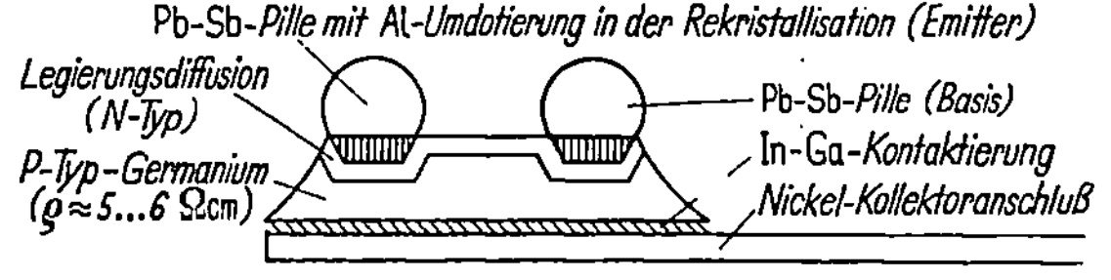

Abb. 5.51. Querschnitt durch einen diffusionslegierten Transistor (PADT)

Germaniumplättchen auflegiert. Das Germaniumplättchen weist P-Leitung auf und stellt den Kollektor dar. Durch Aufbringen einer Aluminiumsuspension auf eine der beiden Kügelchen erhält man eine P-leitende Rekristallisationsschicht (Emitter). Der Legierungsvorgang wird bei erhöhter Temperatur durchgeführt, so daß Antimon aus den Kügelchen ins Germanium eindiffundiert und dort die Basiszone bildet. Die Diffusionsgeschwindigkeit von Aluminium ist bei den verwendeten Temperaturen vernachlässigbar. Das zweite Kügelchen dient der Basiskontaktierung.

Für Hochfrequenztransistoren bietet die Diffusionslegierung folgende Vorteile:

1. Ein Durchlegieren bei der Herstellung der dünnen Basis ist nicht möglich.

2. Die Kontrolle der Basisdicke kann durch entsprechende Wahl der Diffusionstemperatur und -zeit sehr genau und gut reproduzierbar erfolgen.

3. Der diffusionslegierte Transistor ist immer ein Drifttransistor mit seinen bekannten Vorzügen (s. nächstes Kapitel).

4. Die Ausgangsstärke des Germaniumplättchens spielt nur eine untergeordnete Rolle.

5. Die Kollektorrückwirkungskapazität kann durch die Wahl des Ausgangsmaterials leicht beeinflußt werden.

6. Der Basisbahnwiderstand kann durch eine Vordiffusion des Germaniumplättchens niedrig gehalten werden.

Im sog. „*Micro-Alloy*"-*Prozeß* wird das Störstellenmaterial zuerst durch Strahlplattierung aufgebracht oder aufgedampft und dann durch kurze Wärmebehandlung mit äußerst geringer Eindringtiefe einlegiert.

Man kann ganz allgemein sagen, daß mit den bisher entwickelten Läpp- und Ätzverfahren sowie mit den Methoden zur Herstellung von Übergängen und zum Anbringen von Kontakten jede Geometrie mit einer Genauigkeit von 0,1 μm in der Dicke und ungefähr 1 μm in seitlicher Linearausdehnung verwirklicht werden kann.

Literaturverzeichnis zu Kapitel 5

[1] SHOCKLEY, W.: The theory of *p-n* junctions in semiconductors and *p-n* junction transistors. Bell Syst. techn. J. 28 (1949) 435.

[2] SHOCKLEY, W., M. SPARKS, and G. K. TEAL: The *p-n* junction transistors. Phys. Rev. 83 (1951) 151.

[3] EARLY, J. M.: Effects of space-charge layer widening in junction transistors. Proc. IRE 40 (1952) 1401.

[4] EARLY, J. M.: Design theory of junction transistors. Bell Syst. techn. J. 32 (1953) 1271.

[5] PRITCHARD, R. L.: Frequency variations of junction transistor parameters. Proc. IRE 42 (1954) 786.

[6] RITTNER, E. S.: Extension of the theory of the junction transistor. Phys. Rev. 94 (1954) 1161.

[7] HERRING, C.: Theory of transient phenomena in the transport of holes in an excess semiconductor. Bell Syst. techn. J. 28 (1949) 401.

[8] ROOSBROECK, W. VAN: The transport of added current-carriers in a homogeneous semiconductor. Phys. Rev. 91 (1953) 282.

[9] GÄRTNER, W. W.: Ambipolar carrier transport through the base region of a junction transistor. J. appl. Phys. 27 (Okt. 1956) 1252.

[10] Eine neue Methode, um einen guten Emitterwirkungsgrad zu erhalten, wurde von H. KRÖMER in: Theory of a wide gap emitter for transistors. Proc. IRE 45 (1957) 1535 vorgeschlagen.

[11] LAPLUME, J.: Calcul du courant de recombinaison en surface dans le transistor obtenu par fusion. Compt. rend. 238 (8. März 1954) 1107.

[12] LAPLUME, J.: Evaluation du gain en courant dans le transistor à jonction obtenu par fusion. Compt. rend. 238 (22. März 1954) 1300.

[13] MOORE, A. R., and J. I. PANCOVE: The effect of junction shape and surface recombination on transistor current gain. Proc. IRE 42 (1954) 907.

[14] STRIPP, K. F., and A. R. MOORE: The effects of junction shape and surface recombination on transistor current gain: Part II. Proc. IRE 43 (1955) 856.

[15] WAHL, A. J.: Three-dimensional analytic solution for alpha of alloy junction transistors. IRE Trans. ED-4 (1957) 216.

[16] Einige dieser Gleichungen sind in der Literaturstelle [4] bereits enthalten.

[*17*] Pritchard, R. L., and W. N. Coffey: Small-signal parameters of grown-junction transistors at high frequencies. IRE Convention Record 2 (1954) Part 3, Electron Devices and Component Parts, p. 90 — R. L. Pritchard: Two-dimensional current flow in junction transistors at high frequencies. Proc. IRE 46 (1958) 1152.

[*18*] Schaffner, J. S., and J. J. Suran: Transient response of the grounded base transistor amplifier with small load impedance. J. appl. Phys. 24 (Nov. 1953) 1355.

[*19*] Ebers, J. J., and J. L. Moll: Large signal behavior of junction transistors. Proc. IRE 42 (Dez. 1954) 1761.

[*20*] Ebers, J. J., and S. L. Miller: Design of alloyed-junction germanium transistors for high-speed switching. Bell Syst. techn. J. 34 (Juli 1955) 761.

[*21*] Andersen, A. E.: Transistors in switching circuits. Proc. IRE 40 (Nov. 1952) 1541.

[*22*] Moll, J. L.: Large signal transient response of junction transistors. Proc. IRE 42 (Dez. 1954) 1773.

[*23*] Easley, J. W.: The effect of collector capacity on the transient response of junction transistors. IRE Trans. on Electron Devices ED-4 (No. 1) (Jan. 1957) 6.

[*24*] Siehe z. B. Handbook of Chemistry and Physics, 39th ed. Chemical Rubber Publishing Company 1956/57, p. 286.

[*25*] Middlebrook, R. D., and R. M. Scarlett: An approximation to alpha of a junction transistor. IRE Trans. ED-3 (Jan. 1956) 25—29.

[*26*] MacDonald, J. R.: Solution of a transistor transient response problem. IRE Trans. CT-3 (1956) 54.

[*27*] Gärtner, W. W.: Large-signal rise-times in junction transistors. IRE Trans. ED-5 (1958) 316.

[*28*] Erdelyi, A., u. Mitarbeiter: Tables of Integral Transforms, Vol. I, p. 246. New York: Mc-Graw-Hill 1954.

[*29*] Jahnke, E., F. Emde und F. Lösch: Tafeln höherer Funktionen. 6. Aufl. Stuttgart: B. G. Teubner 1960.

[*30*] Miller, S. L., and J. J. Ebers: Alloyed junction avalanche transistors. Bell Syst. techn. J. 34 (Sept. 1955) 883—902.

[*31*] Shockley, W.: Transistor electronics: Imperfections, unipolar and analog transistors. Proc. IRE 40 (1952) 1289.

[*32*] Shockley, W., and R. C. Prim: Space charge limited emission in semiconductors. Phys. Rev. 90 (1953) 753.

[*33*] Dacey, G. C.: Space charge limited hole current in germanium. Phys. Rev. 90 (1953) 759.

[*34*] Schenkel, H., and H. Statz: Voltage punch-through and avalanche breakdown and their effect on the maximum operating voltages for junction transistors. Proc. National Electronics Conference. Febr. 1955, Vol. 10.

[*35*] Webster, W. M.: On the variation of junction-transistor current amplification factor with emitter current. Proc. IRE 42 (Juni 1954) 914.

[*36*] Misawa, T.: Emitter efficiency of junction transistor. J. Phys. Soc. Japan 10 (Mai 1955) 362.

[*37*] Shockley, W., and W. T. Read, Jr.: Statistics of the recombination of holes and electrons. Phys. Rev. 87 (Sept. 1952) 835—842.

[*38*] Sah, C. T., R. N. Noyce, and W. Shockley: Carrier generation and recombination in P-N junctions and P-N junction characteristics. Proc. IRE 45 (Sept. 1957) 1228—1243.

[*39*] Kleinknecht, H., and K. Seiler: Einkristalle und PN-Schichtkristalle aus Silizium. Z. Physik 139 (20. Dez. 1954) 599—618.

[40] PELL, E. M., and G. M. ROE: Reverse current and carrier lifetime as a function of temperature in germanium junction diodes. J. appl. Phys. 26 (Juni 1955) 658—665.

[41] BERNARD, M.: Mesures en fonction de la température du courant dans les jonctions de germanium n-p. J. Electronics 2 (Mai 1957) 579—596.

[42] GÄRTNER, W. W., R. HANEL, R. STAMPFL, and F. CARUSO: The current amplification of a junction transistor as a function of emitter current and junction temperature. Proc. IRE 46 (1958) 1875.

[43] FLETCHER, N. H.: Some aspects of the design of power transistors. Proc. IRE 43 (Mai 1955) 551.

[44] FLETCHER, N. H.: Self-bias cutoff effect in power transistors. Proc. IRE 43 (Nov. 1955) 1669.

[45] SMITH, K. D.: Properties of junction transistors. Tele-Tech 12 (Jan. 1953) 76.

[46] CARMAN, J. N., and W. R. SITTNER: Thermal properties of semiconductor diodes. IRE Convention Record Part 3 (1955) 105.

[47] REICH, B.: Measurement of transistor thermal resistance. Proc. IRE 46 (1958) 1204.

[48] HALL, R. N.: P-N junctions produced by growth rate variation. Phys. Rev. 88 (1952) 139.

[49] SMITS, F. M.: Formation of junction structures by solid-state diffusion. Proc. IRE 46 (1958) 1049.

[50] NELSON, J. T., J. E. IWERSON, and F. KEYWELL: A five-watt ten-megacycle transistor. Proc. IRE 46 (1958) 1209.

[51] NELSON, H.: The preparation of semiconductor devices by lapping and diffusion techniques. Proc. IRE 46 (1958) 1062.

[52] CHRISTENSEN, H., and G. K. TEALE: Method of fabricating germanium bodies. U.S. Patent 2692839.

[53] SANGSTER, R. C., E. F. MAVERICK, and M. L. CROUTCH: Growth of silicon crystals by a vapour phase pyrolytic deposition method. J. Electrochem. Soc. 104 (1957) 317.

[54] THEURERER, G. C., J. J. KLEIMACK, H. H. LOAR, and H. CHRISTENSEN: Epitaxial diffused transistors. Proc. IRE 48 (1960) 1642.

[55] MARINACE, J. C., u. Mitarbeiter: Artikelserie im IBM J. Res. Dev. 4 (1960) 248.

[56] MARK, A.: Growth of single crystal silicon overgrowth on silicon substrates. J. Electrochem. Soc. 107 (1960) 568.

[57] SIGLER, J., and S. B. WATELSKI: Epitaxial techniques in semiconductor devices. Solid State J. 12 (1961) 33.

[58] FROSCH, C. J., and L. DERICK: Surface protection and selective masking during diffusion in silicon. J. Electrochem. Soc. 104 (1957) 547.

[59] HOERNI, J. A.: Planar silicon transistors and diodes. Vortrag anläßlich der IRE-PGED 1960 Electron Devices Meeting, Washington, D.C., im Okt. 1960.

[60] BRADLEY, W. E., J. W. TILEY, R. A. WILLIAMS, J. B. ANGELL, F. P. KEIPER, R. KANSAS, R. F. SCHWARZ, and J. F. WALSH: The surface barrier transistor. Proc. IRE 41 (1953) 1702—1720.

[61] JOCHEMS, P. J. W., O. W. MEMELINK, and L. J. TUMMERS: Construction and electrical properties of a germanium alloy-diffused transistor. Proc. IRE 46 (1958) 1161.

[62] BEALE, J. R. A.: Alloy-diffusion: A process for making diffused-base junction transistors. Proc. phys. Soc., Lond. 70 (1957).

[63] LAMMING, J. S.: A high-frequency germanium drift transistor by post-alloy-diffusion. J. Electronics Control (1958) 227—236.

[*64*] DENDA, SEIICHI, and ATZUSHI MINAMIYA: Alloy diffused high-frequency transistor. Bull electrotechn. Lab. Tokyo 23, No. 5 (1959) 321—327, 393.
[*65*] THORNTON, C. G., and J. B. ANGELL: Technology of micro-alloy diffused transistors. Proc. IRE 46 (1958) 1166.

Wiederholungsfragen zu Kapitel 5

1. Man leite die Gln. (5.12) und (5.13) ab.

2. Wie heißt die grundlegende Differentialgleichung für die Ladungsträgerverteilung, auf der die Untersuchung des elektrischen Verhaltens von Transistoren basiert?

3. Was ist die *ambipolare Diffusionskonstante*?

4. Was bedeutet „*geringe Injektion*"?

5. Wie lauten die Randbedingungen für die Trägerdichten an den Übergängen?

6. Man leite die Gln. (5.30), (5.31) und (5.32) ab.

7. Man zeichne die Elektronen- und Defektelektronenverteilungen in der Emitter-, Basis- und Kollektorzone unter Verwendung der numerischen Werte von Anhang D.

8. Man leite die Gln. (5.37) bis (5.40) ab.

9. Welche Mechanismen sind für den Basisgleichstrom in Transistoren verantwortlich?

10. Welche Eigenschaft macht Germanium und Silizium für die Herstellung von Transistoren geeignet, während die meisten anderen Halbleiter noch ungeeignet sind?

11. Was versteht man unter *Ausbreitung der Raumladungszone*?

12. Unter welchen Bedingungen tritt *Stromvervielfachung im Kollektor* auf und wie wird dadurch die Stromverstärkung beeinflußt?

13. Welches sind die verschiedenen Komponenten des Basiswechselstroms?

14. Welchen Einfluß hat der *Basisbahnwiderstand* auf die Transistorfunktion?

15. Wie wird der Basisbahnwiderstand berechnet und wie geht er in die Vierpolparameter ein?

16. Welche Näherungen werden für die Untersuchung des Kleinsignalverhaltens bei Transistoren gemacht?

17. Was versteht man unter „*großem Signal*" und „*großer Injektion*" bei Transistoren?

18. Wie heißen die 3 Betriebsbereiche des Großsignalbetriebs von Transistoren?

19. Wie heißen die 3 Grundschaltungen, in denen der Transistor betrieben werden kann?

20. Wie heißen die 3 Schaltzeiten, die beim Großsignalschalterbetrieb von Transistoren auftreten?

21. Man leite die Gln. (5.156), (5.194) und (5.197) ab.

22. Welche Erscheinungen begrenzen die maximale Sperrspannung, die an den Kollektorübergang angelegt werden darf?

23. Wie hängt der Stromverstärkungsfaktor vom Emitterstrom ab und welche Mechanismen sind dafür verantwortlich?

24. Wie lautet die Definition des Wärmewiderstandes und welche Bedeutung hat er?

25. Beschreibe die grundlegenden Konstruktionsmerkmale von Transistoren mit gezogenen, „rate grown", legierten und diffundierten Übergängen sowie von Surface-Barrier-, Epitaxial- und Planartransistoren.

6. Weiterentwicklungen des Flächentransistors und andere Transistortypen

Wenn von einem Transistor gute Hochfrequenzeigenschaften verlangt werden, dann müssen die Laufzeit durch die Basis kurz, der Basiswiderstand klein und die Kapazität des Kollektorübergangs gering sein. Wenn gleichzeitig eine nennenswerte Ausgangsleistung gefordert wird, dann stößt man beim ursprünglichen PNP- und NPN-Transistor auf bestimmte, seiner Struktur anhaftende Grenzen. Zur Erreichung kurzer Laufzeiten muß die Basiszone sehr dünn gemacht werden. Dies erhöht jedoch den Basiswiderstand r_B', der wiederum das Frequenzverhalten durch ein großes Produkt $r_B' C_c$ begrenzt. Erniedrigt man den spezifischen Widerstand in der Basis, um den Basisbahnwiderstand herabzusetzen, dann fällt der Emitterwirkungsgrad. Ist gleichzeitig die Kollektorzone hoch dotiert (wie in allen Legierungsflächentransistoren), dann wird die Kollektordurchbruchspannung niedriger, wodurch die maximale Ausgangsspannung des Transistors eingeschränkt wird. Außerdem ist eine hohe Kollektorkapazität mit ihrer ungünstigen Wirkung auf das Hochfrequenzverhalten die Folge, weil die Raumladungsschicht zwischen zwei (entgegengesetzt) hochdotierten Zonen schmal ist.

Die beiden letztgenannten Schwierigkeiten werden bei Transistoren mit gezogenen Übergängen durch eine hochohmige Kollektorzone vermieden, in die sich die Raumladungszone ausdehnen kann. Versuche, die Übergangskapazitäten durch Verringerung des wirksamen Querschnitts zu vermindern, haben hohe Stromdichten zur Folge. Diese begrenzen die Verwendungsmöglichkeiten der Bauelemente von der Stromseite her (Erwärmung, Abfall der Stromverstärkung). Man suchte daher nach neuen Wegen, diese Schwierigkeiten zu umgehen.

Die Konstruktion der PNIP-Transistoren verbindet kleine Basisdicke (hohe Alpha-Grenzfrequenzen) mit kleiner Kollektorkapazität (kleines $r_B' C_c$-Produkt). Bei *Drifttransistoren* wird zusätzlich der Versuch gemacht, die Ladungsträger in der Basiszone durch „eingebaute" elektrische Felder zu beschleunigen.

Bei den sog. *Tetroden* wird ein zweiter Basiskontakt angebracht, der mit einer geeigneten Vorspannung den wirksamen Leitungsquerschnitt verringert und so ein Kleinleistungshochfrequenzbauelement ergibt. Bei *Raumladungstransistoren* werden Laufzeiten und innere RC-Kombination dadurch verringert, daß die wirksamen Ladungsträger direkt in den in Sperrichtung gepolten PN-Übergang injiziert werden.

Zusätzlich zu den obigen neuen Transistortypen, die entwickelt wurden, um gegenüber dem klassischen Flächentransistor verbesserte Eigenschaften zu erzielen, existiert auch noch der *Spitzentransistor*, dessen Struktur ursprünglich dem Transistor zugrunde lag.

Es wurden noch einige andere Strukturen vorgeschlagen, die verschiedene Effekte zur Steuerung des Trägerflusses in Halbleitern ausnutzen. Sie besitzen Eigenschaften (Kennlinien), die sich von jenen des Flächentransistors und seiner verbesserten Ausführungen wesentlich unterscheiden und in einigen Sonderanwendungen sehr nützlich sind. Es sind dies *PNPN-Transistoren mit drei Übergängen, „Avalanche"-* („Lawinen"-*) Transistoren, Korngrenzentransistoren, Fadentransistoren und Unipolar-Feldeffekt-Transistoren.* Sie alle werden im folgenden näher erläutert.

A. PNIP-Transistoren oder Transistoren mit einer eigenleitenden Schicht. [*1, 2*] (Intrinsic-Schicht-Transistoren)

Um die Frequenzgrenze der herkömmlichen PNP- oder NPN-Transistoren zu erhöhen, schlug EARLY [*1*] vor, eine verhältnismäßig dicke Schicht von nahezu eigenleitendem Halbleitermaterial zwischen Basis- und Kollektorzone einzufügen (s. Abb. 6.1). Die entstehenden Strukturen heißen *PNIP-* (oder ihre Homologe *NPIN-*) oder *Intrinsic-Schicht-Transistoren*[1]. Auf diese Weise wird ein zusätzlicher Freiheitsgrad gewonnen und sowohl die Kollektorkapazität als auch die Durchbruchsspannung unabhängig vom spezifischen Widerstand der Basiszone gemacht. Es wird eine genügend hohe Kollektorspannung angelegt, so daß sich die Kollektorraumladungszone über die gesamte eigenleitende Schicht hinweg ausdehnt und an die höher dotierte schmale Basiszone heranreicht. Der Vorgang ist ähnlich der Sperrschichtberührung in normalen Transistoren, jedoch mit dem Unterschied, daß die Raumladungszone nicht den Emitter, sondern eine hochdotierte Basiszone gleichen Leitungstyps berührt. Wegen der größeren Ausdehnung der Raumladungszone wird die Kollektorkapazität $C = \varepsilon\, A/x_v$ vermindert und die Durchbruchsspannung nimmt zu. Beide Effekte sind auf die viel

---

[1] Alle Rechnungen werden im folgenden für die PNIP-Version durchgeführt.

niedrigere Leitfähigkeit der eigenleitenden Schicht zurückzuführen. Gleichzeitig ist es möglich, die Basiszone dünn und niederohmig zu machen. Beide Faktoren verbessern die Hochfrequenzeigenschaften durch kleinere Laufzeiten und niedrigere Basisbahnwiderstände. Die hohe Durchbruchsspannung und die größere Fläche pro Kapazitätseinheit erlauben wesentlich höhere Leistungen als bei den herkömmlichen PNP- (NPN-) Strukturen. Die Wirkungsweise des PNIP-Transistors ist sehr ähnlich der in normalen PNP-Trioden. Die in die Basiszone injizierten Ladungsträger diffundieren durch die Basis in einer Zeit, die hauptsächlich von deren Dicke abhängt. Dann passieren sie die

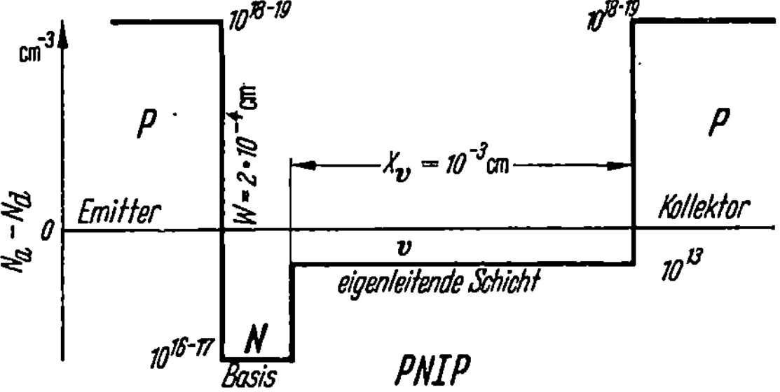

Abb. 6.1. Störstellenverteilung in einem PNIP-Transistor. Bei genügend hoher Kollektorspannung dehnt sich die Kollektorraumladungszone bis zum niederohmigen Teil der Basis (N-Typ) aus. Dadurch ergibt sich eine niedrige Kollektorkapazität

(nun ziemlich dicke) Kollektorraumladungszone auf Grund des hier vorherrschenden hohen elektrischen Feldes. Ihre Bewegung in der Basiszone wird daher durch die Diffusionsgleichung beschrieben. Die Kleinsignalvierpolparameter können wie in Kap. 5 für den einfachen PNP-Transistor abgeleitet werden. Es müssen lediglich einige Bemerkungen über die Dimensionierung der eigenleitenden Schicht hinzugefügt werden, da die Laufzeit durch dieselbe nicht mehr ohne weiteres vernachlässigt werden kann, wie dies bei den obigen herkömmlichen Transistoren angenommen wurde. Es soll auch kurz erwähnt werden, wie der Vorteil einer von der Basisdotierung unabhängigen Dicke der Kollektorraumladungszone zu einer optimalen Dimensionierung ausgenützt wird.

Die *Emitterzone* muß hoch dotiert sein (10^{18} bis 10^{19} cm^{-3}), um einen guten Emitterwirkungsgrad zu gewährleisten, selbst wenn die Basiszone zur Erzielung eines niedrigen Basisbahnwiderstands r_B' eine hohe Dotierung aufweist. Zur Verringerung von r_B' sollte der Emitterdurchmesser so klein gehalten werden, wie es die geforderte Verlustleistung erlaubt. Dadurch steigt die Emitterstromdichte. Aus diesem Grund ist ein hoher Emitterwirkungsgrad von großer Bedeutung, um selbst bei hohen Stromdichten eine ausreichende Stromverstärkung zu erzielen. Lange parallele rechtwinklige Streifen (s. § 5 C, Basisbahnwiderstand) sind als Emitter- und Basiskontakte sehr vorteilhaft.

Die *Basiszone* sollte dünn sein, so daß die Trägerlaufzeit $t_{t\text{B}}$ durch die Basis

$$t_{t\text{B}} = W^2/(2D) \tag{6.1}$$

(W ist die Basisschichtdicke, D die Diffusionskonstante der in Frage kommenden Träger) klein ist im Vergleich zu einer Periode der gewünschten Arbeitsfrequenz.

Der Basisbahnwiderstand berechnet sich aus denselben Formeln wie für die normalen PNP- (NPN-) Transistoren (s. § 5 C), wenn man die Dicke W der hochdotierten Basiszone als leitende Basisdicke annimmt. Um den geringst möglichen Basisbahnwiderstand zu erhalten, sollte man den Störstellengehalt so hoch wählen, wie es der Emitterwirkungsgrad erlaubt ($\varrho_B < 1\ \Omega\text{cm}$). Eine zusätzliche Überlegung zur Wahl des spezifischen Widerstandes erfordert die Emittersperrschichtkapazität, die bereits in den §§ 4 B und 4 C abgeleitet worden ist. Die entsprechenden Gleichungen sind in Tab. 4.1 aufgeführt. Hohe Basisdotierung erhöht die Emittersperrschichtkapazität, die parallel zur Emitterdiode liegt und bei höheren Frequenzen einen wesentlichen Teil der Eingangsadmittanz y_{11} bilden kann [vgl. Gln. (5.110) und (5.115)].

In die Auslegung der „eigenleitenden" Schicht gehen mehrere Faktoren ein. Es ist wünschenswert, sie schwach N-leitend zu machen (N-dotiert), so daß sich die Raumladungszone mit zunehmender Kollektorspannung vom Kollektor zur Basis hin ausbreitet und nicht umgekehrt. Die Dicke x_ν sollte so groß sein, daß die Kollektorkapazität

$$C_c = \varepsilon A_c/x_\nu \tag{6.2}$$

(A_c ist die Fläche des Kollektorüberganges) so niedrig ist, wie es die Arbeitsfrequenz erfordert. Die Schichtdicke darf jedoch nicht so groß werden, daß die Trägerlaufzeit die Frequenz begrenzt. Um die Trägerlaufzeit $t_{t\text{D}}$ so klein wie möglich zu machen, sollte das elektrische Feld E über die gesamte Raumladungszone hinweg höher sein als E_{min} (s. § 3 B), die minimale Feldstärke, die notwendig ist, um die Ladungsträger mit ihrer maximalen Geschwindigkeit v_{max} laufen zu lassen. Die Laufzeit $t_{t\text{D}}$ ist dann gegeben durch

$$t_{t\text{D}} = x_\nu/v_{\text{max}}. \tag{6.3}$$

Da sie kleiner sein muß als eine Periode der Arbeitsfrequenz, setzt Gl. (6.3) eine obere Grenze für die Dicke x_ν der eigenleitenden Schicht. Es muß offensichtlich ein Kompromiß mit der Kapazität (großes x_ν) gefunden werden. Die minimale Kollektorspannung U_C, bei der die Träger mit dieser hohen Geschwindigkeit laufen, ist offenbar

$$U_\text{C} = E_{\text{min}}\, x_\nu, \tag{6.4}$$

so daß auch im Interesse einer niedrigen Minimalspannung für optimalen Betrieb eine schmale Raumladungszone erwünscht ist. Diese Minimalspannung für optimalen Betrieb ist höher als die Spannung U_D, die notwendig ist, um die Raumladung über die gesamte eigenleitende Schicht auszudehnen:

$$|U_\mathrm{D}| = \frac{q}{2\varepsilon} \frac{(N_\mathrm{P} + N_\mathrm{N}) N_\mathrm{N}}{N_\mathrm{P}} x_\nu^2.$$ (6.5)

Dies ist die gleiche Formel wie für die Sperrschichtberührung eines PNP-Transistors mit abruptem Kollektorübergang, Gl. (5.220). U_D ist offensichtlich sehr klein für eine hochohmige eigenleitende Schicht (kleines N_N). Schließlich setzt die Forderung, daß kein Lawinendurchbruch (s. § 3 H) auftreten darf, d. h., daß überall im Übergang das elektrische Feld unter dem für Trägermultiplikation kritischen Wert E_mult bleibt, eine obere Grenze für die zulässige Kollektorspannung:

$$U_\mathrm{C} < E_\mathrm{mult}\, x_\nu.$$ (6.6)

Die Kollektorzone wiederum soll hoch dotiert sein, um einen niedrigen Kollektorserienwiderstand zu liefern und eine abrupte Begrenzung der Raumladungszone mit hohem Feld zu gewährleisten. In einer flachen Übergangszone lassen die niedrigen Driftfelder die Laufzeit ansteigen. Die beiden letzteren Effekte treten tatsächlich in gezogenen Transistoren mit ihren hochohmigen Kollektorzonen auf und begrenzen so ihren Einsatz für hohe Frequenzen. Eine epitaxiale Bauweise hingegen erlaubt, die obigen Forderungen weitgehend zu erfüllen.

Bei einem ·Beispiel für einen PNIP-Transistor (nach EARLY [1]) mit einer α-Grenzfrequenz von 360 MHz gelten folgende Werte:

Dicke der Basisschicht	1	µm
Spezifischer Widerstand der Basiszone	0,02	Ωcm
Emitter- und Kollektordurchmesser	125	µm
Dicke der eigenleitenden Schicht	17,5	µm
Basisbahnwiderstand	16	Ω
Kollektorkapazität	0,1	pF
Emitterkapazität	27	pF

Die Herstellung des PNIP-Transistors erfolgt durch Eindiffusion der Emitter-, Basis- und Kollektorschicht in ein Plättchen hohen spezifischen Widerstandes, welches die eigenleitende Schicht bildet. Die eigenleitende Schicht kann auch durch Störstellenkompensation erzeugt werden. Eine weitere Abwandlung ist die Herstellung von Emitter- und Kollektorübergang nach dem Legierungsverfahren. Manchmal ist der Kollektor ein hochdotiertes Plättchen, auf das eine Epitaxialschicht hohen spezifischen Widerstandes aufgebracht wurde. Die Epitaxialschicht ist später ein Teil des Kollektorüberganges.

Die α-Grenzfrequenz solcher Transistoren konnte neuerdings auf ungefähr 2000 MHz erhöht werden.

Sollen diese Transistoren als schnelle Schalter Verwendung finden, dann muß man evtl. zusätzlich die Speicherzeit erniedrigen, d. h. gewöhnlich die Lebensdauer der Minoritätsträger im Kollektor herabsetzen. Dies kann man z. B. durch Eindiffusion von Goldatomen als wirksame Rekombinationszentren erreichen.

B. Drifttransistoren

Die ursprüngliche Idee des Drifttransistors [*3* bis *5*] unterscheidet sich von der des PNIP-Transistors, jedoch kommen bei optimaler Auslegung die praktischen Ausführungen beider Typen einander sehr nahe.

Das Prinzip des Drifttransistors besteht darin, die Trägerlaufzeit durch die Basiszone zu verringern, und zwar mittels eines „eingebauten" elektrischen Felds, in dem sich die Träger *schneller* bewegen als sie über die gleiche Entfernung *diffundieren* würden, wie es in normalen Transistoren geschieht. Das kann durch einen *Störstellengradienten* in der Basiszone bewirkt werden, wobei die höchste Dotierung auf der Emitterseite und die niedrigste auf der Kollektorseite liegt. Die Majoritätsträgerdichte (Elektronen im Fall einer PNP-Struktur) hat dann näherungsweise denselben Gradienten $\partial n/\partial x$. Wenn keine Elektronen vom Emitter injiziert werden, ergibt die Diffusion infolge des Störstellengradienten eine Verschiebung des Ladungsgleichgewichtes zwischen Elektronen und positiven Donatorionen, was einen Elektronendiffusionsstrom $q\,D\,A\,(\partial n/\partial x)$ verursacht. Es baut sich ein elektrisches Bremsfeld auf, das schließlich den Elektronendiffusionsstrom unterbindet. Dieser Vorgang ist der Ausbildung einer Raumladungszone an einem PN-Übergang (s. Kap. 4) sehr ähnlich, jedoch mit wesentlich geringeren Feldstärken. Die Größe dieses Feldes kann leicht aus Gl. (2.56) berechnet werden

$$0 = j_n = q\,\mu_n\,n\,E + q\,D_n\,\mathrm{grad}\,n. \qquad (2.56)$$

Unter Benutzung der EINSTEIN-Beziehung $D = (k\,T/q)\,\mu$ führt dies zu

$$E = -k\,T\,\mathrm{grad}\,n/q\,n. \qquad (6.7)$$

Bei bekannter Störstellenverteilung in der Basiszone kann man daher das Feld berechnen, weil $N_d \cong n_0$ gilt. Für $N_d =$ const (homogene Basiszone) ist überhaupt kein Feld vorhanden. Durch Lösung der Gleichung

$$\frac{d}{dx}\,[(\mathrm{grad}\,N_d)/N_d] = 0 \qquad (6.8)$$

findet man, daß das maximale Feld durch eine exponentielle Störstellenverteilung erzeugt wird

$$N_d(x) = N_d(0)\,e^{-a\,x}, \qquad (6.9)$$

die eine konstante Feldstärke von der Größe

$$E = (k\,T/q)\,a \qquad (6.10)$$

ergibt. Der Maximalwert, den die Konstante a annehmen kann, ist durch die Bedingung gegeben, daß die Majoritätsträgerdichte am kollektorseitigen Rand der Basiszone (Abb. 6.2) nicht kleiner sein kann als die Eigenleitungsträgerdichte n_i ($\cong 2{,}4 \cdot 10^{13}$ cm^{-3} für Germanium, $\cong 1{,}12 \cdot 10^{10}$ cm^{-3} für Silizium bei Zimmertemperatur) und daß die Störstellendichte auf der Emitterseite nicht so hoch werden darf, daß sie den Emitterwirkungsgrad herabsetzt (ungefähr $5 \cdot 10^{17}$ cm^{-3}). Dies ergibt maximal ein Verhältnis von ungefähr $5 \cdot 10^3$ zwischen den Störstellendichten an den beiden Rändern der Basiszone. Setzt man in Gl. (6.9) $N_d(w) = n_i$, dann ist

$$a = \frac{1}{w} \ln\big(N_d(0)/n_i\big),$$

so daß nach Einsetzen dieses Wertes in Gl. (6.9) die erforderliche Störstellenverteilung aus der Gleichung

$$N_d(x) = N_d(0)\, e^{\{-\ln[N_d(0)/n_i](x/W)\}} \qquad (6.11)$$

folgt, mit einem konstanten Feld der Größe

$$E = (k\,T/q)\, \frac{\ln[N_d(0)/n_i]}{W}. \qquad (6.12)$$

Die höchsten Feldstärken erzielt man für das maximale Störstellenverhältnis zusammen mit einer sehr dünnen Basisschicht. Nach Einführung der Feldstärke schreibt sich die Störstellenverteilung folgendermaßen:

$$N_d(x) = N_d(0)\, e^{-(qE/kT)x}. \qquad (6.13)$$

Zur Abschätzung der höchstmöglichen Verbesserung im Vergleich zu einem Transistor mit homogen dotierter Basis wird die mittlere Geschwindigkeit der Defektelektronen berechnet. Mit den Gln. (2.56) und (2.57) und $j_n = 0$ finden wir zunächst

$$j_p = -\,q\,\mu_p\, p\,(D_n\,\mathrm{grad}\,n)/(\mu_n\, n) - q\,D_p\,\mathrm{grad}\,p. \qquad (6.14)$$

Die Bedingung der örtlichen Ladungsneutralität führt in diesem Fall zu

$$n(x) = p(x) + N_d(x) \qquad (6.15)$$

und

$$\mathrm{grad}\,n = \mathrm{grad}\,p + \mathrm{grad}\,N_d, \qquad (6.16)$$

so daß man schließlich findet

$$j_p = -\,q\mu_p p[D_n\,\mathrm{grad}\,p + D_n\,\mathrm{grad}\,N_d]/[\mu_n(p+N_d)] - q D_p\,\mathrm{grad}\,p. \qquad (6.17)$$

Die Geschwindigkeit ist dann gegeben durch

$$v = j_p/(qp) = -\,D_p[(\mathrm{grad}\,p + \mathrm{grad}\,N_d)/(p+N_d) + (\mathrm{grad}\,p)/p]. \qquad (6.18)$$

Setzt man für p den Näherungswert

$$p(x) \cong p(0)\left(\frac{W-x}{W}\right) \qquad (6.19)$$

und für N_d den optimalen Wert

$$N_d(x)_{\mathrm{opt}} \cong N_d(0)\, e^{-8\,x/W}, \qquad (6.20)$$

so findet man für den Fall kleiner Injektion

$$p \ll N_d, \tag{6.21}$$

$$\mathrm{grad}\,p \ll \mathrm{grad}\,N_d, \tag{6.22}$$

$$u \cong D_p[8/W + 1/(W - x)]. \tag{6.23}$$

Im Bereich kleiner Diffusionsgeschwindigkeiten (nahe dem emitterseitigen Rand der Basiszone, $x = 0$) ist also die durch das „eingebaute" Driftfeld verursachte Geschwindigkeit neunmal so groß wie die Diffusionsgeschwindigkeit. Das bedeutet, daß bei geringer Injektion die Laufzeit im Drifttransistor bis zu neunmal kürzer sein kann als in einem Transistor mit homogendotierter Basis. Wird jedoch das Stromniveau angehoben, verschwindet dieser Vorteil immer mehr. Ist schließlich die Injektion so groß, daß

$$p \gg N_d \tag{6.24}$$

ist, dann wird die Geschwindigkeit einfach

$$v \cong -2D_p(\mathrm{grad}\,p)/p \tag{6.25}$$

gleich dem Hochstromwert jedes beliebigen Transistors, mit oder ohne Driftfeld in der Basis. Noch eine weitere Feststellung ist von Wichtigkeit: Der Vorteil des Drifttransistors ist zum

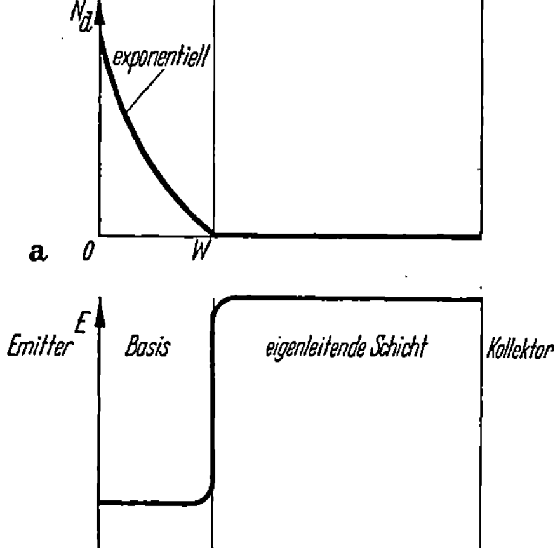

Abb. 6.2
Störstellenverteilung und elektrisches Feld in einem PNP-Drifttransistor. a) Störstellenverteilung; b) Feldverteilung (Näherung)

großen Teil an die exponentielle Störstellenverteilung gebunden. Wäre sie nur linear, könnte die Erhöhung der Geschwindigkeit bestenfalls den Faktor 2 betragen, wie man leicht aus Gl. (6.18) berechnen kann. Die Stromstärken, bis zu denen der Drifttransistor den normalen Transistoren mit homogener Basis im Frequenzverhalten überlegen ist, hängen von der Stromdichte ab. Diese wiederum wird durch den Emitterdurchmesser bestimmt, der aus Kapazitätsgründen klein gehalten werden muß. Zusätzlich zu dem eingebauten Feld hat der Störstellengradient in der Basis einen weiteren wesentlichen Einfluß auf das Hochfrequenzverhalten: Die niedrige Störstellendichte in der Nähe des Kollektors ergibt eine breite Raumladungszone mit einer entsprechend niedrigen Kollektorkapazität. In dieser Hinsicht ist der Drifttransistor dem PNIP-Transistor des vorhergehenden Kapitels sehr ähnlich, und man wird im allgemeinen auch beim Drifttransistor dafür sorgen, daß die Raumladungszone nicht in die eigentliche Basiszone hineinreicht.

Zusammenfassend finden wir folgende Forderungen für die Dimensionierung der verschiedenen Zonen:

Der Emitter sollte so hoch wie möglich dotiert sein, um einen guten Emitterwirkungsgrad zu erhalten. Zur Erzielung einer kleinen Emitterkapazität sollte der Emitterübergang kleinflächig und möglichst nicht abrupt sein. Ist andererseits die Fläche zu klein, dann können die hohen Stromdichten durch Verringerung der Driftgeschwindigkeit die Wirkung des Gradienten in der Basisdotierung zunichte machen.

Die Basisdotierung sollte einer Exponentialverteilung so nahe wie möglich kommen, um ein maximales eingebautes Feld zu gewährleisten. Die Störstellendichte am emitterseitigen Ende sollte so hoch sein, wie es der gewünschte Emitterwirkungsgrad erlaubt. Die Basisdicke sollte klein sein; ihr tatsächlicher Wert hängt vom maximal zugelassenen Basisbahnwiderstand ab. Die Berechnung des Basisbahnwiderstands wird in derselben Weise ausgeführt wie für den normalen Transistor mit homogendotierter Basis (s. § 5 C) mit der Ausnahme, daß der spezifische Widerstand der Basiszone, bezogen auf die Basisdicke ϱ_B/W nun durch einen Ausdruck ersetzt wird, der sich als Reziprokwert des folgenden Integrals ergibt:

$$\frac{W}{\varrho_B} = q \int_0^W \mu_n\, n(x)\, \mathrm{d}x, \tag{6.26}$$

$$= q \int_0^W \mu_n\, N_d(x)\, \mathrm{d}x. \tag{6.27}$$

Die Beweglichkeit ist natürlich eine Funktion der Störstellendichte, doch kann man für sie in erster Näherung einen konstanten mittleren Wert annehmen. Dies führt mit der exponentiellen Störstellenverteilung für N_d [Gl. (6.20)] zu einem Wert

$$\frac{W}{\varrho_B} = q\, \mu_n\, N_d(0)\, \frac{W}{\ln[N_d(0)/n_i]} \left[1 - \frac{n_i}{N_d(0)} \right]. \tag{6.28}$$

So kann in einem auf kürzeste Basislaufzeiten entwickelten System (maximaler Unterschied zwischen den Störstellendichten am Emitter- und Kollektorrand der Basis) der Basisbahnwiderstand bis zu achtmal höher sein als bei homogener Basis. Zieht man jedoch die Konzentrationsabhängigkeit der Beweglichkeit in Rechnung, dann wird dieses Verhältnis etwas kleiner.

Für die Auslegung der Raumladungszone und der Kollektorzone gelten dieselben Bemerkungen wie für den PNIP-Transistor. Es muß darauf hingewiesen werden, daß die Laufzeit durch die Raumladungszone des Drifttransistors länger ist als die eines PNIP-Transistors mit derselben Dicke der Raumladungszone, weil beim Drifttransistor wegen des flachen Überganges auf der Basisseite eine Zone mit niedrigem Feld und damit niedriger Geschwindigkeit der Ladungsträger besteht.

Eine genaue Theorie zur Dimensionierung von Drifttransistoren, die all diese Einzelheiten enthält, ist bis jetzt noch nicht ausgearbeitet worden, doch bieten in den meisten Fällen obige Abschätzungen genügend Richtlinien für die Herstellung der Systeme, die gewöhnlich durch Störstellendiffusion ausgeführt wird.

Die vorhergesagte maximal mögliche Frequenz für Drifttransistoren liegt bei etwa 20 GHz, genau wie für den PNIP-Transistor.

C. Tetroden

Es wurde bereits erwähnt, daß ein kleines Produkt $r_B{}'\, C_c$ wesentlich für gutes Hochfrequenzverhalten von Transistoren ist. Gleichzeitig sollte die Basisschicht sehr dünn sein, um kleine Trägerlaufzeiten und damit hohe α-Grenzfrequenzen zu sichern. Ein Weg, das Produkt $r_B{}'\, C_c$ zu verringern, ist das Herabsetzen der Kollektorkapazität. Wie dies erreicht werden kann, ist in den beiden vorangegangenen Abschnitten über PNIP- und Drifttransistoren beschrieben. Ein weiterer Weg, dieses Produkt herabzusetzen, wäre, den Basisbahnwiderstand $r_B{}'$ kleiner zu machen. Die Basisschicht muß natürlich sehr dünn bleiben. Aus den Rechnungen über Basisbahnwiderstände in § 5 C geht hervor, daß diese beiden Bedingungen nur mit einer sehr dünnen Basis von *sehr kleinem Querschnitt* in Einklang gebracht werden können. Solche Versuche führen zu mechanischen Schwierigkeiten, wenn die gewünschten Frequenzen hoch und die nötigen Abmessungen deshalb sehr klein werden.

Im Tetrodenprinzip wurde jedoch ein Weg gefunden, den wirksamen Leitungsquerschnitt der Basisschicht drastisch zu verringern, ohne gleichzeitig die geometrischen Abmessungen zu verkleinern. Dies geschieht auf elektrische Weise, indem man ein Potentialgefälle in der Basis parallel zu den Übergängen erzeugt, derart, daß nur ein kleiner Teil der Emitterübergangsfläche in Durchlaßrichtung, der Rest jedoch in Sperrichtung vorgespannt ist. Dieses Potentialgefälle wird erzeugt, indem man 2 Elektroden an gegenüberliegenden Seiten der Basisschicht anbringt und einen Gleichstrom bestimmter Größe hindurchschickt. Abb. 6.3 zeigt das Modell einer Transistortetrode: An einem Kristall mit einer gezogenen, dünnen Basisschicht (für hohe α-Grenzfrequenz), wie er für einen normalen gezogenen Transistor verwendet werden könnte, sind 2 Basiskontakte an gegenüberliegenden Seiten der Basis angebracht. Unter gebräuchlichen Arbeitsbedingungen wird eine Gleichspannung von ungefähr 1,5 V zwischen diesen beiden Kontakten angelegt, so daß zwischen Basis 1 und Basis 2 ein Gleichstrom von z. B. 0,15 mA fließt. Durch den hierdurch erzeugten Potentialverlauf wird der größte Teil der Emitterdiode in Sperrichtung gepolt, und nur ein sehr kleiner Bereich in der unmittelbaren Nachbarschaft eines der beiden Basiskontakte nimmt eine Durchlaßspannung (Potentialdifferenz) von einigen Zehntel Volt an, die zur Trägerinjektion notwendig ist. Dieser aktive Bereich ist gewöhnlich viel kleiner als durch mechanische Mittel erreicht werden kann, und da er so schmal ist und in unmittelbarer Nachbarschaft

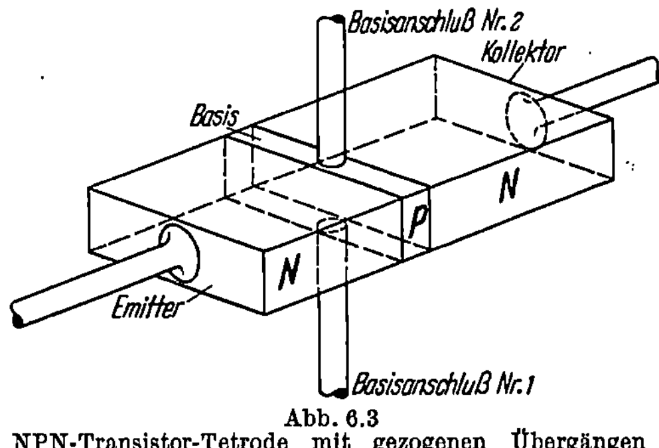

Abb. 6.3
NPN-Transistor-Tetrode mit gezogenen Übergängen

des Hauptbasiskontaktes liegt, ist der Basisbahnwiderstand sehr niedrig (für eine Diskussion der mit dem Begriff des Basisbahnwiderstandes verknüpften Mechanismen vgl. § 5 C). So erhält man in einer Tetrode ein kleines Produkt $r_B' C_c$, indem man den Basisbahnwiderstand ohne Zunahme der Basisschichtdicke herabsetzt. Zusätzlich verringert ein kleiner Leitungsquerschnitt die wirksame Kollektorkapazität. Tetroden arbeiten mit gutem Erfolg im Bereich von einigen hundert Megahertz.

Die Anwendungsmöglichkeiten der Tetrode sind durch die Tatsache begrenzt, daß der wirksame Leitungsquerschnitt sehr klein ist. Das führt zu hohen Stromdichten, die den Emitterwirkungsgrad und damit die Stromverstärkung verringern und bei hohen Ausgangsleistungen den Transistor zu stark erwärmen. Die Tetrode ist somit ein Kleinleistungshochfrequenztransistor und hat bisher keine große kommerzielle Bedeutung erlangt.

D. Raumladungstransistoren

Die Laufzeit von Ladungsträgern über eine bestimmte Entfernung in einem Halbleiter ist offensichtlich am kürzesten, wenn sie sich mit ihrer höchstmöglichen Geschwindigkeit fortbewegen, wie in § 3 B beschrieben wurde. Dieses Prinzip liegt dem Raumladungstransistor zugrunde [7, 8], der speziell für den Betrieb im hohen UHF- und Mikrowellenbereich entworfen wurde. Die Träger werden direkt in die Raumladungszone eines eigens dafür dimensionierten und hoch in Sperrichtung vorgespannten P-I-N-Überganges injiziert oder in ihm erzeugt (siehe Abb. 6.4). Ein solcher P-I-N-Übergang besteht aus einer Schicht von nahezu eigenleitendem Material zwischen zwei hochdotierten Zonen (P und N). Die Dicke der Raumladungszone ist dann durch die Dicke der eigenleitenden Schicht gegeben, da sie sich nur vernachlässigbar wenig in die hochdotierten Gebiete ausdehnt. Dies kann man leicht durch Lösen der Poisson-Gleichung für diesen Fall zeigen. Das elektrische Feld E ist dann praktisch über die Raumladungszone konstant und gleich

$$E = U/W, \qquad (6.29)$$

wie in einem planparallelen Kondensator. W ist die Dicke der Raumladungszone. Die angelegte Spannung U wird dann so gewählt, daß das elektrische Feld über der minimalen Feldstärke liegt, die für Träger zum Erreichen der maximalen Geschwindigkeit (§ 3 B) notwendig ist, und unter der minimalen Feldstärke, die eine Trägervervielfachung hervorruft (§ 3 H). Mit einer maximalen Trägergeschwindigkeit von z. B. $v_{\mathrm{max}} =$ $6 \cdot 10^6$ cm/sec und einer Raumladungsschichtdicke von $2 \cdot 10^{-3}$ cm erhält man eine Laufzeit von $3{,}33 \cdot 10^{-10}$ sec. Die Träger können durch einen metallischen oder halbleitenden Kontakt direkt in die Raumladungszone injiziert werden. Auf diese Weise wird jede Diffusion (die von Natur aus ein langsamer Vorgang ist, außer bei sehr steilen Dichtegradienten) ausgeschaltet. Weiter gibt es keine inneren Serienwiderstände, so daß das Problem einer RC-Zeitkonstante hinfällig ist. Ist der Emitterkontakt so nahe am basisseitigen Rand der Raumladungsschicht, daß die Eingangsspannung zwischen Emitter und Basis einen

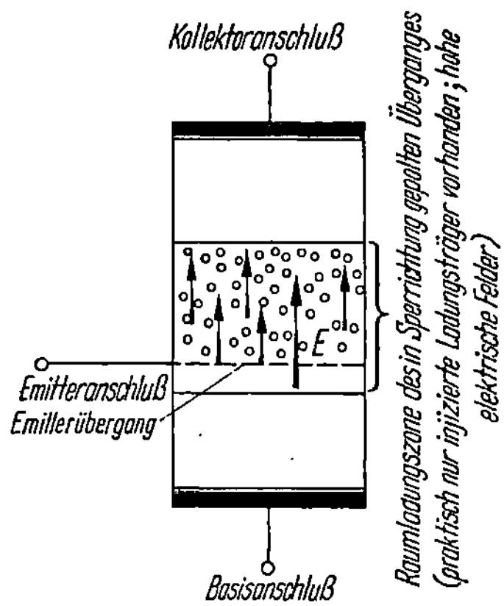

Abb. 6.4. Grundprinzip des Raumladungstransistors. Die direkt in die Raumladungszone des in Sperrichtung gepolten PN-Überganges injizierten Ladungsträger laufen mit hoher Geschwindigkeit zum Kollektor

viel höheren Emitterstrom hervorruft als eine gleich große Ausgangsspannung zwischen Kollektor und Basis, dann ist die Eingangsadmittanz größer als die Ausgangsadmittanz. Bei einer Stromverstärkung von Eins erhält man eine Leistungsverstärkung größer als Eins.

Es wurde gezeigt, daß die Leistungsverstärkung sehr rasch abfällt, wenn die Betriebsfrequenz mit dem Reziprokwert der Laufzeit durch die Raumladungszone vergleichbar wird, die so das Frequenzverhalten des Bauelementes bestimmt. Eine Zunahme in der Leistungsverstärkung des Elementes könnte man erhalten, wenn man eine kontrollierte Trägervervielfachung nahe dem kollektorseitigen Rand der Raumladungszone ausnutzt.

Eine weitere interessante Abwandlung des ursprünglichen Raumladungstransistorprinzips wäre ein System, bei dem die Träger innerhalb der Raumladungsschicht durch moduliertes Licht oder durch Mikrowellenenergie erzeugt werden oder wo der Vervielfachungfaktor M durch ein

Mikrowellenfeld parallel oder senkrecht zum Übergang moduliert wird. Bei Elementen wie dem letzteren handelt es sich um ein Zwischenstadium in der Entwicklung. Die Verstärkung ist einerseits noch durch Prinzipien gekennzeichnet, die mit der Arbeitsweise des Transistors verwandt sind, andererseits durch solche, die andere Festkörperphänomene ausnützt.

Es kann sich auch von großem Interesse erweisen, die Eigenschaften von Raumladungszonen bei niedrigen Temperaturen zu untersuchen, wo die maximalen Trägergeschwindigkeiten und die mittlere freie Weglänge zunehmen.

E. Spitzentransistoren

Die ursprüngliche Erfindung des Transistors wurde nicht in der Form des Flächentransistors gemacht, dessen Prinzipien den meisten gefertigten Typen von heute zugrunde liegen, sondern in der Form des Spitzentransistors [9]. Im Laufe von Versuchen zur Ergründung der elektrischen Eigenschaften von Halbleiteroberflächen, die mit Metallsonden ausgeführt wurden, bemerkten JOHN BARDEEN und WALTER BRATTAIN eine Wechselwirkung zwischen Strömen durch zwei eng benachbarte und geeignet vorgespannte Spitzenkontakte an der Halbleiteroberfläche. Die Untersuchung dieser Wechselwirkung führte zur Erfindung des Transistors. Der erste vervollkommnete Prototyp wurde „Typ-A-Transistor" genannt (s. Abbildung 6.5) und beherrschte die ersten Jahre der Transistorära. Mit dem Aufkommen des Flächentransistors [10], der sich durch seine überlegenen elektrischen Eigenschaften und seine besser beherrschbare Technologie auszeichnet, ließ das Interesse am Spitzentransistor stark nach, so daß er heute nur noch historische Bedeutung hat. Aus diesem Grund werden die Dimensionierung, Herstellung und das elektrische Verhalten dieses Typs nicht in allen Einzelheiten diskutiert.

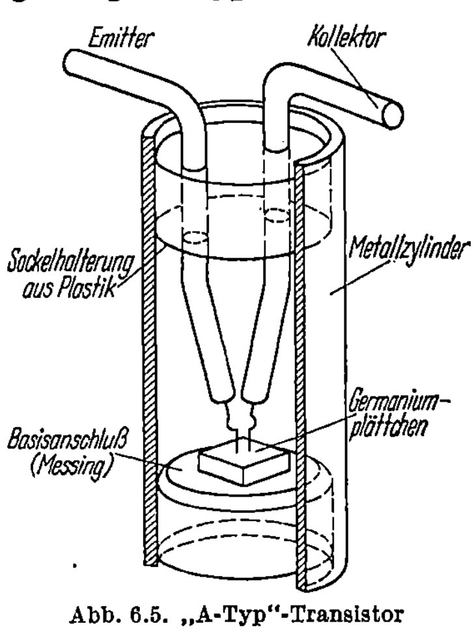

Abb. 6.5. „A-Typ"-Transistor

Der Spitzentransistor besteht (s. Abb. 6.6) aus einer Halbleiterscheibe (z. B. Germanium oder Silizium [11]) — als Basis —, an die ein Ohmscher Kontakt angebracht ist (Basiskontakt). Dann werden 2 Metallspitzen (Wolfram, Phosphorbronze usw.) eng beieinander auf die Halbleiteroberfläche aufgesetzt. Die eine ist in Durchlaßrichtung vorgespannt und arbeitet als Emitter für Ladungsträger, die andere ist in Sperrrichtung gepolt und wirkt als Kollektor. Die Polung der Vorspannungen

hängt natürlich davon ab, ob das Basisscheibchen aus P- oder N-Material besteht. Man findet gewöhnlich, daß die Spitzenkontakte, so wie sie aufgesetzt sind, weder gute Emitter darstellen noch die gewünschten kleinen Sperrströme zeigen. Sie müssen daher „formiert" werden, ein Vorgang, der von der Herstellung der Mikrowellendioden [12] her wohlbekannt ist. Elektrische Impulse verschiedener Form und Dauer werden in der einen oder anderen Richtung zwischen Spitzen- und Basiskontakt gelegt. Dies führt gewöhnlich zu einer Erhitzung der Berührungsfläche, die die Störstellenverteilung oder die Oberflächenbedingungen unterhalb des Punktkontakts so beeinflußt, daß Mikroübergänge ent-
stehen. Der Vorgang ist niemals
zufriedenstellend erklärt oder
beherrscht worden, daher wurde
auch keine brauchbare Theorie zur Dimensionierung des
Spitzentransistors ausgearbeitet.

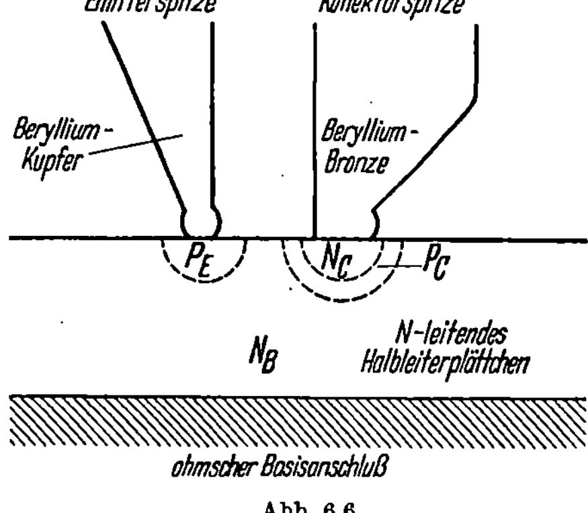

Abb. 6.6
Querschnitt durch einen PNP-Spitzentransistor

Die in die Dimensionierung des Spitzentransistors eingehenden Parameter sind Dicke, spezifischer Widerstand und Trägerlebensdauer im Halbleiterscheibchen, Spitzenabstand, Kontaktdurchmesser und Spitzenmaterial (N- oder P-Typ). Die Unbekannten sind noch die durch die Formierung hervorgerufenen Änderungen und die Eigenschaften der Halbleiteroberfläche mit ihrem Einfluß auf das elektrische Verhalten.

Qualitativ ist die Wirkungsweise des Spitzentransistors der eines Flächen- (oder Surface-Barrier-) Transistors spezieller Geometrie sehr ähnlich. In der PNP-Ausführung z. B. wird der metallische Emitterkontakt, oder die formierte P-Zone in seiner unmittelbaren Nachbarschaft, gegenüber dem darunterliegenden N-Typ-Halbleiterscheibchen in Durchlaßrichtung vorgespannt. Der Emitter emittiert dann Minoritätsträger (Defektelektronen) in die Basis. Diese diffundieren radial in alle Richtungen von der Spitze weg, solange sich der Einfluß des Kollektorkontaktes nicht geltend macht. Wird nun der Kollektor stark in Sperrichtung vorgespannt, dann stellt er eine vollkommene Senke für alle Minoritätsträger dar, und es entsteht ein steiles Gefälle für die Minoritätsträger, das der Diffusion der injizierten Träger eine Vorzugsrichtung zum Kollektor hin gibt. Gleichzeitig liegt das elektrische Feld im Halbleiterscheibchen zwischen dem Basis- und Kollektorkontakt so, daß die injizierten Träger zu letzterem gezogen werden. Die meisten von ihnen erreichen deshalb den Kollektor, und die Stromverstärkung sollte nahe Eins sein wie bei Flächentransistoren. Tatsächlich ist bei den meisten Spitzentransistoren die Stromverstärkung jedoch viel größer als Eins, so daß ein zusätzlicher Mechanismus zur Erklärung herangezogen werden muß.

Von den verschiedenen Vorschlägen scheint der „PN-Hook"-(„Haken"-) Vervielfachungsmechanismus[1] nun allgemein anerkannt zu sein, obwohl ein direkter experimenteller Beweis schwierig ist. Das Wesen des PN-Hakens läßt sich folgendermaßen erklären. An Stelle einer P-Zone um den Kollektorkontakt befindet sich dort in Wirklichkeit ein sehr hochdotiertes N-Gebiet, das dann von einer P-Schicht umgeben ist, wie es Abb. 6.6 zeigt. Die letztere schwebt so zwischen den beiden N-Gebieten und verursacht den Haken im elektrischen Potential wie die Basiszone in einem NPN-Transistor (vgl. den elektrostatischen Potentialverlauf über die Transistorstruktur in Abb. 5.4). Die 3 Zonen arbeiten tatsächlich wie ein NPN-Transistor, dessen Kollektor gegenüber dem Emitter positiv vorgespannt und dessen Basis offen ist. Solange keine Sperrschichtberührung oder Trägervervielfachung auftritt, fließt kein Strom, und die gesamte Spannung fällt über der Kollektordiode ab. Eine geringe positive Vorspannung der Basis gegenüber dem Emitter würde dann Elektroneninjektion verursachen. Diese Vorgänge treten tatsächlich in der Hakenkollektorzone des Spitzentransistors auf. Der Basiskontakt und somit auch das Gebiet N_B in Abb. 6.6 sind gegenüber dem Kollektorkontakt und damit auch gegenüber dem Gebiet N_C positiv vorgespannt. Die P-Zone P_C schwebt dazwischen, und die gesamte angelegte Spannung erscheint am Übergang zwischen N_B und P_C, aber es fließt kein Strom. Sobald jedoch Defektelektronen aus dem Emitter nach P_C wandern, lädt sie sich positiv auf, und der Übergang zwischen P_C und N_C wird in Durchlaßrichtung gepolt. Da nun angenommen wurde, daß N_C viel höher dotiert ist als P_C, fließt der Hauptanteil des Stromes in Form eines Elektronenstromes von N_C nach P_C und weiter nach N_B in die Basis des Spitzentransistors. Die Zunahme des Stromes durch diesen Hakenmechanismus ist dann durch den Injektionswirkungsgrad von N_C nach P_C gegeben, weil er für einen gegebenen Defektelektronenstrom von P_E nach N_B bestimmt, wieviel mehr Elektronenstrom von N_C nach P_C fließt. Diese Diskussion macht deutlich, wie eine mathematische Untersuchung dieses Vorgangs auszuführen wäre. Wir werden dies jedoch wegen des schwindenden Interesses am Spitzentransistor nicht behandeln. Obwohl die Spitzentransistoren gegenüber den ersten Ausführungen stark vervollkommnet wurden, ist nicht anzunehmen, daß sie infolge ihrer niedrigen Leistungsgrenze und der relativ schwierigen Dimensionierung so-

---

[1] Der Name stammt von dem hakenförmigen Potentialverlauf bei normaler Vorspannung.

wie ihrer allgemein ungünstigen elektrischen Eigenschaften mit den Flächentransistoren konkurrieren könnten.

F. PNPN-Transistoren mit drei Übergängen

Man nimmt an, daß bei Transistoren mit 3 Übergängen [*13, 14*] der Stromverstärkungsmechanismus genau wie beim Spitzentransistor durch einen Hakenkollektor vor sich geht. Wie Abb. 6.7 zeigt, besteht das System aus 4 Schichten von ab-wechselndem Leitfähigkeitstyp mit drei dazwischenliegenden PN-Übergängen. Die zweite P-Schicht „schwebt" zwi-schen der Basiszone und der hoch-dotierten N-Typ-Kollektorzone. Die in die auf Schwebepotential liegende Zwischenschicht eindiffundierenden

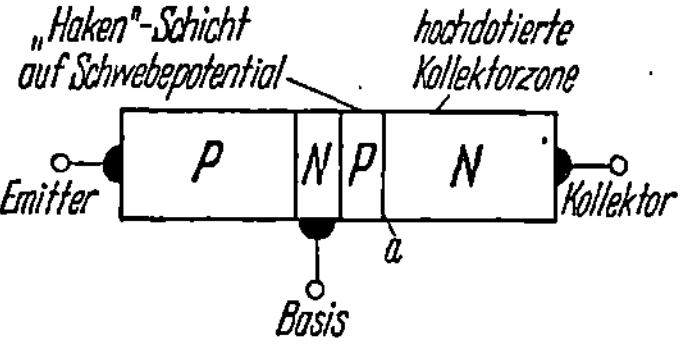

Abb. 6.7
PNPN-Transistor mit 3 Übergängen

Defektelektronen spannen den in Abb. 6.7 mit a bezeichneten Übergang in Durchlaßrichtung vor und es kommt zu Elektroneninjektion aus dem N-dotierten Kollektor. Abhängig von dem Injektionswirkungsgrad dieses Überganges kann die Stromverstärkung einen Wert bis 100 erreichen.

G. „Lawinen"-Transistoren (Avalanche-Transistoren)

Bei den sog. Lawinen-Transistoren [*15, 16*] macht man Gebrauch von der Vervielfachung von Trägern in sperrenden PN-Übergängen. Diese Erscheinung wurde schon in den §§ 3 H, 4 D und 5 D beschrieben. Im einzelnen wurde gezeigt, daß alle Transistoren Lawinendurchbruch zeigen (außer es tritt zuerst Sperrschichtberührung ein). Die speziellen Merkmale des Lawinen-Transistors erfordern eine sorgfältige Aus-legung, um sicherzustellen, daß die Trägervervielfachung im Volumen und nicht an der Oberfläche stattfindet (vgl. § 5 D). Der Lawinen-Transistor wurde primär für die Verwendung als Schalter entwickelt. Sonst sieht sein Aufbau genau wie der eines normalen Flächentransistors aus. Zur Kleinsignalverstärkung wird die Kollektorspannung dann so gewählt, daß ein bestimmter kontrollierbarer Multiplikationsfaktor erreicht wird. Der Multiplikationsfaktor M am Kollektorübergang ist durch Gl. (4.44) in § 4 D gegeben:

$$M = \frac{1}{1 - (U_C/U_{BD})^k} \cdot \tag{4.44}$$

Die Kollektorgleich- und -wechselströme vergrößern sich um den Faktor M. Bei Ladungsträgervervielfachung gelten dann die neuen

Kleinsignalvierpoladmittanzen $y_{ik,M}$

$$y_{11,M} = y_{11}'',\tag{6.30a}$$

$$y_{12,M} = y_{12}',\tag{6.30b}$$

$$y_{21,M} = M\,y_{21}',\tag{6.30c}$$

$$y_{22,M} = M\,y_{22}' + I_C(\partial M/\partial U_C) + j\,\omega\,C_c,\tag{6.30d}$$

wobei die y_{11}'', y_{12}', y_{21}' und y_{22}' durch die Gln. (5.78), (5.65), (5.66) und (5.67) gegeben wurden. I_C ist der Kollektorgleichstrom ohne Vervielfachung und $(\partial M/\partial U_C)$ ist gegeben durch

$$\frac{\partial M}{\partial U_C} = M^2\,\frac{k}{U_{BD}}\left(\frac{U_C}{U_{BD}}\right)^{k-1}.\tag{6.31}$$

Der Einfluß des Basisbahnwiderstandes (bzw. der Basisbahnwiderstände) kann dann analog zu den Gln. (5.110) bis (5.119) in Ansatz gebracht werden.

Die Stromverstärkung des Systems ist durch Gl. (5.217)

$$\alpha = \frac{\alpha_0}{1 - (U_C/U_{BD})^k}\tag{5.217}$$

gegeben und kann für geeignete Kollektorspannungen offensichtlich viel größer als Eins gemacht werden. Der Kleinsignalbetrieb des Lawinen-Transistors hängt von einem stabilen Multiplikationsfaktor M ab, der nicht leicht zu erreichen ist. Die Bauelemente werden deshalb in der Hauptsache für Großsignalanwendungen (z. B. als Schalter) entworfen, wo sie abwechselnd innerhalb und außerhalb des Durchbruchsbereichs betrieben werden.

In gewissen Schaltungen zeigt der Lawinen-Transistor negative Impedanzen, selbst wenn er als Zweipol betrieben wird.

H. Korngrenzentransistoren

Unter *Korngrenze* versteht man im allgemeinen eine Zone, in der zwei ideale Einkristalle aneinanderstoßen, wie Abb. 6.8 zeigt. Man hat das elektrische Verhalten solcher Korngrenzen in Halbleiterkristallen untersucht und gefunden, daß die Zwischenschicht zwischen zwei dotierten Einkristallen verschiedener Orientierung (ein sog. Bikristall) immer P-Leitung zu haben scheint. Die spezifischen elektrischen Eigenschaften dieser Korngrenzenzonen, die einige Zehntel Millimeter dick sein können, hängen von dem Winkel zwischen den beiden Kristallorientierungen (s. Abb. 6.8) und der Energie ab, die durch die elastische Verformung im Kristall gespeichert ist. Diese Beobachtungen bilden die Grundlage für den Korngrenzentransistor [19]. Wie Abb. 6.9 zeigt, ist der N-leitende Bikristall auf beiden Seiten der Korngrenze ohmisch kontaktiert (Emitter- und Kollektorkontakt); ein dritter Kontakt ist an der als Basis wirkenden Korngrenze angebracht. Die elektrischen

Eigenschaften einer solchen Anordnung sind denen eines NPN-Transistors ähnlich und weisen eine Stromvervielfachung auf wie der „PN-Hook"-Kollektor eines Spitzentransistors.

Bevor praktischer Nutzen aus den Korngrenzeneigenschaften gezogen werden kann, ist noch beträchtliche Arbeit zu leisten. Doch scheinen die Untersuchungen in Verbindung mit dem Korngrenzentransistor einen ersten Versuch darzustellen, Defekte in einem vollkommenen Kristallgefüge elektrisch auszunützen und unter kontrollierten Bedingungen herzustellen.·

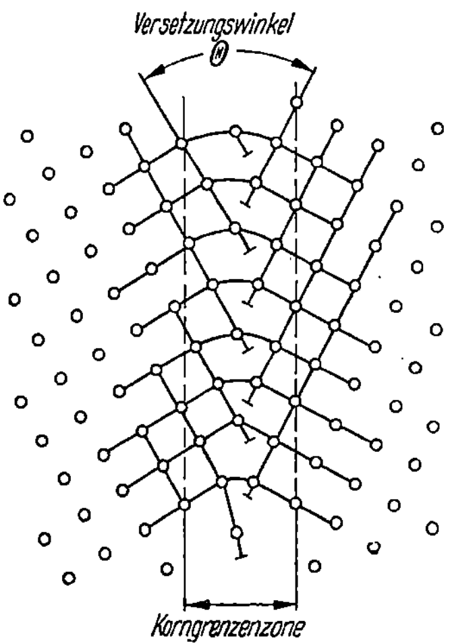

Abb. 6.8. Korngrenzenzone in einem N-leitenden Halbleiterbikristall

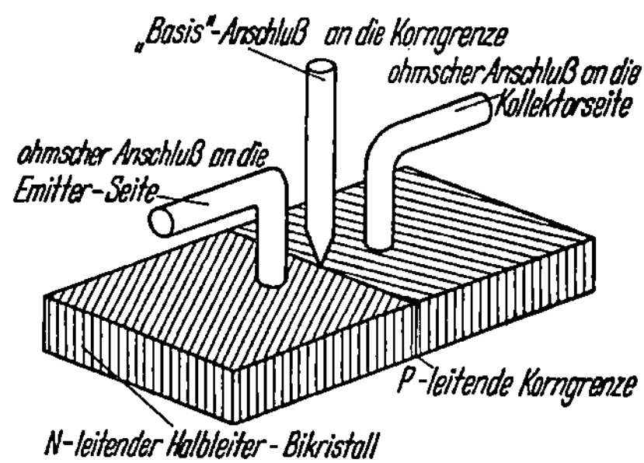

Abb. 6.9. Korngrenzentransistor

I. Fadentransistoren

Fadentransistoren [23 bis 25] haben niemals große praktische Bedeutung als elektronische Bauelemente erlangt, weil sie im allgemeinen den Flächen- und Spitzentransistoren unterlegen sind. Sie werden dennoch manchmal in der Literatur erwähnt und sollen deshalb kurz an dieser Stelle behandelt werden.

Wie Abb. 6.10 zeigt, besteht der Fadentransistor aus einem langen, dünnen Halbleiterstäbchen hohen Widerstandes. An beiden Enden sitzen großflächige, Ohmsche Kontakte. Beim Anlegen einer Spannung fließt ein bestimmter Strom, der dem Widerstand des Stäbchens entspricht. Ein dritter Kontakt, der Emitter, wird nahe dem einen Ende des Stäbchens angebracht. Er besteht aus einem Spitzenkontakt oder einem legierten Übergang, der beim Anlegen einer Durchlaßspannung Minoritätsträger in das Stäbchen injiziert. Die injizierten Träger wandern vom Emitter aus nach rechts (in Abb. 6.10) und füllen, falls ihre Lebensdauer lang genug ist, das gesamte Gebiet zwischen Emitter- und Kollektorkontakt. Da die Ladungsneutralität erhalten bleiben muß, strömen zusätzlich Majoritätsträger zur Kompensation der injizierten Minoritätsträger in das Stäbchen. So nehmen die Trägerdichte und die Leitfähigkeit des „Fadens" zu, und es fließt im Ausgangskreis mehr Strom. Die Lebensdauer der injizierten Minoritätsträger muß natürlich genügend groß sein, so daß sie die gesamte Strecke zwischen Emitter und Kollektor ohne wesentliche Rekombinationsverluste durchlaufen. Falls nun die Eingangsimpedanz des in Durchlaßrichtung gepolten Emitterüberganges kleiner ist als die modulierte Ausgangsimpedanz des Stäbchens zwischen Basis und Kollektor, erhält man eine Leistungsverstärkung.

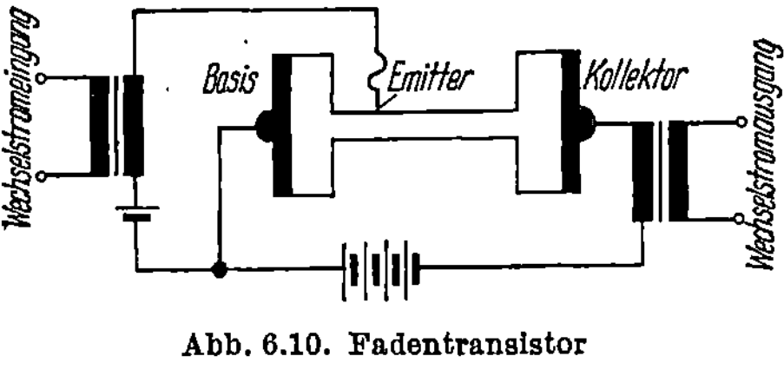

Abb. 6.10. Fadentransistor

Die Schwierigkeit liegt darin, daß für eine hohe Ausgangsimpedanz ein langer dünner „Faden" nötig wäre; die Lebensdauer der injizierten Träger ist jedoch gewöhnlich nicht groß genug, um die Leitfähigkeit wenigstens eines nennenswerten Teiles des „Fadens" zu modulieren. Außerdem ist die Laufzeit durch das System sehr lang, woraus ein schlechtes Frequenzverhalten resultiert.

J. Unipolare Feldeffekttransistoren

Vollkommen verschieden vom Prinzip der bisher behandelten Transistoren ist der „Unipolartransistor". Im Gegensatz zu den gewöhnlichen Transistoren, bei denen die Injektion von überschüssigen Minoritätsträgern und ihre Kompensation durch zusätzliche Majoritätsträger eine führende Rolle spielt, nimmt nur eine Trägerart, die Majoritätsträger, an dem Verstärkungsvorgang in Unipolartransistoren teil. Die Struktur eines solchen Systems zeigt

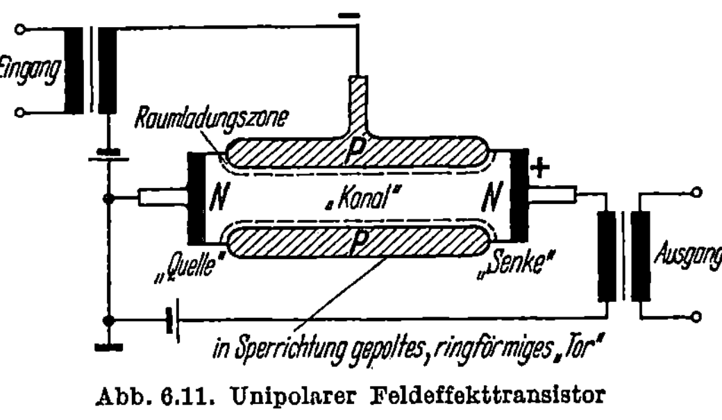

Abb. 6.11. Unipolarer Feldeffekttransistor

Abb. 6.11. Ein Stück Halbleitermaterial mit zwei Ohmschen Kontakten, „Source" und „Drain" genannt, ist von einem Ring aus Material entgegengesetzten Leitungstyps umgeben, dem „Gate" (Tor). Dieses Tor ist dem Halbleiterstab gegenüber in Sperrichtung vorgespannt und läßt nur einen engen Kanal für Ohmsche Leitung (Majoritätsträger) zwischen den beiden Elektroden offen. Legt man eine Spannung an diese beiden Elektroden, dann fließt ein bestimmter Gleichstrom durch den Kanal. Wird ein Signal an das Tor gelegt, dann dringt die Raumladungszone der in Sperrichtung gepolten PN-Schicht je nach dem Vorzeichen der überlagerten Signalspannung mehr oder weniger tief in den Halbleiterkörper ein. Dadurch ändert sich der Querschnitt des Kanals und moduliert so seinen Widerstand und damit den Strom im Ausgangskreis. Die Eingangsimpedanz ist offensichtlich hoch und es fließt fast kein Strom im Tor-Kreis. Bei geeigneter Auslegung kann sowohl eine Strom- als auch eine Spannungsverstärkung erzielt werden.

Wegen seines günstigen Rauschverhaltens bei niedrigen Frequenzen gewinnt der Unipolartransistor in letzter Zeit an kommerzieller Bedeutung.

Literaturverzeichnis zu Kapitel 6

[1] EARLY, J. M.: PNIP and NPIN junction transistor triodes. Bell Syst. techn. J. 33 (Mai 1954) 517—533.

[2] NELSON, J. T., J. E. IWERSON, and F. KEYWELL: A five-watt ten-megacycle transistor. Proc. IRE 46 (1958) 1209.

[3] KRÖMER, H.: Der Drifttransistor. Naturwiss. 40 (Nov. 1953) 578.

[4] KRÖMER, H.: Zur Theorie des Diffusions- und des Drifttransistors. Arch. elektr. Übertragung 8 (1954) 223, 363, 499.

[5] KRÖMER, H.: The Drift Transistor, in Transistors I. Princeton: RCA 1956, p. 202.

[6] WALLACE, R. L., JR., L. G. SCHIMPF, and E. DICKTEN: A junction transistor tetrode for high frequency use. Proc. IRE 40 (Nov. 1952) 1395.

[7] GÄRTNER, W. W.: Design theory for depletion layer transistors. Proc. IRE 45 (Okt. 1957) 1392—1400. In dieser Arbeit sind Literaturangaben über frühere Arbeiten sowie die detaillierte Theorie des Raumladungstransistors enthalten.

[8] MATTHEI, W. G., and F. A. BRAND: On the injection of carriers into a depletion layer. J. appl. Phys. 28 (April 1957) 513.

[9] BARDEEN, J., and W. H. BRATTAIN: Physical principles involved in transistor action. Phys. Rev. 75 (1949) 1208—1225.

[10] SHOCKLEY, W.: The theory of P-N junctions in semiconductors and P-N junction transistors. Bell Syst. techn. J. 28 (1949) 435.

[11] JACOBS, H., F. A. BRAND, and W. G. MATTHEI: Forming silicon point-contact transistors. J. appl. Phys. 24 (1953) 1340; 24 (1953) 1410.

[12] TORREY, H. C., and C. A. WHITMER: Crystal Rectifiers. New York: McGraw-Hill 1948.

[13] SHOCKLEY, W.: Electrons and Holes in Semiconductors. Princeton, N.J.: Van Nostrand 1950 — W. SHOCKLEY, M. SPARKS, and G. K. TEAL: P-N junction transistors. Phys. Rev. 83 (1951) 157.

[14] EBERS, J. J.: Four terminal PNPN transistors. Proc. IRE 40 (1952) 1361 bis 1364 — J. L. MOLL, M. TANENBAUM, J. M. GOLDEY, and N. HOLONYAK: PNPN transistor switches. Proc. IRE 44 (1956) 1174—1182 — A. K. JONSCHER: PNPN switching diodes. J. Electr. Control 3 (1957) 573—586 — C. W. MUELLER and J. HILIBRAND: The Thyristor—a new high-speed switching transistor. Trans. IRE on Electron Devices ED-5 (1958) 2—5 — J. M. MACKINTOSH: Three-terminal PNPN transistor switches. Trans. IRE on Electron Devices ED-5 (1958) 10—12 — W. SHOCKLEY, and J. F. GIBBONS: Introduction to the four-layer diode. Semiconductor Products (Jan./Febr. 1958) 9—13. — R. W. ALDRICH and N. HOLONYAK: Multiterminal PNPN switches. Proc. IRE 46 (1958) 1236—1239 — I. A. LESK: Germanium PNPN switches. Trans. IRE on Electron Devices ED-6 (1959) 28—35.

[15] Miller, S. L., and J. J. Ebers: Alloyed junction avalanche transistors. Bell Syst. techn. J. 34 (Sept. 1955) 883—902.

[16] Ähnliche Überlegungen findet man in der Arbeit von M. C. Kidd, W. Hasenberg, and W. M. Webster: Delayed collector conduction, a new effect in junction transistors. RCA Rev. 16 (März 1955) 16.

[17] Pearson, G. L.: Electrical properties of crystal grain boundaries in germanium. Phys. Rev. 76 (1. Aug. 1949) 459.

[18] Taylor, W. E., N. H. Odell, and H. Y. Fan: Grain boundary barriers in germanium. Phys. Rev. 88 (15. Nov. 1952) 867—875.

[19] Mataré, H. F.: Elektronisches Verhalten bestimmter Korngrenzen in perfekten Kristallen. Z. Naturforsch. 9a (1954) 698.

[20] Mataré, H. F.: Korngrenzenstruktur und Ladungsträgertransport in Halbleiterkristallen. Z. Naturforsch. 10a (1955) 640—652.

[21] Mataré, H. F.: Anomaly of carrier lifetimes in germanium bi-crystals. Z. Naturforsch. 11a (1956) 876—878.

[22] Mataré, H. F.: Zum elektrischen Verhalten von Bikristallzwischenschichten. Z. Physik 145 (1956) 206—234.

[23] Shockley, W., G. L. Pearson, M. Sparks, and W. H. Brattain: Modulation of the resistance of a germanium filament by hole injection. Phys. Rev. 76 (Aug. 1949) 459.

[24] Shockley, W., G. L. Pearson, and J. R. Haynes: Hole injection in germanium—quantitative studies and filamentary transistors. Bell Syst. techn. J. 28 (Juli 1949) 344—366.

[25] Hogarth, C. A.: The germanium filament in semiconductor research, in Progress in Semiconductors. New York: Wiley 1956, Vol. 1, p. 39—62.

[26] Shockley, W.: A unipolar „field-effect" transistor. Proc. IRE 40 (Nov. 1952) 1365—1376.

Wiederholungsfragen zu Kapitel 6

1. Was ist das Grundprinzip des PNIP-Transistors?

2. Was ist das Grundprinzip des Drifttransistors?

3. Durch welchen Mechanismus erklärt man das Hochfrequenzverhalten von Tetroden?

4. Was ist das Prinzip des *Raumladungstransistors*?

5. Wie ist der Aufbau und wie erklärt man sich den Mechanismus der Stromverstärkung in einem Spitzentransistor?

6. Beschreibe PNPN-, Lawinen-, Korngrenzen-, Faden- und Unipolar-Transistoren!

7. Methoden der elektrischen Charakterisierung von Transistoren

Im vorangegangenen Kapitel wurde die Theorie zur Dimensionierung von Transistoren dargestellt, d. h., es wurden die Zusammenhänge ausgearbeitet, die zwischen dem Aufbau und dem elektrischen Verhalten des Systems bestehen. Auf der Grundlage dieser Theorie ist es möglich, Transistoren mit spezifischen Eigenschaften zu entwickeln und die endgültigen Daten für gegebene Strukturen vorauszuberechnen. Diese Theorie stellt die Ausgangsbasis für den mit der Entwicklung von Transistoren beschäftigten Physiker und Ingenieur dar. Für Anwendungszwecke ist man andererseits nicht so sehr an der inneren Struktur des Transistors interessiert als an seinem elektrischen Verhalten. Man will wissen, was passiert, wenn bestimmte Spannungen und/oder Ströme an die Anschlüsse des Bauelementes gelegt werden. Um das Verhalten von Schaltungen vorhersagen zu können, ist der Schaltungsingenieur besonders an einer vollständigen Beschreibung der *elektrischen Eigenschaften* der Transistoren interessiert. So ist es wichtig, ein Schema zu entwickeln, das die elektrischen Eigenschaften des Transistors so vollständig wie möglich beschreibt und doch verständlich und wirtschaftlich ist. Damit ist gemeint: Wir suchen nach der geringsten Anzahl von Parametern, die dem Schaltungstechniker vollständigen Aufschluß über die elektrischen Eigenschaften des Transistors gibt.

Die Zahlenwerte dieser Parameter werden nicht theoretisch aus der Struktur berechnet, sondern am fertigen Bauelement gemessen. Die Schwierigkeit der Messung eines Parameters wird natürlich die Entscheidung über die Aufnahme in das obengenannte Beschreibungsschema beeinflussen.

In Kap. 7 werden deshalb die verschiedenen Methoden zur Charakterisierung eines elektronischen Bauelementes beschrieben. In Kap. 8 werden die Transistorparameter und ihre Abhängigkeit von Strom, Spannung, Frequenz und Temperatur behandelt.

A. Vierpole im allgemeinen

Bei Transistorschaltungen dienen gewöhnlich 2 der 3 Anschlüsse des Transistors als Eingang; der dritte Anschluß bildet zusammen mit einem der ersten den Ausgang. Abhängig davon, welcher Anschluß dem Eingang und Ausgang gemeinsam ist, haben wir es mit Basis-, Emitter- oder Kollektorschaltung zu tun. Unabhängig von dieser Festsetzung ist es immer möglich, den Transistor als Vierpol zu betrachten, wie es Abb. 7.1 zeigt. Die Darstellung des Transistors als Vierpol ist von großem Vorteil, weil die Vierpoltheorie zu einem sehr brauchbaren Verfahren in der Schaltungsanalyse und -synthese [*1* bis *5*] entwickelt worden ist. Daher ist es möglich, die Ergebnisse und Methoden der Vierpoltheorie in der Transistorschaltungstechnik anzuwenden. Dies ist für den Transistor noch wichtiger als für Elektronenröhren, weil sich die elektrischen Eigenschaften des Transistors viel stärker mit dem Strom, der Spannung und der Frequenz ändern, und es sehr schwer ist, ein Ersatzschaltbild zu finden, welches das Transistorverhalten über einen weiten Bereich repräsentiert. Durch analytische Ausdrücke und durch Diagramme für die Vierpolparameter in Abhängigkeit von Frequenz, Strom, Spannung und Temperatur kann jedoch eine annähernd vollständige Darstellung gegeben werden.

Definition und Darstellungsarten des linearen Vierpols; Transformationen. Der Abschn. 7 A ist der Definition der verschiedenen Vierpoltypen und jenen Rechenregeln der Vierpoltheorie gewidmet, die in diesem Buch von Interesse sind.

Der Vierpol, wie ihn Abb. 7.2 zeigt, ist der bekannte „schwarze Kasten" mit 2 Anschlußpaaren. Es besteht eine bestimmte Konvention bezüglich der Richtungen und Vorzeichen der Spannungen und Ströme an den Anschlüssen. Im „schwarzen Kasten" mag sich ein einfaches elektrisches Bauelement oder eine komplizierte Schaltung befinden. Das interessiert uns nicht; wir wollen nur die Zusammenhänge zwischen

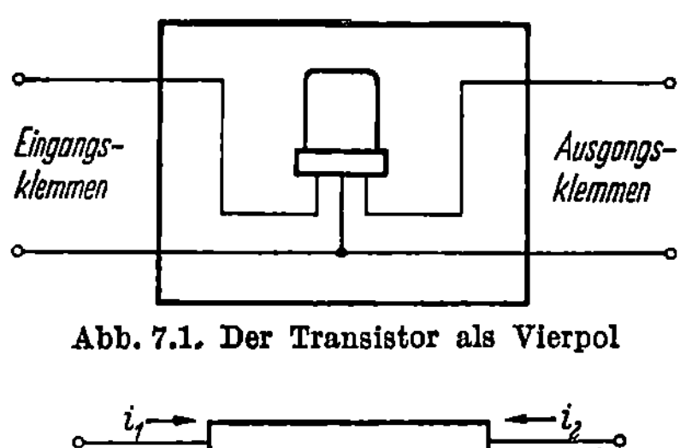

Abb. 7.1. Der Transistor als Vierpol

Abb. 7.2
Vorzeichenkonvention für Ströme und Spannungen an den Klemmen des Vierpols

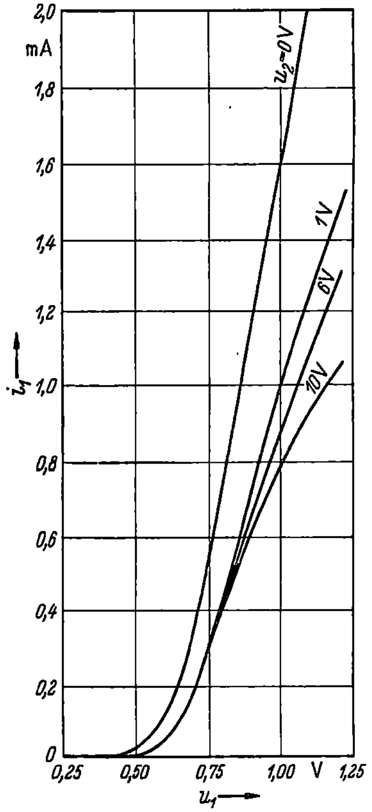

Abb. 7.3 a
Beispiel für die Eingangskennlinien i_1 als Funktionen von u_1 mit der Ausgangsspannung u_2 als Parameter (Emitterschaltung)

den Strömen und Spannungen an den Anschlüssen des Vierpols finden. Sind diese bekannt, können wir den Vierpol in eine Schaltung einbauen und sein Verhalten vorhersagen, ohne seinen inneren Aufbau zu kennen. Der Vorteil dieses Verfahrens ist offensichtlich. Sein Erfolg hängt von der Möglichkeit ab, die Grundgleichungen aufzustellen.

Im allgemeinen sind die Spannungen und Ströme, u_1, u_2, i_1, i_2 (s. Abb. 7.2), über zwei unabhängige implizite Gleichungen verbunden

$$f(u_1, u_2, i_1, i_2) = 0, \qquad (7.1)$$

$$g(u_1, u_2, i_1, i_2) = 0. \qquad (7.2)$$

Unglücklicherweise macht die Bestimmung dieser allgemeinen Zusammenhänge eine unendliche Zahl von Messungen notwendig, so daß wir
nach Spezialfällen suchen müssen, die der analytischen Behandlung
zugänglicher sind. Ein wesentlich einfacherer Fall liegt vor, wenn sich
zwei der obengenannten Größen durch die zwei anderen ausdrücken
lassen, z. B.

$$i_1 = i_1(u_1, u_2), \tag{7.3}$$

$$i_2 = i_2(u_1, u_2). \tag{7.4}$$

Dies kann durch Aufzeichnen zweier Kurvenscharen erreicht werden
(s. Abb. 7.3a und b). Sind die Werte für zwei dieser Größen gegeben, so
ist es möglich, die Werte für die zwei anderen aus zwei solchen Dia-

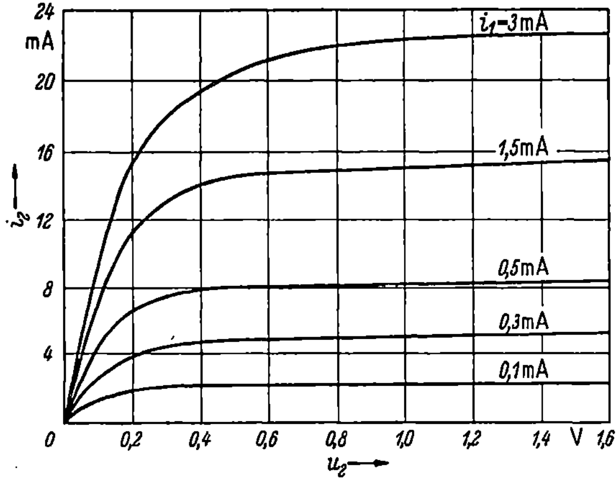

Abb. 7.3 b. Beispiel für die Ausgangskennlinien i_2 als Funktionen von u_2 mit dem Eingangsstrom i_1 als Parameter (Emitterschaltung)

grammen zu entnehmen. Solche Kurvenscharen nennt man *statische
Kennlinien*, da sie im wesentlichen nur das Gleichstrom- und Niederfrequenzverhalten beschreiben. Sie sind im einzelnen zur Einstellung
der Arbeitspunkte gut zu verwenden, weil sie über die Gleichströme
Auskunft geben, die beim Anlegen von bestimmten Gleichspannungen
fließen. Außerdem kann das Niederfrequenzkleinsignalverhalten aus
den statischen Kennlinien in folgender Weise bestimmt werden. Wir
haben beispielsweise bei einem Bauelement einen Arbeitspunkt mit den
Werten I_1, I_2, U_1 und U_2 eingestellt und wollen nun wissen, welche
Eingangsadmittanz für einen wechselstrommäßig kurzgeschlossenen
Ausgang vorliegt. Dazu ist die Zunahme Δi_1 des Eingangsstromes für
eine gegebene Zunahme der Eingangsspannung bei konstanter Ausgangsspannung zu finden. Dies erhält man aus der Steigung der i_1, u_1-
Kurve (Abb. 7.3a) im Gleichstromarbeitspunkt (I_1, U_1) mit U_2 = const
als Parameter.

Die statischen Kennlinien geben jedoch nur eine beschränkte Auskunft über den Transistor, weil seine Wechselstromeigenschaften meistens beträchtlich von den Gleichstromeigenschaften abweichen. Wir brauchen Zusammenhänge, wie die Gln. (7.3) und (7.4), die nicht nur für stationäre Bedingungen gelten, sondern die Zeit explizit enthalten und die Vorgeschichte des Bauelementes in Rechnung stellen. Das ist eine sehr schwierige Aufgabe. Betrachten wir jedoch genügend kleine Änderungen, dann können wir die beiden letzteren Gleichungen in TAYLOR-Reihen entwickeln:

$$i_1 = I_1 + \left(\frac{\partial i_1}{\partial u_1}\right)\Delta u_1 + \left(\frac{\partial i_1}{\partial u_2}\right)\Delta u_2, \tag{7.5}$$

$$i_2 = I_2 + \left(\frac{\partial i_2}{\partial u_1}\right)\Delta u_1 + \left(\frac{\partial i_2}{\partial u_2}\right)\Delta u_2. \tag{7.6}$$

Alle partiellen Ableitungen gelten an der Stelle $u_1 = U_1$, $u_2 = U_2$. Δu_1 und Δu_2 sind kleine Spannungsänderungen, I_1 und I_2 sind die Gleichströme. Die Gln. (7.5) und (7.6) sagen aus, daß, falls wir nur kleine Strom- und Spannungsänderungen betrachten, sowohl der Eingangs- als auch der Ausgangsstrom aus einem Gleichstrom und zwei Wechselstromkomponenten besteht. Von den letzteren ist eine der Eingangswechselspannung, die andere der Ausgangswechselspannung proportional. Der Gleichstrom und die beiden Proportionalitätskonstanten sind natürlich Funktionen der Gleichspannungen, doch enthalten sie explizit keinerlei Wechselstromgrößen. Da die Ströme und Spannungen beliebige Funktionen der Zeit sind, hängen die Proportionalitätsfaktoren (mit der Dimension einer Admittanz) von der Zeit ab, so daß die Darstellung in den Gln. (7.5) und (7.6) noch keine praktische Form darstellt. Wir können jedoch diese Zeitfunktionen in FOURIER-Reihen entwickeln, z. B.

$$\left(\frac{\partial i_1}{\partial u_1}\right)\Delta u_1 = \sum_{n=1}^{\infty} a_n(\omega)\, e^{jn\omega t}, \tag{7.7}$$

oder in ein entsprechendes FOURIER-Integral, falls die entwickelte Funktion nicht periodisch ist. Die FOURIER-Koeffizienten $a_n(\omega)$ sind nur Funktionen der Frequenz und nicht Funktionen der Zeit. Entwickeln wir nun Δu_1 in eine FOURIER-Reihe

$$\Delta u_1 = \sum_{n=1}^{\infty} u_{1,n}(\omega)\, e^{jn\omega t}, \tag{7.8}$$

[die $u_{1,n}(\omega)$ sind die FOURIER-Koeffizienten der Wechselspannung oder die Spannungsamplituden bei der speziellen Frequenz ω] und setzen in Gl. (7.7) ein, so erhalten wir

$$\left(\frac{\partial i_1}{\partial u_1}\right)\Delta u_1 = \left(\frac{\partial i_1}{\partial u_1}\right)\sum_{n=1}^{\infty} u_{1,n}(\omega)\, e^{jn\omega t} = \sum_{n=1}^{\infty} a_n(\omega)\, e^{jn\omega t} \tag{7.9}$$

und weiter

$$\left(\frac{\partial i_1}{\partial u_1}\right) \Delta u_1 = \sum_{n=1}^{\infty} y_{1,n}(\omega)\, [u_{1,n}(\omega)\, e^{jn\omega t}]. \tag{7.10}$$

Aus dieser Gleichung geht hervor, daß die Proportionalitätskonstante $(\partial i_1/\partial u_1)$ für jede einzelne Frequenz unabhängig von der Zeit und nur eine Funktion eben dieser Frequenz ist. Mit anderen Worten, wenn man die $y_{1,n}$ für alle Frequenzen kennt, muß man nur die Wechselspannung in eine FOURIER-Reihe entwickeln, jede Frequenzkomponente mit dem entsprechenden y multiplizieren und wieder aufsummieren, um den Ausdruck für den gesamten Wechselstrom zu erhalten. Da weiter die Zusammenhänge für alle Frequenzen analog und die Gleichungen linear sind, so daß die Ströme und Spannungen durch einfache Addition superponiert werden können, genügt es, in den folgenden Ableitungen eine einzelne Frequenzkomponente zu betrachten. Die Gln. (7.5) und (7.6), aber jetzt nur für eine Frequenz gültig, lauten

$$i_1 = I_1 + y_{11}(\omega)\, u_1 + y_{12}(\omega)\, u_2 \tag{7.11}$$

und

$$i_2 = I_2 + y_{21}(\omega)\, u_1 + y_{22}(\omega)\, u_2. \tag{7.12}$$

Hier und im folgenden bedeuten i_1, i_2, u_1, u_2 Kleinsignalspannungen und -ströme bei einer bestimmten Frequenz ω. Die $y_{ik}(\omega)$ heißen *Vierpoladmittanzen* oder *Vierpolleitwerte* (für kleine Signale) und werden folgendermaßen definiert (und gemessen):

$$y_{ik}(\omega) = \frac{\partial i_i}{\partial u_k}, \tag{7.13}$$

wobei i_i und u_k beide für dieselbe Frequenz ω gelten. Da man gewöhnlich primär am Wechselstromverhalten interessiert ist, läßt man die Gleichströme I_1 und I_2 weg und man erhält schließlich

$$i_1 = y_{11}(\omega)\, u_1 + y_{12}(\omega)\, u_2 \tag{7.14}$$

und

$$i_2 = y_{21}(\omega)\, u_1 + y_{22}(\omega)\, u_2. \tag{7.15}$$

Dies sind die Strom-Spannungs-Zusammenhänge für den linearen Vierpol. Die 4 Parameter y_{ik}, die im allgemeinen komplexe Zahlen darstellen, können in einer Matrix angeordnet werden:

$$[y] = \begin{pmatrix} y_{11} & y_{12} \\ y_{21} & y_{22} \end{pmatrix}. \tag{7.16}$$

Man nennt sie Leitwert- oder Admittanzmatrix und bezeichnet sie kurz mit $[y]$. Sämtliche Schaltkombinationen aus Vierpolen können durch geeignete Kombinationen solcher Matrizen berechnet werden. Die wichtigsten Regeln der Matrizenrechnung werden im folgenden angeführt, wo immer sie benötigt werden. Eine vollständige Beschreibung des Kleinsignalwechselstromverhaltens von Transistoren wird somit durch Angabe der Vierpoladmittanzen $y_{ik}(\omega)$ als Funktion der Frequenz erreicht. Bei Betrachtung der Gln. (7.14) und (7.15) findet man

$y_{11} = $ *Kurzschlußeingangsadmittanz*, d. h. die an den Eingangsklemmen gemessene Admittanz bei wechselstrommäßig kurzgeschlossenen Ausgangsklemmen $(u_2 = 0)$;

$y_{12} = $ *Rückwärtssteilheit für wechselstrommäßig kurzgeschlossenen Eingang* $(u_1 = 0)$; sie beschreibt die Wirkung der Ausgangsspannung auf den Eingangskurzschlußstrom;

$y_{21} = $ *Vorwärtssteilheit für wechselstrommäßig kurzgeschlossenen Ausgang* $(u_2 = 0)$; sie beschreibt den Einfluß der Eingangsspannung auf den Ausgangskurzschlußstrom;

$y_{22} = $ *Kurzschlußausgangsadmittanz* $(u_1 = 0)$.

Zur Vereinfachung der Bezeichnung hat das „Institute of Radio Engineers" die Indizes in folgender Weise standardisiert:

11 oder i für Eingang,
12 oder r für Rückwärtsübertragung,
21 oder f für Vorwärtsübertragung,
22 oder o für Ausgang.

Die Gln. (7.14) und (7.15) können dann in der Form geschrieben werden:

$$i_1 = y_i\, u_1 + y_r\, u_2, \tag{7.17}$$

$$i_2 = y_f\, u_1 + y_o\, u_2, \tag{7.18}$$

und die y-Matrix von Gl. (7.16) ist

$$[y] = \begin{pmatrix} y_i & y_r \\ y_f & y_o \end{pmatrix}. \tag{7.19}$$

Es besteht natürlich auch die Möglichkeit, an Stelle der Ströme und Spannungen [Gln. (7.3) und (7.4)] irgend zwei andere Größen als abhängige und die beiden weiteren als unabhängige Variable zu wählen. Man kommt dann zu einer anderen, aber gleichwertigen Beschreibung des linearen Vierpols. Nachstehend sind die fünf übrigen Möglichkeiten aufgezeigt:

z- oder Widerstandsdarstellung:
Abhängige Variable: u_1, u_2
Unabhängige Variable: i_1, i_2
Vierpolgleichungen:

$$u_1 = z_{11}\, i_1 + z_{12}\, i_2 \equiv z_i\, i_1 + z_r\, i_2, \tag{7.20}$$

$$u_2 = z_{21}\, i_1 + z_{22}\, i_2 \equiv z_f\, i_1 + z_o\, i_2. \tag{7.21}$$

Vierpolmatrix:

$$[z] = \begin{pmatrix} z_{11} & z_{12} \\ z_{21} & z_{12} \end{pmatrix} \equiv \begin{pmatrix} z_i & z_r \\ z_f & z_o \end{pmatrix}. \tag{7.22}$$

Vierpolparameter (*Vierpolimpedanzen*):

Leerlauf-Eingangsimpedanz [Kurzbezeichnung für „Eingangsimpedanz bei wechsel-strommäßig offenem Ausgang" $(i_2 = 0)$]:

$$z_{11} = z_i = \frac{\partial u_1}{\partial i_1}\bigg|_{i_2 = 0}$$

Leerlauf-Rückwirkungsimpedanz:

$$z_{12} = z_r = \frac{\partial u_1}{\partial i_2}\bigg|_{i_1 = 0},$$

Leerlauf-Übertragungsimpedanz (auch „Transimpedanz"):

$$z_{21} = z_f = \frac{\partial u_2}{\partial i_1}\bigg|_{i_2 = 0},$$

Leerlauf-Ausgangsimpedanz:

$$z_{22} = z_o = \frac{\partial u_2}{\partial i_2}\bigg|_{i_1 = 0}.$$

h-Darstellung:

Abhängige Variable: u_1, i_2
Unabhängige Variable: i_1, u_2
Vierpolgleichungen:

$$u_1 = h_{11} i_1 + h_{12} u_2 \equiv h_i i_1 + h_r u_2, \qquad (7.23)$$

$$i_2 = h_{21} i_1 + h_{22} u_2 \equiv h_f i_1 + h_o u_2. \qquad (7.24)$$

Vierpolmatrix:

$$[h] = \begin{pmatrix} h_{11} & h_{12} \\ h_{21} & h_{22} \end{pmatrix} = \begin{pmatrix} h_i & h_r \\ h_f & h_o \end{pmatrix}. \qquad (7.25)$$

Vierpolparameter:

Kurzschluß-Eingangsimpedanz:

$$h_{11} = h_i = \frac{\partial u_1}{\partial i_1}\bigg|_{u_2 = 0},$$

Leerlauf-Spannungsrückwirkung:

$$h_{12} = h_r = \frac{\partial u_1}{\partial u_2}\bigg|_{i_1 = 0},$$

Kurzschluß-Vorwärtsstromverstärkung:

$$h_{21} = h_f = \frac{\partial i_2}{\partial i_1}\bigg|_{u_2 = 0},$$

Leerlauf-Ausgangsadmittanz:

$$h_{22} = h_o = \frac{\partial i_2}{\partial u_2}\bigg|_{i_1 = 0}.$$

g-Darstellung:

Abhängige Variable: i_1, u_2
Unabhängige Variable: u_1, i_2
Vierpolgleichungen:

$$i_1 = g_{11} u_1 + g_{12} i_2 \equiv g_i u_1 + g_r i_2, \qquad (7.26)$$

$$u_2 = g_{21} u_1 + g_{22} i_2 \equiv g_f u_1 + g_o i_2. \qquad (7.27)$$

Vierpolmatrix:

$$[g] = \begin{pmatrix} g_{11} & g_{12} \\ g_{21} & g_{22} \end{pmatrix} = \begin{pmatrix} g_i & g_r \\ g_f & g_o \end{pmatrix}. \qquad (7.28)$$

Vierpolparameter:

Leerlauf-Eingangsadmittanz:

$$g_{11} = g_i = \frac{\partial i_1}{\partial u_1}\bigg|_{i_2 = 0},$$

Kurzschluß-Rückwärts-Stromverstärkung:

$$g_{12} = g_r = \frac{\partial i_1}{\partial i_2}\bigg|_{u_1 = 0},$$

Leerlauf-Spannungsverstärkung:

$$g_{21} = g_f = \frac{\partial u_2}{\partial u_1}\bigg|_{i_2 = 0},$$

Kurzschluß-Ausgangsimpedanz:

$$g_{22} = g_o = \frac{\partial u_2}{\partial i_2}\bigg|_{u_1 = 0}.$$

a-Darstellung:

Abhängige Variable: u_1, i_1
Unabhängige Variable: u_2, i_2
Vierpolgleichungen:

$$u_1 = a_{11} u_2 - a_{12} i_2, \tag{7.29}$$

$$i_1 = a_{21} u_2 - a_{22} i_2. \tag{7.30}$$

Beachte die Änderung des Vorzeichens!

Vierpolmatrix:

$$[a] = \begin{pmatrix} a_{11} & a_{12} \\ a_{21} & a_{22} \end{pmatrix}. \tag{7.31}$$

Die a-Parameter haben keine eigenen Bezeichnungen.

b-Darstellung:

Abhängige Variable: u_2, i_2
Unabhängige Variable: u_1, i_1
Vierpolgleichungen:

$$u_2 = b_{11} u_1 - b_{12} i_1, \tag{7.32}$$

$$i_2 = b_{21} u_1 - b_{22} i_1. \tag{7.33}$$

Beachte die Änderung des Vorzeichens!

Vierpolmatrix:

$$[b] = \begin{pmatrix} b_{11} & b_{12} \\ b_{21} & b_{22} \end{pmatrix}. \tag{7.34}$$

Die b-Parameter haben ebenfalls keine eigenen Bezeichnungen.

Es ist offensichtlich, daß diese verschiedenen Gleichungssysteme nicht unabhängig voneinander sind. Der Leser kann leicht zeigen, daß es genügt, irgendein System zweier unabhängiger Gleichungen zu kennen, um jede andere Darstellung zu berechnen. Die Transformationsgleichungen zwischen den verschiedenen Darstellungen zeigen die Tab. 7.1 und 7.2.

Tabelle 7.1

Transformationstabelle für die verschiedenen Vierpolmatrixdarstellungen

Matrix	Ausgedrückt durch					
	y	z	h	g	a	b
$[y]$	$\begin{matrix} y_{11} & y_{12} \\ y_{21} & y_{22} \end{matrix}$	$\begin{matrix} \dfrac{z_{22}}{\Delta^z} & \dfrac{-z_{12}}{\Delta^z} \\[1em] \dfrac{-z_{21}}{\Delta^z} & \dfrac{z_{11}}{\Delta^z} \end{matrix}$	$\begin{matrix} \dfrac{1}{h_{11}} & \dfrac{-h_{12}}{h_{11}} \\[1em] \dfrac{h_{21}}{h_{11}} & \dfrac{\Delta^h}{h_{11}} \end{matrix}$	$\begin{matrix} \dfrac{\Delta^g}{g_{22}} & \dfrac{g_{12}}{g_{22}} \\[1em] \dfrac{-g_{21}}{g_{22}} & \dfrac{1}{g_{22}} \end{matrix}$	$\begin{matrix} \dfrac{a_{22}}{a_{12}} & \dfrac{-\Delta^a}{a_{12}} \\[1em] \dfrac{-1}{a_{12}} & \dfrac{a_{11}}{a_{12}} \end{matrix}$	$\begin{matrix} \dfrac{b_{11}}{b_{12}} & \dfrac{-1}{b_{12}} \\[1em] \dfrac{-\Delta^b}{b_{12}} & \dfrac{b_{22}}{b_{12}} \end{matrix}$
$[z]$	$\begin{matrix} \dfrac{y_{22}}{\Delta^v} & \dfrac{-y_{12}}{\Delta^v} \\[1em] \dfrac{-y_{21}}{\Delta^v} & \dfrac{y_{11}}{\Delta^v} \end{matrix}$	$\begin{matrix} z_{11} & z_{12} \\ z_{21} & z_{22} \end{matrix}$	$\begin{matrix} \dfrac{\Delta^h}{h_{22}} & \dfrac{h_{12}}{h_{22}} \\[1em] \dfrac{-h_{21}}{h_{22}} & \dfrac{1}{h_{22}} \end{matrix}$	$\begin{matrix} \dfrac{1}{g_{11}} & \dfrac{-g_{12}}{g_{11}} \\[1em] \dfrac{g_{21}}{g_{11}} & \dfrac{\Delta^g}{g_{11}} \end{matrix}$	$\begin{matrix} \dfrac{a_{11}}{a_{21}} & \dfrac{\Delta^a}{a_{21}} \\[1em] \dfrac{1}{a_{21}} & \dfrac{a_{22}}{a_{21}} \end{matrix}$	$\begin{matrix} \dfrac{b_{22}}{b_{21}} & \dfrac{1}{b_{21}} \\[1em] \dfrac{\Delta^b}{b_{21}} & \dfrac{b_{11}}{b_{21}} \end{matrix}$
$[h]$	$\begin{matrix} \dfrac{1}{y_{11}} & \dfrac{-y_{12}}{y_{11}} \\[1em] \dfrac{y_{21}}{y_{11}} & \dfrac{\Delta^v}{y_{11}} \end{matrix}$	$\begin{matrix} \dfrac{\Delta^z}{z_{22}} & \dfrac{z_{12}}{z_{22}} \\[1em] \dfrac{-z_{21}}{z_{22}} & \dfrac{1}{z_{22}} \end{matrix}$	$\begin{matrix} h_{11} & h_{12} \\ h_{21} & h_{22} \end{matrix}$	$\begin{matrix} \dfrac{g_{22}}{\Delta^g} & \dfrac{-g_{12}}{\Delta^g} \\[1em] \dfrac{-g_{21}}{\Delta^g} & \dfrac{g_{11}}{\Delta^g} \end{matrix}$	$\begin{matrix} \dfrac{a_{12}}{a_{22}} & \dfrac{\Delta^a}{a_{22}} \\[1em] \dfrac{-1}{a_{22}} & \dfrac{a_{21}}{a_{22}} \end{matrix}$	$\begin{matrix} \dfrac{b_{12}}{b_{11}} & \dfrac{1}{b_{11}} \\[1em] \dfrac{-\Delta^b}{b_{11}} & \dfrac{b_{21}}{b_{11}} \end{matrix}$
$[g]$	$\begin{matrix} \dfrac{\Delta^v}{y_{22}} & \dfrac{y_{12}}{y_{22}} \\[1em] \dfrac{-y_{21}}{y_{22}} & \dfrac{1}{y_{22}} \end{matrix}$	$\begin{matrix} \dfrac{1}{z_{11}} & \dfrac{-z_{12}}{z_{11}} \\[1em] \dfrac{z_{21}}{z_{11}} & \dfrac{\Delta^z}{z_{11}} \end{matrix}$	$\begin{matrix} \dfrac{h_{22}}{\Delta^h} & \dfrac{-h_{12}}{\Delta^h} \\[1em] \dfrac{-h_{21}}{\Delta^h} & \dfrac{h_{11}}{\Delta^h} \end{matrix}$	$\begin{matrix} g_{11} & g_{12} \\ g_{21} & g_{22} \end{matrix}$	$\begin{matrix} \dfrac{a_{21}}{a_{11}} & \dfrac{-\Delta^a}{a_{11}} \\[1em] \dfrac{1}{a_{11}} & \dfrac{a_{12}}{a_{11}} \end{matrix}$	$\begin{matrix} \dfrac{b_{21}}{b_{22}} & \dfrac{-1}{b_{22}} \\[1em] \dfrac{\Delta^b}{b_{22}} & \dfrac{b_{12}}{b_{22}} \end{matrix}$
$[a]$	$\begin{matrix} \dfrac{-y_{22}}{y_{21}} & \dfrac{-1}{y_{21}} \\[1em] \dfrac{-\Delta^v}{y_{21}} & \dfrac{-y_{11}}{y_{21}} \end{matrix}$	$\begin{matrix} \dfrac{z_{11}}{z_{21}} & \dfrac{\Delta^z}{z_{21}} \\[1em] \dfrac{1}{z_{21}} & \dfrac{z_{22}}{z_{21}} \end{matrix}$	$\begin{matrix} \dfrac{-\Delta^h}{h_{21}} & \dfrac{-h_{11}}{h_{21}} \\[1em] \dfrac{-h_{22}}{h_{21}} & \dfrac{-1}{h_{21}} \end{matrix}$	$\begin{matrix} \dfrac{1}{g_{21}} & \dfrac{g_{22}}{g_{21}} \\[1em] \dfrac{g_{11}}{g_{21}} & \dfrac{\Delta^g}{g_{21}} \end{matrix}$	$\begin{matrix} a_{11} & a_{12} \\ a_{21} & a_{22} \end{matrix}$	$\begin{matrix} \dfrac{b_{22}}{\Delta^b} & \dfrac{b_{12}}{\Delta^b} \\[1em] \dfrac{b_{21}}{\Delta^b} & \dfrac{b_{11}}{\Delta^b} \end{matrix}$
$[b]$	$\begin{matrix} \dfrac{-y_{11}}{y_{12}} & \dfrac{-1}{y_{12}} \\[1em] \dfrac{-\Delta^v}{y_{12}} & \dfrac{-y_{22}}{y_{12}} \end{matrix}$	$\begin{matrix} \dfrac{z_{22}}{z_{12}} & \dfrac{\Delta^z}{z_{12}} \\[1em] \dfrac{1}{z_{12}} & \dfrac{z_{11}}{z_{12}} \end{matrix}$	$\begin{matrix} \dfrac{1}{h_{12}} & \dfrac{h_{11}}{h_{12}} \\[1em] \dfrac{h_{22}}{h_{12}} & \dfrac{\Delta^h}{h_{12}} \end{matrix}$	$\begin{matrix} \dfrac{-\Delta^g}{g_{12}} & \dfrac{-g_{22}}{g_{12}} \\[1em] \dfrac{-g_{11}}{g_{12}} & \dfrac{-1}{g_{12}} \end{matrix}$	$\begin{matrix} \dfrac{a_{22}}{\Delta^a} & \dfrac{a_{12}}{\Delta^a} \\[1em] \dfrac{a_{21}}{\Delta^a} & \dfrac{a_{11}}{\Delta^a} \end{matrix}$	$\begin{matrix} b_{11} & b_{12} \\ b_{21} & b_{22} \end{matrix}$

mit

$$\Delta^v = y_{11}y_{22} - y_{12}y_{21}; \qquad \Delta^g = g_{11}g_{22} - g_{12}g_{21},$$
$$\Delta^z = z_{11}z_{22} - z_{12}z_{21}; \qquad \Delta^a = a_{11}a_{22} - a_{12}a_{21},$$
$$\Delta^h = h_{11}h_{22} - h_{12}h_{21}; \qquad \Delta^b = b_{11}b_{22} - b_{12}b_{21}.$$

Kombination von Vierpolen. Wir wollen nun die Benutzung der verschiedenen Darstellungen diskutieren, wenn die Strom-Spannungs-Beziehungen für eine Schaltkombination aus zwei Vierpolen berechnet werden sollen, deren Vierpolparameter bekannt sind. Die fünf verschiedenen Möglichkeiten sind in den Abb. 7.4a bis e dargestellt. Unsere Aufgabe ist es, die Parameter der neuen, durch die gestrichelten Linien angezeigten Vierpole zu berechnen, wenn wir die Parameter

Tabelle 7.2. *Beziehungen zwischen den Determinanten verschiedener Vierpol-matrixdarstellungen*

Determinante	Ausgedrückt durch					
	y	z	h	g	a	b
Δ^y	—	$\dfrac{1}{\Delta^z}$	$\dfrac{h_{22}}{h_{11}}$	$\dfrac{g_{11}}{g_{22}}$	$\dfrac{a_{21}}{a_{12}}$	$\dfrac{b_{21}}{b_{12}}$
Δ^z	$\dfrac{1}{\Delta^y}$	—	$\dfrac{h_{11}}{h_{22}}$	$\dfrac{g_{22}}{g_{11}}$	$\dfrac{a_{12}}{a_{21}}$	$\dfrac{b_{12}}{b_{21}}$
Δ^h	$\dfrac{y_{22}}{y_{11}}$	$\dfrac{z_{11}}{z_{22}}$	—	$\dfrac{1}{\Delta^g}$	$\dfrac{a_{11}}{a_{22}}$	$\dfrac{b_{22}}{b_{11}}$
Δ^g	$\dfrac{y_{11}}{y_{22}}$	$\dfrac{z_{22}}{z_{11}}$	$\dfrac{1}{\Delta^h}$	—	$\dfrac{a_{22}}{a_{11}}$	$\dfrac{b_{11}}{b_{22}}$
Δ^a	$\dfrac{y_{12}}{y_{21}}$	$\dfrac{z_{12}}{z_{21}}$	$-\dfrac{h_{12}}{h_{21}}$	$-\dfrac{g_{12}}{g_{21}}$	—	$\dfrac{1}{\Delta^b}$
Δ^b	$\dfrac{y_{21}}{y_{12}}$	$\dfrac{z_{21}}{z_{12}}$	$-\dfrac{h_{21}}{h_{12}}$	$-\dfrac{g_{21}}{g_{12}}$	$\dfrac{1}{\Delta^a}$	—

der Vierpole I und II kennen. Aus Abb. 7.4a geht hervor, daß für die Parallelschaltung folgende Beziehungen gelten:

Parallelschaltung (Abb. 7.4a):

$$i_1 = i_3 + i_5, \tag{7.35}$$

$$i_2 = i_4 + i_6, \tag{7.36}$$

$$u_1 = u_3 = u_5, \tag{7.37}$$

$$u_2 = u_4 = u_6. \tag{7.38}$$

Kombiniert man diese Gleichungen mit den Admittanzdarstellungen, Gln. (7.14) bis (7.16), für die beiden Vierpole I und II, so findet man nach einigen Umrechnungen:

$$i_1 = (y_{11,\,\mathrm{I}} + y_{11,\,\mathrm{II}})\,u_1 + (y_{12,\,\mathrm{I}} + y_{12,\,\mathrm{II}})\,u_2 \tag{7.39}$$

und

$$i_2 = (y_{21,\,\mathrm{I}} + y_{21,\,\mathrm{II}})\,u_1 + (y_{22,\,\mathrm{I}} + y_{22,\,\mathrm{II}})\,u_2, \tag{7.40}$$

wo sich die zusätzlichen Indizes auf die Vierpole I bzw. II beziehen. Die neue Vierpolmatrix heißt dann:

$$[y]_{\mathrm{neu}} = \begin{pmatrix} y_{11,\mathrm{I}} + y_{11,\mathrm{II}} & y_{12,\mathrm{I}} + y_{12,\mathrm{II}} \\ y_{21,\mathrm{I}} + y_{21,\mathrm{II}} & y_{22,\mathrm{I}} + y_{22,\mathrm{II}} \end{pmatrix} = \begin{pmatrix} y_{11} & y_{12} \\ y_{21} & y_{22} \end{pmatrix}_{\mathrm{neu}} . \tag{7.41}$$

Die drei letzten Gleichungen zeigen, daß die y-Parameter eines Vierpols, der aus zwei parallelgeschalteten Vierpolen wie in Abb. 7.4a besteht, einfach die Summe der entsprechenden Parameter der beiden einzelnen

Vierpole darstellen. In der Matrizenalgebra nennt man diese Operation *Matrizenaddition*:

$$[y]_{\text{neu}} = [y]_{\text{I}} + [y]_{\text{II}}. \tag{7.42}$$

Die Elemente der Summenmatrix sind die Summen der entsprechenden Elemente in den beiden Einzelmatrizen. Analoge Betrachtungen gelten für die folgenden 3 Fälle in den Abb. 7.4b bis d:

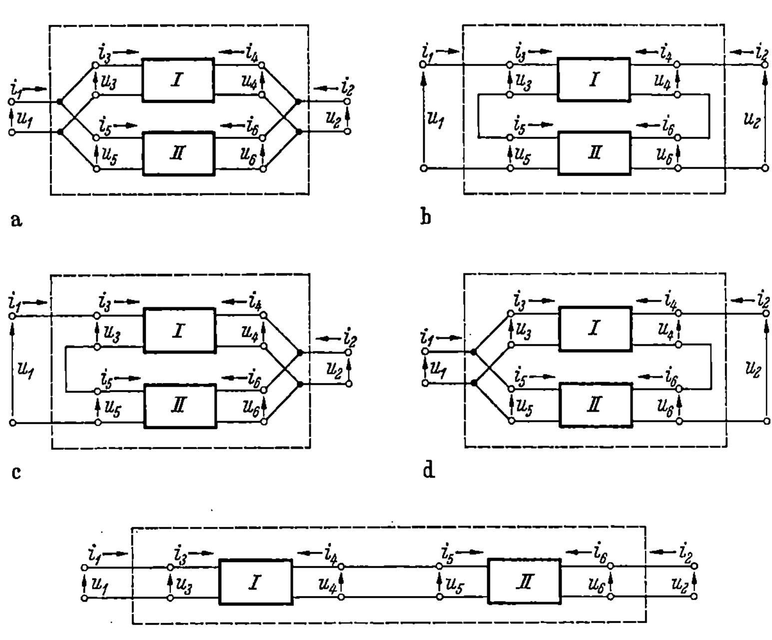

Abb. 7.4. Die 5 Möglichkeiten der Kombination zweier Vierpole. Der neue Vierpol ist durch eine gestrichelte Linie angedeutet. a) Parallelschaltung; b) Reihenschaltung; c) Reihen-Parallel-Schaltung; d) Parallel-Reihen-Schaltung; e) Kettenschaltung

Reihenschaltung (Abb. 7.4 b):

Hilfsgleichungen:

$$i_1 = i_3 = i_5, \tag{7.43}$$

$$i_2 = i_4 = i_6, \tag{7.44}$$

$$u_1 = u_3 + u_5, \tag{7.45}$$

$$u_2 = u_4 + u_6. \tag{7.46}$$

In diesem Fall wählt man die Vierpoldarstellung in z- oder Widerstands-parametern. Man kann durch einfaches Umrechnen leicht folgende Ausdrücke erhalten:

$$u_1 = (z_{11,\,\text{I}} + z_{11,\,\text{II}})\,i_1 + (z_{12,\,\text{I}} + z_{12,\,\text{II}})\,i_2, \tag{7.47}$$

$$u_2 = (z_{21,\,\text{I}} + z_{21,\,\text{II}})\,i_1 + (z_{22,\,\text{I}} + z_{22,\,\text{II}})\,i_2. \tag{7.48}$$

In der Matrizenrechnung bedeutet dies, daß die z-Matrix des neuen Vierpols die Summe der z-Matrizen der Einzelvierpole ist:

$$[z]_\text{neu} = [z]_\text{I} + [z]_\text{II} \qquad (7.49)$$

oder

$$\begin{pmatrix} z_{11} & z_{12} \\ z_{21} & z_{22} \end{pmatrix}_\text{neu} = \begin{pmatrix} z_{11,\text{I}} + z_{11,\text{II}} & z_{12,\text{I}} + z_{12,\text{II}} \\ z_{21,\text{I}} + z_{21,\text{II}} & z_{22,\text{I}} + z_{22,\text{II}} \end{pmatrix}. \qquad (7.50)$$

Aus den beiden bisher behandelten Beispielen geht bereits hervor, daß es für jede Kombination eine Vierpoldarstellung gibt, die speziell für die Berechnung der Parameter des neuen Vierpols geeignet ist. Wenn die Einzelvierpole nicht in den geeigneten Parametern vorliegen, muß eine Transformation durchgeführt werden. Es kann dazu z. B. Tab. 7.1 benutzt werden.

Reihenparallelschaltung (Abb. 7.4c):

Hilfsgleichungen:

$$i_1 = i_3 = i_5, \qquad (7.51)$$

$$i_2 = i_4 + i_6, \qquad (7.52)$$

$$u_1 = u_3 + u_5, \qquad (7.53)$$

$$u_2 = u_4 = u_6. \qquad (7.54)$$

In diesem Fall ist die Darstellung in h-Parametern am passendsten. Neue Vierpolgleichungen:

$$u_1 = (h_{11,\text{I}} + h_{11,\text{II}})\, i_1 + (h_{12,\text{I}} + h_{12,\text{II}})\, u_2, \qquad (7.55)$$

$$i_2 = (h_{21,\text{I}} + h_{21,\text{II}})\, i_1 + (h_{22,\text{I}} + h_{22,\text{II}})\, u_2. \qquad (7.56)$$

Neue Matrix:

$$[h]_\text{neu} = [h]_\text{I} + [h]_\text{II} \qquad (7.57)$$

oder

$$\begin{pmatrix} h_{11} & h_{12} \\ h_{21} & h_{22} \end{pmatrix}_\text{neu} = \begin{pmatrix} h_{11,\text{I}} + h_{11,\text{II}} & h_{12,\text{I}} + h_{12,\text{II}} \\ h_{21,\text{I}} + h_{21,\text{II}} & h_{22,\text{I}} + h_{22,\text{II}} \end{pmatrix}. \qquad (7.58)$$

Parallelreihenschaltung (Abb. 7.4d):

Hilfsgleichungen:

$$i_1 = i_3 + i_5, \qquad (7.59)$$

$$i_2 = i_4 = i_6, \qquad (7.60)$$

$$u_1 = u_3 = u_5, \qquad (7.61)$$

$$u_2 = u_4 + u_6. \qquad (7.62)$$

Hier ist die Darstellung in g-Parametern, Gln. (7.26) bis (7.28), am geeignetsten.

Neue Vierpolgleichungen:

$$i_1 = (g_{11,\text{I}} + g_{11,\text{II}})\, u_1 + (g_{12,\text{I}} + g_{12,\text{II}})\, i_2, \qquad (7.63)$$

$$u_2 = (g_{21,\text{I}} + g_{21,\text{II}})\, u_1 + (g_{22,\text{I}} + g_{22,\text{II}})\, i_2. \qquad (7.64)$$

Neue Matrix:

$$[g]_{\text{neu}} = [g]_{\text{I}} + [g]_{\text{II}} \tag{7.65}$$

oder

$$\begin{pmatrix} g_{11} & g_{12} \\ g_{21} & g_{22} \end{pmatrix}_{\text{neu}} = \begin{pmatrix} g_{11,\text{I}} + g_{11,\text{II}} & g_{12,\text{I}} + g_{12,\text{II}} \\ g_{21,\text{I}} + g_{21,\text{II}} & g_{22,\text{I}} + g_{22,\text{II}} \end{pmatrix}. \tag{7.66}$$

Kettenschaltung (Abb. 7.4e):

Die Kettenschaltung erfordert eine etwas andere Behandlung als die vier vorangegangenen Fälle. Die Hilfsgleichungen sind:

$$i_1 = i_3, \tag{7.67}$$

$$i_4 = -i_5, \tag{7.68}$$

$$i_2 = i_6, \tag{7.69}$$

$$u_1 = u_3, \tag{7.70}$$

$$u_4 = u_5, \tag{7.71}$$

$$u_2 = u_6. \tag{7.72}$$

Als günstigste Charakterisierung erweist sich hier die a-Darstellung der Gln. (7.29) bis (7.31). Die neuen Vierpolgleichungen haben die folgende Form:

$$u_1 = (a_{11,\text{I}} a_{11,\text{II}} + a_{12,\text{I}} a_{21,\text{II}}) u_2 + (a_{11,\text{I}} a_{12,\text{II}} + a_{12,\text{I}} a_{22,\text{II}}) i_2, \tag{7.73}$$

$$i_1 = (a_{21,\text{I}} a_{11,\text{II}} + a_{22,\text{I}} a_{21,\text{II}}) u_2 + (a_{21,\text{I}} a_{12,\text{II}} + a_{22,\text{I}} a_{22,\text{II}}) i_2. \tag{7.74}$$

Die neue Vierpolmatrix ist dann gegeben durch

$$[a]_{\text{neu}} = \begin{pmatrix} a_{11,\text{I}} a_{11,\text{II}} + a_{12,\text{I}} a_{21,\text{II}} & a_{11,\text{I}} a_{12,\text{II}} + a_{12,\text{I}} a_{22,\text{II}} \\ a_{21,\text{I}} a_{11,\text{II}} + a_{22,\text{I}} a_{21,\text{II}} & a_{21,\text{I}} a_{12,\text{II}} + a_{22,\text{I}} a_{22,\text{II}} \end{pmatrix}. \tag{7.75}$$

In der Matrizenrechnung entspricht dies der Multiplikation der folgenden Matrizen:

$$[a]_{\text{neu}} = \begin{pmatrix} a_{11,\text{I}} & a_{12,\text{I}} \\ a_{21,\text{I}} & a_{22,\text{I}} \end{pmatrix} \begin{pmatrix} a_{11,\text{II}} & a_{12,\text{II}} \\ a_{21,\text{II}} & a_{22,\text{II}} \end{pmatrix}. \tag{7.76}$$

Die Regel der Matrizenmultiplikation lautet allgemein folgendermaßen: Ist eine Matrix $[C]$ das Produkt zweier anderer Matrizen $[A]$ und $[B]$,

$$[C] = [A][B], \tag{7.77}$$

dann sind die Elemente C_{ij} gegeben durch

$$C_{ij} = \sum_{k=1}^{k=n} A_{ik} B_{kj}, \tag{7.78}$$

wobei n die Zahl der Spalten in der ersten und die Zahl der Reihen in der zweiten Matrix ist. Im speziellen Fall zweier quadratischer Matrizen mit je 2 Reihen und 2 Spalten findet man:

$$\begin{pmatrix} A_{11} & A_{12} \\ A_{21} & A_{22} \end{pmatrix} \begin{pmatrix} B_{11} & B_{12} \\ B_{21} & B_{22} \end{pmatrix} = \begin{pmatrix} A_{11}B_{11} + A_{12}B_{21} & A_{11}B_{12} + A_{12}B_{22} \\ A_{21}B_{11} + A_{22}B_{21} & A_{21}B_{21} + A_{22}B_{22} \end{pmatrix}.$$

$$(7.79)$$

Diese Produktbildung entspricht den Gln. (7.75) und (7.76).

Sollen in der Kettenschaltung in Abb. 7.4e u_2 und i_2 als Funktionen von u_1 und i_1 ausgedrückt werden, müssen wir die b-Darstellung der Gln. (7.32) bis (7.34) verwenden. Die Vierpolgleichungen haben dann die Form:

$$u_2 = (b_{11,\mathrm{I}}\, b_{11,\mathrm{II}} + b_{21,\mathrm{I}}\, b_{12,\mathrm{II}})\, u_1 + (b_{12,\mathrm{I}}\, b_{11,\mathrm{II}} + b_{22,\mathrm{I}}\, b_{12,\mathrm{II}})\, i_1, \quad (7.80)$$

$$i_2 = (b_{11,\mathrm{I}}\, b_{21,\mathrm{II}} + b_{21,\mathrm{I}}\, b_{22,\mathrm{II}})\, u_1 + (b_{12,\mathrm{I}}\, b_{21,\mathrm{II}} + b_{22,\mathrm{I}}\, b_{22,\mathrm{II}})\, i_1. \quad (7.81)$$

Die neue Matrix $[b]_{\mathrm{neu}}$ ist also wieder ein Produkt zweier b-Matrizen.

$$[b]_{\mathrm{neu}} = \begin{pmatrix} b_{11,\mathrm{II}} & b_{12,\mathrm{II}} \\ b_{21,\mathrm{II}} & b_{22,\mathrm{II}} \end{pmatrix} \begin{pmatrix} b_{11,\mathrm{I}} & b_{12,\mathrm{I}} \\ b_{21,\mathrm{I}} & b_{22,\mathrm{I}} \end{pmatrix}. \quad (7.82)$$

Die Matrizenrechnung erweist sich als ausgezeichnetes Hilfsmittel zur Berechnung der elektrischen Eigenschaften von Vierpolnetzwerken, falls die Parameter der einzelnen Vierpole bekannt sind. Je nach der Art der Schaltverbindung zwischen den einzelnen Vierpolen wird Matrizenaddition oder -multiplikation verwendet.

Bei der Anwendung obiger Vierpolkombinationen müssen gewisse Vorsichtsmaßregeln eingehalten werden, um ihre Gültigkeit zu gewährleisten. Der interessierte Leser kann der entsprechenden Literatur weitere Einzelheiten entnehmen [7, 8].

Spezialfälle der Vierpolkombination, bei denen einzelne Impedanzen in Reihe oder parallel zu bestimmten Anschlüssen geschaltet werden, zeigt Abb. 7.5. Wegen der Wichtigkeit dieser Kombinationen werden wir nun die Änderungen ableiten, die die Vierpolparameter durch die zugeschalteten Impedanzen erleiden. Die neuen Vierpolparameter werden dann wie folgt berechnet:

Abb. 7.5a: Die neue und die alte Eingangsspannung sind folgendermaßen voneinander abhängig:

$$u_1' = u_1 + Z\, i_1, \quad (7.83)$$

so daß die neuen Vierpolparameter lauten:

$$z_{11}' = z_{11} + Z, \qquad z_{12}' = z_{12},$$

$$z_{21}' = z_{21}, \qquad z_{22}' = z_{22}. \quad (7.84)$$

Die gestrichenen Größen stellen die abgewandelten und die ungestrichenen Größen die ursprünglichen Parameter dar. So vergrößert die in die Eingangszuleitung eingefügte Impedanz Z die Leerlaufeingangsimpedanz des Vierpols. Mit Hilfe der Tab. 7.1 ist es möglich, diese Gleichungen in irgendeine andere Darstellung zu transformieren und die Änderungen der y-, h- usw. -Parameter zu bestimmen.

Abb. 7.5b: Die Einfügung einer Impedanz Z in die Ausgangszuleitung läßt die Leerlaufausgangsimpedanz ansteigen, wie folgende Gleichungen zeigen:

$$u_2' = u_2 + Z\,i_2, \tag{7.85}$$

$$z_{11}' = z_{11}, \qquad z_{12}' = z_{12},$$

$$z_{21}' = z_{21}, \qquad z_{22}' = z_{22} + Z. \tag{7.86}$$

Abb. 7.5c: Eine Admittanz Y parallel zu den Eingangsklemmen verändert die Vierpoladmittanzen auf folgende Weise:

$$i_1' = i_1 + Y\,u_1', \tag{7.87}$$

$$y_{11}' = y_{11} + Y, \qquad y_{12}' = y_{12},$$

$$y_{21}' = y_{21}, \qquad y_{22}' = y_{22}. \tag{7.88}$$

Abb. 7.5d: Ähnlich erhöht eine Admittanz Y parallel zum Ausgang die Kurzschlußausgangsadmittanz des Vierpols:

$$y_{11}' = y_{11}, \qquad y_{12}' = y_{12},$$

$$y_{21}' = y_{21}, \qquad y_{22}' = y_{22} + Y. \tag{7.89}$$

Abb. 7.5e: Eine Rückkopplungsadmittanz Y zwischen Eingang und Ausgang ergibt folgende Beziehungen zwischen den Strömen und Spannungen:

$$i_1' = i_1 + i_Y, \tag{7.90}$$

$$i_2' = i_2 - i_Y, \tag{7.91}$$

$$i_Y = (u_1 - u_2)\,Y. \tag{7.92}$$

Die modifizierten Vierpolparameter sind dann gegeben durch

$$y_{11}' = y_{11} + Y, \qquad y_{12}' = y_{12} - Y,$$

$$y_{21}' = y_{21} - Y, \qquad y_{22}' = y_{22} + Y. \tag{7.93}$$

Man erkennt, daß in diesem Fall sämtliche Admittanzen in Mitleidenschaft gezogen werden.

Abb. 7.5f (Transformator mit Phasenumkehr): Die Strom-Spannungs-Beziehungen sind gegeben durch

$$i_1' = i_1 + i_Y, \tag{7.94}$$

$$i_2' = i_2 - i_Y\,(n_1/n_2), \tag{7.95}$$

$$i_Y = [u_1 + u_2\,(n_2/n_1)]\,Y. \tag{7.96}$$

Das Einsetzen dieser Ausdrücke in die Vierpolgleichungen führt zu folgenden abgewandelten Parametern:

$$y_{11}' = y_{11} + Y, \qquad\qquad y_{12}' = y_{12} + Y\,(n_2/n_1),$$

$$y_{21}' = y_{21} - Y\,(n_1/n_2), \qquad y_{22}' = y_{22} - Y. \tag{7.97}$$

Abb. 7.5 g: Die alten und neuen Eingangs- und Ausgangsspannungen sind durch die Gleichungen

$$u_1' = u_1 + (i_1 + i_2)\, Z \qquad (7.98)$$

und

$$u_2' = u_2 + (i_1 + i_2)\, Z. \qquad (7.99)$$

verknüpft. Die neuen z-Parameter lauten dann

$$z_{11}' = z_{11} + Z, \qquad z_{12}' = z_{12} + Z,$$
$$z_{21}' = z_{21} + Z, \qquad z_{22}' = z_{22} + Z. \qquad (7.100)$$

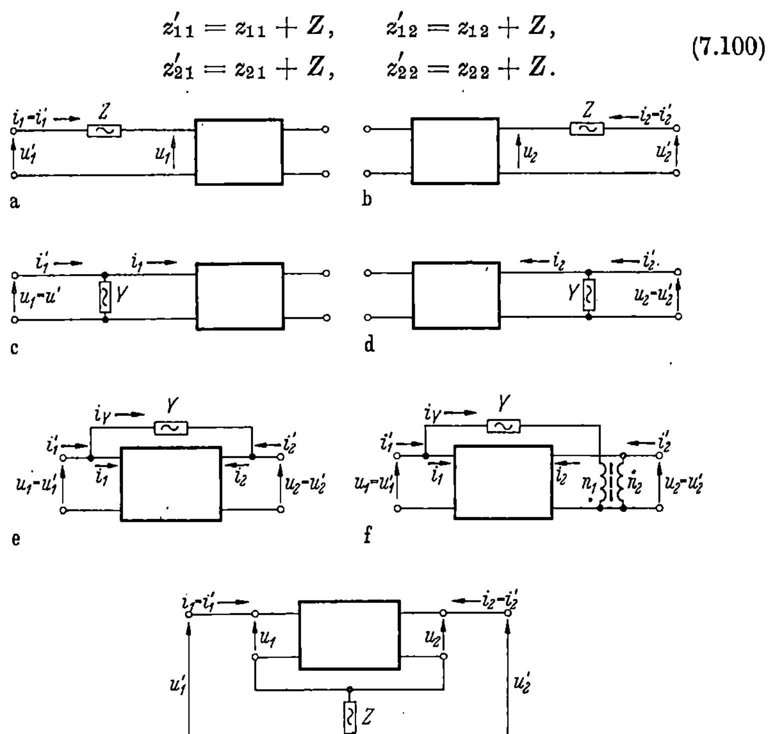

Abb. 7.5. Zur Berechnung der Vierpolparameter des größeren Vierpols aus bekannten Werten eines Vierpols und zugeschalteter äußerer Impedanzen

Passive und aktive Vierpole. Lineare Vierpole teilt man in 2 Gruppen ein, die passiven und aktiven Vierpole. Der passive Vierpol ist definiert durch die Bedingung, daß die in den Vierpol geschickte Leistung unter keinen Umständen negativ sein darf

$$\mathrm{Re}\,(u_1\, i_1^* + u_2\, i_2^*) \geqq 0 \qquad (7.101)$$

(der Stern bezeichnet die konjugiert komplexe Größe). Mit anderen Worten: Die vom Vierpol abgegebene Leistung übersteigt niemals die von außen aufgenommene. Wenn wir die z-Matrix verwenden und neue

Variable einführen

$$z_{11} = m_1 + j\, m_1', \tag{7.102}$$

$$z_{22} = m_2 + j\, m_2', \tag{7.103}$$

$$z_{12} = n + j\, n' - l - j\, l', \tag{7.104}$$

$$z_{21} = n + j\, n' + l + j\, l', \tag{7.105}$$

dann führt die Gl. (7.101) zu folgenden notwendigen und hinreichenden Bedingungen für einen passiven Vierpol [9 bis 12].

$$m_1 \geqq 0, \qquad m_2 \geqq 0,$$
$$m_1\, m_2 - n^2 - l'^2 \geqq 0. \tag{7.106}$$

Falls der passive Vierpol keine Widerstände enthält, gilt

$$m_1 = m_2 = n = l' = 0. \tag{7.107}$$

Reziproke und nichtreziproke Vierpole. Eine andere Unterscheidung von großer Wichtigkeit für die Aufstellung von Ersatzschaltbildern ist die nach reziproken und nichtreziproken Vierpolen. Die Bedingung für reziproke Vierpole ist gegeben durch

$$z_{12} = z_{21} \tag{7.108}$$

oder

$$y_{12} = y_{21} \tag{7.109}$$

oder

$$-h_{12} = h_{21} \tag{7.110}$$

oder

$$-g_{12} = g_{21} \tag{7.111}$$

oder

$$\Delta^a = 1 \tag{7.112}$$

oder

$$\Delta^b = 1. \tag{7.113}$$

Aus Tab. 7.1 geht hervor, daß jede der 6 Gleichungen aus irgendeiner der anderen folgt. Ein reziproker Vierpol ist bereits durch 3 Parameter bestimmt.

Reziprozität hängt nicht davon ab, ob ein Vierpol aktiv oder passiv ist; obwohl die meisten nichtreziproken Vierpole aktiv sind, konnte gezeigt werden, daß es auch passive Vierpole gibt, die die Bedingungen für Reziprozität nicht erfüllen [9 bis 19]. So wurden zusätzlich zu den Widerständen, Kondensatoren, Spulen und Transformatoren die *Gyratoren* als nichtreziproke, passive Schaltelemente eingeführt.

Eigenschaften abgeschlossener Vierpole. Der Vierpol kann durch eine Lastimpedanz Z_L abgeschlossen sein, wie Abb. 7.6 zeigt. Es ist dann oft von Interesse, die Eingangsimpedanz Z_t und die Spannungs- und Stromverstärkung (u_2/u_1) und (i_2/i_1) des Vierpols bei angeschlossener Last Z_L

zu kennen. Die Eingangsimpedanz ist in diesem Fall gegeben durch

$$Z_i = u_1/i_1. \tag{7.114}$$

Sie kann aus jeder der obigen Vierpoldarstellungen durch Einsetzen der Gleichung

$$u_2 = -Z_L\, i_2 \tag{7.115}$$

berechnet werden. Das Minuszeichen in Gl. (7.115) stammt aus der Vorzeichenkonvention für die Ströme und Spannungen an den Vierpolanschlüssen. Ähnlich können die Spannungsverstärkung u_2/u_1 und die Stromverstärkung i_2/i_1 abgeleitet werden, indem man Gl. (7.115) in irgendein System von Vierpolgleichungen einsetzt. Die Ergebnisse solcher Berechnungen zeigt Tab. 7.3.

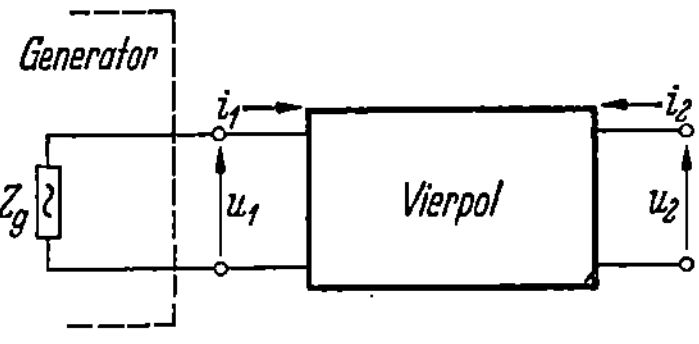

Abb. 7.6
Vierpol, durch eine Lastimpedanz Z_L abgeschlossen

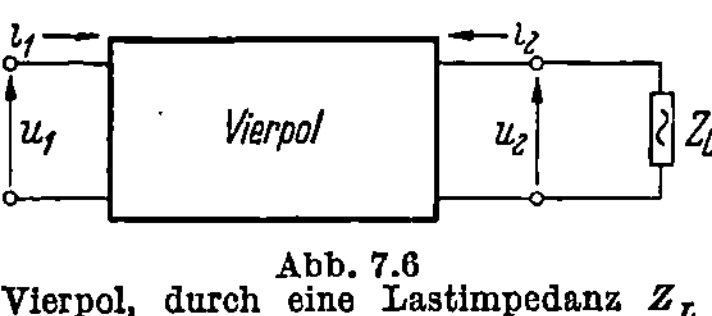

Abb. 7.7
Vierpol, durch einen Generator mit der Impedanz Z_g abgeschlossen

Oft ist es auch wichtig, die Ausgangsimpedanz Z_0 eines Vierpols zu kennen, dessen Eingang an einen Generator mit der Impedanz Z_g angeschlossen ist, wie es Abb. 7.7 zeigt. Die Ausgangsimpedanz

$$Z_o = u_2/i_2 \tag{7.116}$$

erhält man wieder durch Einsetzen der Beziehung $u_1 = -Z_g\, i_1$ in ein System von Vierpolgleichungen. Die Ergebnisse dieser Rechnungen sind in Tab. 7.3 mit den Ausdrücken für die Leistungsverstärkung zusammengefaßt

$$G = \frac{\mathrm{Re}(Z_L)\, i_2\, i_2^*}{\mathrm{Re}(Z_i)\, i_1\, i_1^*}. \tag{7.117}$$

B. Der Transistor als Vierpol

Die zur Bezeichnung eines Transistors in Schaltbildern gebräuchlichen Symbole sind in Abb. 7.8 dargestellt. Der Pfeil am Emitteranschluß zeigt in Richtung des Stromflusses bei normalem Betrieb, d. h., im Fall eines PNP-Transistors vom Emitter zur Basis und beim NPN-Transistor von der Basis zum Emitter. Es gibt 3 verschiedene Möglichkeiten, einen Transistor als Vierpol anzuordnen: die Basis-, Emitter- und Kollektorschaltung. Alle drei Schaltungen sind in Abb. 7.9 dargestellt. Sind die Vierpolparameter eines Transistors in einer der 3 Schaltungen bekannt, so können sie für die beiden anderen daraus abgeleitet werden. Zu diesem Zweck fügen wir die Indizes b, e und c an die Formelzeichen, um zwischen Basis-, Emitter und Kollektorschaltung zu unterscheiden. So ist y_{11e} die *Kurzschlußeingangsadmittanz in Emitterschaltung* (für kleine Signale).

Tabelle 7.3. *Eigenschaften des abgeschlossenen Vierpols*
Z_g = Generatorimpedanz, Z_L = Lastimpedanz, R_L = Re(Z_L)

Ausgedrückt durch	Eingangsimpedanz Z_i	Spannungsverstärkung u_2/u_1	Stromverstärkung i_2/i_1	Ausgangsimpedanz Z_o	Leistungsverstärkung $\dfrac{R_L\, i_2\, i_2^*}{\mathrm{Re}(Z_i)\, i_1\, i_1^*}$
y	$\dfrac{1 + y_{22}Z_L}{y_{11} + \Delta^y Z_L}$	$\dfrac{-y_{21}Z_L}{1 + y_{22}Z_L}$	$\dfrac{y_{21}}{y_{11} + \Delta^y Z_L}$	$\dfrac{1 + y_{11}Z_g}{y_{22} + \Delta^y Z_g}$	$\dfrac{R_L\, y_{21}\, y_{21}^*}{\mathrm{Re}[(1 + y_{22}Z_L)\cdot(y_{11} + \Delta^y Z_L)^*]}$
z	$\dfrac{\Delta^z + z_{11}Z_L}{z_{22} + Z_L}$	$\dfrac{z_{21}Z_L}{\Delta^z + z_{11}Z_L}$	$\dfrac{-z_{21}}{z_{22} + Z_L}$	$\dfrac{\Delta^z + z_{22}Z_g}{z_{11} + Z_g}$	$\dfrac{R_L\, z_{21}\, z_{21}^*}{\mathrm{Re}[(\Delta^z + z_{11}Z_L)(z_{22} + Z_L)^*]}$
h	$\dfrac{h_{11} + \Delta^h Z_L}{1 + h_{22}Z_L}$	$\dfrac{-h_{21}Z_L}{h_{11} + \Delta^h Z_L}$	$\dfrac{h_{21}}{1 + h_{22}Z_L}$	$\dfrac{h_{11} + Z_g}{\Delta^h + h_{22}Z_g}$	$\dfrac{R_L\, h_{21}\, h_{21}^*}{\mathrm{Re}[(h_{11} + \Delta^h Z_L)(1 + h_{22}Z_L)^*]}$
g	$\dfrac{g_{22} + Z_L}{\Delta^g + g_{11}Z_L}$	$\dfrac{g_{21}Z_L}{g_{22} + Z_L}$	$\dfrac{-g_{21}}{\Delta^g + g_{11}Z_L}$	$\dfrac{g_{22} + \Delta^g Z_g}{1 + g_{11}Z_g}$	$\dfrac{R_L\, g_{21}\, g_{21}^*}{\mathrm{Re}[(g_{22} + Z_L)(\Delta^g + g_{11}Z_L)^*]}$
a	$\dfrac{a_{12} + a_{11}Z_L}{a_{22} + a_{21}Z_L}$	$\dfrac{Z_L}{a_{12} + a_{11}Z_L}$	$\dfrac{-1}{a_{22} + a_{21}Z_L}$	$\dfrac{a_{12} + a_{22}Z_g}{a_{11} + a_{21}Z_g}$	$\dfrac{R_L}{\mathrm{Re}[(a_{12} + a_{11}Z_L)(a_{22} + a_{21}Z_L)^*]}$
b	$\dfrac{b_{12} + b_{22}Z_L}{b_{11} + b_{21}Z_L}$	$\dfrac{\Delta^b Z_L}{b_{12} + b_{22}Z_L}$	$\dfrac{-\Delta^b}{b_{11} + b_{21}Z_L}$	$\dfrac{b_{12} + b_{11}Z_g}{b_{22} + b_{21}Z_g}$	$\dfrac{R_L(\Delta^b)\,(\Delta^b)^*}{\mathrm{Re}[(b_{12} + b_{22}Z_L)(b_{11} + b_{21}Z_L)^*]}$

Man beachte, daß bei Lastadmittanzen von der Form

$$Y_L = G_L + \mathrm{j}\, B_L$$

(z. B. Schwingkreise) an die Stelle von R_L nicht $1/G_L$ tritt, sondern

$$R_L = \frac{G_L}{Y_L\, Y_L^*}.$$

Als Beispiel für diese Transformationen werden wir die h-Parameter h_{ikb} ableiten. Die Vierpolgleichungen für die beiden Schaltungsarten sind

$$u_{1b} = h_{11b}\, i_{1b} + h_{12b}\, u_{2b}, \qquad (7.118)$$

$$i_{2b} = h_{21b}\, i_{1b} + h_{22b}\, u_{2b} \qquad (7.119)$$

und

$$u_{1e} = h_{11e}\, i_{1e} + h_{12e}\, u_{2e}, \qquad (7.120)$$

$$i_{2e} = h_{21e}\, i_{1e} + h_{22e}\, u_{2e}. \qquad (7.121)$$

Vergleicht man Betrag und Richtung der Ströme und Spannungen in den Abb. 7.9a und b, so findet man folgende Zusammenhänge:

$$i_{1e} = -(i_{1b} + i_{2b}), \qquad (7.122)$$

$$i_{2e} = i_{2b}, \qquad (7.123)$$

$$u_{1e} = -u_{1b}, \qquad (7.124)$$

$$u_{2e} = u_{2b} - u_{1b}. \qquad (7.125)$$

Das Einsetzen der Gln. (7.122) bis (7.125) in (7.120) und (7.121) führt zu

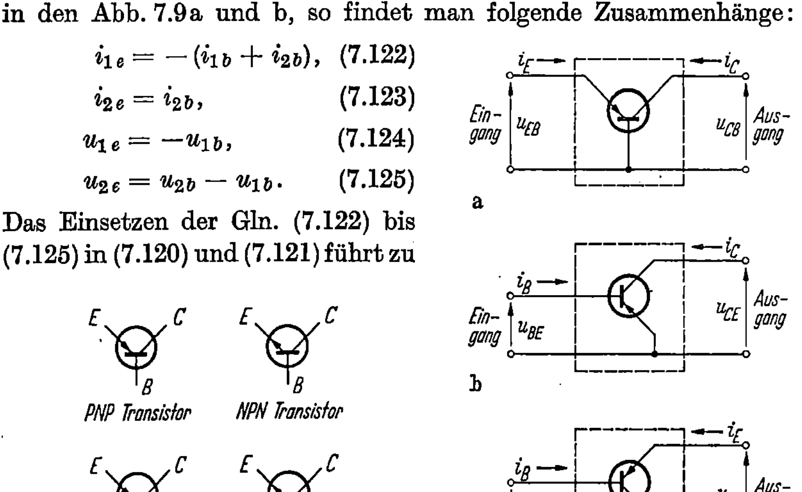

Abb. 7.8. Transistorsymbole

Abb. 7.9. Grundlegende Transistorschaltungen. a) Basisschaltung; b) Emitterschaltung; c) Kollektorschaltung

folgenden h-Parametern für die Basisschaltung, ausgedrückt durch die h-Parameter der Emitterschaltung:

$$h_{11b} = \frac{h_{11e}}{1 + \Delta_e^h + h_{21e} - h_{12e}}, \qquad (7.126)$$

$$h_{12b} = \frac{\Delta_e^h - h_{12e}}{1 + \Delta_e^h + h_{21e} - h_{12e}}, \qquad (7.127)$$

$$h_{21b} = \frac{-(\Delta_e^h + h_{21e})}{1 + \Delta_e^h + h_{21e} - h_{12e}}, \qquad (7.128)$$

$$h_{22b} = \frac{h_{22e}}{1 + \Delta_e^h + h_{21e} - h_{12e}}. \qquad (7.129)$$

Der Zusammenhang zwischen den Parametern der Basisschaltung und denen der Kollektorschaltung (Abb. 7.9a und c) wird durch folgende

Tabelle 7.4. *Transformationen der Vierpoladmittanzen der Basis-, Emitter- und Kollektorschaltung*

Matrix	[y] Ausgedrückt durch		
	y_{ikb}	y_{ike}	y_{ikc}
$[y]_b$	$y_{11b} \quad y_{12b}$ $y_{21b} \quad y_{22b}$	$y_{11e}+y_{12e}+y_{21e}+y_{22e} \quad -(y_{12e}+y_{22e})$ $-(y_{21e}+y_{22e}) \quad y_{22e}$	$y_{22c} \quad -(y_{21c}+y_{22c})$ $-(y_{12c}+y_{22c}) \quad y_{11c}+y_{12c}+y_{21c}+y_{22c}$
$[y]_e$	$y_{11b}+y_{12b}+y_{21b}+y_{22b} \quad -(y_{12b}+y_{22b})$ $-(y_{21b}+y_{22b}) \quad y_{22b}$	$y_{11e} \quad y_{12e}$ $y_{21e} \quad y_{22e}$	$y_{11c} \quad -(y_{11c}+y_{12c})$ $-(y_{11c}+y_{21c}) \quad y_{11c}+y_{12c}+y_{21c}+y_{22c}$
$[y]_c$	$y_{11b}+y_{12b}+y_{21b}+y_{22b} \quad -(y_{11b}+y_{21b})$ $-(y_{11b}+y_{12b}) \quad y_{11b}$	$+y_{11e} \quad -(y_{11e}+y_{12e})$ $-(y_{11e}+y_{21e}) \quad y_{11e}+y_{12e}+y_{21e}+y_{22e}$	$y_{11c} \quad y_{12c}$ $y_{21c} \quad y_{22c}$
Determinante			
Δ_b^y	$y_{11b}\,y_{22b} - y_{12b}\,y_{21b}$	Δ_e^y	Δ_c^y
Δ_e^y	Δ_b^y	$y_{11e}\,y_{22e} - y_{12e}\,y_{21e}$	Δ_c^y
Δ_c^y	Δ_b^y	Δ_e^y	$y_{11c}\,y_{22c} - y_{12c}\,y_{21c}$

Tabelle 7.5. *Transformationen der Vierpolimpedanzen der Basis-, Emitter- und Kollektorschaltung*

[z] Ausgedrückt durch

Matrix	z_{ikb}	z_{ike}	z_{ikc}
$[z]_b$	$\begin{matrix} z_{11b} & z_{12b} \\ z_{21b} & z_{22b} \end{matrix}$	$\begin{matrix} z_{11e} & z_{11e}-z_{12e} \\ z_{11e}-z_{21e} & z_{11e}-z_{12e}-z_{21e}+z_{22e} \end{matrix}$	$\begin{matrix} z_{11c}-z_{12c}-z_{21c}+z_{22c} & z_{11c}-z_{21c} \\ z_{11c}-z_{12c} & z_{11c} \end{matrix}$
$[z]_e$	$\begin{matrix} z_{11b} & z_{11b}-z_{12b} \\ z_{11b}-z_{21b} & z_{11b}-z_{12b}-z_{21b}+z_{22b} \end{matrix}$	$\begin{matrix} z_{11e} & z_{12e} \\ z_{21e} & z_{22e} \end{matrix}$	$\begin{matrix} z_{11c}-z_{12c}-z_{21c}+z_{22c} & z_{22c}-z_{12c} \\ z_{22c}-z_{21c} & z_{22c} \end{matrix}$
$[z]_c$	$\begin{matrix} z_{22b} & z_{22b}-z_{21b} \\ z_{22b}-z_{12b} & z_{11b}-z_{12b}-z_{21b}+z_{22b} \end{matrix}$	$\begin{matrix} z_{11e}-z_{12e}-z_{21e}+z_{22e} & z_{22e}-z_{12e} \\ z_{22e}-z_{21e} & z_{22e} \end{matrix}$	$\begin{matrix} z_{11c} & z_{12c} \\ z_{21c} & z_{22c} \end{matrix}$
Determinante			
Δ_b^z	$z_{11b}z_{22b}-z_{12b}z_{21b}$	Δ_e^z	Δ_c^z
Δ_e^z	Δ_b^z	$z_{11e}z_{22e}-z_{12e}z_{21e}$	Δ_c^z
Δ_c^z	Δ_b^z	Δ_e^z	$z_{11c}z_{22c}-z_{12c}z_{21c}$

Tabelle 7.6. *Transformationen der Vierpol-h-Parameter der Basis-, Emitter- und Kollektorschaltung*

Matrix	[h] Ausgedrückt durch		
	h_{ikb}	h_{ike}	h_{ikc}
$[h]_b$	$\begin{matrix} h_{11b} & h_{12b} \\ h_{21b} & h_{22b} \end{matrix}$	$\begin{matrix} \dfrac{h_{11e}}{1+\Delta_e^h+h_{21e}-h_{12e}} & \dfrac{\Delta_e^h-h_{12e}}{1+\Delta_e^h+h_{21e}-h_{12e}} \\[2ex] \dfrac{-(\Delta_e^h+h_{21e})}{1+\Delta_e^h+h_{21e}-h_{12e}} & \dfrac{h_{22e}}{1+\Delta_e^h+h_{21e}-h_{12e}} \end{matrix}$	$\begin{matrix} \dfrac{h_{11c}}{\Delta_c^h} & \dfrac{h_{21c}+\Delta_c^h}{\Delta_c^h} \\[2ex] \dfrac{h_{12c}-\Delta_c^h}{\Delta_c^h} & \dfrac{h_{22c}}{\Delta_c^h} \end{matrix}$
$[h]_e$	$\begin{matrix} \dfrac{h_{11b}}{1+\Delta_b^h+h_{21b}-h_{12b}} & \dfrac{\Delta_b^h-h_{12b}}{1+\Delta_b^h+h_{21b}-h_{12b}} \\[2ex] \dfrac{-(h_{21b}+\Delta_b^h)}{1+\Delta_b^h+h_{21b}-h_{12b}} & \dfrac{h_{22b}}{1+\Delta_b^h+h_{21b}-h_{12b}} \end{matrix}$	$\begin{matrix} h_{11e} & h_{12e} \\ h_{21e} & h_{22e} \end{matrix}$	$\begin{matrix} h_{11c} & 1-h_{12c} \\ -(1+h_{21c}) & h_{22c} \end{matrix}$
$[h]_c$	$\begin{matrix} \dfrac{h_{11b}}{1+\Delta_b^h+h_{21b}-h_{12b}} & \dfrac{1+h_{21b}}{1+\Delta_b^h+h_{21b}-h_{12b}} \\[2ex] \dfrac{h_{12b}-1}{1+\Delta_b^h+h_{21b}-h_{12b}} & \dfrac{h_{22b}}{1+\Delta_b^h+h_{21b}-h_{12b}} \end{matrix}$	$\begin{matrix} h_{11e} & 1-h_{12e} \\ -(1+h_{21e}) & h_{22e} \end{matrix}$	$\begin{matrix} h_{11c} & h_{12c} \\ h_{21c} & h_{22c} \end{matrix}$
Determinante			
Δ_b^h	$h_{11b}h_{22b}-h_{12b}h_{21b}$	$\dfrac{\Delta_e^h}{1+\Delta_e^h+h_{21e}-h_{12e}}$	$\dfrac{1+\Delta_c^h+h_{21c}-h_{12}}{\Delta_c^h}$
Δ_e^h	$\dfrac{\Delta_b^h}{1+\Delta_b^h+h_{21b}-h_{12b}}$	$h_{11e}h_{22e}-h_{12e}h_{21e}$	$1+\Delta_c^h+h_{21c}-h_{12c}$
Δ_c^h	$\dfrac{1}{1+\Delta_b^h+h_{21b}-h_{12b}}$	$1+\Delta_e^h+h_{21e}-h_{12e}$	$h_{11c}h_{22c}-h_{12c}h_{21c}$

Beziehungen hergestellt

$$i_{1c} = -(i_{1b} + i_{2b}),\qquad(7.130)$$

$$i_{2b} = i_{1b},\qquad(7.131)$$

$$u_{1c} = -u_{2b},\qquad(7.132)$$

$$u_{2c} = u_{1b} - u_{2b}.\qquad(7.133)$$

Die Gln. (7.130) bis (7.133) zusammen mit den Gln. (7.122) bis (7.125) erlauben es, die Vierpolparameter für eine Schaltungsart durch die Parameter einer der beiden anderen Schaltungsarten auszudrük- ken. Die Ergebnisse solcher Berechnungen sind in den Tab. 7.4 bis 7.6 dargestellt.

C. Ersatzschaltungen

Zur besseren Veranschaulichung der Eigenschaften eines Vierpols und zur Erleichterung der Arbeit des Schaltungstechnikers ist es üblich, Ersatzschaltbilder für Vierpole aufzustellen. Es ist im allgemeinen erwünscht, daß ein solches Ersatz- schaltbild nur bekannte passive Elemente, wie Widerstände, Spu- len, Kondensatoren und Transfor- matoren enthält, sowie einen oder 2 Spannungs- oder Stromgene- ratoren, falls der Vierpol aktiv ist. Ein Ersatzschaltbild kann viele ver- schiedene Formen haben. Auf den

Abb. 7.10. Grundform des aus der z-Darstellung abgeleiteten Ersatzschaltbildes

folgenden Seiten wollen wir zunächst die Verfahren diskutieren, mit deren Hilfe die Parameter eines Ersatzschaltbildes abgeleitet werden können. Im nächsten Abschnitt werden wir dann diese Erkenntnisse auf Transistoren an- wenden und die Gesichtspunkte diskutieren, die den Ausschlag für die Wahl eines be- stimmten Ersatzschaltbildes geben.

Das triviale Ersatzschaltbild mit 2 Gene- ratoren. Wenn wir jede der beiden Vierpol- gleichungen (7.20) und (7.21) getrennt be- trachten

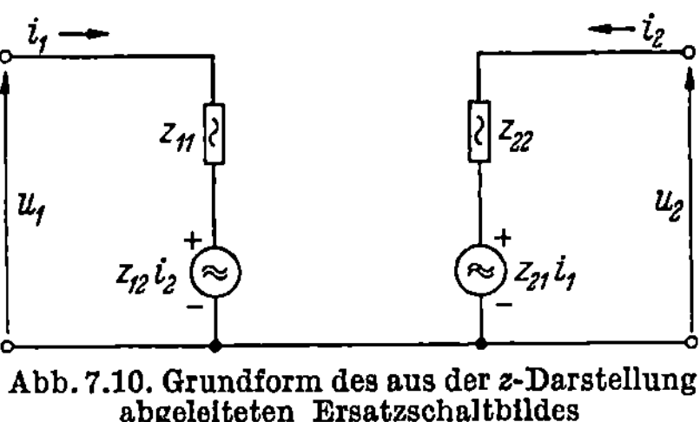

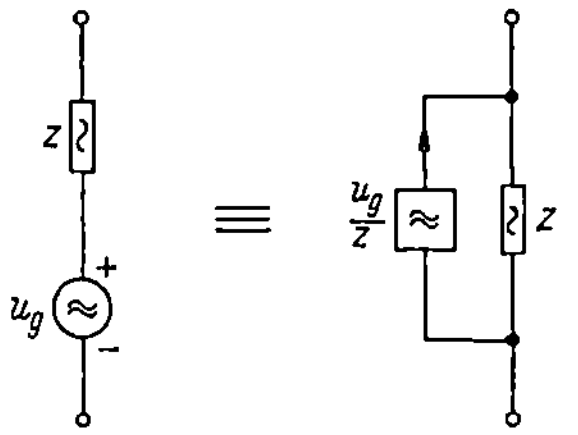

Abb. 7.11. Ein Spannungsgene- rator u_g in Reihe mit einer Im- pedanz z ist einem Stromgene- rator $i_g = u_g/z$ parallel zur Impedanz z gleichwertig

$$u_1 = z_{11}\,i_1 + z_{12}\,i_2,\qquad(7.20)$$

$$u_2 = z_{21}\,i_1 + z_{22}\,i_2,\qquad(7.21)$$

können wir offensichtlich das in Abb. 7.10 gezeigte triviale Ersatzschaltbild aufstellen. Sein Eingangszweig entspricht Gl. (7.20), sein Ausgangszweig Gl. (7.21). Jeder enthält eine Impedanz z_{11} und z_{22}, in Reihe mit je einem Spannungsgenerator, $z_{12}\,i_2$ und $z_{21}\,i_1$, zur Beschreibung der Wechselwirkung zwischen Eingang und Ausgang. Von dieser Grundkonzeption sind mehrere Abwandlungen möglich, von denen einige in Abb. 7.12 dargestellt sind. Zunächst ist zu bemerken, daß der Vierpol durch irgendeine·der anderen Darstellungen beschrieben werden kann, weil die Impedanzen z_{ik} durch andere Parameter entsprechend

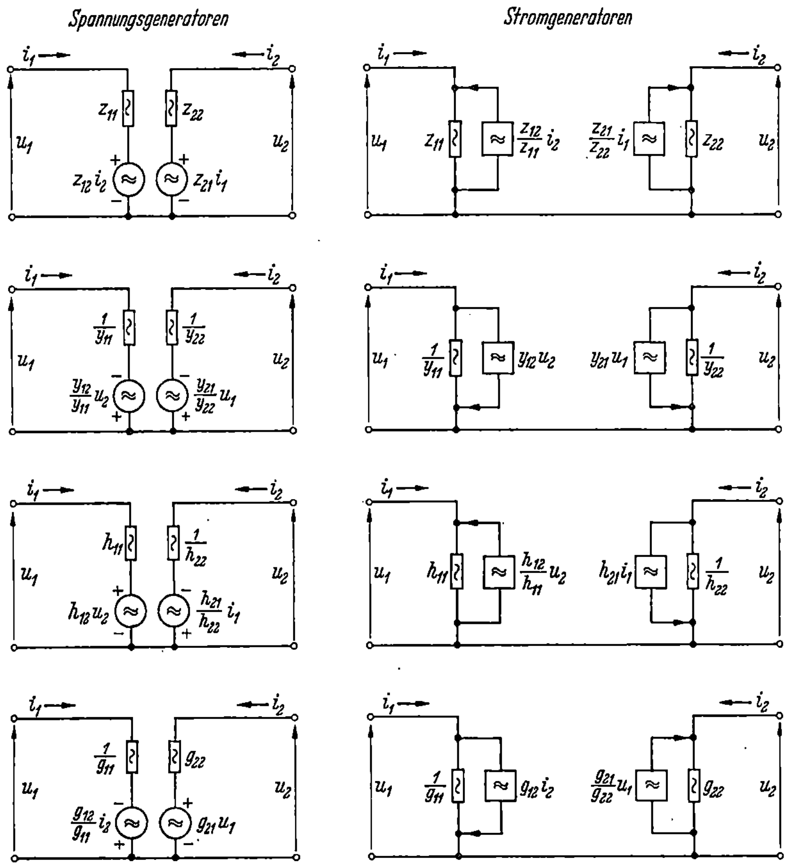

Abb. 7.12. Gleichwertige Formen des Ersatzschaltbildes mit 2 Generatoren

Tab. 7.1 ersetzbar sind. Weiterhin ist jeder Spannungsgenerator in Reihe mit einer Impedanz Z einem Stromgenerator $i_g = u_g/Z$ mit einer Parallelimpedanz Z vollständig äquivalent (s. Abb. 7.11). Wir können also die Spannungsgeneratoren in der Schaltung von Abb. 7.10 durch Stromgeneratoren ersetzen, wie Abb. 7.12 (rechts) zeigt. Es besteht natürlich auch die Möglichkeit, in dem einen Zweig einen Spannungsgenerator und in dem anderen einen Stromgenerator anzunehmen. Der Leser wird sich erinnern, daß jede Schaltung mit 2 Anschlüssen als äquivalenter Spannungs- oder Stromgenerator betrachtet werden kann. Die innere Impedanz Z_g ist die Impedanz, die an den beiden Klemmen gemessen wird, wenn die innere Stromquelle abgetrennt oder die innere Spannungsquelle überbrückt ist. Die Generatorspannung u_g ist die an den beiden Klemmen gemessene Leerlaufspannung, der Generatorstrom i_g ist der durch die Klemmen fließende Kurzschlußstrom.

Die Konstruktion der Ersatzschaltbilder in den Abb. 7.10 und 7.12 war ein rein formaler Vorgang. Die Widerstände $\mathrm{Re}(z_{11})$ und $\mathrm{Re}(z_{22})$ können in einem aktiven Vierpol negativ sein, so daß sie durch passive Schaltelemente nicht realisiert werden können; oder sie können zwar positiv sein, aber eine derart komplizierte Frequenzabhängigkeit

ausgedrückt durch	z_1	z_2	z_3
z_{ik}	$z_{11}-z_{12}$	$z_{22}-z_{21}$	$z_{12}=z_{21}$
y_{ik}	$(y_{22}+y_{12})/\Delta^y$	$(y_{11}+y_{21})/\Delta^y$	$-y_{12}/\Delta^y=-y_{21}/\Delta^y$
h_{ik}	$(\Delta^h-h_{12})/h_{22}$	$(1+h_{21})/h_{22}$	$h_{12}/h_{22}=-h_{21}/h_{22}$
g_{ik}	$(1+g_{12})/g_{11}$	$(\Delta^g-g_{21})/g_{11}$	$-g_{12}/g_{11}=-g_{12}/g_{11}$
a_{ik}	$(a_{11}-\Delta^a)/a_{21}$	$(a_{22}-1)/a_{21}$	$\Delta^a/a_{21}-1/a_{21}$
b_{ik}	$(b_{22}-1)/b_{21}$	$(b_{11}-b_{22})/b_{21}$	$1/b_{21}-\Delta^b/b_{21}$

Abb. 7.13. T-Ersatzschaltung für den reziproken Vierpol ($z_{12} = z_{21}$)

zeigen, daß es schwierig ist, sie aus einer erträglichen Anzahl bekannter passiver Elemente aufzubauen. Außerdem ist es manchmal nicht möglich, die Frequenzabhängigkeit der Strom- und Spannungsgeneratoren mit einfachen Beziehungen zu beschreiben. So ist es für komplizierte aktive Vierpole oft unmöglich, ein für alle Frequenzen gültiges Ersatzschaltbild aufzustellen. Dagegen kann es sehr wohl möglich sein, ein solches für einen begrenzten Frequenzbereich anzugeben. Dies wird man insbesondere dann tun, wenn die Ersatzschaltung nur eine kleine Anzahl von Elementen enthalten soll.

Ersatzschaltbilder mit einem Generator. Anstatt die beiden Vierpolgleichungen getrennt zu betrachten, ist es möglich, Ersatzschaltungen aufzubauen, die nur einen Spannungs- oder Stromgenerator enthalten.

Die Ersatzschaltungen für passive reziproke Vierpole sind seit langem bekannt [1 bis 5]. Die wichtigsten Darstellungsarten sind das T- und II-Ersatzschaltbild, die Abb. 7.13 und 7.14 zeigen.

T-*Ersatzschaltbild.* Die Werte für die 3 Impedanzen z_1, z_2, z_3 in Abb. 7.13 können in einfacher Weise aus den z_{ik}-Parametern abgeleitet werden, wenn die Gln. (7.20) und (7.21) in der folgenden Form geschrieben werden

$$u_1 = (z_{11} - z_{12})\, i_1 + z_{12}(i_1 + i_2), \qquad (7.134)$$

$$u_2 = z_{21}(i_1 + i_2) + (z_{22} - z_{21})\, i_2. \qquad (7.135)$$

Dabei ist zu berücksichtigen, daß $z_{12} = z_{21}$ ist. Wenn man in Abb. 7.13 z_1 durch $z_{11} - z_{12}$, z_2 durch $z_{22} - z_{12}$ und z_3 durch z_{12} ersetzt, so findet man, daß das T-Ersatzschaltbild dieselben Parameter wie der ursprüngliche Vierpol besitzt. Diese und die folgenden Ausdrücke für die einzelnen Elemente der Ersatzschaltungen lassen sich einfach durch An-

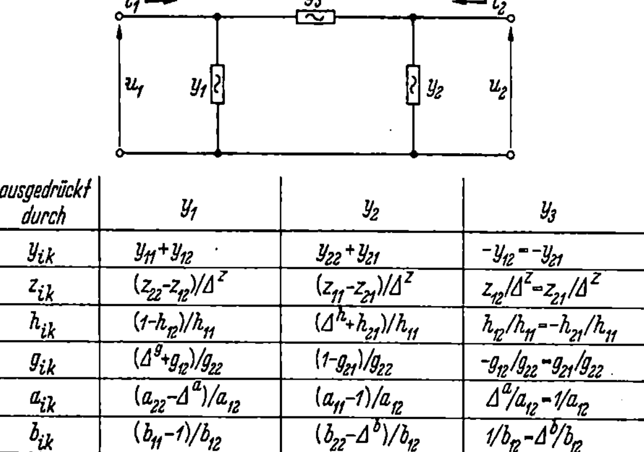

ausgedrückt durch	y_1	y_2	y_3
y_{ik}	$y_{11} + y_{12}$	$y_{22} + y_{21}$	$-y_{12} = -y_{21}$
z_{ik}	$(z_{22} - z_{12})/\Delta^z$	$(z_{11} - z_{21})/\Delta^z$	$z_{12}/\Delta^z = z_{21}/\Delta^z$
h_{ik}	$(1 - h_{12})/h_{11}$	$(\Delta^h + h_{21})/h_{11}$	$h_{12}/h_{11} = -h_{21}/h_{11}$
g_{ik}	$(\Delta^g + g_{12})/g_{22}$	$(1 - g_{21})/g_{22}$	$-g_{12}/g_{22} = -g_{21}/g_{22}$
a_{ik}	$(a_{22} - \Delta^a)/a_{12}$	$(a_{11} - 1)/a_{12}$	$\Delta^a/a_{12} = 1/a_{12}$
b_{ik}	$(b_{11} - 1)/b_{12}$	$(b_{22} - \Delta^b)/b_{12}$	$1/b_{12} = \Delta^b/b_{12}$

Abb. 7.14. Π-Ersatzschaltung für den reziproken Vierpol ($y_{12} = y_{21}$)

wenden der KIRCHHOFFschen Gesetze auf die Knoten und Maschen der Ersatzschaltung ableiten.

Abb. 7.13 enthält z_1, z_2 und z_3 auch ausgedrückt durch die Parameter der anderen Vierpoldarstellungen. Diese erhält man mit Hilfe von Tab. 7.1 aus den z_{ik}. Aus der Tabelle in Abb. 7.13 geht hervor, daß sich das T-Ersatzschaltbild am einfachsten aus der z-Darstellung ableiten läßt.

Π-*Ersatzschaltbild.* Wenn wir von der y-Darstellung ausgehen und sie in folgender Weise umschreiben

$$i_1 = (y_{11} + y_{12})\, u_1 - y_{12}(u_1 - u_2), \qquad (7.136)$$

$$i_2 = y_{21}(u_1 - u_2) + (y_{22} + y_{21})\, u_2, \qquad (7.137)$$

können wir diese Vierpolbeziehungen durch die Schaltung in Abb. 7.14, die sog. Π-Ersatzschaltung, verwirklichen. Hier ist es nun wieder offensichtlich, daß es am bequemsten ist, die Π-Ersatzschaltung zu verwenden, wenn die Vierpolparameter in der y-Darstellung gegeben sind.

Es ist also sehr einfach, ganz formal ein Ersatzschaltbild für einen reziproken Vierpol zu finden. Ist der Vierpol passiv, dann bleibt nur

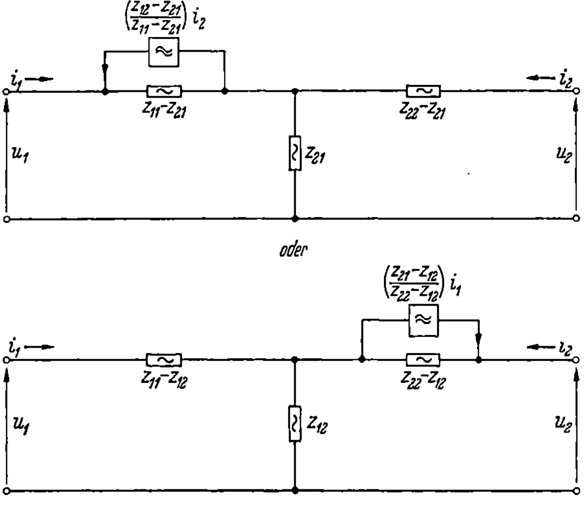

Abb. 7.15. T-Ersatzschaltbilder für den nichtreziproken Vierpol mit Spannungsgeneratoren

das Problem, die Impedanzen z_1, z_2 und z_3 oder die Admittanzen y_1, y_2 und y_3 so zusammenzusetzen, daß sie die gegebene Frequenzabhängig-

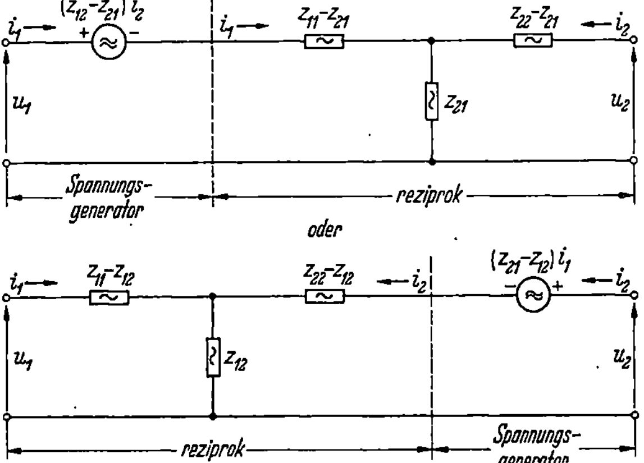

Abb. 7.16. T-Ersatzschaltbilder für den nichtreziproken Vierpol mit Stromgeneratoren

keit des Vierpols zeigen. Das ist manchmal eine schwierige Aufgabe. Ist der Vierpol reziprok, aber aktiv, dann haben die Impedanzen der

Ersatzschaltung negative Realteile. Dies kann umgangen werden, wenn
man den aktiven Vierpol in einen passiven und einen aktiven Teil zerlegt. Der aktive Teil wird dann durch einen Strom- oder Spannungsgenerator repräsentiert. Der Transistor ist jedoch als nichtreziproker
Vierpol zu betrachten und wir müssen das genannte Verfahren etwas ab-
ändern. Wir teilen den Vierpol auf in einen reziproken Teil, der wie

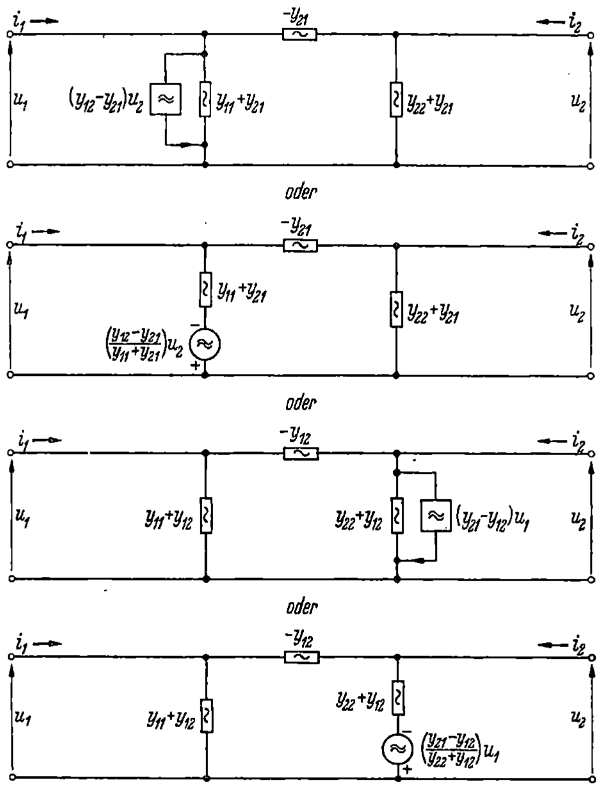

Abb. 7.17. Π-Ersatzschaltbilder für den nichtreziproken Vierpol mit einem Strom- oder einem
Spannungsgenerator

oben durch ein T- oder Π-Ersatzschaltbild dargestellt werden kann,
und in einen nichtreziproken Teil, den wir durch einen mit dem
reziproken Vierpol geeignet verketteten Strom- oder Spannungsgenerator darstellen.

Wir betrachten zunächst wieder die z-Matrix

$$u_1 = z_{11}\,i_1 + z_{12}\,i_2, \qquad (7.20)$$

$$u_2 = z_{21}\,i_1 + z_{22}\,i_2, \qquad (7.21)$$

15*

wobei wir jetzt $z_{12} \neq z_{21}$ annehmen. Die Trennung in einen reziproken und einen nichtreziproken Teil kann auf zwei verschiedene Arten erfolgen

I	$$u_1 = z_{11}\, i_1 + z_{21}\, i_2 + (z_{12} - z_{21})\, i_2, \qquad (7.138)$$

$$u_2 = \underbrace{z_{21}\, i_1 + z_{22}\, i_2}_{\text{reziprok}} \underbrace{\qquad\qquad}_{\text{nichtreziprok}} \qquad (7.139)$$

oder

II	$$u_1 = z_{11}\, i_1 + z_{12}\, i_2, \qquad (7.140)$$

$$u_2 = \underbrace{z_{12}\, i_1 + z_{22}\, i_2}_{\text{reziprok}} + \underbrace{(z_{21} - z_{12})\, i_1}_{\text{nichtreziprok}}. \qquad (7.141)$$

Die reziproken Teile können nun durch das T-Ersatzschaltbild von Abb. 7.13 dargestellt werden. Die nichtreziproken Teile verlangen Spannungsgeneratoren im Eingangs- bzw. Ausgangszweig. Dies zeigt Abb. 7.15. Wie im Zusammenhang mit Abb. 7.11 erklärt wurde, kann ein in Reihe mit einer Impedanz geschalteter Spannungsgenerator in einen Stromgenerator parallel zur Impedanz transformiert werden. Führt man diese Transformation an den Schaltungen in Abb. 7.15 aus, dann erhält man die T-Ersatzschaltbilder mit Stromgenerator in Abb. 7.16.

Ganz analog können wir die Admittanzvierpolgleichungen (7.14) und (7.15) umschreiben

$$i_1 = \underbrace{y_{11}\, u_1 + y_{21}\, u_2}_{} + (y_{12} - y_{21})\, u_2, \qquad (7.142)$$

$$i_2 = \underbrace{y_{21}\, u_1 + y_{22}\, u_2}_{\text{reziprok}} \underbrace{\qquad\qquad}_{\text{Stromgenerator}} \qquad (7.143)$$

oder

$$i_1 = y_{11}\, u_1 + y_{12}\, u_2, \qquad (7.144)$$

$$i_2 = \underbrace{y_{12}\, u_1 + y_{22}\, u_2}_{\text{reziprok}} + \underbrace{(y_{21} - y_{12})\, u_1}_{\text{Stromgenerator}}. \qquad (7.145)$$

Aus diesen Gleichungen kann man offensichtlich die 4 Π-Ersatzschaltbilder in Abb. 7.17. aufbauen.

Literaturverzeichnis zu Kapitel 7

[1] GUILLEMIN, E. A.: Communication Networks, Vol. 2. New York: Wiley 1935.
[2] CAUER, W.: Theorie der linearen Wechselstromschaltungen. Leipzig 1941.
[3] FELDTKELLER, R.: Vierpoltheorie, 6. Aufl. Zürich: S. Hirzel 1953.
[4] GUILLEMIN, E. A.: The Mathematics of Circuit Analysis. New York: Wiley 1949.
[5] CORBEILLER, P. LE: Matrix Analysis of Electrical Networks. Harvard University Press 1950.
[6] IRE Standards on Semiconductor Symbols. Proc. IRE 44 (Juli 1956) 934—937.
[7] GUILLEMIN, E. A.: Communication Networks, Vol. 2, p. 148.
[8] CAUER, W.: Theorie der linearen Wechselstromschaltungen, S. 88. Leipzig 1941.
[9] TELLEGEN, B. D. H.: Sur les constantes du quadripole passif. Rev. gén. Electr. 24 (1928) 211—213, 410.

[*10*] McMillan, F. M.: Violation of the reciprocity theorem in linear passive electromechanical systems. J. acoust. Soc. Amer. 18 (1946) 344—347.

[*11*] Rodenhuis, K.: The limiting frequency of an oscillating triode. Philips Res. Rep. 5 (1950) 46—77.

[*12*] Tellegen, B. D. H., and E. Klauss: The parameters of a passive fourpole that may violate the reciprocity relation. Philips Res. Rep. 5 (April 1950) 81—86.

[*13*] Tellegen, B. D. H.: The gyrator, a new electric network element. Philips Res. Rep. 3 (April 1948) 81—101.

[*14*] Tellegen, B. D. H.: The synthesis of passive, resistanceless fourpoles that may violate the reciprocity relation. Philips Res. Rep. 3 (Okt. 1948) 321—337.

[*15*] Tellegen, B. D. H.: The synthesis of passive two-poles by means of networks containing gyrators. Philips Res. Rep. 4 (Febr. 1949) 31—37.

[*16*] Tellegen, B. D. H.: Complementary note on the synthesis of passive resistanceless fourpoles. Philips Res. Rep. 4 (Okt. 1949) 366—369.

[*17*] Tellegen, B. D. H., and E. Klauss: Resonant circuits coupled by a passive fourpole that may violate the reciprocity relation. Philips Res. Rep. 6 (April 1951) 86—95.

[*18*] Gärtner, W. W.: The group theoretical aspect of linear fourpole theory. IRE Convention Record (1954) Part II, 36.

[*19*] Tellegen, B. D. H.: The gyrator, an electric network element. Philips techn. Rev. 18 (1956/57) 120—124.

Wiederholungsfragen zu Kapitel 7

1. Wie lautet die Definition des linearen Vierpols?

2. Was sind die üblichen Vorzeichenkonventionen für Ströme und Spannungen bei Vierpolen?

3. Nenne die 6 Darstellungsarten des linearen Vierpols!

4. Wie lauten die Definitionen für z_{11}, z_{12}, z_{21}, z_{22}, y_{11}, y_{12}, y_{21}, y_{22}, h_{11}, h_{12}, h_{21}, h_{22}, g_{11}, g_{12}, g_{21}, g_{22}? Wie heißt jede dieser Größen?

5. Errechne zur Übung die h-Parameter aus den y-Parametern!

6. Leite die z-Parameter des folgenden Vierpols ab!

7. Bestimme die Parameter der beiden Einzelvierpole in der folgenden Abbildung und gib durch Anwendung der geeigneten Kombinationsregel die Matrix für den Gesamtvierpol an!

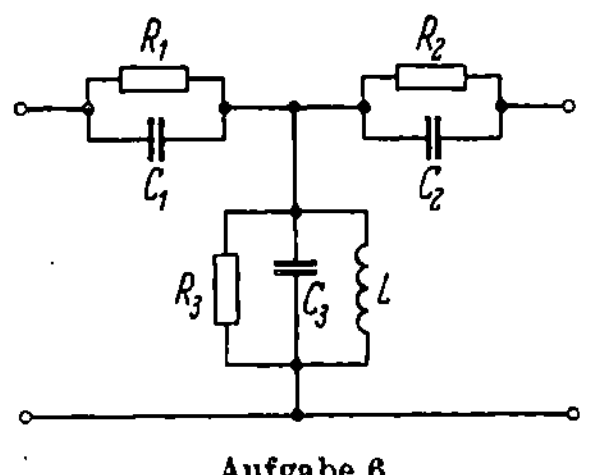

Aufgabe 6

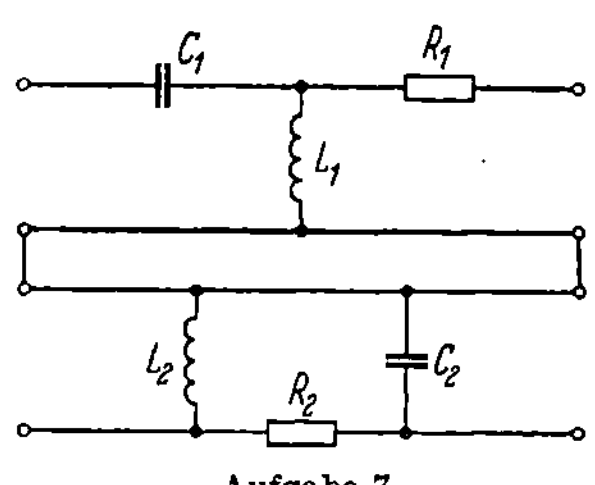

Aufgabe 7

8. Für die folgende Schaltung gilt dasselbe wie für Frage 7.

9. Definiere aktive, passive, reziproke und nichtreziproke Vierpole!

10. Bestimme die Eingangsimpedanz der folgenden Schaltung mit Hilfe der Vierpolgleichungen!

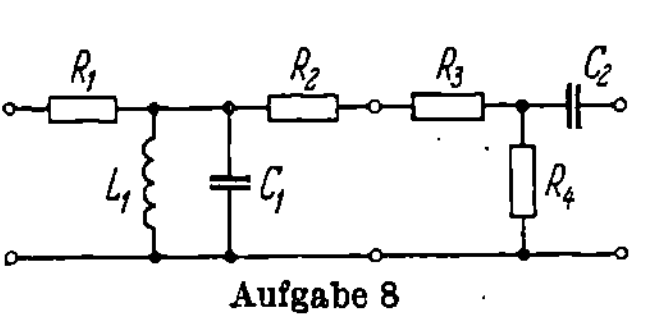

Aufgabe 8   Aufgabe 10

11. Leite zur Übung die h-Parameter für die Emitterschaltung aus denen der Basisschaltung ab!

12. Wie sehen die Standardsymbole des IRE (Institute of Radio Engineers) für PNP- und NPN-Transistoren aus?

13. Die h-Parameter eines Vierpols sind gegeben. Berechne die Elemente z_1, z_2, z_3 und a der aktiven Ersatzschaltung in der folgenden Abbildung aus den h-Parametern!

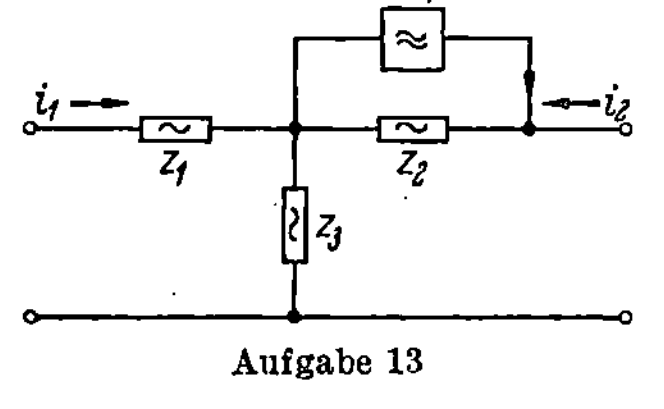

Aufgabe 13

14. Die Impedanzparameter eines Vierpols seien gegeben durch

$$z_{11} = 100 + 1/(0{,}04 + j\,\omega\,5 \cdot 10^{-9})\ \Omega,$$

$$z_{12} = 100\ \Omega,$$

$$z_{21} = 100 + 0{,}95/(j\,\omega\,3 \cdot 10^{-11})\ \Omega,$$

$$z_{22} = 100 + 1/(j\,\omega\,3 \cdot 10^{-11})\ \Omega.$$

Stelle ein T-Ersatzschaltbild von der Form wie in der Abbildung zu Frage 13 auf und gib die Werte für die verwendeten Einzelelemente (R und C) an!

8. Transistoreigenschaften und ihre Abhängigkeit von Spannung, Strom, Frequenz und Temperatur

A. Gleichstromeigenschaften von Flächentransistoren

Strom-Spannungsbeziehungen, Eingangs- und Ausgangskennlinien. Die Gleichstromeigenschaften des Transistors werden am besten durch Zeichnen der Eingangs- und Ausgangskennlinien in einer Weise beschrieben, wie in den Abb. 8.1 bis 8.5 dargestellt ist. Es wird nun versucht, diese Kurven an Hand der früher abgeleiteten Gleichstromgrundgleichungen zu erklären,

$$I_{\mathrm{E}} = A\,q\left[- \frac{D_{p\mathrm{B}}\,p_{0\mathrm{B}}}{L_{\mathrm{B}}}\,\frac{e^{q U_{\mathrm{OB}}/kT} - 1 - (e^{q U_{\mathrm{EB}}/kT} - 1)\cosh(W/L_{\mathrm{B}})}{\sinh(W/L_{\mathrm{B}})} + \right.$$

$$\left. + \frac{D_{n\mathrm{E}}\,n_{0\mathrm{E}}}{L_{\mathrm{E}}}\,e^{(q U_{\mathrm{EB}}/kT} - 1)\right] \tag{5.41}$$

und

$$I_\mathrm{C} = A\,q\left[\frac{D_{p\mathrm{B}}\,p_{0\mathrm{B}}}{L_\mathrm{B}}\,\frac{(e^{qU_\mathrm{CB}/kT}-1)\cosh(W/L_\mathrm{B})-(e^{qU_\mathrm{EB}/kT}-1)}{\sinh(W/L_\mathrm{B})}+\right.$$

$$\left.+\frac{D_{n\mathrm{C}}\,n_{0\mathrm{C}}}{L_\mathrm{C}}\,(e^{qU_\mathrm{CB}/kT}-1)\right]. \tag{5.42}$$

Die Gleichungen gelten für einen PNP-Transistor in Basisschaltung. Das Vorzeichen des Kollektorstromes I_C wurde geändert, um eine Übereinstimmung mit der Vorzeichenkonvention für Vierpole zu erhalten. Zur Unterscheidung zwischen Basis- und Emitterschaltung wurden die Indizes dem IRE-Standard entsprechend bezeichnet. Zum Beispiel ist U_CB die Gleichspannung am Kollektor in bezug auf die Basis.

Wir setzen praktische Zahlenwerte in diese Gleichungen ein, um einen quantitativen Vergleich mit den Messungen zu erhalten. Der Faktor kT/q hat bei Zimmertemperatur ungefähr den Wert 25 mV. Wir haben früher gesehen, daß in einem brauchbaren Transistor das Verhältnis von Basisdicke zur Diffusionslänge, W/L_B, beträchtlich kleiner als Eins ist. Nachfolgend sind einige Werte für die Hyperbelfunktionen der obigen Gleichung gegeben.

$$\begin{array}{lll}
\cosh 0{,}5 = 1{,}127 & \sinh 0{,}5 = 0{,}521 & \coth 0{,}5 = 2{,}16 \\
\cosh 0{,}3 = 1{,}045 & \sinh 0{,}3 = 0{,}305 & \coth 0{,}3 = 3{,}43 \\
\cosh 0{,}2 = 1{,}020 & \sinh 0{,}2 = 0{,}201 & \coth 0{,}2 = 5{,}07 \\
\cosh 0{,}1 = 1{,}005 & \sinh 0{,}1 = 0{,}100 & \coth 0{,}1 = 10{,}03
\end{array}$$

Nimmt man in den einzelnen Bereichen des Transistors für den spezifischen Widerstand und die Trägerlebensdauer folgende Werte an:

$$\begin{array}{llll}
\text{Basis:} & \varrho_\mathrm{B} = 1{,}9 & \Omega\mathrm{cm}, & \tau_\mathrm{B} = 60 \ \mu\mathrm{sec}, \\
\text{Emitter:} & \varrho_\mathrm{E} = 0{,}066 & \Omega\mathrm{cm}, & \tau_\mathrm{E} = 0{,}06 \ \mu\mathrm{sec}, \\
\text{Kollektor:} & \varrho_\mathrm{C} = 0{,}066 & \Omega\mathrm{cm}, & \tau_\mathrm{C} = 0{,}06 \ \mu\mathrm{sec},
\end{array}$$

so erhält man bei Zimmertemperatur für die verschiedenen Größen in den Gln. (5.41) und (5.42):

$$\begin{array}{lll}
D_{p\mathrm{B}} & = 43 \ \mathrm{cm^2\,sec^{-1}} \\
p_{0\mathrm{B}} & = 5{,}9 \cdot 10^{11} \ \mathrm{cm^{-3}} \\
L_\mathrm{B} & = 5{,}1 \cdot 10^{-2} \ \mathrm{cm} \\
D_{p\mathrm{B}}\,p_{0\mathrm{B}}/L_\mathrm{B} & = 4{,}97 \cdot 10^{14} \ \mathrm{cm^{-2}\,sec^{-1}} \\
D_{n\mathrm{E}} & = 3{,}2 \ \mathrm{cm^2\,sec^{-1}} \\
n_{0\mathrm{E}} & = 3{,}3 \cdot 10^{7} \ \mathrm{cm^{-3}} \\
L_\mathrm{E} & = 4{,}5 \cdot 10^{-4} \ \mathrm{cm} \\
D_{n\mathrm{E}}\,n_{0\mathrm{E}}/L_\mathrm{E} & = 2{,}35 \cdot 10^{11} \ \mathrm{cm^{-2}\,sec^{-1}} \\
D_{n\mathrm{C}} & = 3{,}2 \ \mathrm{cm^2\,sec^{-1}} \\
n_{0\mathrm{C}} & = 3{,}3 \cdot 10^{7} \ \mathrm{cm^{-3}} \\
L_\mathrm{C} & = 4{,}5 \cdot 10^{-4} \ \mathrm{cm} \\
D_{n\mathrm{C}}\,n_{0\mathrm{C}}/L_\mathrm{C} & = 2{,}35 \cdot 10^{11} \ \mathrm{cm^{-2}\,sec^{-1}}
\end{array}$$

Die Elementarladung ist $q = 1{,}6 \cdot 10^{-19}$ Coulomb. Als wirksamen Querschnitt A nehmen wir $A = 2{,}5 \cdot 10^{-3}$ cm² an. Die Faktoren, mit denen die Spannungsausdrücke in den Gln. (5.41) und (5.42) multipliziert werden müssen, sind dann

$$A\, q\, D_{p\,B}\, p_{B0}/L_B = 2 \quad \cdot 10^{-4}\ \text{mA},$$
$$A\, q\, D_{n\,E}\, n_{0\,E}/L_E = 9{,}4 \cdot 10^{-8}\ \text{mA},$$
$$A\, q\, D_{n\,C}\, n_{0\,C}/L_C = 9{,}4 \cdot 10^{-8}\ \text{mA}.$$

Betrachten wir zunächst den Emitterstrom. Für eine Kollektorspannung $U_{CB} = 0$ ist der Emitterstrom proportional $(e^{q\,U_{EB}/kT} - 1)$; d. h., sobald die Durchlaßspannung am Emitter U_{EB} einige $k\,T/q$ ($= 25$ mV) erreicht, wird der Zusammenhang exponentiell. Die Zunahme erfolgt sehr rapid, denn eine Emitterspannung von $U_{EB} = 0{,}1$ V entspricht $e^4 \cong 54$ und $U_{EB} = 0{,}25$ V entspricht $e^{10} = 22026$. Die Faktoren für andere Werte von U_{EB} sind z. B.:

U_{EB} (Volt)	$e^{q\,U_{EB}/kT}$ bei $T = 300\,°\mathrm{K}$
0,1	54
0,15	$4{,}03 \cdot 10^2$
0,2	$2{,}98 \cdot 10^3$
0,25	$2{,}20 \cdot 10^4$
0,3	$1{,}62 \cdot 10^5$
0,35	$1{,}19 \cdot 10^6$

Dieses Verhalten ist typisch für einen in Durchlaßrichtung gepolten PN-Übergang; bei höheren Spannungen wird der Emitterstrom durch den Ohmschen Serienwiderstand in der Emitter- und Basiszone begrenzt, wobei der Basiswiderstand gewöhnlich mehr ins Gewicht fällt. Diese starke Abhängigkeit des Emitterstromes von der Emitterspannung erschwert es beträchtlich, einen stabilen Arbeitspunkt mit Hilfe einer konstanten Gleichspannung einzustellen. Man erzeugt daher die Emittervorspannung gewöhnlich mit Hilfe eines konstanten Gleichstromes. In Transistordatenblättern wird der Arbeitspunkt des Emitters immer durch den Emitterstrom angegeben.

Gl. (5.41) zeigt, daß die angelegte Kollektorsperrspannung den bei einer gegebenen Spannung am Emitterübergang injizierten Emitterstrom nicht nennenswert ändert. Abweichungen könnten nur bei sehr kleinen Emitterströmen bemerkbar werden. Dies verdeutlicht folgende Tabelle, die $e^{q\,U_{CB}/kT}$ für verschiedene Werte von U_{CB} angibt:

U_{CB} (V)	$e^{q\,U_{CB}/kT}$
$-0{,}025$	0,367
$-0{,}1$	0,0183
$-0{,}2$	0,000335
$-0{,}25$	0,000045

Bei Messungen zeigt sich jedoch ein Einfluß der angelegten Kollektorspannung auf die Emitterkennlinie, speziell bei kleinen Kollektorspannungen. Dies ist auf einen anderen Effekt zurückzuführen, der in den Gln. (5.41) und (5.42) nicht berücksichtigt ist: Ist der Kollektorkreis offen (Kurve $I_C = 0$ in Abb. 8.1), dann fließt der gesamte Emitterstrom über die Basiszuleitung. Der Basisbahnwiderstand r'_B liegt dann

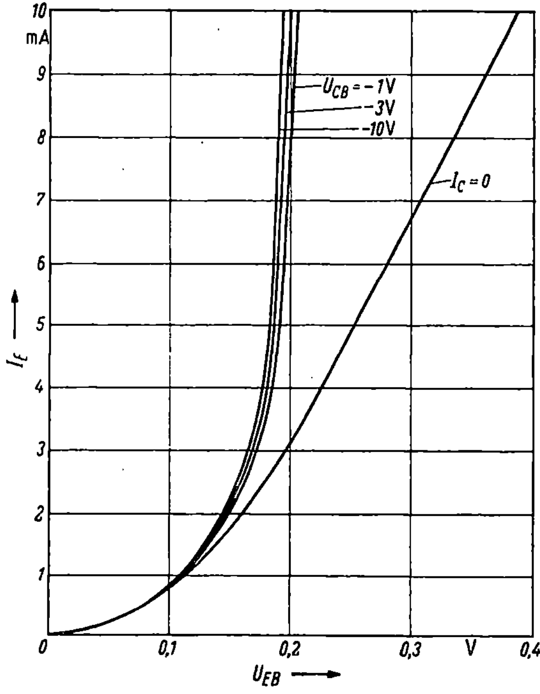

Abb. 8.1. Gleichstromeingangskennlinien eines PNP-Flächentransistors in Basisschaltung. Parameter: Kollektor-Basis-Spannung

in Reihe mit dem Emitterübergang und begrenzt den Strom bei höheren Emitter-Basis-Spannungen U_{EB}. Wenn der Kollektoranschluß mit der Basis verbunden ist und besonders, wenn eine Sperrspannung U_{CB} zwischen Kollektor und Basis liegt, fließt der größte Teil des Emitterstromes über die Kollektordiode und nicht über die Basiszuleitung. Dadurch wird der begrenzende Basiswiderstand umgangen. Die verbleibende Abhängigkeit der Eingangskennlinie von der Kollektorspannung ist der Verringerung der effektiven Basisbreite W durch die Ausweitung der Kollektorraumladungszone zuzuschreiben. Dies ergibt einen steileren Trägerdichteabfall [wobei $\coth W/L_B$ in Gl. (5.41) zunimmt], der den Strom für eine gegebene Ladungsträgerdichte am Emitterübergang ansteigen läßt. Dies verringert auch die Rekombination in der Basis (höherer Wert α). Der daraus folgende kleinere Basisstrom und der damit verbundene geringere Spannungsabfall am Basisbahnwiderstand bewirkt, daß die tatsächliche Spannung U_E am Emitter-PN-Übergang höher wird, oder umgekehrt, daß die Spannung U_{EB} bei konstantem Emitterstrom mit wachsender Kollektorsperrspannung kleiner wird.

Bei der Betrachtung eines Siliziumtransistors (Abb. 8.3) beobachten wir das gleiche Allgemeinverhalten mit der Ausnahme, daß die für einen bestimmten Emitterstrom nötige Emitterspannung bei Silizium beträchtlich höher liegt als bei Germanium. Dies erklärt sich leicht, wenn man folgende praktische Zahlenwerte für Silizium-NPN-Transistoren betrachtet:

Widerstände	Lebensdauern
$\varrho_B = 1 \ \ \Omega\,\mathrm{cm}$	$\tau_B = 20 \ \ \mu\mathrm{sec}$
$\varrho_E = 0{,}009 \ \Omega\,\mathrm{cm}$	$\tau_E = \ \ 0{,}56 \ \mu\mathrm{sec}$
$\varrho_C = 1{,}75 \ \ \Omega\,\mathrm{cm}$	$\tau_C = 50 \ \ \ \mu\mathrm{sec}$

Andere Daten

D_{nB}	$= 20 \ \mathrm{cm^2\,sec^{-1}}$	$D_{pC}^{\cdot}$	$= 11{,}5 \ \mathrm{cm^2\,sec^{-1}}$
n_{0B}	$= 2{,}18 \cdot 10^5 \ \mathrm{cm^{-3}}$	p_{00}	$= 8{,}4 \cdot 10^5 \ \mathrm{cm^{-3}}$
L_B	$= 2 \cdot 10^{-2} \ \mathrm{cm}$	L_C	$= 2{,}4 \cdot 10^{-2} \ \mathrm{cm}$
$D_{nB}\,n_{0B}/L_B$	$= 2{,}18 \cdot 10^8 \ \mathrm{cm^{-2}\,sec^{-1}}$	$D_{pC}\,p_{0C}/L_C$	$= 4{,}03 \cdot 10^8 \ \mathrm{cm^{-2}\,sec^{-1}}$
D_{pE}	$= 1{,}59 \ \mathrm{cm^2\,sec^{-1}}$	A	$= 2{,}5 \cdot 10^{-3} \ \mathrm{cm^2}$
p_{0E}	$= 5{,}23 \cdot 10^2 \ \mathrm{cm^{-3}}$	$A\,q\,D_{nB}\,n_{0B}/L_B$	$= 8{,}72 \cdot 10^{-11} \ \mathrm{mA}$
L_E	$= 9{,}4 \cdot 10^{-4} \ \mathrm{cm}$	$A\,q\,D_{pE}\,p_{0E}/L_E$	$= 3{,}54 \cdot 10^{-13} \ \mathrm{mA}$
$D_{pE}\,p_{0E}/L_E$	$= 8{,}85 \cdot 10^5 \ \mathrm{cm^{-2}\,sec^{-1}}$	$A\,q\,D_{pC}\,p_{0C}/L_C$	$= 1{,}61 \cdot 10^{-10} \ \mathrm{mA}$

Diese Werte sind erheblich kleiner als die entsprechenden Werte für Germanium — eine Tatsache, die hauptsächlich den viel niedrigeren Minoritätsträgerdichten in Silizium für den gleichen spezifischen Widerstand zuzuschreiben ist. Der Spannungsfaktor $e^{q U_{EB}/kT}$ in Gl. (5.41) muß deshalb für Silizium viel höher sein, um den gleichen Emitterstrom zu erreichen. Dieser Spannungsfaktor ist unten für einige Werte der Emitterspannung zusammengestellt.

U_{EB} (V)	$e^{q U_{EB}/kT}$
0,4	$8{,}87 \cdot 10^6$
0,5	$4{,}84 \cdot 10^8$
0,6	$2{,}64 \cdot 10^{10}$
0,7	$1{,}44 \cdot 10^{12}$
0,8	$7{,}86 \cdot 10^{13}$

Derselbe Unterschied zwischen Germanium und Silizium tritt auch bei Flächendioden auf. Bei Transistoren bleibt er jedoch manchmal unbeobachtet, weil der Emitterstrom von einer Stromquelle bestimmt wird, und die Spannung am Emitterübergang somit von untergeordneter Bedeutung ist.

Wichtig für den Transistorbetrieb ist auch das Verhältnis der Elektronen- zur Defektelektronendichte am Emitterübergang. Betrachten wir wieder die PNP-Version, so zeigt sich aus Gl. (5.41), daß

$$(D_{n\,\mathrm{E}}\,n_{0\,\mathrm{E}}/L_{\mathrm{E}})/(D_{p\,\mathrm{B}}\,p_{0\,\mathrm{B}}/W) \qquad (8.1)$$

eine gute Näherung für dieses Verhältnis darstellt. Um einen hohen Emitterwirkungsgrad $J_p/J_{\mathrm{E,TOT}}$ zu haben (nahe Eins), ist es notwendig, daß das Verhältnis in Gl. (8.1) sehr klein ist (10^{-2}). Dies wird offensichtlich erreicht, wenn die Emitterdotierung viel höher als die Basisdotierung ist:

$$p_{0\,\mathrm{E}} \gg n_{0\,\mathrm{B}},$$
$$n_{0\,\mathrm{E}} \ll p_{0\,\mathrm{B}} \qquad (8.2)$$

(es ist $p_{0\,\mathrm{E}}\,n_{0\,\mathrm{E}} = p_{0\,\mathrm{B}}\,n_{0\,\mathrm{B}} = n_i^2$). Außerdem wäre es wünschenswert, daß die Diffusionslänge im Emitter L_{E} größer ist als die Basisdicke W, doch kann diese Bedingung nicht immer erfüllt werden, weil die Lebensdauer in der hochdotierten Emitterzone gewöhnlich viel kleiner als

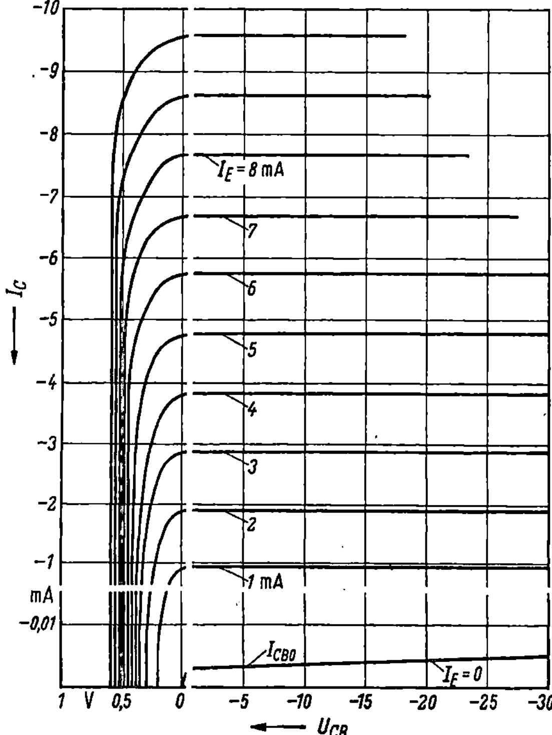

Abb. 8.2. Ausgangskennlinien eines PNP-Transistors (für kleine Leistungen) in Basisschaltung. Parameter: Emitterstrom

in der Basis ist. Der hohe Emitterwirkungsgrad muß dann allein durch das Verhältnis der Trägerdichten erreicht werden. Verwendet man die weiter oben in diesem Abschnitt angegebenen Zahlenwerte, so findet man für das Verhältnis von Gl. (8.1) beim Germanium-PNP-Transistor einen Wert $4{,}7 \cdot 10^{-4}$ und beim Silizium-NPN-Transistor $(D_{p\,\mathrm{E}} p_{0\,\mathrm{E}}/L_{\mathrm{E}})/(D_{n\,\mathrm{B}} n_{0\,\mathrm{B}}/W) = 4 \cdot 10^{-3}$.

Das Gleichstromausgangskennlinienfeld eines Transistors, wie es in den Abb. 8.2 und 8.4 dargestellt ist, wird durch Gl. (5.42) beschrieben. Betrachten wir zunächst den Kollektorreststrom I_{CBO}, wenn kein Emitterstrom fließt. Er ist nicht genau gleich dem Sperrstrom eines PN-Überganges [den man für $U_{\mathrm{EB}} = 0$ und $\coth(W/L_{\mathrm{B}}) = 1$ in Gl. (5.42) erhalten würde], sondern er wird durch die Gegenwart des Emitterüberganges etwas verändert. Wir müssen in Gl. (5.41) $I_{\mathrm{E}} = 0$ setzen und die transzendente Gleichung nach U_{EB} auflösen. Dieser Wert wird dann in Gl. (5.42) eingesetzt und es wird I_{CBO} berechnet. Aus der Gleichung sieht man, daß der Kollektorstrom bei sehr kleinen Kollektorspannungen mit der Spannung $-U_{\mathrm{CB}}$ zunimmt; jedoch schon bei einigen Zehntel Volt wird er konstant und spannungsunabhängig. Tatsächlich gemessene Restströme zeigen gewöhnlich nicht diesen waagerechten Verlauf, sondern nehmen langsam, aber stetig zu. Dies ist einem Oberflächenleckstrom und der Trägererzeugung und -rekombination in der Raumladungszone des PN-Überganges zuzuschreiben. Dennoch gibt Gl. (5.41) Auskunft über die Dimensionierungsbedingungen für kleine Restströme I_{CBO}: Die Dotierung zu beiden Seiten des

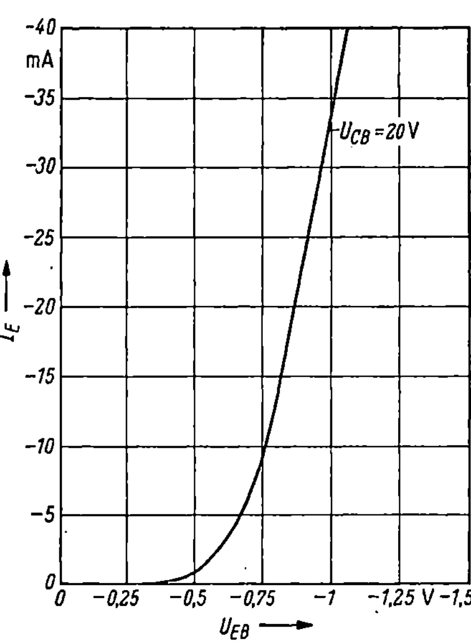

Abb. 8.3. Gleichstromeingangskennlinie eines Silizium NPN-Flächentransistors in Basisschaltung. Parameter: Kollektor-Basis-Spannung

Überganges sollte hoch sein (es sind dann nur kleine Minoritätsträgerdichten vorhanden). In dieser Hinsicht ist Silizium günstiger als Germanium, weil in Silizium bei gegebenem spezifischem Widerstand die Minoritätsträgerdichte kleiner ist als in Germanium. Es überrascht daher nicht, daß Siliziumtransistoren im allgemeinen niedrigere Restströme aufweisen als Germaniumtransistoren. Gl. (5.42) zeigt weiter, daß für kleine Restströme lange Lebensdauern (große Diffusionslängen) in Basis und Kollektor wünschenswert sind. Außerdem muß ein Minimum von Oberflächenleckströmen angestrebt werden, wenn so kleine Restströme verwirklicht werden sollen, wie sie die Theorie angibt. Siliziumplanartransistoren kommen in dieser Hinsicht der Theorie am nächsten.

Fließt ein bestimmter konstanter Emitterstrom im Transistor, so erhält man die in Abb. 8.2, 8.4 und 8.5 gezeigten Ausgangskennlinien. Bei hohen Kollektorspannungen ist der Kollektorstrom konstant oder er zeigt eine leichte Zunahme mit der Kollektorspannung, parallel zur Kennlinie für I_{CBO}. Bei höheren Strömen nimmt die positive Steigung der Kollektorstromkurve zu, wie Abb. 8.5 zeigt. Dies ist der Erwärmung des Transistors bei höherer Verlustleistung zuzuschreiben. Wie wir unten sehen werden, nimmt der Reststrom sehr stark mit der Temperatur zu. Er addiert sich zum Emitterstrom und ergibt die beobachteten hohen Ströme im Ausgangskennlinienfeld. Die Spannung, bei der die Ausgangskennlinien ihren konstanten Wert erreichen, heißt Restspannung. Sie ist in den Abb. 8.2, 8.4 und 8.5 als gestrichelte Linie eingetragen.[1]

Wird die Kollektorspannung kleiner als die Restspannung und ändert sie schließlich sogar ihr Vorzeichen, so fällt der Kollektorstrom ab und wird Null, wenn die Summe der Elektronen- und Defektelektronenströme

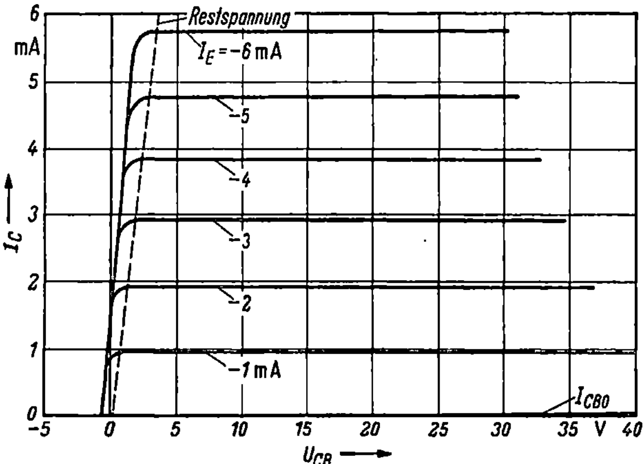

Abb. 8.4. Ausgangskennlinien eines Silizium NPN-Transistors (für kleine Leistungen) mit gezogenen Übergängen in Basisschaltung. Parameter: Emitterstrom

über den in Flußrichtung gepolten Kollektor gerade gleich dem Anteil des Emitterstromes wird, der den Kollektor erreicht. Wegen der verschiedenen spezifischen Widerstände und Trägerlebensdauern im Emitter und Kollektor, und wegen des üblichen Unterschiedes zwischen Emitter- und Kollektorfläche muß die Flußspannung am Kollektorübergang im allgemeinen nicht den gleichen Wert wie die Emitterspannung haben, um einen Strom gleicher Größe hervorzurufen. In einem vollständig symmetrischen Transistor wären die beiden Spannungen jedoch genau gleich. Für den allgemeinen Fall kann die Kollektorspannung ($I_C = 0$)

---

[1] Es gibt bis heute noch keine strenge Definition der Restspannung. Daher müssen in den Transistordaten stets zusätzliche Bedingungen angegeben werden.

aus den Gln. (5.41) und (5.42) berechnet werden, wenn man $I_E = $ const und $I_C = 0$ setzt.

Die theoretische Restspannung (engl.: saturation voltage) U_{SAT}, wie sie aus den Gln. (5.41) und (5.42) hervorgeht, sollte für alle Transistoren bei einigen Zehntel Volt in Sperrichtung liegen. Dies ist jedoch, wie die Abb. 8.4 und 8.5 zeigen, häufig nicht der Fall. Die Restspannung ist in Richtung höherer Kollektorspannung verschoben und nimmt außerdem im Gegensatz zu den Gln. (5.41) und (5.42) mit dem Emitterstrom zu.

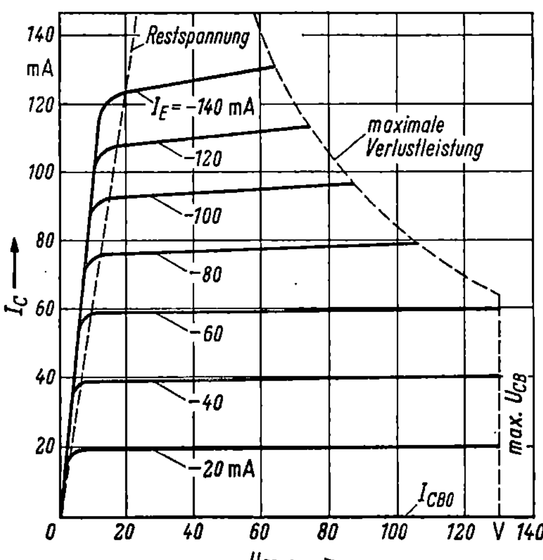

Abb. 8.5. Gleichstromausgangskennlinien eines gezogenen NPN-Transistors für mittlere Leistungen in Basisschaltung. Parameter: Emitterstrom. Die Verlustleistungs- und Spannungsgrenze sind mit eingezeichnet

Diese Diskrepanz erklärt sich durch das Vorhandensein eines inneren Kollektorserienwiderstandes, der bei diesen Gleichungen unberücksichtigt blieb. Wie Abb. 8.6 zeigt, neigt der über den Ohmschen Widerstand r'_C der Kollektorzone fließende Kollektorstrom dazu, den Kollektorübergang in Durchlaßrichtung vorzuspannen, so daß außen eine höhere Sperrspannung angelegt werden muß, um die Kollektordiode zu sperren. Höhere Kollektorströme mit ihrem höheren Spannungsabfall lassen den Effekt ausgeprägter erscheinen. Transistoren mit gezogenen Übergängen haben meist größere Ohmsche Widerstände in der Kollektorzone als Legierungstransistoren

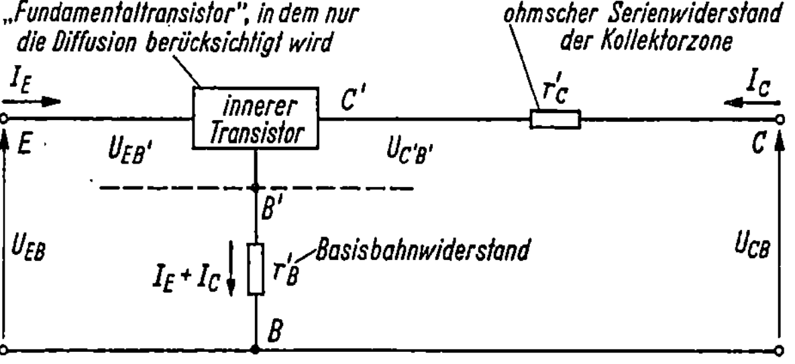

Abb. 8.6. Zum Einfluß von Serienwiderständen im Transistor bei bekannten Eigenschaften des inneren Transistors

und zeigen diesen Effekt in stärkerem Maße. Der Basisbahnwiderstand r'_B wirkt in ähnlicher Weise, aber in entgegengesetzter Richtung.

Sein Einfluß ist nur bei hohen Basisströmen spürbar. Setzt man diese inneren Serienwiderstände in Rechnung, so müßte man in den Gln. (5.41) und (5.42) U_{EB} durch $U_{EB,AP} - r'_B(I_E + I_C)$ und U_{CB} durch $U_{CB,AP} - r'_B(I_E + I_C) - r'_C I_C$ ersetzen.

Da die Vorzeichen von Emitter- und Kollektorstrom entgegengesetzt sind (bei unserer Konvention) und der Emitterstrom in dem betrachteten Fall größer als der Kollektorstrom ist, kann man beobachten, daß der Basisbahnwiderstand dem Einfluß des Kollektorbahnwiderstandes entgegenwirkt.

Wir erhalten dann folgende Zusammenhänge für die Darstellung der Gleichstromeingangs- und -ausgangskennlinien des PNP-Transistors:

$$I_E = A\,q\left[-\frac{D_{pB}\,p_{0B}}{L_B}\,\frac{e^{qU_{CB}/kT} - 1 - (e^{qU_{EB}/kT} - 1)\cosh(W/L_B)}{\sinh(W/L_B)} + \right.$$

$$\left. + \frac{D_{nE}\,n_{0E}}{L_E}\,(e^{qU_{EB}/kT} - 1)\right], \tag{8.3}$$

$$I_C = A\,q\left[\frac{D_{pB}\,p_{0B}}{L_B}\,\frac{(e^{qU_{CB}/kT} - 1)\cosh(W/L_B) - (e^{qU_{EB}/kT} - 1)}{\sinh(W/L_B)} + \right.$$

$$\left. + \frac{D_{nC}\,n_{0C}}{L_C}\,(e^{qU_{CB}/kT} - 1)\right], \tag{8.4}$$

mit

$$U_{EB} = U_{EB,AP} - r'_B(I_E + I_C), \tag{8.5}$$

$$U_{CB} = U_{CB,AP} - r'_B(I_E + I_C) - r'_C I_C, \tag{8.6}$$

$$I_B = I_E + I_C. \tag{8.7}$$

Man stellt fest, daß die Gln. (8.3) und (8.4) sehr gut die Kurve $I_C = 0$ in Abb. 8.1 wiedergeben. Die allgemeine Lösung obiger Gleichungen stellt die genauen Ausgangskennlinien für gegebene Werte von r'_B und r'_C dar. Diese Lösung ist jedoch im allgemeinen sehr kompliziert. Die analogen Gleichungen für NPN-Transistoren lauten:

$$I_E = A\,q\left[\frac{D_{nB}\,n_{0B}}{L_B}\,\frac{e^{-qU_{CB}/kT} - 1 - (e^{-qU_{EB}/kT} - 1)\cosh(W/L_B)}{\sinh(W/L_B)} - \right.$$

$$\left. - \frac{D_{pE}\,p_{0E}}{L_E}\,(e^{-qU_{EB}/kT} - 1)\right], \tag{8.8}$$

$$I_C = -A\,q\left[\frac{D_{nB}\,n_{0B}}{L_B}\,\frac{(e^{-qU_{CB}/kT} - 1)\cosh(W/L_B) - (e^{-qU_{EB}/kT} - 1)}{\sinh(W/L_B)} + \right.$$

$$\left. + \frac{D_{pC}\,p_{0C}}{L_C}\,(e^{-qU_{CB}/kT} - 1)\right]. \tag{8.9}$$

Der Einfluß der inneren Serienwiderstände r'_B und r'_C wird wieder durch die Gln. (8.5) und (8.6) beschrieben. Da die Vorzeichen von Emitter- und Kollektorstrom beim NPN-Transistor umgekehrt sind, liegen auch die Spannungsabfälle über die inneren Serienwiderstände in umgekehrter Richtung.

Die geringe Abhängigkeit des Kollektorstromes von der Kollektorspannung und seine starke Abhängigkeit (direkte Proportionalität) vom Emitterstrom machen es schwierig, das Transistoreingangskennlinienfeld mit dem Kollektorstrom anstatt mit der Kollektorspannung als (konstanten) Parameter aufzuzeichnen. Ein Beispiel für ein solches Diagramm zeigt Abb. 8.7. Die kurzen Stücke der I_E, U_EB-Kurven durchlaufen den gesamten Kollektorspannungsbereich, der zur Konstanthaltung des Kollektorstromes zur Verfügung steht.

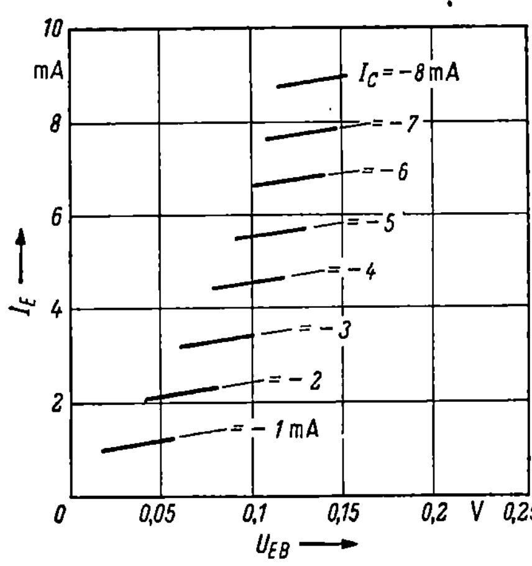

Abb. 8.7. Gleichstromeingangskennlinien eines PNP-Flächentransistors in Basisschaltung. Parameter: Kollektorstrom

Im Zusammenhang mit der Behandlung des Großsignalschaltverhaltens von Transistoren in § 5 D wurde ausgeführt, daß manchmal auch die Kenntnis der Restspannungen[1] im Übersteuerungsbereich interessiert. Dieses sind die Spannungen zwischen Emitter und Kollektor, wenn beide in Durchlaßrichtung gepolt sind. Es wurde gezeigt, daß die Gleichungen (5.142) und (5.134) das Gleichstromverhalten von Transistoren in diesem Gebiet beschreiben:

$$I_\mathrm{E} = A_{11}\, e^{q U_\mathrm{EB}/kT} + A_{12}\, e^{q U_\mathrm{CB}/kT}, \tag{5.142a}$$

$$I_\mathrm{C} = A_{21}\, e^{q U_\mathrm{EB}/kT} + A_{22}\, e^{q U_\mathrm{CB}/kT} \tag{5.142b}$$

mit

$$A_{11} = -\frac{I_\mathrm{EB0}}{1 - \alpha_\mathrm{N}\alpha_\mathrm{I}}, \tag{5.134a}$$

$$A_{12} = \frac{\alpha_\mathrm{I} I_\mathrm{CB0}}{1 - \alpha_\mathrm{N}\alpha_\mathrm{I}}, \tag{5.134b}$$

$$A_{21} = \frac{\alpha_\mathrm{N} I_\mathrm{EB0}}{1 - \alpha_\mathrm{N}\alpha_\mathrm{I}}, \tag{5.134c}$$

$$A_{22} = -\frac{I_\mathrm{CB0}}{1 - \alpha_\mathrm{N}\alpha_\mathrm{I}}. \tag{5.134d}$$

Wir wollen nun den Einfluß des Basis- und Kollektorbahnwiderstandes auf die Restspannungen untersuchen, indem wir die Gln. (8.5) und (8.6) für U_EB und U_CB in Gl. (5.142) einsetzen. Wir erhalten

$$U_\mathrm{EB, AP} = r'_\mathrm{B}(I_\mathrm{E} + I_\mathrm{C}) + \frac{kT}{q}\ln\left[-\frac{I_\mathrm{E} + \alpha_\mathrm{I} I_\mathrm{C}}{I_\mathrm{E0}}\right], \tag{8.10}$$

$$U_\mathrm{CB, AP} = r'_\mathrm{B}(I_\mathrm{E} + I_\mathrm{C}) + r'_\mathrm{C} I_\mathrm{C} + \frac{kT}{q}\ln\left[-\frac{I_\mathrm{C} + \alpha_\mathrm{N} I_\mathrm{E}}{I_\mathrm{C0}}\right]. \tag{8.11}$$

---

[1] Wie in der vorangehenden Fußnote bereits bemerkt wurde, müssen die Restspannungen jeweils durch zusätzliche Bedingungen genauer definiert werden.

Diese Gleichungen zeigen deutlich, daß die inneren Serienwiderstände, die eine Veränderung der theoretischen Ausgangskennlinien bewirken, auch über die logarithmischen Ausdrücke in den Gln. (8.10) und (8.11) dominieren können, die bereits in den Gln. (5.143a) und (5.143b) angegeben wurden. Die Restspannungen im Übersteuerungsbereich können daher beträchtlich höher sein, als man aus dem Verhalten der PN-Übergänge allein annehmen würde.

Gleichstrom-α-Verlauf. Wir wollen uns nun wieder auf das Gebiet hoher Kollektorsperrspannung konzentrieren und die Größe von Emitter-

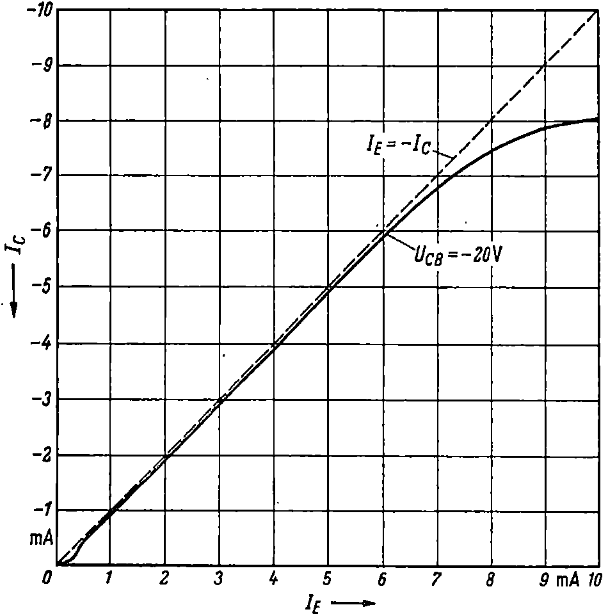

Abb. 8.8. Kollektorgleichstrom in Abhängigkeit vom Emittergleichstrom bei einem PNP-Flächentransistor für kleine Leistungen. (Kollektorbasisspannung konstant)

und Kollektorstrom vergleichen. Das Verhältnis des Kollektorgleichstromes und des Emittergleichstromes nennt man Gleichstromverstärkung. Wir haben sie mit α_N bezeichnet und wollen im folgenden einfach das Formelzeichen α verwenden. Abb. 8.8 zeigt einen solchen Gleichstrom-α-Verlauf für konstante Kollektorspannung. Er ist den in § 5 D diskutierten Niederfrequenz-α-Kurven sehr ähnlich. Der Beitrag des Kollektorstromes I_{CBO} zum Kollektorstrom ist gewöhnlich vernachlässigbar (außer bei erhöhter Temperatur), und man findet immer, daß der Kollektorstrom kleiner als der Emitterstrom ist. Die Größe der Gleichstromverstärkung wird durch verschiedene Faktoren bestimmt:

1. Ein Teil des Emitterstromes besteht aus Majoritätsträgern, die nicht zum Kollektorübergang diffundieren und nicht zum Kollektorstrom

beitragen. Werte für den Emitterwirkungsgrad wurden schon aus den Gln. (5.41) und (5.42) berechnet. Es wurde bereits in § 5 D herausgestellt, daß der Emitterwirkungsgrad bei hohen Emitterströmen sehr stark abfällt. Dies ist auf die hohe Trägerinjektion in die Basis zurückzuführen, deren effektive Leitfähigkeit dadurch stark zunimmt. Das Verhältnis von Minoritäts- zu Majoritätsträgerstrom am Emitterübergang ist dann nicht mehr durch Gl. (8.1) oder $\mathscr{E}$ in Gl. (5.242) gegeben, sondern kann mehr als zehnmal größer sein, entsprechend dem Faktor $f(Z)$ aus Gl. (5.246) oder $b(I_E)$ aus Gl. (5.255), der für große Ströme hohe Werte annimmt. Wird bei einem Transistor eine hohe Stromverstärkung bei großen Emitterströmen gefordert, dann muß man das Dotierungsverhältnis zwischen Basis- und Emitterzone so wählen, daß sogar das Zehnfache des Ausdrucks (8.1) immer noch einen sehr kleinen Wert ergibt (0,01). Der α-Abfall bei hohen Emitterströmen setzt dem ausnutzbaren Strombereich von Transistoren offenbar eine obere Grenze.

2. Der Anstieg der Stromverstärkung bei sehr kleinen Emitterströmen ist der Erzeugung und Rekombination im Emitter zuzuschreiben. Durch eine möglichst geringe Dichte von Rekombinationszentren im Emitterübergang kann dieser Effekt zu sehr kleinen Emitterströmen (1 μA) verschoben werden. Dies kann durch große Trägerlebensdauer bezüglich Volumrekombination in der Basis (und im Emitter) erreicht werden.

3. Im Bereich mittlerer Emitterströme und bei hohem Emitterwirkungsgrad wird die Gleichstromverstärkung durch die Rekombination von Minoritätsträgern im Gebiet zwischen dem Emitter- und Kollektorübergang bestimmt. Tritt Rekombination nur im Volumen der Basiszone auf, wie bei der Ableitung der Gln. (5.41) und (5.42) sowie (8.3), (8.4), (8.8) und (8.9) angenommen wurde, dann ist der rekombinierende Anteil des injizierten Minoritätsträgerstroms gegeben durch

$$1 - 1/\cosh(W/L_B). \qquad (8.12)$$

Die Werte für diesen Faktor liegen zwischen 0,113 und 0,005 für W/L_B-Werte zwischen 0,5 und 0,1. Um annehmbare α-Werte zu erhalten, sollte die Diffusionslänge in der Basis deshalb mindestens fünfmal so groß wie die Basisdicke W sein. Nehmen wir $W = 3 \cdot 10^{-3}$ cm als gebräuchliche Basisdicke für einen NF-Transistor an, so sollte $L_B = 0,15$ cm sein. Bei Diffusionskonstanten zwischen 30 und 100 cm² sec⁻¹ findet man aus $L = \sqrt{D\tau}$, daß die Minoritätsträgerlebensdauer in der Basis länger als 3 bis 8 μsec sein sollte. Bei Hochfrequenztransistoren, die kleinere Basisdicken erfordern, wie wir im nächsten Abschnitt sehen, können die Lebensdauern kleiner sein. Wie in den §§ 5 B und D bereits diskutiert, kann jedoch eine erhebliche Rekombination an der Oberfläche rund um die Basiszone auftreten. Als kennzeichnenden Ausdruck für den an der Oberfläche rekombinierenden Anteil des Emitterstromes entnehmen wir aus Gl. (5.241) $\qquad A_s\,W\,s_0/(2A\,D_\mathrm{B})$. $\qquad\qquad$ (8.13)

Bei einem leitenden Querschnitt von $A = 5 \cdot 10^{-3}$ cm², einer Basisdicke von $W = 3 \cdot 10^{-3}$ cm, einer Diffusionslänge von $D_\mathrm{B} = 40$ cm² sec⁻¹ und einer äußeren Oberfläche rund um die Basis von $A_s = 10^{-3}$ cm findet man, daß die Oberflächenrekombinationsgeschwindigkeit s_0 kleiner als 1000 cm sec⁻¹ sein muß, wenn nicht mehr als 1% des Emitterstromes an der Oberfläche rekombinieren soll. Werte von einigen hundert cm sec⁻¹ für s_0 können bei Germanium durch sorgfältiges Ätzen erreicht

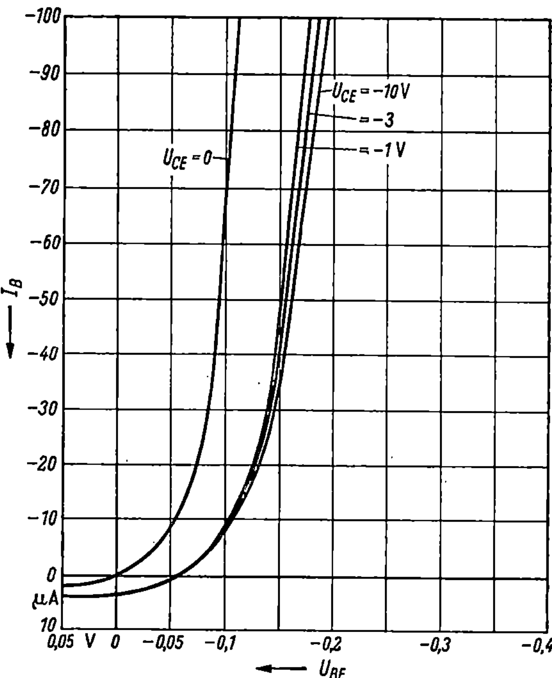

Abb. 8.9. Gleichstromeingangskennlinien eines Germanium-PNP-Flächentransistors in Emitterschaltung. Parameter: Kollektor-Emitterspannung

werden. Die Oberflächenoxydation bei Silizium (Planartransistoren) liefert ähnlich niedrige Werte. Es kann erwartet werden, daß die Oberflächenrekombination mit zunehmender Beherrschung der Oberflächenprobleme weiter reduziert werden kann.

Emitterschaltung. Die Gleichstromkennlinien von Transistoren in Emitterschaltung zeigen die Abb. 8.9 bis 8.11. Sie sind natürlich nur Umzeichnungen der Kennlinien in Basisschaltung und werden durch dieselben analytischen Ausdrücke erklärt, wenn man folgende Transformationen ausführt:

$$I_\mathrm{B} = -(I_\mathrm{E} + I_\mathrm{C}), \qquad\qquad (8.14)$$

$$U_\mathrm{BE} = -U_\mathrm{EB}, \qquad\qquad (8.15)$$

$$U_\mathrm{CE} = -U_\mathrm{EB} + U_\mathrm{CB}. \qquad\qquad (8.16)$$

Eine Kombination dieser Gleichungen mit den Gln. (8.3) bis (8.6) ergibt die Ein- und Ausgangskennlinien eines PNP-Transistors in Emitterschaltung:

$$I_B = A\,q\left\{\frac{D_{pB}\,p_{0B}}{L_B}[1-\cosh(W/L_B)]\cdot\frac{e^{q(U_{CE}-U_{BE})/kT}-1+e^{-qU_{BE}/kT}-1}{\sinh(W/L_B)}\right.$$
$$\left.-\frac{D_{nE}\,n_{0E}}{L_E}(e^{-qU_{BE}/kT}-1)-\frac{D_{nC}\,n_{0C}}{L_C}(e^{q(U_{CE}-U_{BE})/kT}-1)\right\},\quad(8.17)$$

$$I_C = A\,q\left[\frac{D_{pB}\,p_{0B}}{L_B}\frac{(e^{q(U_{CE}-U_{BE})/kT}-1)\cosh(W/L_B)-(e^{-qU_{BE}/kT}-1)}{\sinh(W/L_B)}\right.$$
$$\left.+\frac{D_{nC}\,n_{0C}}{L_C}(e^{q(U_{CE}-U_{BE})/kT}-1)\right]\qquad(8.18)$$

mit

und

$$U_{BE} = U_{BE,AP} - r'_B\,I_B \qquad (8.19)$$

$$U_{CE} = U_{CE,AP} - r'_C\,I_C. \qquad (8.20)$$

Die beiden letzten Zusammenhänge beschreiben wieder den Einfluß des Basis- und Kollektorbahnwiderstandes. Analoge Ausdrücke findet man für den NPN-Transistor aus den Gln. (8.8) und (8.9). Entsprechend

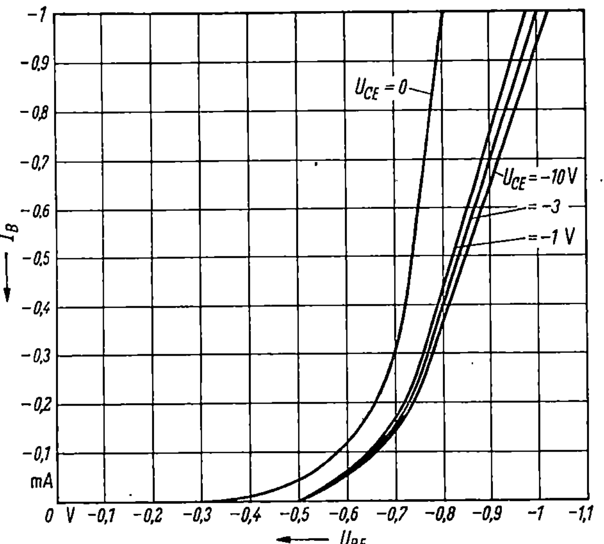

Abb. 8.10. Gleichstromeingangskennlinien eines Silizium-PNP-Flächentransistors in Emitterschaltung. Parameter: Kollektor-Emitterspannung

dem Faktor $1-\cosh(W/L_B)$ ist der Basisstrom für eine gegebene Spannung zwischen Basis und Emitter viel kleiner als der Emitterstrom und von entgegengesetztem Vorzeichen. Dies folgt einfach aus der Tatsache, daß der größte Teil des injizierten Emitterstromes zum Kollektorübergang diffundiert und nur ein geringer Teil über die Basis abfließt.

Wenn keine Sperrspannung zwischen Emitter und Kollektor liegt, fließt ein relativ großer Basisstrom (Kurve $U_{CE} = 0$ in Abb. 8.9). Sobald eine Sperrspannung angelegt ist, laufen viel mehr Träger zum Kollektor und der Basisstrom sinkt. Mit Erhöhung der Kollektorspannung nimmt die effektive Basisdicke W durch die Ausdehnung der Kollektorraumladungszone ab. Dies wiederum verringert die Rekombi-

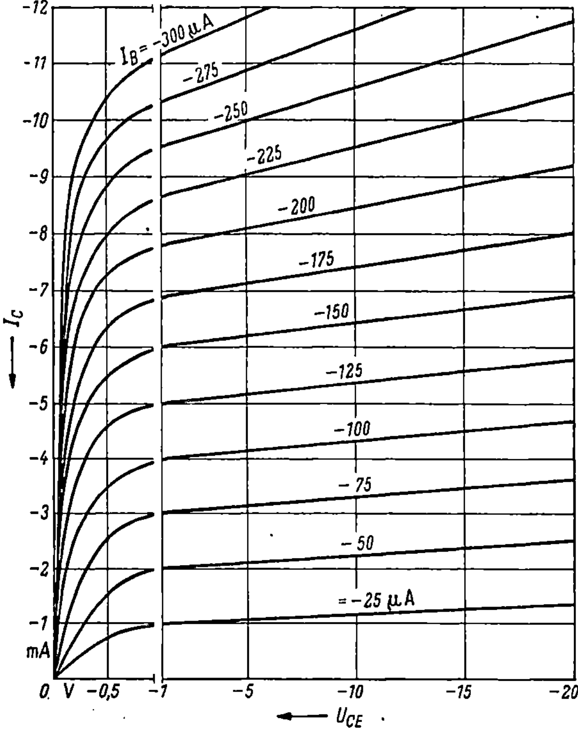

Abb. 8.11. Gleichstromausgangskennlinien eines PNP-Flächentransistors für kleine Leistungen in Emitterschaltung. Parameter: Basisstrom

nation und somit den Faktor $1 - \cosh(W/L_B)$; der Basisstrom wird daher in den meisten Fällen kleiner, trotz der Tatsache, daß mit kleiner werdendem Strom durch den Basisbahnwiderstand ein größerer Teil der angelegten Basis-Emitter-Flußspannung über dem Emitterübergang liegt. Letzterer Effekt braucht jedoch nicht tatsächlich aufzutreten, weil der Teil des Basisbahnwiderstandes, der vom Ohmschen Widerstand des Materials direkt zwischen den beiden Übergängen herrührt (s. § 5 C), durch die Ausweitung der Kollektorraumladungszone vergrößert wird. Der gesamte Spannungsabfall über dem Basisbahnwiderstand, hervorgerufen durch den Basisstrom, kann daher in Wirklichkeit mit höher werdender Kollektor-Emitter-Spannung ansteigen.

Ein Vergleich der Abb. 8.9 und 8.10 zeigt wieder den bereits früher beschriebenen Unterschied zwischen den Eingangskennlinien von Germanium- und Siliziumtransistoren.

Die Ausgangskennlinien in Emitterschaltung, von denen Abb. 8.11 einige Beispiele zeigt, haben denselben allgemeinen Aufbau wie in Basisschaltung. Es sind jedoch einige beachtenswerte Unterschiede vorhanden. Der Ausgangsstrom ist viel höher als der Eingangsstrom, d. h., die Stromverstärkung in Emitterschaltung ist gewöhnlich viel größer als Eins (10 bis 200). Dies zeigt deutlich Gl. (8.14). Die Abhängigkeit des Kollektorstromes von der Ausgangsspannung ist größer als in der Basisschaltung. Das folgt aus der Tatsache, daß in der Basisschaltung der Emitterstrom konstant gehalten wird, unabhängig von Änderungen der Emitter-Basis-Spannung, die durch die Kollektorspannungsabhängigkeit des Basisstromes und des Basisbahnwiderstandes hervorgerufen werden. In Emitterschaltung wird andererseits der Basisstrom konstant gehalten und die eben erwähnten Änderungen der Emitterspannung verändern den Emitter- (und damit den Kollektor-) Strom als Funktion der Ausgangsspannung. Dieser Effekt wird offensichtlich reduziert, wenn man die spannungsabhängige Ausweitung der Kollektorraumladungszone ausschaltet, wie z. B. bei einem PNIP-Transistor.

Abb. 8.11 zeigt auch, daß die Ausgangskennlinien im Nullpunkt beginnen und sich nicht in das Gebiet der Kollektordurchlaßspannung erstrecken (wie z. B. in Abb. 8.2 für die Basisschaltung). Das kommt daher, daß die Kollektordiode entsprechend Gl. (8.18) schon um den Wert $- U_{BE}$ in Durchlaßrichtung vorgespannt ist, wenn die Kollektor-Emitter-Spannung U_{CE} Null wird. Unsymmetrien zwischen Emitter- und Kollektorzone und innere Ohmsche Serienwiderstände können die Ausgangskennlinien in der Nähe des Nullpunkts etwas abwandeln.

Die Stromverstärkung in Emitterschaltung hängt ziemlich stark von Kollektorstrom und -spannung und von der Temperatur ab. Außerdem ist sie oft sogar bei den einzelnen Exemplaren derselben Type großen Schwankungen unterworfen. Abb. 8.12 zeigt mittlere Kurven. Die tatsächlichen Werte können zwar um eine Größenordnung streuen, die allgemeine Tendenz bleibt jedoch gewahrt. Bevor der Kollektorstrom Null wird, muß der Basisstrom sein Vorzeichen ändern. Dies rührt daher, daß die Emitterdiode gesperrt sein muß, wenn kein Kollektorstrom fließen soll (wenn man annimmt, daß wie gewöhnlich ein äußerer Strompfad vom Kollektor zum Emitter existiert und der Kollektorübergang in Sperrichtung gepolt ist).

Die in Sperrichtung gepolte Emitterdiode läßt dann einen Sperrstrom fließen, der in umgekehrter Richtung wie beim normalen Transistorbetrieb über die Basiszuleitung fließt. Da man den Verlauf der Stromverstärkung in Emitterschaltung einfach durch Umrechnen aus der

Basisschaltung erhält, ist es offensichtlich, daß man eine hohe Stromverstärkung durch einen hohen Emitterwirkungsgrad und eine schwache Rekombination in der Basis erreicht. Die Verringerung des Emitterwirkungsgrades bei hohen Strömen verursacht wieder einen Abfall der Stromverstärkung bei Überschreiten eines gewissen Kollektorstromes. Eine hohe Kollektorspannung verringert die effektive Basisdicke (kleinerer Wert W/L_B) und läßt so die Stromverstärkung leicht ansteigen.

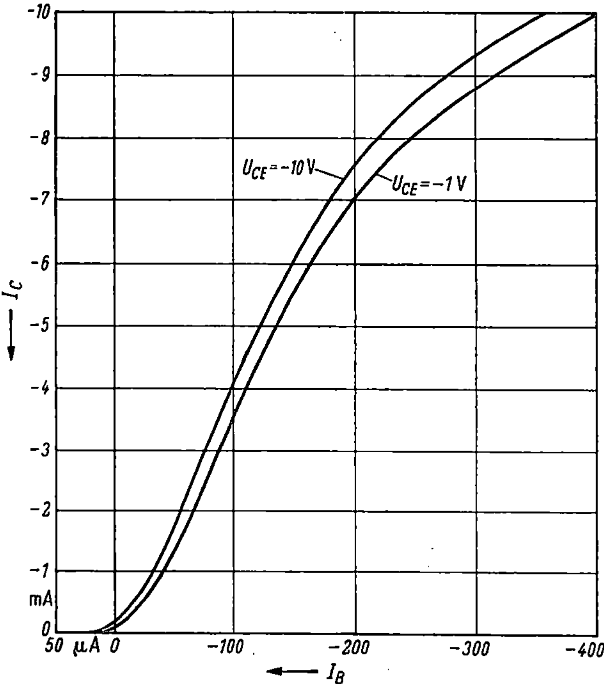

Abb. 8.12. Kollektorgleichstrom in Abhängigkeit vom Basisgleichstrom bei einem PNP-Flächentransistor für kleine Leistungen. Parameter: Kollektor-Emitterspannung

Spannungs- und Leistungsgrenzen. Die maximale Spannung, die an einen Transistor angelegt werden darf, wird durch den Durchbruch oder die Sperrschichtberührung bestimmt (außer in Fällen, bei denen diese Erscheinungen zur Erzielung besonderer Effekte in einer Schaltung ausgenutzt werden). Der Durchbruch wurde in § 5 D für die Basis- und Emitterschaltung beschrieben. Im einzelnen ist die Abhängigkeit der Durchbruchspannung U_{BD} vom spezifischen Widerstand der schwachdotierten Seite des Überganges für Germanium und Silizium in den Abb. 4.4 und 4.5 dargestellt, und Abb. 8.13 zeigt den Teil der Ausgangskennlinien in der Nähe der Durchbruchspannung, wo der Kollektorstrom auf Grund der Trägervervielfachung anzusteigen beginnt. In der Emitterschaltung tritt der rasche Anstieg der Ausgangskennlinien bei niedrigeren Spannungen auf, und der Kollektorstrom erreicht schon bei $U_{CE} = U_S$ sehr hohe Werte, wo die Stromverstärkung α in Basisschaltung Eins geworden ist. Wie in §5D beschrieben, ist die Spannung U_S durch

$$U_S = U_{BD}(1 - \alpha_0)^{1/k} \qquad (5.218)$$

gegeben. Einige Werte für k zeigt Tab. 4.2. Sind die Werte für α_0 und die maximale Spannung U_{BD} für die Basisschaltung aus den Transistor-

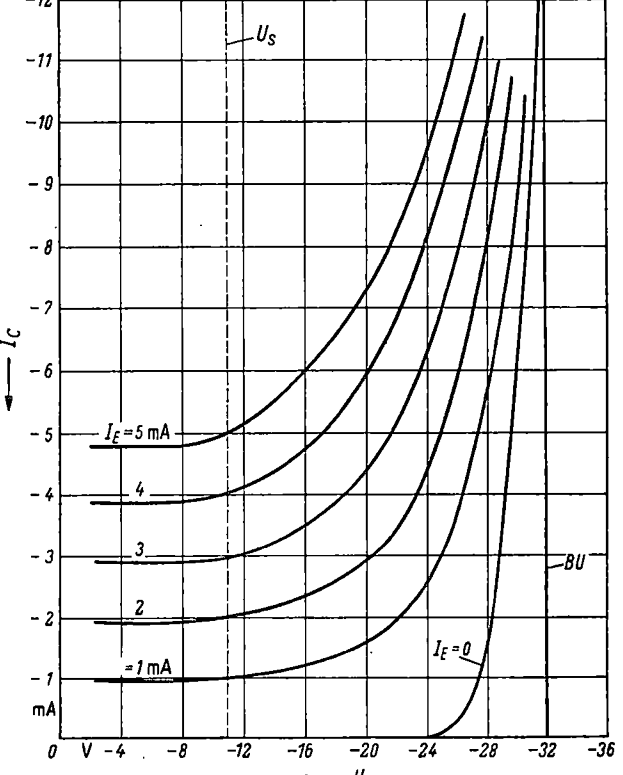

Abb. 8.13. Ausgangskennlinien eines Germanium-PNP-Legierungstransistors in Basisschaltung in der Umgebung der Durchbruchsspannung. Die Stromverstärkung wird eins bei der Spannung U_s. Nach S. I. MILLER u. J. J. EBERS: Bell Syst. techn. J. 34 (1955) 833

datenblättern bekannt oder durch Messungen bestimmt, ist es prinzipiell möglich, aus Gl. (5.218) die höchstzulässige Kollektor-Emitter-Spannung in Emitterschaltung zu berechnen. Dies ist jedoch nicht immer der Fall, weil die Spannungsbegrenzung durch einen Oberflächendurchbruch oder durch Sperrschichtberührung bestimmt sein und daher in anderer Weise von der äußeren Schaltung abhängen kann. Um dies zu berücksichtigen, geben die meisten Hersteller in ihren Datenblättern neben der maximalen Kollektor-Basis-Spannung auch die höchstzulässige Kollektor-Emitter-Spannung an. Anderenfalls ist es ratsam, sie zu messen, wenn der Transistor in Emitterschaltung verwendet werden soll.

Obige Formeln und Diagramme zeigen, daß für hohe Durchbruchsspannungen ein hoher spezifischer Widerstand auf der einen Seite des Überganges erforderlich ist. Ist die schwachdotierte Seite die Basiszone, wie beim legierten oder beim Surface-Barrier-Transistor, dann ist diese Forderung nicht mit dem Wunsch nach einem kleinen Basisbahnwiderstand und nach einer hohen Sperrschichtberührungsspannung in Einklang zu bringen.

Sperrschichtberührung (*Punch through*). Die höchstzulässige Kollektorspannung braucht nicht notwendigerweise gleich der Durchbruchsspannung zu sein. Speziell in Systemen mit dünner Basis kann Sperrschichtberührung bei niedrigen Spannungen auftreten.

Die Sperrschichtberührungsspannung für einen abrupten Kollektorstörstellenübergang und eine homogene Basiszone in einem PNP-Transistor ist durch Gl. (5.220) gegeben:

$$|U_P| = \frac{q}{2\varepsilon}\frac{(N_P + N_N)N_N}{N_P}W^2. \qquad (5.220)$$

Hat die Kollektorzone einen höheren spezifischen Widerstand als die Basis (wie in vielen Transistoren mit gezogenen Übergängen), d. h. $N_P \ll N_N$, dann erstreckt sich die Kollektorraumladungszone hauptsächlich in den Kollektor und nicht in die Basis. Die Sperrschichtberührungsspannung ist in diesem Falle hoch. Hat jedoch die Basiszone den höheren spezifischen Widerstand, dann ist das Gegenteil der Fall. Mit $N_P \gg N_N$ erhält man aus Gl. (5.220)

$$|U_P| = \frac{q}{2\varepsilon}N_N W^2. \qquad (8.21)$$

Bei Zimmertemperatur können wir die Donatorendichte durch den spezifischen Widerstand ausdrücken $N_N = 1/(q\,\mu_n\,\varrho_N)$, und die Sperrschichtberührungsspannung nimmt folgende Form an:

$$|U_P| = \frac{W^2}{2\varepsilon\,\mu_n\,\varrho_N}. \qquad (8.22)$$

Gl. (8.22) zeigt, daß Transistoren mit kleiner Basisdicke und hohem spezifischem Widerstand niedrige Sperrschichtberührungsspannungen aufweisen.

Für eine Basisdicke von $W = 10^{-3}$ cm und bei einem spezifischen Widerstand in der Basis von $\varrho_N = 1\ \Omega$cm in Germanium finden wir

$$U_P = -420\ \text{V}.$$

Wie Abb. 4.4 zeigt, ist die Durchbruchsspannung für denselben spezifischen Widerstand $U_{BD} = -105$ V.

Gebräuchliche Werte für die maximal zulässige Kollektorspannung liegen zwischen 20 und 120 V.

Ein weiterer wichtiger Grenzwert für den Transistor ist die maximale Verlustleistung. Die im Transistor in Wärme umgesetzte Leistung ist gleich der angelegten Gleichstromleistung abzüglich der Differenz zwischen der Ausgangs- und Eingangssignalleistung. Für die meisten praktischen Fälle ist sie gleich dem Produkt aus Kollektorgleichstrom und -gleichspannung abzüglich Ausgangsleistung. Diese Leistung wird am Kollektorübergang verbraucht und ist die Ursache für die Erwärmung des Systems. Die höchstzulässige Verlustleistung ist daher abhängig von der Wärmeableitung aus dem Gehäuse sowie von der Umgebungstemperatur und der maximal zulässigen Sperrschichttemperatur. Die Wirksamkeit der Wärmeableitung wurde in § 5 E durch den Wärmewiderstand charakterisiert:

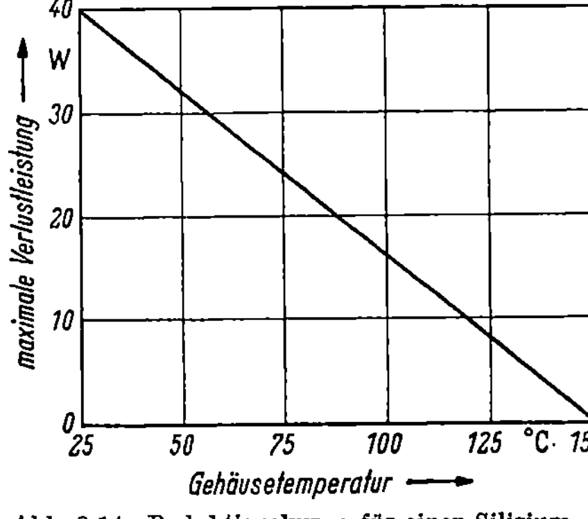

Abb. 8.14. Reduktionskurve für einen Siliziumleistungstransistor (maximal zulässige Verlustleistung als Funktion der Gehäusetemperatur)

$$R_{\mathrm{th}} = \frac{T_j - T_c}{P_D}, \qquad (5.258)$$

wobei T_j die Sperrschichttemperatur, T_c die Gehäusetemperatur und P_D die Verlustleistung ist. Wir nehmen an, das Gehäuse sei mit einer idealen Kühlvorrichtung, z. B. mit einem großen Metallblock hoher Leitfähigkeit verbunden, dann ist die Gehäusetemperatur T_c gleich der Umgebungstemperatur T_a. Der Einfluß der Temperatur auf das elektrische Verhalten wird später noch genauer behandelt. Die maximalen Sperrschichttemperaturen $T_{j\,\mathrm{max}}$ reichen von 50° C bei den einfachsten Germaniumbauelementen bis über 250° bei hochentwickelten Siliziumtypen. Aus obiger Gleichung geht deutlich hervor, daß hohe maximale Sperrschichttemperatur und niedrige Umgebungstemperatur sowie ein niedriger Wärmewiderstand R_{th} Voraussetzung für eine hohe Verlustleistung sind. Außerdem ist klar, daß bei vorgegebenen Werten $T_{j\,\mathrm{max}}$ und R_{th} die maximale Verlustleistung mit steigender Umgebungstemperatur abnimmt. Der Wärmewiderstand R_{th} ist durch die Geometrie und die Wärmeleitfähigkeit des Aufbaus zwischen Kollektorsperrschicht und Gehäuseaußenseite bestimmt. Transistoren mit großflächigen Sperrschichten und einem Metallsockel in direktem Kontakt mit dem Halbleitersystem, wie die meisten Leistungstransistoren, haben kleine Wärmewiderstände bis zu 0,2° C/W. Gebräuchliche Werte liegen zwischen 1 und 4° C/W. Solche Elemente lassen dann Verlustleistungen bis zu

100 W zu. Bei einigen besonderen Typen liegen die Werte noch höher. Hochfrequenztransistoren dagegen haben wegen der Forderung nach niedriger Kapazität nur eine kleine Sperrschichtfläche. Die Wärme wird manchmal nur über den dünnen Kollektoranschlußdraht abgeführt. Daraus folgt ein hoher Wärmewiderstand, der in der Größenordnung 0,1 bis 1° C/mW liegt. Entsprechend beträgt die maximale Verlustleistung einige Watt bei 200 MHz und fällt bei Typen für höhere Frequenzen noch weiter ab.

Die maximale Verlustleistung wird oft als Kurve in das Ausgangskennlinienfeld eingetragen, wie Abb. 8.5 zeigt. Gewöhnlich ist noch angegeben, ob sich die eingezeichnete Verlustleistung auf den Betrieb in Luft oder bei Verwendung einer Kühlanordnung (z. B. Kühlblech) bezieht. Die maximale Verlustleistung eines Elements wird gewöhnlich für Zimmertemperatur angegeben und muß für höhere Umgebungstemperaturen entsprechend herabgesetzt werden. Es ist daher üblich, zumindest für Leistungstransistoren, eine Reduktionskurve vorzugeben, welche die maximale Verlustleistung als Funktion der Umgebungstemperatur darstellt. Abb. 8.14 zeigt ein Beispiel für solch eine Reduktionskurve.

Temperaturabhängigkeit der Gleichstromeigenschaften. Ein wichtiger Aspekt beim Transistorbetrieb und gewöhnlich ein Nachteil ist die Abhängigkeit der elektrischen Eigenschaften von der Temperatur. Gleichstrom- und Wechselstromparameter ändern sich mit der Temperatur und können so die Lage des Arbeitspunktes und das Verhalten in Schaltungen beeinflussen. Fast immer müssen Schaltungsmaßnahmen ergriffen werden, um diese Effekte zu kompensieren. Wird schließlich die Temperatur zu hoch, dann kann das Bauelement nicht mehr als Transistor arbeiten. Läßt die Verlustleistung des Transistors die Temperatur noch weiter ansteigen, so kann das System durch thermische Instabilität zerstört werden. Für den Schaltungsingenieur ist deshalb ein Verständnis der Temperaturabhängigkeit des Transistorverhaltens äußerst wichtig, da er wissen muß, welche Änderungen er in einem gegebenen Temperaturbereich erwarten kann. In gleicher Weise muß auch der Transistorentwickler über das Temperaturverhalten orientiert sein, wenn er stabile Transistoren bauen will, die bis zu relativ hohen Temperaturen zufriedenstellend arbeiten. Die wichtigste unter den temperaturabhängigen Gleichstromeigenschaften ist der rapide Anstieg des Kollektorreststromes I_{CBO} (Emitter offen). Er besteht aus Minoritätsträgern, die in Richtung der Kollektordiode diffundieren und diese in Sperrichtung durchlaufen. Wie man aus Gl. (5.42) sieht, wächst I_{CBO} proportional den Minoritätsträgerdichten in der Basis und im Kollektor. Der Einfluß der Diffusionslänge und der Lebensdauer ist von untergeordneter Bedeutung. Die Temperaturabhängigkeit der Trägerdichten zeigt Abb. 2.7. Verwendet man diese Werte, so ergeben sich die in Abb. 8.15 gezeigten I_{CBO}-Kurven für die vier in Anhang D beschriebenen Tran-

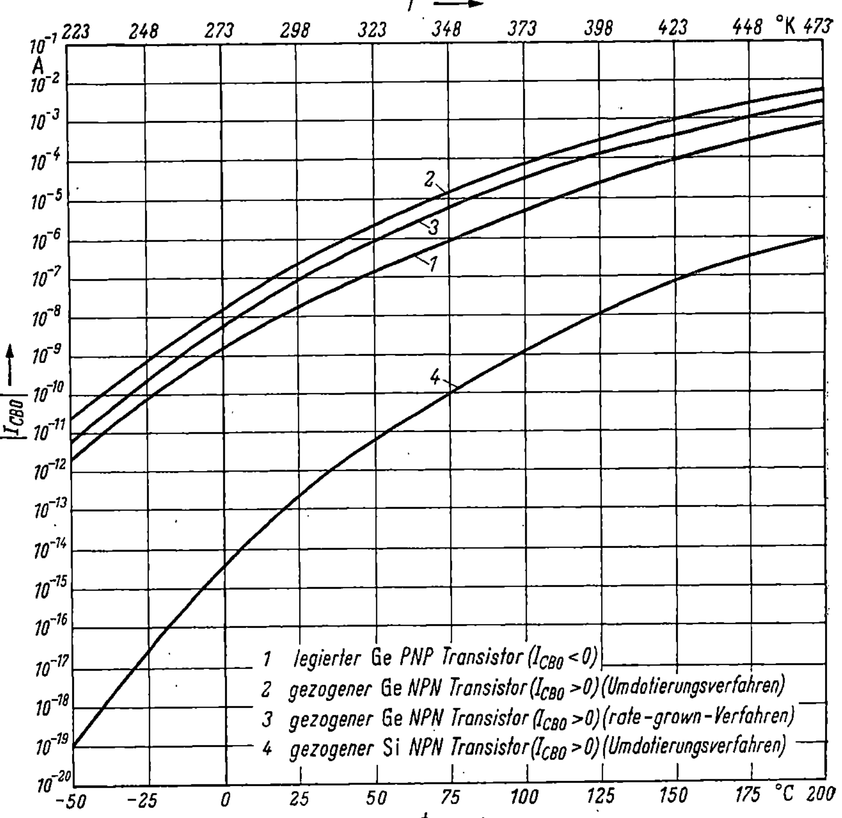

Abb. 8.15. Theoretischer Kollektorreststrom I_{CBO} als Funktion der Temperatur für verschiedene Transistortypen (s. Anhang D)

sistortypen. Man beobachtet eine rasche Zunahme über mehrere Größenordnungen, von sehr kleinen Strömen an bis zu Werten, die mit dem Emitterstrom vergleichbar sind oder ihn sogar übertreffen. Die relative Zunahme in Silizium ist stärker als in Germanium, der Reststrom beginnt jedoch bei viel kleineren Werten und macht sich daher erst bei viel höheren Temperaturen als bei Germanium bemerkbar. Die gemessene Temperaturabhängigkeit des Reststromes I_{CBO} für gebräuchliche Germanium- und Siliziumbauelemente zeigt Abb. 8.16. Auf Grund von Leckströmen und Trägerrekombination und -erzeugung im Übergang ist I_{CBO} in praktischen Bauelementen gewöhnlich größer als theoretisch zu erwarten wäre.

Gl. (5.42) zeigt, daß man bei kleinen Minoritätsträgerdichten und damit hohen Dotierungen in der Basis und im Kollektor kleine Kollektorrestströme I_{CBO} erhält.

Abb. 8.16
Gemessener Kollektorreststrom
I_{CB0} eines Germanium- und
eines Siliziumtransistors als
Funktion der Temperatur

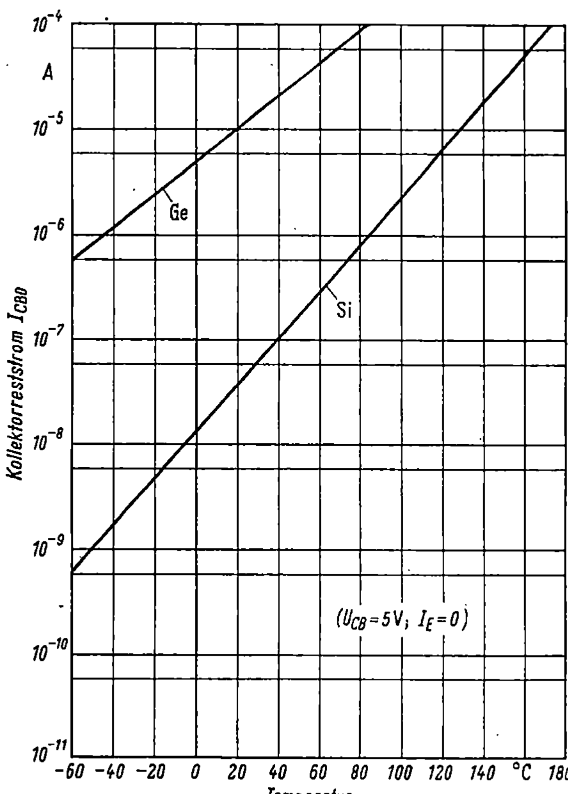

10^{-4}
A
10^{-5}
Ge
10^{-6}
Si
10^{-7}
10^{-8}
10^{-9}
$(U_{CB}=5V; I_E=0)$
10^{-10}
10^{-11}
Kollektorreststrom I_{CB0}
-60 -40 -20   0   20   40   60   80   100 120 140 °C 180
Temperatur

Abb. 8.17
Kollektorstrom bei konstantem
Emitterstrom ($I_E = 1$ mA) als
Funktion der Temperatur für
verschiedene Transistortypen
(s. Anhang D)

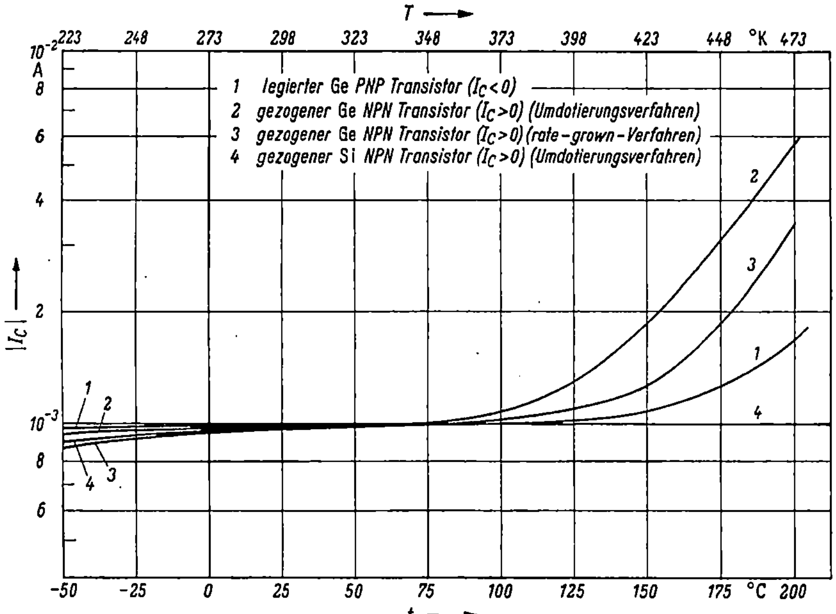

T ⟶
10^{-2} 223   248   273   298   323   348   373   398   423   448 °K 473
A
8
1   legierter Ge PNP Transistor ($I_C<0$)
2   gezogener Ge NPN Transistor ($I_C>0$) (Umdotierungsverfahren)
6   3   gezogener Ge NPN Transistor ($I_C>0$) (rate-grown-Verfahren)
4   gezogener Si NPN Transistor ($I_C>0$) (Umdotierungsverfahren)
4
2
2
3
1
$|I_C|$
10^{-3}
1
2
8
3
4   3
1
4
6
-50   -25   0   25   50   75   100   125   150   175 °C 200
t ⟶

Beim gewöhnlichen Transistorbetrieb macht sich die Zunahme des Kollektorstromes bemerkbar, wenn I_{CBO} in die Größenordnung einiger Prozent des Emitterstromes kommt. Dann beginnt der Kollektorstrom sehr rasch über den Emitterstrom anzusteigen, wie Abb. 8.17 zeigt. Der Basisstrom I_B, der die Differenz zwischen Emitter- und Kollektorstrom darstellt, ändert dann sein Vorzeichen und steigt ebenfalls rapid an. Dies zeigt Abb. 8.18. Der ansteigende Basisstrom hat einen sehr starken Einfluß auf das Transistorverhalten, da er über den Basisbahnwiderstand und möglicherweise auch über äußere Basiswiderstände fließt und damit die Vorspannungen an den Transistordioden ändert. Viele Methoden zur Temperaturstabilisation von Transistorschaltungen gehen davon aus, den Anstieg des Basis- und Kollektorstromes zu kompensieren.

B. Wechselstromeigenschaften von Flächentransistoren

Vierpolparameter und Ersatzschaltbilder. Die Kleinsignalparameter eines linearen Vierpols wurden in Kap. 7 definiert. Bei sehr niedrigen Frequenzen sind diese Parameter reell und können aus den Steigungen der Gleichstromkennlinien bestimmt werden. Wir können die Impedanzparameter z_{ik} aus Gl. (7.22) als Beispiel nehmen, die bei niedrigen Frequenzen reelle Widerstände darstellen. Wir wiederholen ihre Definitionen:

$$u_1 = r_{11}\, i_1 + r_{12}\, i_2, \tag{8.23}$$

$$u_2 = r_{21}\, i_1 + r_{22}\, i_2 \tag{8.24}$$

mit

$$r_{11} = r_i = \frac{\partial u_1}{\partial i_1}\bigg|_{i_2=0}, \tag{8.25}$$

$$r_{12} = r_r = \frac{\partial u_1}{\partial i_2}\bigg|_{i_1=0}, \tag{8.26}$$

$$r_{21} = r_f = \frac{\partial u_2}{\partial i_1}\bigg|_{i_2=0}, \tag{8.27}$$

$$r_{22} = r_o = \frac{\partial u_2}{\partial i_2}\bigg|_{i_1=0}. \tag{8.28}$$

Zur Bestimmung dieser 4 Parameter benötigt man vier verschiedene Scharen von Gleichstromkennlinien — nämlich die Eingangs- und Ausgangsspannungen als Funktionen der Eingangs- und Ausgangsströme, jeweils mit dem anderen Strom als Parameter. Beispiele für solche Kennlinienfelder, die entweder an Transistoren gemessen oder aus den theoretischen Zusammenhängen zwischen den Gleichströmen und Gleichspannungen abgeleitet wurden, sind durch die Ausgangskennlinienfelder der Abb. 8.2, 8.4, 8.5, 8.11 und 8.13 für Basis- und Emitterschaltung gegeben. Die Steigungen dieser Kurven ergeben die Leerlaufausgangswiderstände in Basis- und Emitterschaltung für jeden beliebigen Arbeitspunkt, der z. B. durch den Eingangsgleichstrom und die Ausgangsgleichspannung gegeben sein kann. Wenn die r_{ik} bekannt sind, kann man entsprechend dem in § 7 C ausgeführten Verfahren ein T-Ersatzschaltbild aufstellen. Solche Ersatzschaltbilder für Basis- und Emitterschaltung zeigen die Abb. 8.19 und 8.20. Die Konstanten a_b

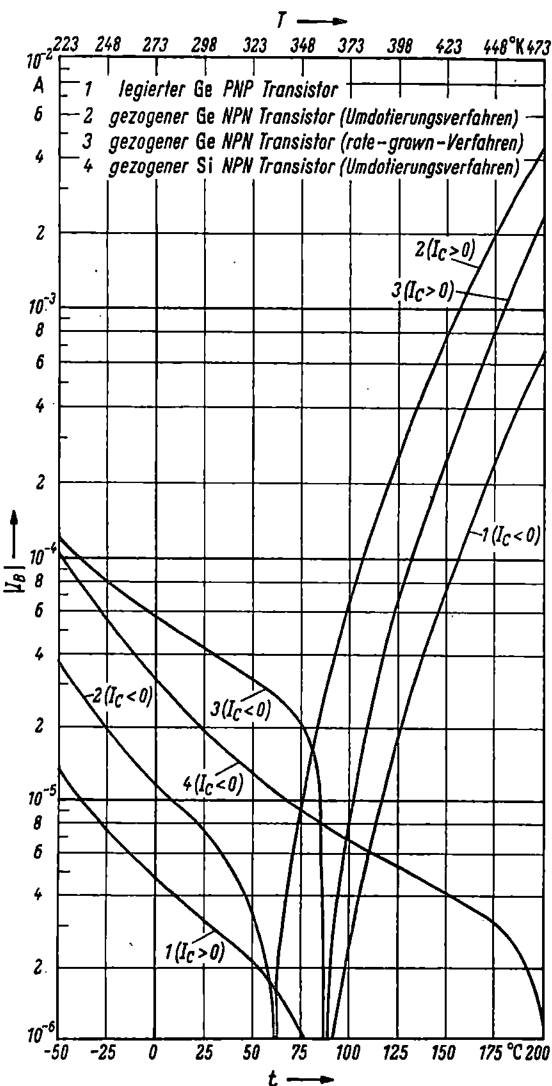

Abb. 8.18. Basisstrom I_B unter normalen Betriebsbedingungen als Funktion der Temperatur für verschiedene Transistortypen (s. Anhang D)

und a_e in den Stromgeneratoren sind bei diesen niedrigen Frequenzen praktisch mit den Kurzschlußstromverstärkungsfaktoren α und $\alpha/(1-\alpha)$ identisch, weil r_{12} vernachlässigbar klein im Vergleich zu r_{21} und r_{22} ist. Bei höheren Frequenzen ist dies nicht mehr der Fall.

Wenn wir mit einer y-Vierpoldarstellung beginnen, ist es einfacher, II-Ersatzschaltbilder für den Transistor zu verwenden. Sie sind in den Abb. 8.21 und 8.22 dargestellt.

Die Niederfrequenzeigenschaften des Transistors sind so durch die Gleichstromkennlinien bestimmt und die Ersatzschaltbilder in den

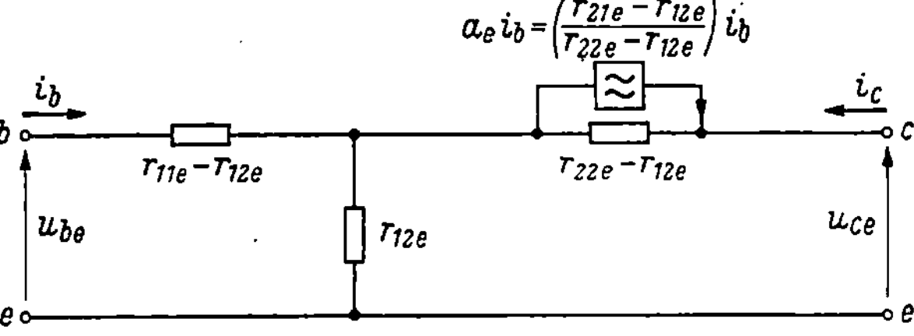

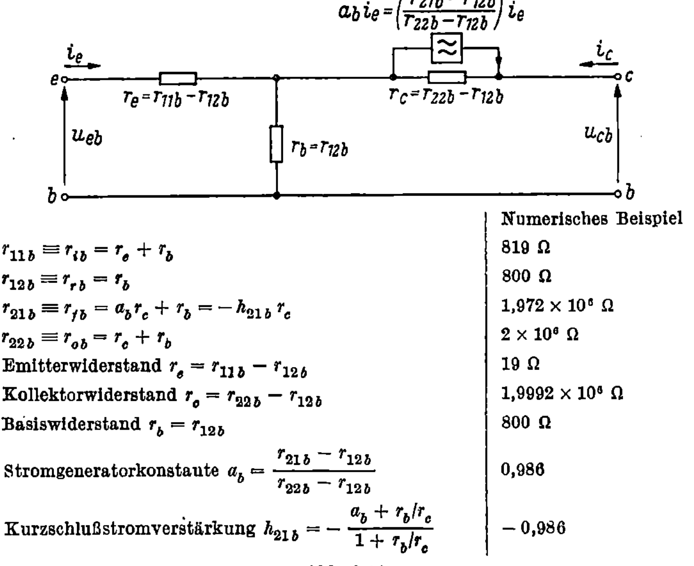

	Numerisches Beispiel
$r_{11b} \equiv r_{ib} = r_e + r_b$	819 Ω
$r_{12b} \equiv r_{rb} = r_b$	800 Ω
$r_{21b} \equiv r_{fb} = a_b r_c + r_b = -h_{21b} r_c$	$1{,}972 \times 10^6$ Ω
$r_{22b} \equiv r_{ob} = r_c + r_b$	2×10^6 Ω
Emitterwiderstand $r_e = r_{11b} - r_{12b}$	19 Ω
Kollektorwiderstand $r_c = r_{22b} - r_{12b}$	$1{,}9992 \times 10^6$ Ω
Basiswiderstand $r_b = r_{12b}$	800 Ω
Stromgeneratorkonstante $a_b = \dfrac{r_{21b} - r_{12b}}{r_{22b} - r_{12b}}$	0,986
Kurzschlußstromverstärkung $h_{21b} = -\dfrac{a_b + r_b/r_c}{1 + r_b/r_c}$	$-0{,}986$

Abb. 8.19
T-Ersatzschaltbild für einen Flächentransistor in Basisschaltung bei sehr niedrigen Frequenzen

Abb. 8.20
T-Ersatzschaltbild für einen Flächentransistor in Emitterschaltung bei sehr niedrigen Frequenzen

Abb. 8.19 bis 8.22 gelten exakt. Ihre Elemente können unter Verwendung der gemessenen Niederfrequenz-h-Parameter aus den gegebenen Formeln berechnet werden.

Die Vierpolparameter und die Elemente der Ersatzschaltungen sind natürlich vom Arbeitspunkt und insbesondere vom Emitterstrom abhängig. Die Stromabhängigkeit des Niederfrequenzstromverstärkungsfaktors in Basisschaltung wurde in § 5 D, Abb. 5.33 bis 5.36, in allen Einzelheiten behandelt. Da der Stromverstärkungsfaktor in Emitterschaltung ($h_{fe} \equiv h_{21e}$) mit dem in Basisschaltung ($\alpha = -h_{fb} \equiv -h_{21b}$) über folgende Beziehung zusammenhängt (siehe Tab. 7.6)

$$h_{fe} \cong \frac{\alpha}{1-\alpha}$$

$$\cong \frac{1}{1-\alpha} \quad (\text{für } 1-\alpha \ll 1), \qquad (8.29)$$

sind die gleichen Betrachtungen auf die Emitterschaltung anwendbar. Eine typische Kurve für den Stromverstärkungsfaktor in Emitterschaltung als Funktion des Kollektorstromes zeigt Abb. 8.23. Die Strom-

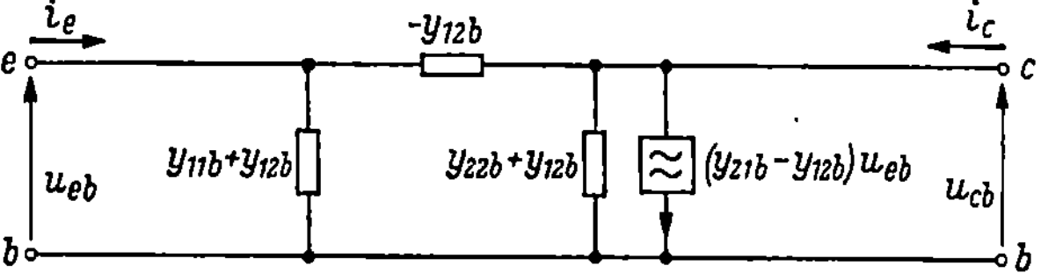

Abb. 8.21. Π-Ersatzschaltbild mit Stromgenerator für einen Flächentransistor in Basisschaltung bei sehr niedrigen Frequenzen

abhängigkeit der anderen Parameter geht aus den statischen Kennlinien hervor und könnte durch Differentiation aus den verallgemeinerten Formeln für die Gleichströme, Gln. (8.3) bis (8.9), abgeleitet werden.

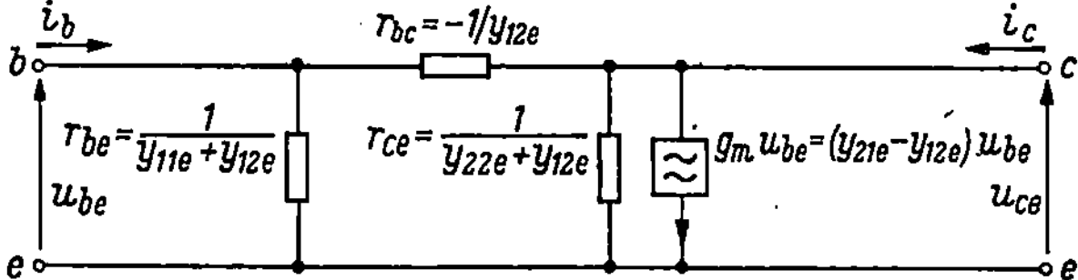

Abb. 8.22. Π-Ersatzschaltbild mit Stromgenerator für einen Flächentransistor in Emitterschaltung bei sehr niedrigen Frequenzen

In Basisschaltung-h-Parametern ausgedrückt gilt:

$$r_{be} = h_{11b}/(1 + h_{21b})$$

$$r_{bc} = \left[h_{22b} - \frac{h_{12b}(1 + h_{21b})}{h_{11b}} \right]^{-1}$$

$$r_{ce} = h_{11b}/h_{12b}$$

$$g_m = -(h_{21b} + h_{12b})/h_{11b}$$

Wir werden jedoch diese Stromabhängigkeit in Zusammenhang mit den frequenzabhängigen Vierpolparametern besprechen.

Wechselstromkennlinien bei höheren Frequenzen [1]. Bei höheren Frequenzen kann man natürlich noch immer ein Ersatzschaltbild nach dem in Kap. 7 beschriebenen Verfahren konstruieren, doch wird es im allgemeinen schwer sein, die Frequenzabhängigkeit der komplizierten Impedanzen in den verschiedenen Teilen der Schaltung durch eine vernünftige Zahl von Elementen darzustellen. Es ist daher vorteilhaft, mit den theoretischen Ausdrücken für die Vierpolparameter zu beginnen und dem Aufbau der Ersatzschaltungen die physikalischen Prinzipien des Transistors zugrunde zu legen.

Es gibt verschiedene Methoden, die numerischen Werte für die Komponenten des Ersatzschaltbilds zu erhalten. Kennt man alle Dimensionierungsparameter — Abmessungen und Materialeigenschaften —, dann kann man mit Hilfe der Dimensionierungsgleichungen die einzelnen Elemente des Ersatzschaltbilds berechnen. Kennt man sie nicht, was gewöhnlich der Fall ist, dann muß man die analytischen Ausdrücke für die Vierpolparameter der verwendeten Ersatzschaltung ableiten und die numerischen Werte der einzelnen Elemente dadurch bestimmen, daß man die berechneten Vierpolparameter den tatsächlich gemessenen bei verschiedenen Frequenzen in dem Bereich, für den das spezielle

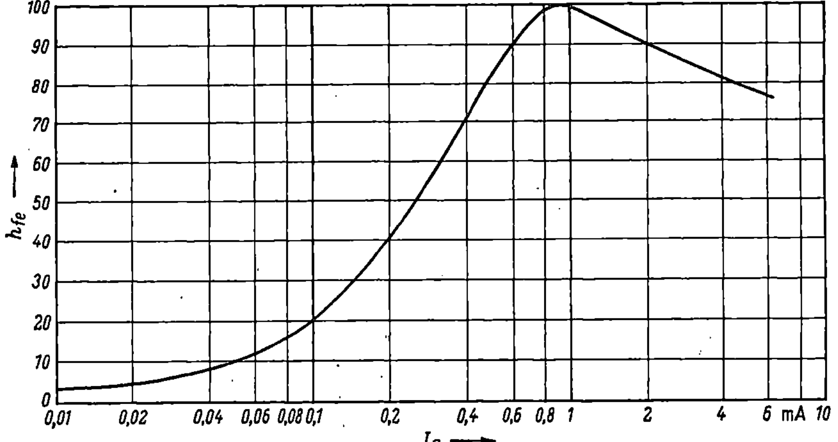

Abb. 8.23
Kurzschlußstromverstärkungsfaktor h_{fe} in Emitterschaltung als Funktion des Kollektorstromes

Ersatzschaltbild gelten soll, gleichsetzt. Dieses letztere Verfahren kann langwierig sein und den Gebrauch elektronischer Rechenmaschinen erfordern.

Da in den Randbedingungen für den PN-Übergang die Trägerdichten als Funktionen der angelegten Spannungen ausgedrückt werden, führt die Linearisierung der Transistorgleichungen zu Vierpolparametern in der Admittanz- oder y-Form (Ströme als Funktionen der Spannungen). Die „*Diffusionsadmittanzen*" y'_{ikb} des „*inneren Transistors*" sind durch die Gln. (5.64) bis (5.67) gegeben und können in der folgenden abgekürzten Form geschrieben werden:

$$y'_{11b} = g_{1p}\,\lambda\,\coth\lambda + g_{1n}(1 + j\,\omega\,\tau_{nE})^{1/2}, \qquad (8.30)$$

$$y'_{12b} = -g_{2p}\,\lambda\,\frac{1}{\sinh\lambda} \qquad (8.31)$$

$$y'_{21b} = -g_{1p}\,\lambda\,\frac{1}{\sinh\lambda} \qquad (8.32)$$

$$y'_{22b} = g_{2p}\,\lambda\,\coth\lambda \qquad (8.33)$$

mit
$$g_{1p} = A q \frac{D_{pB} p_{0B}}{L_{pB}} \frac{q}{kT} e^{q U_E/kT} \frac{L_{pB}}{W},$$
(8.34)

$$g_{1n} = A q \frac{D_{nE} n_{0E}}{L_{nE}} \frac{q}{kT} e^{q U_E/kT},$$
(8.35)

$$g_{2p} = A q \frac{D_{pB} p_{0B}}{L_{pB}^2} [e^{q U_E/kT} - 1) \frac{1}{\sinh(W/L_{pB})} + \coth(W/L_{pB})] \left(\frac{\partial w}{\partial u_0}\right) \frac{L_{pB}}{W}$$
(8.36)

$$\lambda = (a_f^2 + j \omega b_f^2)^{1/2},$$
(8.37)

$$a_f = W/L_{pB},$$
(8.38)

$$b_f = \frac{W}{L_{pB}} \sqrt{\tau_{pB}} = \frac{W}{\sqrt{D_{pB}}} = a_f \sqrt{\tau_{pB}} = \omega_0^{-1/2}.$$
(8.39)

$$\lambda = (W/L_{pB})(1 + j \omega \tau_{pB})^{1/2} = (a_f^2 + j \omega/\omega_0)^{1/2}.$$
(8.37a)

Vergleicht man die Gln. (8.34) bis (8.36) mit den früher in den Gln. (5.41) und (5.42) abgeleiteten theoretischen Ausdrücken für die Gleichströme und nimmt man normalen Betrieb an, so daß $e^{q U_0/kT} \ll 1$ ist, dann findet man

$$g_{1p} = I_{pE} \frac{q}{kT} \frac{\tanh a_f}{a_f},$$
(8.40)

$$g_{1n} = I_{nE} \frac{q}{kT},$$
(8.41)

$$g_{2p} = I_{pC} \frac{1}{W} \left(\frac{\partial w}{\partial u_0}\right).$$
(8.42)

Für den üblichen Fall einer hohen Stromverstärkung und eines kleinen Kollektorstromes zeigt sich, daß alle Diffusionsadmittanzen in erster Näherung dem Emittergleichstrom proportional sind. Bei sehr niedrigen Frequenzen, $\omega \ll \omega_0$, erhält man

$$\lambda = a_f,$$
(8.43)

$$y_{11b}' = g_{1p} a_f \coth a_f + g_{1n},$$
(8.44)

$$= I_E \frac{q}{kT}$$

$$y_{12b}' = -g_{2p} a_f \frac{1}{\sinh a_f},$$

$$= I_{pC} \frac{1}{W} \left(\frac{\partial w}{\partial u_0}\right) \frac{W}{L_{pB}} \frac{1}{\sinh(W/L_{pB})},$$

$$\cong I_{pC} \frac{1}{W} \left(\frac{\partial w}{\partial u_0}\right)[1 - W^2/(6 L_{pB}^2)],$$
(8.45)

$$y_{21b}' = -g_{1p} a_f \frac{1}{\sinh a_f},$$

$$= -I_{pE} \frac{q}{kT} \frac{1}{\cosh(W/L_{pB})},$$

$$\cong -I_{pE} \frac{q}{kT} [1 - W^2/2 L_{pB}^2)],$$
(8.46)

17*

$$y'_{22b} = g_{2p}\, a_f \coth a_f,$$

$$= -I_{p\mathrm{C}}\,\frac{1}{W}\left(\frac{\partial w}{\partial u_\mathrm{C}}\right)\frac{W}{L_{p\mathrm{B}}}\coth\left(\frac{W}{L_{p\mathrm{B}}}\right),$$

$$\cong -I_{p\mathrm{C}}\,\frac{1}{W}\left(\frac{\partial w}{\partial u_\mathrm{C}}\right)[1 + W^2/(3L_{p\mathrm{B}}^2)]. \qquad (8.47)$$

Die Reihenentwicklung der Hyperbelfunktionen für kleine Argumente ist hier erlaubt, denn $W/L_{p\mathrm{B}}$ ist im allgemeinen viel kleiner als Eins. Diese Diffusionsadmittanzen können nun mit dem Basisbahnwiderstand

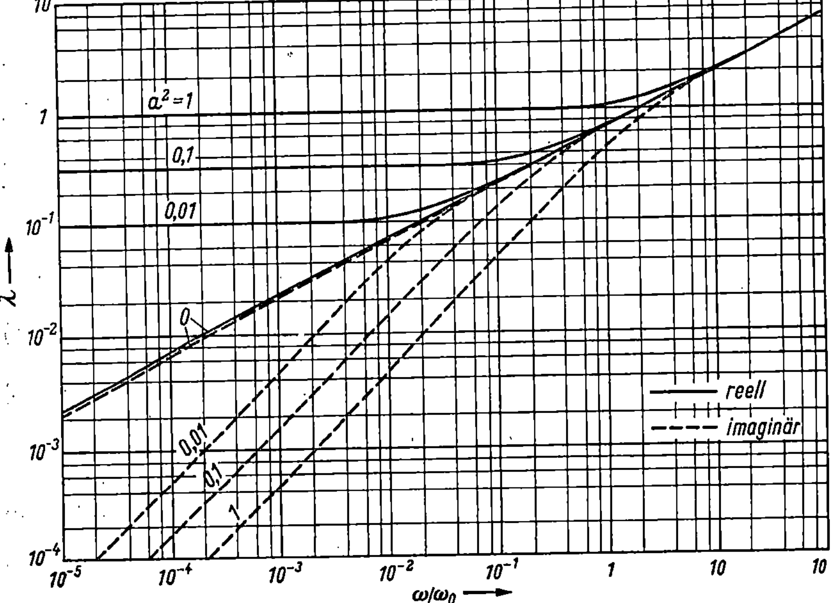

Abb. 8.24. Die Größe $\lambda = (a^2 - j\,\omega/\omega_0)^{1/2}$ als Funktion von $\dot\omega/\omega_0$ ($\omega_0 = W^2/D_\mathrm{B}$) für verschiedene Werte von $a^2 = W^2/L_\mathrm{B}$

entsprechend Abb. 5.20 und den Gln. (5.110) bis (5.114) kombiniert werden; und wenn die notwendigen Dimensionierungsdaten zur Verfügung stehen, können die Elemente der in den Abb. 8.19 bis 8.22 dargestellten Ersatzschaltungen für sehr niedrige Frequenzen berechnet werden. Bei etwas höheren Frequenzen jedoch beginnen die Diffusionsadmittanzen sich mit der Frequenz zu ändern, und die Ersatzelemente müssen Blindkomponenten enthalten. Um die Frequenzabhängigkeit dieser Admittanzen zu veranschaulichen, wurden die Größen λ, $\coth\lambda$, $1/\sinh\lambda$, $1/\cosh\lambda$, $\lambda\coth\lambda$, $\lambda/\sinh\lambda$ als Funktion von $\omega/\omega_0 = b^2$ in den Abb. 8.24 bis 8.29 aufgetragen, und zwar für verschiedene Werte von $a_f^2 = W^2/L_{p\mathrm{B}}^2$, die in praktischen Fällen viel kleiner als Eins sein sollen, wie bereits früher ausgeführt wurde. Diese Diagramme zeigen, daß die Normierungsfrequenz $\omega_0 = b_f^{-2} = D_{p\,\mathrm{B}}/W^2$ eine wichtige Rolle in der Darstellung der Frequenzabhängigkeit spielt. Abhängig von der Größe von a_f^2 (in praktischen Fällen etwa gleich 0,1) beginnen die Admittanzen bereits bei kleinen Verhältnissen ω/ω_0, z. B. $\omega/\omega_0 = 0{,}01$ von ihren Niederfrequenzwerten abzuweichen, und bei $\omega = \omega_0$ ist die Änderung

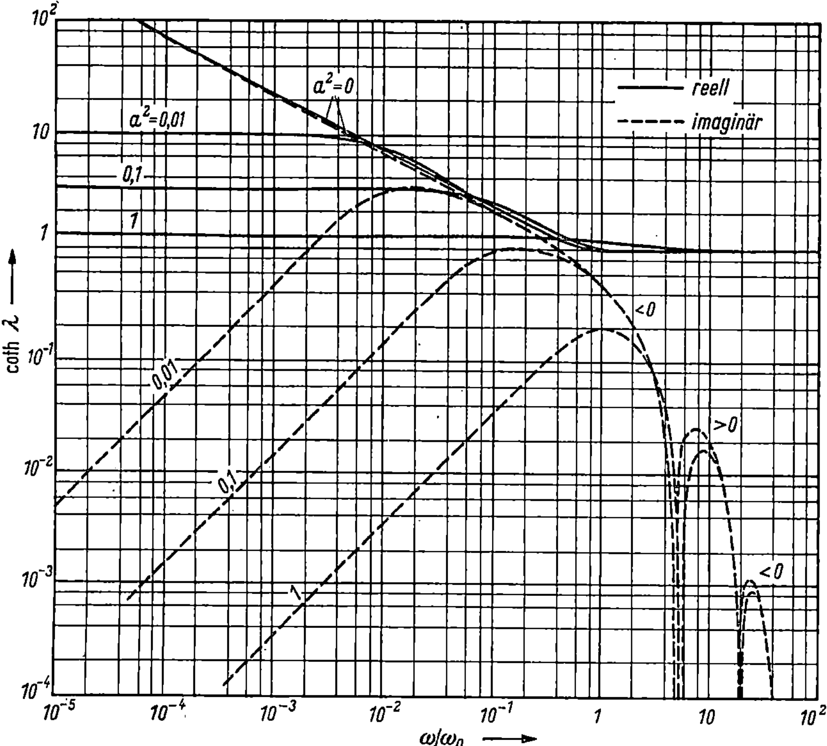

Abb. 8.25. Die Größe coth λ als Funktion von ω/ω_0 für verschiedene Werte von a^2

mit der Frequenz sehr stark. Wir werden später sehen, daß ω_0 eng mit der α-Grenzfrequenz zusammenhängt, oberhalb derer man in praktischen Schaltungen gewöhnlich nicht arbeitet.

Aus den Gln. (8.30) bis (8.39) geht hervor, daß die Frequenzabhängigkeit über den gesamten Bereich nicht einmal näherungsweise durch eine kleine Zahl von Elementen dargestellt werden kann. Es ist eine bekannte Tatsache, daß eine Frequenzabhängigkeit, die Hyperbelfunktionen der Quadratwurzel einer komplexen Zahl enthält, durch die Impedanz eines Kettenleiters [2] der Länge W mit homogen verteiltem Längswiderstand, Querkapazität und Querleitwert dargestellt werden kann, wie ihn Abb. 8.30 zeigt. Wenn $\bar{r}$, $\bar{g}$ und $\bar{c}$ den Längswiderstand, den Querleitwert und die Querkapazität pro Längeneinheit des Leiters bedeuten, dann sind die Zusammenhänge zwischen den Spannungen und Strömen am Empfänger- und Senderende gegeben durch

$$u = u_s \cosh\lambda - i_s Z_{\mathrm{ch}} \sinh\lambda, \qquad (8.48a)$$

$$i = (u_s/Z_{\mathrm{ch}}) \sinh\lambda - i_s \cosh\lambda. \qquad (8.48b)$$

Die Größe

$$\lambda = W\,(\overline{r}\,\overline{g} + j\,\omega\,\overline{r}\,\overline{c})^{1/2} \qquad (8.49)$$

heißt Wellenübertragungsmaß des Leiters und

$$Z_{\mathrm{ch}} = \left(\frac{\overline{r}}{\overline{g} + j\,\omega\,\overline{c}}\right)^{1/2}. \qquad (8.50)$$

Wellenwiderstand. Eliminiert man eine der 4 Variablen in den Gln. (8.48a) und (8.48b), dann erhält man folgende drei äquivalente

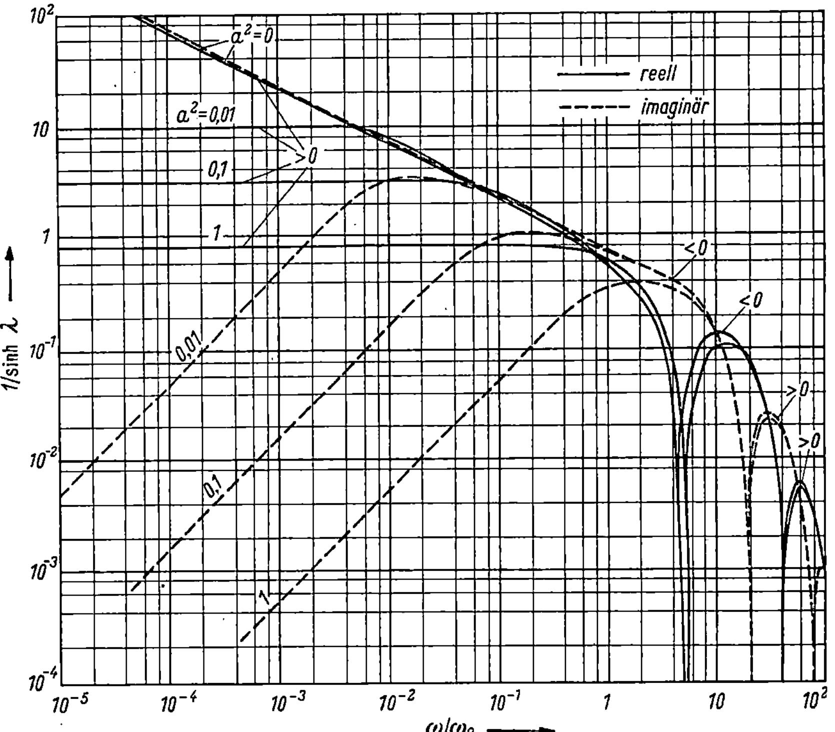

Abb. 8.26. Die Größe 1/sinh λ als Funktion von ω/ω_0 für verschiedene Werte von a^2

Gleichungen, die sich alle für die weiteren Untersuchungen als nützlich erweisen werden:

$$i = -\,(u_s/Z_{\mathrm{ch}})\,\frac{1}{\sinh\lambda} + (u/Z_{\mathrm{ch}})\,\coth\lambda \qquad (8.51)$$

oder

$$i = -\,i_s\,\frac{1}{\cosh\lambda} + (u/Z_{\mathrm{ch}})\,\tanh\lambda \qquad (8.52)$$

oder

$$u = i\,Z_{\mathrm{ch}}\,\tanh\lambda + u_s\,\frac{1}{\cosh\lambda}\,.\qquad(8.53)$$

Wir beginnen mit der Betrachtung der y-Darstellung des Transistorvierpols und versuchen, ein Ersatzschaltbild mit 2 Generatoren, ähnlich dem in Abb. 7.12, aufzustellen — jedoch nicht mit einer einfachen

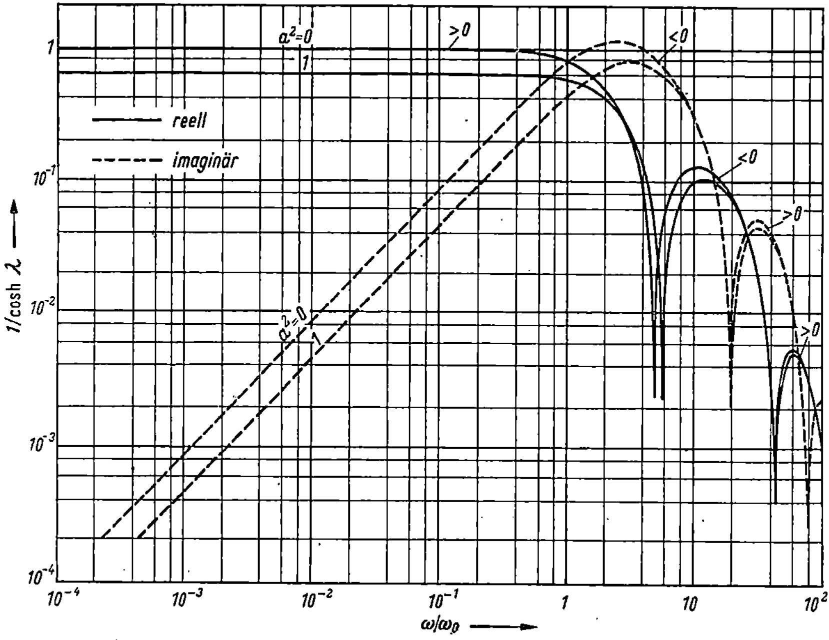

Abb. 8.27. Die Größe 1/cosh λ als Funktion von ω/ω_0 für 2 Werte von a^2

Serien- oder Parallelimpedanz, sondern unter Verwendung des Kettenleiters mit seinen verteilten Eigenschaften. Eine Schaltung dieser Art zeigt Abb. 8.31. Betrachtet man nur die Diffusionsadmittanzen y_{ik}' der Gln. (8.30) bis (8.39), dann gilt im Emitterzweig

$$i_1 = y_{11b}'\,u_1' + y_{12b}'\,u_2'.\qquad(8.54)$$

Durch Einsetzen der Gln. (8.30) und (8.31) findet man

$$i_1 = u_1'g_{1p}\lambda\coth\lambda - u_2'g_{2p}\lambda\,\frac{1}{\sinh\lambda} + u_1'g_{1n}(1 + \mathrm{j}\,\omega\tau_{n\,\mathrm{E}})^{1/2}.\qquad(8.55)$$

Das dritte Glied bildet eine frequenzabhängige Admittanz, $y_e = g_{1n}(1 + \mathrm{j}\,\omega\,\tau_{n\,\mathrm{E}})^{1/2}$, wogegen die beiden anderen durch einen Kettenleiter angedeutet werden können, der mit seinem Senderende an einen Spannungsgenerator $u_{se} = u_2'(g_{2p}/g_{1p})$ angekoppelt ist. Die Spannungsrückwirkung (g_{2p}/g_{1p}) wurde mit μ_{ec} bezeichnet,

$$\mu_{ec} = \frac{g_{2p}}{g_{1p}} \approx \frac{kT}{qW}\left(\frac{\partial w}{\partial u_{\mathrm{C}}}\right).\qquad(8.56)$$

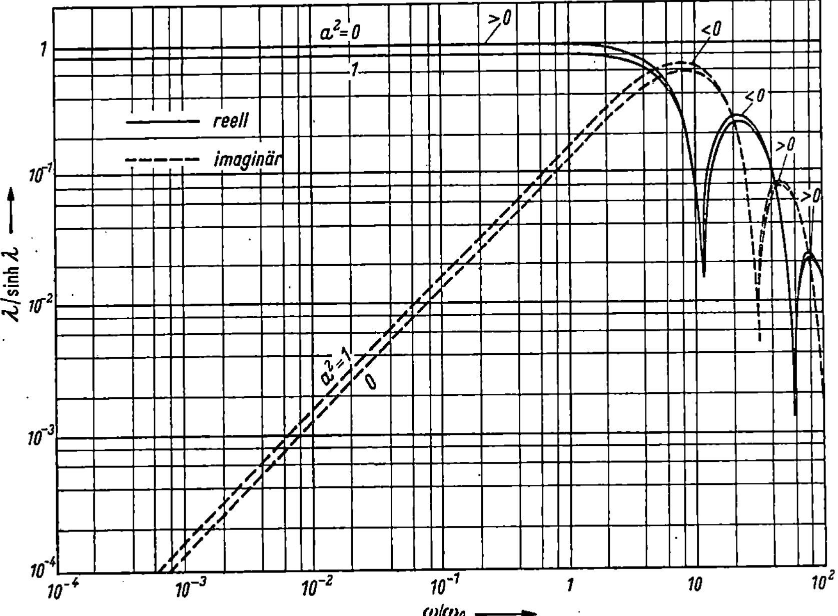

Abb. 8.28. Die Größe $\lambda/\coth\lambda$ als Funktion von ω/ω_0 für 2 Werte von a^2

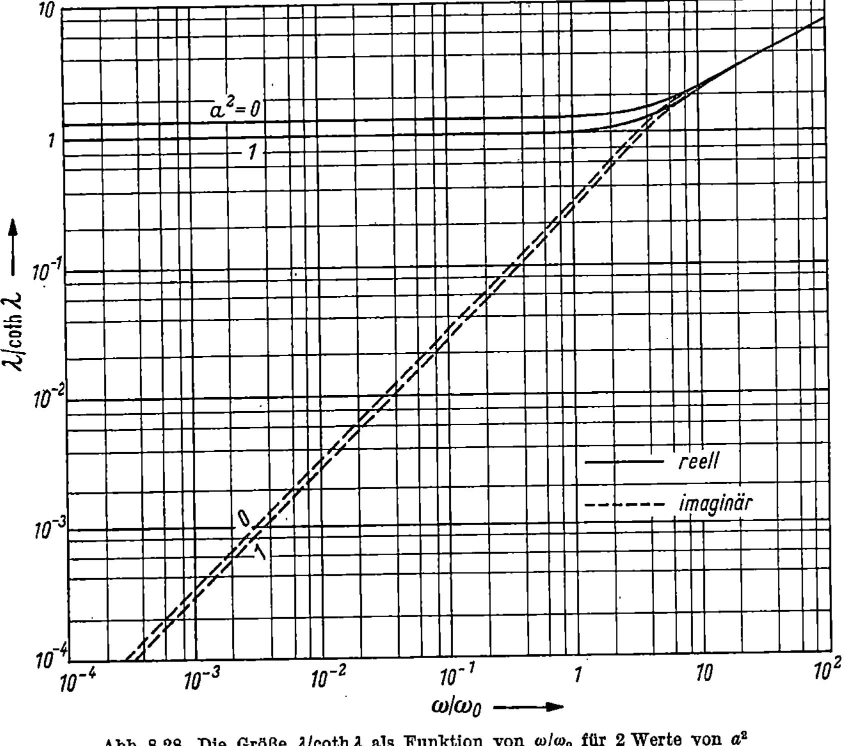

Abb. 8.29. Die Größe $\lambda/\sinh\lambda$ als Funktion von ω/ω_0 für 2 Werte von a^2

Die Strom-Spannungs-Beziehung für einen solchen Leiter [s. Gl. (8.51)]
ist gegeben durch

$$i_1 = (u_1'/Z_{\mathrm{ch},e})\coth\lambda - (u_{se}/Z_{\mathrm{ch},e})\frac{1}{\sinh\lambda}\,, \tag{8.57}$$

$$\bar{r}_e = 1/(g_{1p}W)\,, \tag{8.58}$$

$$\bar{g}_e = g_{1p}W/L_{p\mathrm{B}}^2\,, \tag{8.59}$$

$$\bar{c}_e = g_{1p}W/D_{\mathrm{B}}\,, \tag{8.60}$$

$$Z_{\mathrm{ch},e} = \frac{1}{g_{1p}(W/L_{p\mathrm{B}})(1 + j\,\omega\,\tau_{p\mathrm{B}})^{1/2}} \tag{8.61}$$

$$u_{se} = u_2'(g_{2p}/g_{1p}) = \mu_{ec}\,u_2'\,. \tag{8.62}$$

Wenn wir dieselben Schritte für den Kollektorzweig durchführen, finden
wir

$$i_2 = y_{21}'\,u_1' + y_{22}'\,u_2'\,, \tag{8.63}$$

$$i_2 = -u_1'\,g_{1p}\,\lambda\,\operatorname{csch}\lambda + u_2'\,g_{2p}\,\lambda\coth\lambda\,, \tag{8.64}$$

$$i_2 = -(u_{sc}/Z_{\mathrm{ch},c})\operatorname{csch}\lambda + (u_2'/Z_{\mathrm{ch},c})\coth\lambda\,, \tag{8.65}$$

mit

$$\bar{r}_c = 1/(g_{2p}W)\,, \tag{8.66}$$

$$\bar{g}_c = g_{2p}W/L_{p\,\mathrm{B}}^2\,, \tag{8.67}$$

$$\bar{c}_c = g_{2p}W/D_{\mathrm{B}}\,, \tag{8.68}$$

$$Z_{\mathrm{ch},c} = \frac{1}{g_{2p}(W/L_{p\mathrm{B}})(1 + j\,\omega\,\tau_{p\mathrm{B}})^{1/2}}\,, \tag{8.69}$$

$$u_{sc} = u_1'(g_{1p}/g_{2p})\,. \tag{8.70}$$

Das Wellenübertragungsmaß λ und die Länge W sind also bei beiden
Leitern gleich, wogegen die Wellenwiderstände $Z_{\mathrm{ch},e}$ und $Z_{\mathrm{ch},c}$ verschieden sind.

Abb. 8.31 zeigt auch die Emitter- und Kollektorübergangskapa-
zitäten („Sperrschichtkapazitäten") C_e und C_c sowie den Basisbahnwiderstand z_{B}', der wie in Abb. 5.20 eingebaut ist. In manchen Fällen

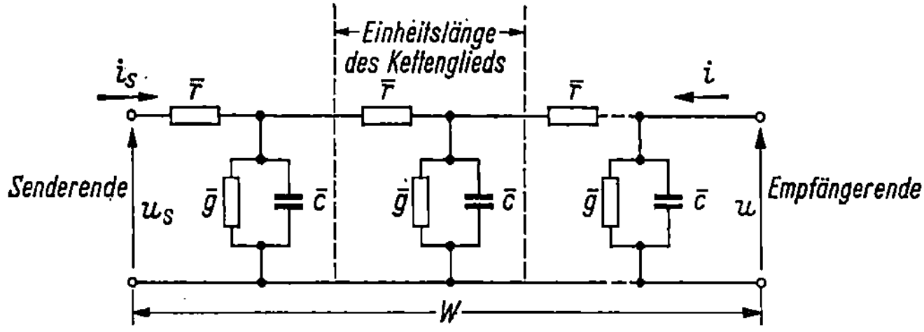

Abb. 8.30. Verlustbehafteter Kettenleiter der Länge W mit gleichmäßig verteiltem Widerstand,
Kapazität und Verlustleitwert

kann z_{B}' ein einfacher Ohmscher Widerstand sein; in anderen [3] jedoch
eine komplexe Impedanz mit manchmal kompliziertem Frequenzver-
halten. Die vollständigen Ausdrücke für die y-Parameter erhält man

dann durch das in Abb. 7.5g und Gl. (7.100) beschriebene Verfahren. Sie sind Verallgemeinerungen der Gln. (5.110ff.).

$$y_{11b} = (y'_{11b} + j\,\omega\,C_e + z'_{\mathrm{B}}\,\Delta y') / [1 + z'_{\mathrm{B}}(y'_{11b} + j\,\omega\,C_e + y'_{12b} + $$
$$+ y'_{21b} + y'_{22b} + j\,\omega\,C_c)], \tag{8.71}$$

$$y_{12b} = (y'_{12b} - z'_{\mathrm{B}}\,\Delta y') / [1 + z'_{\mathrm{B}}(y'_{11b} + j\,\omega\,C_e + y'_{12b} + y'_{21b} + $$
$$+ y'_{22b} + j\,\omega\,C_c)], \tag{8.72}$$

$$y_{21b} = (y'_{21b} - z'_{\mathrm{B}}\,\Delta y') / [1 + z'_{\mathrm{B}}(y'_{11b} + j\,\omega\,C_e + y'_{12b} + $$
$$+ y'_{21b} + y'_{22b} + j\,\omega\,C_c)], \tag{8.73}$$

$$y_{22b} = (y'_{22b} + j\,\omega\,C_c + z'_{\mathrm{B}}\,\Delta y') / [1 + z'_{\mathrm{B}}(y'_{11b} + j\,\omega\,C_e + y'_{12b} + $$
$$+ y'_{21b} + y'_{22b} + j\,\omega\,C_c)], \tag{8.74}$$

$$\Delta y' = (y'_{11b} + j\,\omega\,C_e)(y'_{22b} + j\,\omega\,C_c) - y'_{12b}\,y'_{21b}. \tag{8.75}$$

Da das exakte Ersatzschaltbild in Abb. 8.31 sehr kompliziert ist, werden wir es vereinfachen oder auf verschiedene Arten abwandeln, um seine praktische Anwendbarkeit zu verbessern.

Bei hohen Frequenzen z. B. kann es vorkommen, daß

$$1 \ll \omega\,\tau_{p\mathrm{B}} \tag{8.76}$$

gilt, und wir können λ in obigen Ausdrücken durch

$$\lambda' = \frac{W}{L_{p\mathrm{B}}}(j\,\omega\,\tau_{p\mathrm{B}})^{1/2} \tag{8.77}$$

ersetzen. Für eine Lebensdauer von $\tau_{p\mathrm{B}} = 100\ \mu\mathrm{sec}$ in der Basis gilt dies oberhalb 20 kHz. Die Näherung (8.77) kommt offenbar einer Ver-

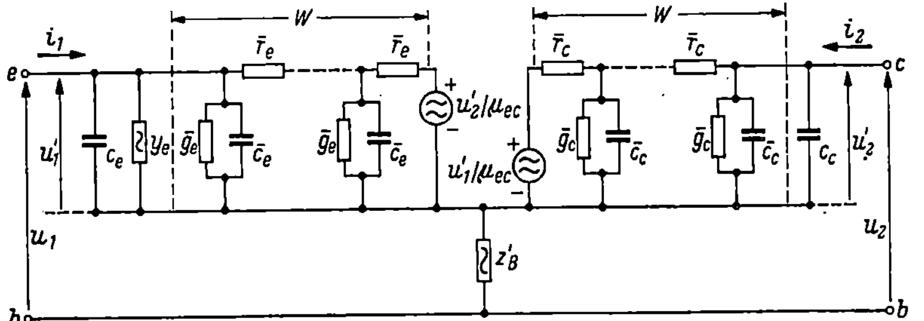

Abb. 8.31. Exaktes Ersatzschaltbild für einen Flächentransistor mit zwei verlustbehafteten Kettenleitern und 2 Spannungsgeneratoren

nachlässigung der Rekombination in der Basis gleich. Auf einen Kettenleiter übertragen entspricht dies einer Vernachlässigung der Querleitwerte $\bar{g}_e$ und $\bar{g}_c$ gegenüber den Kapazitäten $\bar{c}_e$ und $\bar{c}_c$, so daß wir einen Kettenleiter aus einfachen RC-Gliedern erhalten. Die Näherung kann für niedrige Frequenzen durch Zuschalten des Gleichstromleitwerts $y'^{(=)}_{22b} = g_{2p}\,a_f\,\coth a_f$ aus Gl. (8.47) nach Art der Abb. 8.32 verbessert werden. Die Gültigkeit dieser Näherung kann durch geeignete Umwandlung der Hyperbelfunktionen geprüft werden.

Da die Lebensdauer $\tau_{n\,\mathrm{E}}$ im Emitter gewöhnlich viel kleiner als in der Basis ist, kann man häufig schreiben

$$1 \gg \omega\,\tau_{n\,\mathrm{E}}, \qquad (8.78)$$

selbst bei Frequenzen, wo dieselbe Näherung für die Trägerlebensdauer in der Basis nicht mehr gilt. Eine Reihenentwicklung von y_e in Gl. (8.55) ergibt dann

$$y_e \cong g_{1n}(1 + j\,\omega\,\tau_{n\,\mathrm{E}}/2). \qquad (8.79)$$

In der Schaltung von Abb. 8.31 kann dann y_e durch eine RC-Parallelkombination ersetzt werden, wie Abb. 8.33 zeigt.

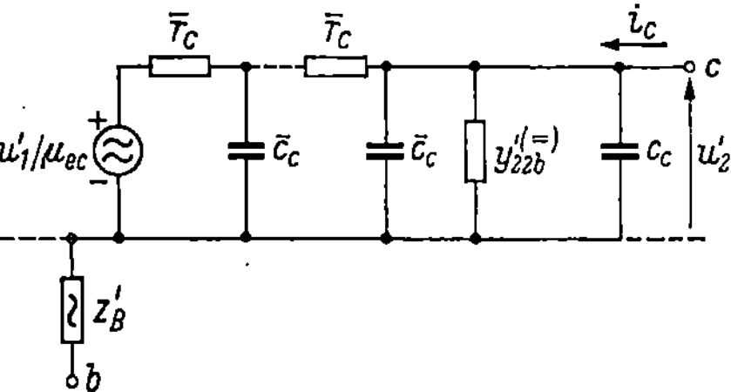

Abb. 8.32. Abgewandelter Kollektorzweig eines Ersatzschaltbildes für die Basisschaltung mit einem RC-Kettenleiter und einem Kollektorgleichstromleitwert

Das exakte Ersatzschaltbild in Abb. 8.31 hat einen gewissen Nachteil: die Spannungsgeneratoren sind nämlich Spannungen proportional, die wegen Vorhandenseins eines Basisbahnwiderstandes nicht an den äußeren Zuleitungen des Transistors auftreten. Speziell der Spannungsgenerator auf der Kollektorseite hat eine unbequeme Form. Wir werden daher, ausgehend von den h-Parametern, ein anderes Ersatzschaltbild ableiten, welches einen dem (meßbaren) Eingangsstrom proportionalen Stromgenerator enthält.

Im Eingangskreis haben wir

$$u_1' = h_{11b}'\,i_1 + h_{12b}'\,u_2' \qquad (8.80)$$

oder nach Tab. 7.1

$$u_1' = (1/y_{11b}')\,i_1 - (y_{12b}'/y_{11b}')\,u_2'. \qquad (8.81)$$

Wir setzen nun die Gln. (8.30) und (8.31) ein, fügen die Emitterübergangskapazität C_e (Emittersperrschichtkapazität) hinzu und erhalten dann folgende Gleichung:

$$u_1'[g_{1p}\,\lambda\,\coth\lambda + y_e + j\,\omega\,C_e] = i_1 + \left(g_{2p}\,\lambda\,\frac{1}{\sinh\lambda}\right)u_2'. \qquad (8.82)$$

Diese ist identisch mit Gl. (8.55), so daß der Emitterzweig derselbe wie in Abb. 8.31 ist. Auf der Kollektorseite findet man

oder

$$i_2 = h_{21b}'\,i_1 + h_{22b}'\,u_2' \qquad (8.83\,\mathrm{a})$$

$$i_2 = (y_{21b}'/y_{11b}')\,i_1 + (\Delta_b^{y'}/y_{11b}')\,u_2' \qquad (8.83\,\mathrm{b})$$

oder mit den Gln. (8.30) bis (8.39)

$$i_2[g_{1p}\,\lambda\,\coth\lambda + y_e + j\,\omega\,C_e] = i_1\left(-g_{1p}\,\lambda\,\frac{1}{\sinh\lambda}\right) +$$
$$+ u_2'[g_{2p}\,g_{1p}\,\lambda^2 + (y_e + j\,\omega\,C_e)\,g_{2p}\,\lambda\,\coth\lambda]. \qquad (8.84)$$

Wir vergleichen diesen Ausdruck mit der Strom-Spannungs-Beziehung am Ausgang eines Kettenleiters, an dessen Senderende ein Stromgenerator i_g mit einer inneren Admittanz Y angekoppelt ist, s. Abb. 8.34.

Dieser Zusammenhang ist gegeben durch

$$i(\coth\lambda + Z_{ch}\,Y) = -i_g \frac{1}{\sinh\lambda} + (u/Z_{ch})(1 + Z_{ch}\,Y \coth\lambda), \qquad (8.85)$$

was leicht durch Lösen der passenden Knotengleichung nachgewiesen werden kann. Multiplizieren wir diesen Ausdruck mit $g_{1p}\,\lambda$ und setzen wir

$$Y = (g_{2p}/g_{1p})(y_e + j\,\omega\,C_e), \qquad (8.86)$$

so erhalten wir Gl. (8.84).

Wir können also aus den h-Parametern ein exaktes Ersatzschaltbild, Abb. 8.35, konstruieren, welches im Kollektorzweig einen Stromgenerator enthält, der dem Eingangsstrom proportional ist.

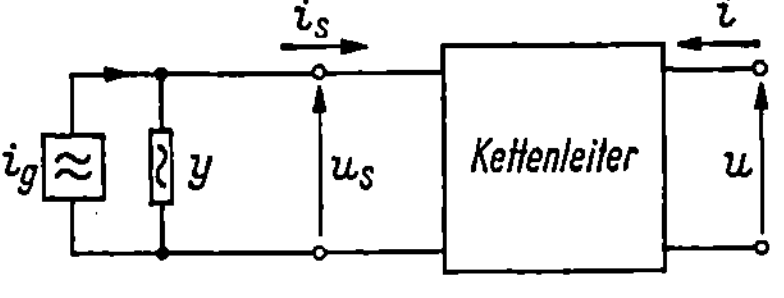

Abb. 8.33. Der Leitwert y_e, der den Emitterwirkungsgrad beschreibt, kann häufig durch eine RC-Parallelkombination ersetzt werden

Es sind mehrere Vereinfachungen dieser Schaltung möglich: Die dem Emitterwirkungsgrad entsprechende Admittanz y_e kann durch eine in Abb. 8.33 gezeigte RC-Kombination ersetzt werden. Der Einfluß der Rekombination auf die Frequenzabhängigkeit der Admittanzen kann vernachlässigt werden, wenn

$$1 \ll \omega\,\tau_{p\,B} \qquad (8.87)$$

gilt, und wenn man so den verlustbehafteten Kettenleiter durch eine RC-Kette ersetzt. Um die Näherung bei niedrigen Frequenzen zu verbessern, schalten wir einen Gleichstromleitwert $y'^{(-)}_{22b}$ hinzu und ziehen

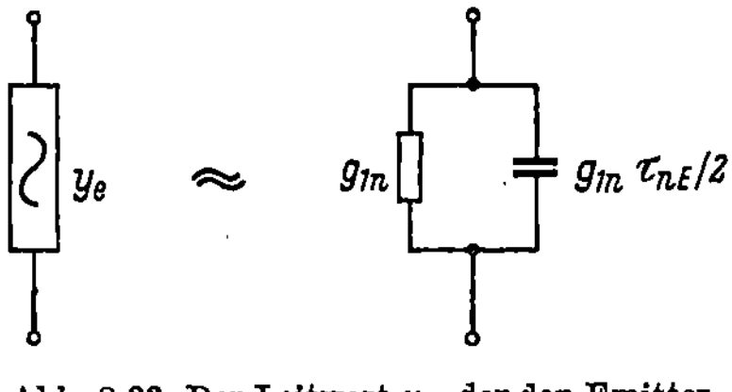

Abb. 8.34. Verlustbehafteter Kettenleiter mit Stromgenerator i_g am Senderende (innere Impedanz y)

die Rekombination in Betracht, indem wir i_1 im Stromgenerator durch $i_1/\cosh a_f$ ersetzen. Die entstehende Schaltung ist immer noch ziemlich kompliziert. Bevor wir jedoch versuchen, weiter zu vereinfachen, wollen wir die Frequenzabhängigkeit der wirklichen Vierpolparameter samt Sperrschichtkapazitäten und Basisbahnimpedanz [4] näher behandeln. Dann werden wir versuchen, die Frequenzabhängigkeit zumindest für einen beschränkten Frequenzbereich durch mehrere einfache, inzwischen allgemein benutzte Ersatzschaltungen anzunähern.

Die Frequenzabhängigkeit wird an Hand der h-Parameter besprochen, die allgemein zur Beschreibung von Transistoren bei mittleren und höheren Frequenzen verwendet werden. Bei niedrigen Frequenzen sind die Elemente des einfachen T-Ersatzschaltbilds von Abb. 8.19 völlig zufriedenstellend. Für sehr hohe Frequenzen scheinen die y-Parameter am günstigsten zu sein. Die h-Parameter, die wir aus den Diffusionsadmittanzen y_{ik} der Gln. (8.30) bis (8.39), einschließlich Sperrschichtkapazitäten C_e und C_c z.B. aus Tab. 7.1 erhalten haben, bezeichnen wir mit h_{ik}. Die vollständigen h_{ik}-Parameter einschließlich der Auswir-

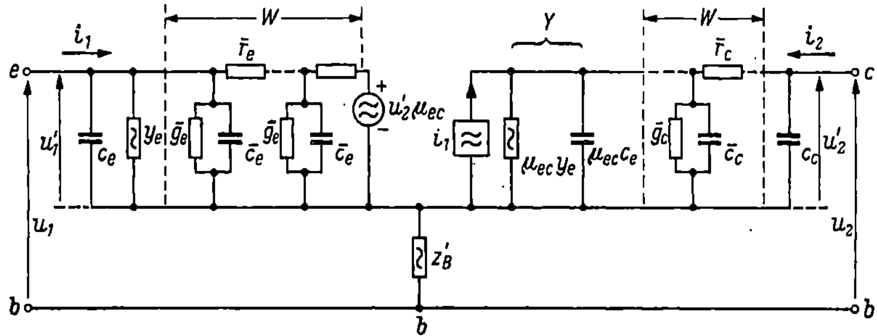

Abb. 8.35. Exaktes Ersatzschaltbild für einen Flächentransistor mit einem dem Eingangsstrom proportionalen Stromgenerator im Kollektorzweig

kungen der Basisbahnimpedanz z'_B, die wie in Abb. 8.31 zugeschaltet wurde, erhält man dann aus

und

$$u_1 = u'_1 + z'_B (i_1 + i_2) \qquad (8.88)$$

$$u_2 = u'_2 + z'_B (i_1 + i_2), \qquad (8.89)$$

wie bereits mit Hilfe von Abb. 7.5g und den Gln. (7.98) bis (7.100) beschrieben wurde. Setzt man diese Transformationen in die entsprechenden Vierpolgleichungen (7.23) und (7.24) ein, so erhält man

$$h_{11b} = h'_{11b} + \frac{z'_B(1 + h'_{21b})(1 - h'_{12b})}{1 + z'_B h'_{22b}} , \qquad (8.90)$$

$$h_{12b} = \frac{h'_{12b} + z'_B h'_{22b}}{1 + z'_B h'_{22b}} , \qquad (8.91)$$

$$h_{21b} = \frac{h'_{21b} - z'_B h'_{22b}}{1 + z'_B h'_{22b}} , \qquad (8.92)$$

$$h_{22b} = \frac{h'_{22b}}{1 + z'_B h'_{22b}} , \qquad (8.93)$$

wobei die h_{ik} die vollständigen h-Parameter und die h'_{ik} die h-Parameter ohne Basisbahnimpedanz z'_B sind.

Betrachtet man die Werte vor und nach der Transformation, so findet man, daß h_{12b} durch die Zuschaltung der Basisbahnimpedanz am meisten verändert wird, gefolgt von h_{11b}, h_{21b} und h_{22b}.

Frequenzabhängigkeit des Stromverstärkungsfaktors h_{21b} in Basisschaltung. Betrachtet man nur die Diffusions- und Kapazitätseffekte, dann kann man h_{21b} als Produkt zweier Faktoren schreiben

$$-h'_{21b} = -\frac{y'_{21b}}{y'_{11b}} = \alpha' = \gamma \beta . \qquad (8.94)$$

Mit Einsetzen der Gln. (8.30) und (8.32) ergibt sich

$$\beta = \frac{1}{\cosh \lambda} \tag{8.95}$$

$$\gamma = \left[1 + \frac{g_{1n}(1 + j\,\omega\,\tau_{nE})^{1/2}}{g_{1p}\,\lambda\,\coth\lambda} + \frac{j\,\omega\,C_s}{g_{1p}\,\lambda\,\coth\lambda}\right]^{-1}. \tag{8.96}$$

β nennt man den *Transportfaktor*. Er gibt den Bruchteil des injizierten Minoritätsträgerstromes an, der die Kollektordiode erreicht. γ ist der *Emitterwirkungsgrad*, der durch das Verhältnis des injizierten Minoritätsträgerwechselstromes am Emitter zum gesamten Emitterwechselstrom gegeben ist. Die Frequenzabhängigkeit des Transportfaktors β ist gegeben durch

$$\beta = \frac{1}{\cosh\left[(W/L_{pB})(1 + j\,\omega\,\tau_{pB})^{1/2}\right]}. \tag{8.97}$$

Eine Darstellung zeigt Abb. 8.27. Eine gute Näherung für β lautet

$$\beta = \beta_0 \frac{1}{\cosh(j\,\omega\,\tau_D)^{1/2}} \tag{8.98}$$

mit

$$\beta_0 = \frac{1}{\cosh(W/L_{pB})}, \tag{8.99}$$

dem „Gleichstromtransportfaktor" und

$$\tau_D = W^2/D_{pB}, \tag{8.100}$$

der Diffusionszeit der Minoritätsträger durch die Basiszone. β wird offensichtlich mit wachsender Frequenz kleiner und verringert damit die Stromverstärkung. Um obere Frequenzgrenzen zu charakterisieren, wurden sogenannte *Grenzfrequenzen* eingeführt. Sie sind als die Frequenzen definiert, bei denen das Quadrat der betrachteten Größe auf die Hälfte ihres Niederfrequenzwertes abgesunken ist (3 dB-Abfall). Die β-Grenzfrequenz $f_\beta = \omega_\beta/2\pi$ ist also definiert durch[1]

$$\frac{|\beta(\omega_\beta)|^2}{\beta_0^2} = \frac{1}{2} \tag{8.101}$$

oder

$$\frac{|\beta(\omega_\beta)|}{\beta_0} = 0{,}707. \tag{8.102}$$

Berechnen wir diese Größe aus Gl. (8.98), so finden wir

$$\omega_\beta = 2{,}43/\tau_D$$
$$= 2{,}43\left(\frac{D_{pB}}{W^2}\right). \tag{8.103}$$

Unter Benutzung der exakten Gl. (8.97) erhalten wir [4, 5]

$$\omega_\beta = \varkappa/\tau_D, \tag{8.104}$$

wobei $\varkappa$ in Abb. 8.36 als Funktion des Gleichstromtransportfaktors β_0 gegeben ist, der ungefähr gleich dem gesamten Niederfrequenz-Stromverstärkungsfaktor α_0 in Basisschaltung ist. Diese Ausdrücke zeigen,

---

[1] β bezieht sich auf den Transportfaktor und darf nicht mit der Stromverstärkung in Emitterschaltung verwechselt werden, die in der Literatur häufig ebenfalls mit β bezeichnet wird.

daß man für kleine Basisdicken W große Grenzfrequenzen erhält. Außerdem sollten NPN-Transistoren wegen der höheren Diffusionskonstante der Elektronen eine höhere Grenzfrequenz als PNP-Transistoren derselben Basisdicke haben. Ferner haben Germaniumbauelemente wegen der größeren Diffusionskonstanten höhere Grenzfrequenzen als Siliziumeinheiten. Beispielsweise finden wir mit einer Diffusionskonstante von $D_{p\,\mathrm{B}} = 40\ \mathrm{cm^2/sec}$ und einer Basisdicke von $W = 10^{-3}\ \mathrm{cm}$

$$f_\beta = \omega_\beta/2\pi \cong 15\ \mathrm{MHz}. \tag{8.105}$$

Der Emitterwirkungsgrad γ von Gl. (8.96) ist eine komplizierte Funktion der Frequenz. Bei sehr niedrigen Frequenzen, $\omega \to 0$, ist er gegeben durch

$$\gamma_0 = \frac{g_{1p}}{g_{1p} + g_{1n}}, \tag{8.106}$$

$$= \left[1 + \frac{D_{n\mathrm{E}}\, n_{0\mathrm{E}}\, W}{D_{p\mathrm{B}}\, p_{0\mathrm{B}}\, L_{n\mathrm{E}}}\right]^{-1}, \tag{8.107}$$

$$\cong 1 - \frac{D_{n\mathrm{E}}\, n_{0\mathrm{E}}\, W}{D_{p\mathrm{B}}\, p_{0\mathrm{B}}\, L_{n\mathrm{E}}}. \tag{8.108}$$

Wir haben diesen Ausdruck bereits früher in Verbindung mit der Stromabhängigkeit des Niederfrequenz-Stromverstärkungsfaktors besprochen.

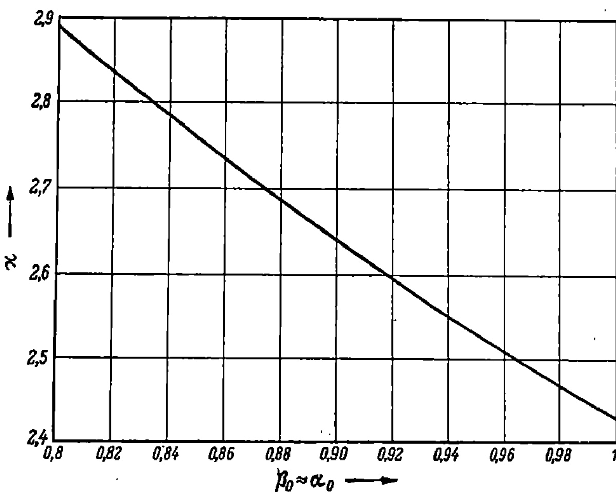

Abb. 8.36
Der Parameter $\varkappa = \omega_\beta\, \tau_D$ als Funktion des Niederfrequenztransportfaktors β_0 in Basisschaltung

Bezeichnen wir den Reziprokwert der Niederfrequenz-Eingangsadmittanz y'_{11b} von Gl. (8.44) mit r'_e,

$$r'_e = k\, T/(q\, I_\mathrm{E}), \tag{8.109}$$

dann können wir den Emitterwirkungsgrad in der folgenden angenäherten Form schreiben:

$$\gamma = \left\{1 + [\mathscr{E}(1 + \mathrm{j}\,\omega\,\tau_{n\mathrm{E}})^{1/2} + \mathrm{j}\,\omega\,C_e\, r'_e/\gamma_0]\,\frac{\tanh(\mathrm{j}\,\omega\,\tau_\mathrm{D})^{1/2}}{(\mathrm{j}\,\omega\,\tau_\mathrm{D})^{1/2}}\right\}^{-1} \tag{8.110}$$

mit

$$\mathcal{E} = \frac{1 - \gamma_0}{\gamma_0}$$

$$= \frac{D_{nE}\, n_{0E}\, W}{D_{pB}\, p_{0B}\, L_{nE}} \,. \qquad (8.111)$$

Um die Frequenzabhängigkeit von γ besser zu verstehen, werden wir einige spezielle Fälle betrachten.

a) Der Einfluß der Emittersperrschichtkapazität wird vernachlässigt— d. h., das Glied $j\,\omega\,C_e\,r_e'/\gamma_0$ in Gl. (8.110) wird fortgelassen. Für den gesamten interessierenden Bereich können wir setzen

$$\omega\,\tau_D \ll 1, \qquad (8.112)$$

so daß der hyperbolische Tangens keine Frequenzabhängigkeit einführt (mit anderen Worten: wir betrachten den Frequenzbereich weit unter-

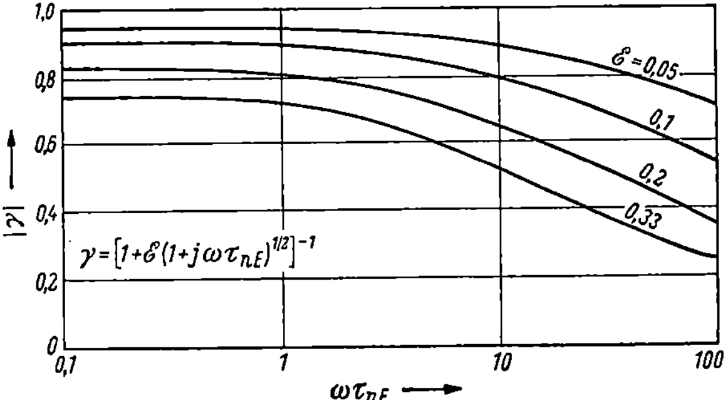

Abb. 8.37. Theoretische Änderung des Emitterwirkungsgrades γ mit der normierten Frequenz $\omega\,\tau_{nE}$ für den Fall $\omega\,\tau_D \ll 1$ ohne Berücksichtigung der Emittersperrschichtkapazität. Parameter: $\mathfrak{E} = (1 - \gamma_0)/\gamma_0$ (nach PRITCHARD)

halb der Grenzfrequenz). Da die Lebensdauer im Emitter oft länger sein kann als die Diffusionszeit τ_D, d. h.

$$\tau_D < \tau_{nE}, \qquad (8.113)$$

kann der Emitterwirkungsgrad selbst schon bei relativ niedrigen Frequenzen eine Frequenzabhängigkeit zeigen. In Abb. 8.37 ist γ unter diesen Voraussetzungen dargestellt.

b) Bei höheren Frequenzen, bei denen die Änderung des hyperbolischen Tangens nicht mehr vernachlässigt werden kann, wird die Vergrößerung des Ausdrucks $(1 + j\,\omega\,\tau_{nE})^{1/2}$ kompensiert, und γ strebt einem konstanten Hochfrequenzwert zu. Dies zeigt Abb. 8.38 für $\gamma_0 = 0,93$ und verschiedene Verhältnisse τ_D/τ_{nE}. Man sieht, daß der Hochfrequenzwert $|\gamma|$ größer oder kleiner als γ_0 sein kann. Den gleichzeitigen Einfluß von γ und β auf α zeigt Abb. 8.39 für einen typischen Fall. Man erkennt, daß γ allein das Niederfrequenzverhalten von $|\alpha|$ bestimmt, und bei höheren Frequenzen verursacht β einen steilen Abfall, γ erniedrigt die α-Grenzfrequenz in bezug auf die β-Grenzfrequenz ω_β, und es verringert auch den Phasenwinkel bei der Grenzfrequenz unter den Wert von $57°$ bei der β-Grenzfrequenz.

c) Um den Einfluß der Emittersperrschichtkapazität C_e auf den Emitterwirkungsgrad abzuschätzen, betrachten wir nun den Fall $\gamma_0 = 1$ und damit $\mathscr{E} = 0$. Die Emittersperrschichtkapazität ist relativ groß,

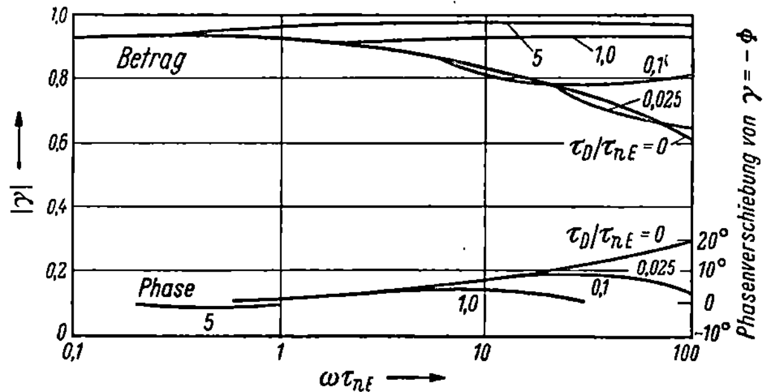

Abb. 8.38. Theoretische Änderung des Emitterwirkungsgrades γ mit der normierten Frequenz $\omega\,\tau_{nE}$ für $\gamma_0 = 0{,}93$ und ohne Berücksichtigung der Emittersperrschichtkapazität. Parameter: τ_D/τ_{nE} (nach PRITCHARD)

weil die Raumladungszone der in Flußrichtung gepolten Diode dünn ist. Wenn außerdem der Emittergleichstrom I_E klein und damit r'

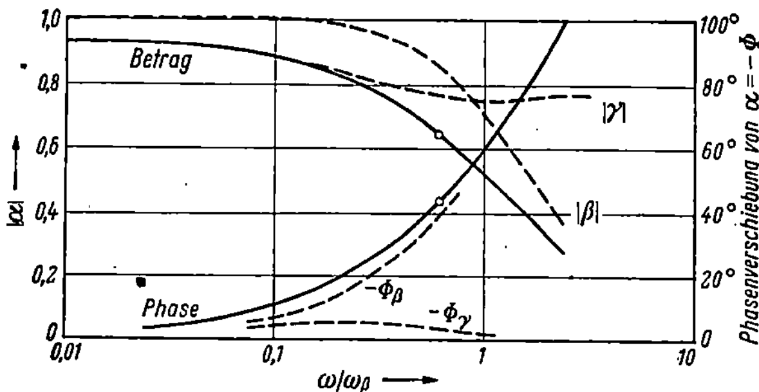

Abb. 8.39. Theoretische Änderung des Stromverstärkungsfaktors α mit der normierten Frequenz ω/ω_β für $\gamma_0 = 0{,}93$ und $\tau_D/\tau_{nE} = 0{,}06$ (nach PRITCHARD)

groß ist, dann kann das Produkt $\omega\, C_e\, r'_e$ in Gl. (8.110) schon unterhalb der Grenzfrequenz von der Größenordnung Eins werden. Für eine Emittersperrschichtkapazität von $C_e = 50\ \text{pF}$ und einen Kurzschluß-eingangswiderstand von $r'_e = 10^3\ \Omega$ ($I_E = 25\ \mu\text{A}$ bei Zimmertemperatur) ist diese Größe gleich

$$5 \cdot 10^{-8}\omega \quad \text{oder} \quad 3{,}14 \cdot 10^{-7} f, \tag{8.114}$$

so daß sie schon bei etwa 100 kHz den Emitterwirkungsgrad beeinflußt. Abb. 8.40 zeigt den Emitterwirkungsgrad als Funktion der normierten

Frequenz ω/ω_β für $\gamma_0 = 1$ und verschiedene Werte von $\omega_\beta\, C_e\, r_e'$. Aus Gl. (8.92) geht hervor, daß die Frequenzabhängigkeit von α eine Änderung erfährt, wenn $|z_B'\, h_{22}'|$ nicht gegen Eins vernachlässigt werden kann. Dies kann in der Nähe der β-Grenzfrequenz auftreten, wenn der Basisbahnwiderstand groß und der Ausgangsleitwert h_{22}' im wesentlichen kapazitiv ist, d. h. $h_{22}' \approx j\,\omega\, C_{22}'$. Für $C_{22}' \approx 10$ pF, $r_B' = 200\ \Omega$ und $f = \omega/2\pi = 10$ MHz findet man $\omega\, r_B'\, C_{22}' = 0{,}125$. Da die Blindkompo-

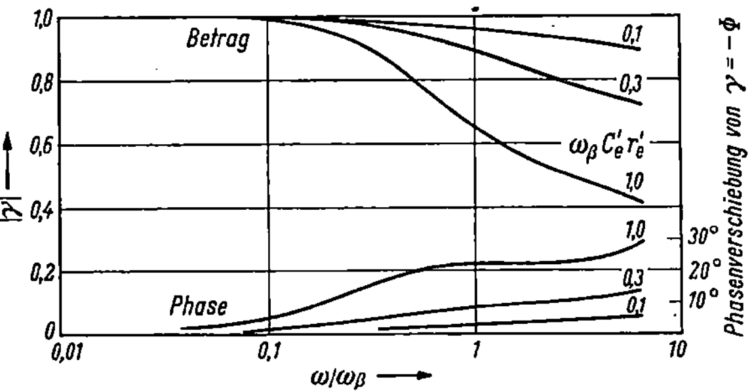

Abb. 8.40. Theoretischer Emitterwirkungsgrad γ als Funktion der normierten Frequenz ω/ω_β für $\gamma_0 = 1$ und verschiedene Werte von $\omega_\beta\, C_e\, r_e'$ (nach PRITCHARD)

nente von α negativ ist, fällt α viel stärker mit der Frequenz ab als der Transportfaktor β.

Frequenzabhängigkeit der Leerlaufausgangsadmittanz h_{22b}. Aus Tab. 7.1 erhalten wir

$$h_{22b}' = y_{22b}' - \frac{y_{12b}'\, y_{21b}'}{y_{11b}'} \,. \tag{8.115}$$

Das Einsetzen der Gln. (8.30) bis (8.39) führt unter Berücksichtigung der Sperrschichtkapazitäten zu

$$h_{22b}' = g_{2p}\,\lambda \coth \lambda + j\,\omega\, C_c -$$
$$- \frac{g_{1p}\, g_{2p}\, \lambda^2\, \mathrm{csch}^2\, \lambda}{g_{1p}\,\lambda \coth \lambda + g_{1n}(1 + j\,\omega\, \tau_{nE})^{1/2} + j\,\omega\, C_e} \,. \tag{8.116}$$

Für hohen Emitterwirkungsgrad können wir diesen Ausdruck durch

$$h_{22b}' \cong j\,w\, C_c + g_{2p}\,\lambda \tanh \lambda +$$
$$+ \frac{g_{2p}}{g_{1p}}(\mathrm{sech}^2\, \lambda)\,[g_{1n}(1 + j\,\omega\, \tau_{nE})^{1/2} + j\,\omega\, C_e] \tag{8.117}$$

annähern. Das letzte Glied in dieser Gleichung beschreibt den Einfluß des Emitterwirkungsgrades auf die Frequenzabhängigkeit der Ausgangsadmittanz. Sie ist zwar ziemlich kompliziert, aber gewöhnlich so klein, daß sie vernachlässigt werden kann. Nähern wir schließlich $\lambda \tanh \lambda$ durch

$$\lambda \tanh \lambda \cong \frac{W^2}{L_{pB}^2} + (j\,\omega\, \tau_D)^{1/2} \tanh(j\,\omega\, \tau_D)^{1/2} \tag{8.118}$$

an, dann können wir unter Benutzung der Gln. (8.40) bis (8.42) schreiben:

$$h'_{22b} \cong j\,\omega\,C_c + g_c + j\,\omega\,C_d \frac{\tanh(j\,\omega\,\tau_D)^{1/2}}{(j\,\omega\,\tau_D)^{1/2}} \tag{8.119}$$

$$\approx j\,\omega\,C_c + g_{22} + j\,\omega\,C'_{22}.$$

Dabei wurden folgende Abkürzungen verwendet:

$$g_c = \alpha_0\,I_E\,(W/L^2_{p\,B})\,(\partial w/\partial u_C), \tag{8.120}$$

$$I_{pC} = -\alpha_0\,I_E \tag{8.121}$$

und

$$C_d = \alpha_0\,I_E\,\frac{W}{D_{pB}}\,(\partial w/\partial u_C) \tag{8.122}$$

(g_c ist der *Kollektorleitwert*, d. h. der Niederfrequenzwert von h'_{22b}). C_d wurde *Kollektordiffusionskapazität* genannt, da sie von der durch den Diffusionsgleichstrom in der Basis gespeicherten Ladung herrührt.

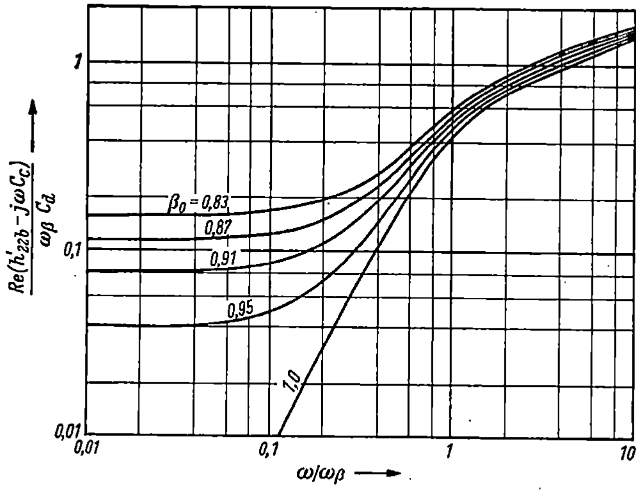

Abb. 8.41. Normierter theoretischer Ausgangsleitwert als Funktion der normierten Frequenz ω/ω_β, wobei nur die Diffusionsadmittanz berücksichtigt wurde. Parameter: β_0 (nach PRITCHARD)

Die Frequenzabhängigkeit der Admittanz auf Grund der Kollektorsperrschichtkapazität ist offensichtlich, so daß wir uns auf das zweite und dritte Glied in Gl. (8.119) konzentrieren werden. Der Realteil von $(h'_{22b} - j\,\omega\,C_c)/(\omega_\beta\,C_d)$ ist in Abb. 8.41 dargestellt. Er lautet:

$$\mathrm{Re}\left\{\frac{g_c + j\,\omega\,C_d[\tanh(j\,\omega\,\tau_D)^{1/2}/(j\,\omega\,\tau_D)^{1/2}]}{\omega_\beta\,C_d}\right\} \equiv \frac{g_{22}}{\omega_\beta\,C_d} \tag{8.123}$$

als Funktion der normierten Frequenz ω/ω_β. Der Leitwert ist damit bei niedrigen Frequenzen konstant, nimmt dann proportional ω^2 zu und steigt schließlich proportional $\sqrt{\omega}$. Abb. 8.42 zeigt den Imaginärteil von $(h'_{22b} - j\,\omega\,C_c)/(\omega\,C_d)$

$$\mathrm{Im}\left\{\frac{g_e + j\,\omega\,C_d\,[\tanh(j\,\omega\,\tau_D)^{1/2}/(j\,\omega\,\tau_D)^{1/2}]}{\omega\,C_d}\right\} \equiv \frac{C'_{22}}{C_d}. \qquad (8.124)$$

Man stellt fest, daß die Leerlaufausgangskapazität von ihrem Niederfrequenzwert C_d auf einen Hochfrequenzwert abfällt, der bei der β-Grenzfrequenz ω_β etwa 2/3 des Niederfrequenzwertes beträgt. Zu diesem Kapazitätswert muß natürlich die Kollektorsperrschichtkapazität C_c addiert werden. Nun hängt es von der relativen Größe von C_c und der Diffusionskapazität ab, ob sich die Frequenzabhängigkeit der

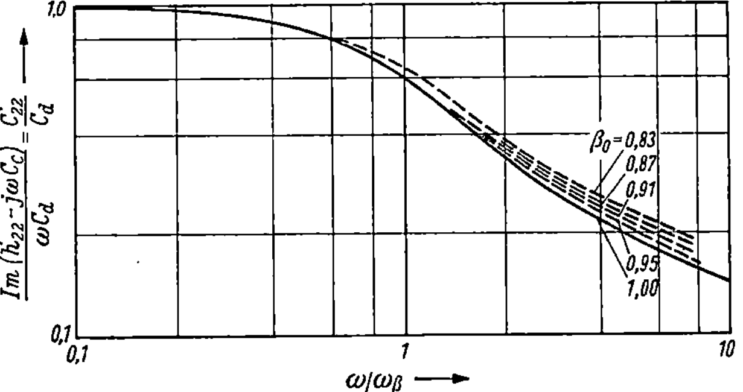

Abb. 8.42. Normierte theoretische Ausgangskapazität als Funktion der normierten Frequenz ω/ω_β, wobei nur die Diffusionsadmittanz berücksichtigt wurde. Parameter: β_0 (nach Pritchard)

Gesamtkapazität am Ausgang bemerkbar macht oder nicht. Abb. 8.43 zeigt ein Beispiel für die Änderung der Leerlaufausgangsadmittanz eines legierten PNP-Transistors mit der Frequenz.

Frequenzabhängigkeit der Kurzschlußeingangsimpedanz h_{11b}. Aus Tab. 7.1 und Gl. (8.30) erhalten wir

$$h'_{11b} = 1/y'_{11b} = [g_{1p}\,\lambda\,\coth\lambda + g_{1n}(1 + j\,\omega\,\tau_{nE})^{1/2} + j\,\omega\,C_e]^{-1}. \qquad (8.125)$$

h_{11b} muß also als Parallelkombination von 3 Admittanzen angesehen werden. Wenn wir bedenken, daß

$$g_{1p} = \gamma_0/r'_e \qquad (8.126)$$

und

$$g_{1n} = (1 - \gamma_0)/r'_e, \qquad (8.127)$$

gilt, und wenn wir wieder die Hyperbelfunktion $\lambda\coth\lambda$ durch die Näherung $(j\,\omega\,\tau_D)^{1/2}\coth(j\,\omega\,\tau_D)^{1/2}$ ersetzen, können wir für Gl. (8.125) schreiben

$$1/h'_{11b} = \frac{\gamma_0}{r'_e}(j\,\omega\,\tau_D)^{1/2}\coth(j\,\omega\,\tau_D)^{1/2} + \left(\frac{1-\gamma_0}{r'_e}\right)(1 + j\,\omega\,\tau_{nE})^{1/2} + j\,\omega\,C_e. \qquad (8.128)$$

Ist der Emitterwirkungsgrad sehr hoch, $\gamma_0 = 1$, und können die Einflüsse der Emittersperrschichtkapazität vernachlässigt werden, was für

$$C_e \ll 1/(\omega_\beta\,r'_e) \qquad (8.129)$$

der Fall ist, dann bleibt nur das erste Glied in Gl. (8.128) übrig. Auf den Niederfrequenzwert (γ_0/r'_e) normiert, ist es in Abb. 8.44 als Funktion der normierten Frequenz ω/ω_β dargestellt. Man sieht, daß der Leitwert fast bis zur Grenzfrequenz konstant bleibt und der Blindleitwert sich wie eine Kapazität der ungefähren Größe

$$C'_e = 0{,}81/(\omega_\beta\, r'_e) \qquad (8.130)$$

verhält. C'_e nennt man die *Emitterdiffusionskapazität*, da sie ebenfalls von der Diffusion der Ladungsträger durch die Basiszone herrührt.

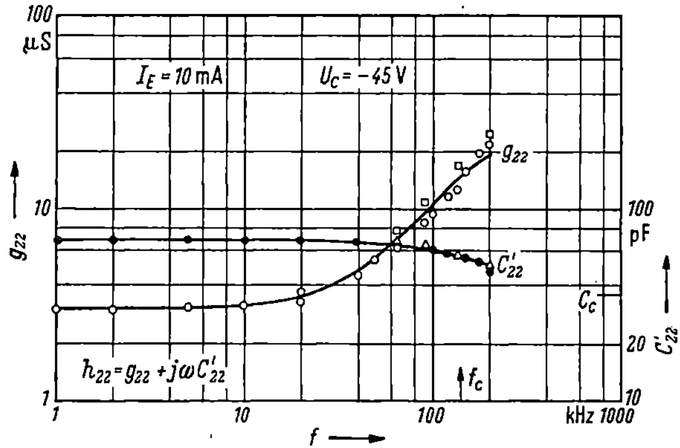

Abb. 8.43. Frequenzabhängigkeit der Leerlaufausgangsadmittanz h_{22} eines legierten PNP-Flächentransistors. *Kurven*: berechnet aus dem Näherungsausdruck; *Meßpunkte*: Experimentelle Werte

Für eine Grenzfrequenz von 1 MHz und einen Emitterstrom von 1 mA hat diese Kapazität den ziemlich hohen Wert von 5000 pF. Die Emittersperrschichtkapazität macht sich also nur bei sehr kleinen Emitterströmen (großer Wert r'_e) bemerkbar.

Der Einfluß des Basisbahnwiderstands ist durch Gl. (8.90) gegeben:

$$h_{11b} = h'_{11b} + \frac{z'_B(1 + h'_{21b})(1 - h'_{12b})}{1 + z'_B\, h'_{22b}}. \qquad (8.90)$$

Wenn wir h'_{12b} gegen Eins vernachlässigen, sehen wir, daß das zweite Glied in Gl. (8.90) mit der Frequenz wie $z'_B(1 - \alpha)$ ansteigt. Bei hohen Frequenzen überwiegt dieses Glied und bestimmt die Eingangsimpedanz.

Frequenzabhängigkeit der Leerlaufspannungsrückwirkung h_{12b}. Aus Tab. 7.1 und den Gln. (8.30) und (8.31) erhalten wir

$$h'_{12b} = -y'_{12b}/y'_{11b} = \frac{g_{2p}\,\lambda\,\mathrm{csch}\,\lambda}{g_{1p}\,\lambda\,\coth\lambda + g_{1n}(1 + j\,\omega\,\tau_{nE})^{1/2} + j\,\omega\,C_e}. \qquad (8.131)$$

Durch Vergleich mit den Gln. (8.30), (8.32) und (8.94) ergibt sich

$$h'_{12b} = (g_{2p})/(g_{1p})\,h'_{21b}. \qquad (8.132)$$

Aus den Gln. (8.40) und (8.42) folgt

$$\frac{g_{2p}}{g_{1p}} \cong - \frac{I_{pC}}{I_{pE}} \frac{kT}{q} \frac{1}{W}\left(\frac{\partial w}{\partial u_C}\right).$$ (8.133)

Es zeigt sich, daß h'_{21b} mit einer sehr kleinen Zahl multipliziert ist und daß dadurch h'_{12b} selbst sehr klein wird. Die Frequenzabhängigkeit von h'_{12b} ist identisch mit der von h_{21b} oder α. Sie ist jedoch unbedeutend

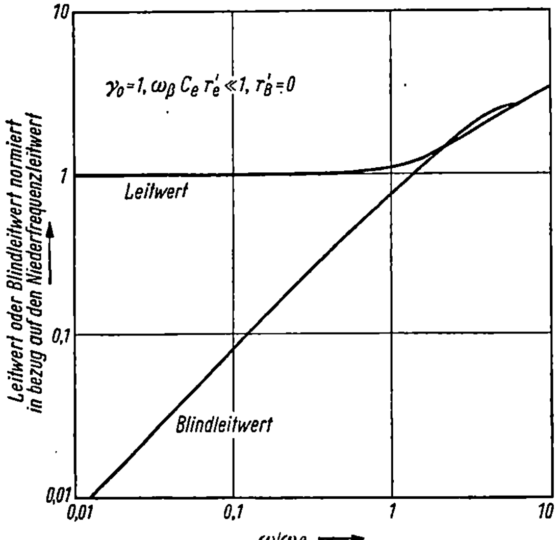

Abb. 8.44. Normierte theoretische Kurzschlußeingangsadmittanz $(j\,\omega\,\tau_D)^{1/2}\,\coth(j\,\omega\,\tau_D)^{1/2}$ als Funktion der normierten Frequenz ω/ω_β für einen Emitterwirkungsgrad von Eins. Emittersperrschichtkapazität und Basisbahnwiderstand wurden dabei vernachlässigt (nach PRITCHARD)

im Vergleich zum Einfluß des Basisbahnwiderstandes, der aus Gl. (8.91) folgt:

$$h_{12b} = \frac{h'_{12b} + z'_B\,h'_{22b}}{1 + z'_B\,h'_{22b}}.$$ (8.91)

Schon bei relativ niedrigen Frequenzen überwiegt das zweite Glied im Zähler, und man kann setzen

$$h_{12b} \cong z'_B(g_c + j\,\omega\,C_c).$$ (8.134)

Wenn die Basisbahnimpedanz ein rein Ohmscher Widerstand ist, $z'_B = r'_B$, und die Ausgangsadmittanz h'_{22b} im wesentlichen kapazitiv ist, dann steigt h_{12b} linear mit der Frequenz bis $z'_B\,h'_{22b}$ im Nenner vergleichbar mit Eins wird.

Nachdem wir die Frequenzabhängigkeit der Vierpolparameter kennen, können wir nun leichter die oben besprochenen Ersatzschaltbilder vereinfachen. Zusätzlich zu den nach der Besprechung von Abb. 8.35 erwähnten Vereinfachungen können wir den Kettenleiter im Emitterzweig durch eine RC-Parallelkombination ersetzen, was durch die in Abb. 8.44 gezeigte Frequenzabhängigkeit von h'_{11} erlaubt erscheint. Wir erhalten dann die in Abb. 8.45 dargestellte Schaltung. Für weitere Vereinfachungen ist es vorteilhaft, den Frequenzbereich, für den das Ersatzschaltbild gelten soll, einzuschränken. Durch Reihenentwicklung der Hyperbelfunktionen zeigte EARLY [6], daß die Diffusionsadmittanzen folgendermaßen angenähert werden können:

$$y'_{11b} = \bar{g}_{11}\frac{(1+j\,\omega/\bar{\omega})}{(1+j\,\omega/3\bar{\omega})}\,, \tag{8.135}$$

$$y'_{12b} = \bar{g}_{22}\frac{-\beta_0}{(1+j\,\omega/3\bar{\omega})}\,, \tag{8.136}$$

$$y'_{21b} = \bar{g}_{11}\frac{-\beta_0}{(1+j\,\omega/3\bar{\omega})}\,, \tag{8.137}$$

$$y'_{22b} = \bar{g}_{22}\frac{(1+j\,\omega/\bar{\omega})}{(1+j\,\omega/3\bar{\omega})}\,, \tag{8.138}$$

$$\bar{g}_{11} = q\,I_{\mathrm{E}}/(k\,T) = 1/r'_e\,, \tag{8.139}$$

$$\bar{g}_{22} = \left|\frac{1}{W}\left(\frac{\partial w}{\partial u_0}\right)I_p\,c\left(1+\frac{1}{2}\frac{W^2}{L^2_{p\mathrm{B}}}\right)\right|\,, \tag{8.140}$$

$$\beta_0 \cong 1 - \frac{1}{2}\frac{W^2}{L^2_{p\mathrm{B}}}\,, \tag{8.141}$$

$$\bar{\omega} = \frac{2\,D_{p\mathrm{B}}}{W^2}\,. \tag{8.142}$$

Unter Verwendung dieser Ausdrücke hat er das näherungsweise gültige Ersatzschaltbild von Abb. 8.46 aufgestellt. Die Elemente

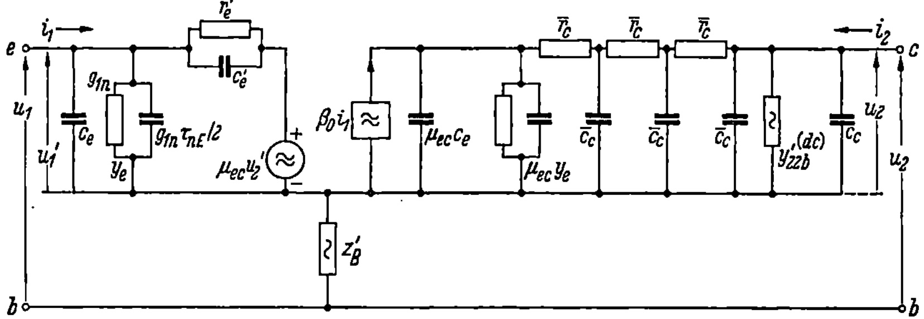

Abb. 8.45. Angenähertes Ersatzschaltbild für Flächentransistoren

in runden Klammern können in einer weiteren Vereinfachung weggelassen werden.

Die hier definierte Frequenz $\bar{\omega}$ ist etwa 20% kleiner als die Grenzfrequenz. Die Genauigkeit bei hohen Frequenzen kann verbessert werden, indem man zwar den Aufbau der Ersatzschaltung beibehält, jedoch die Werte der einzelnen Elemente so ändert, daß sie die Hochfrequenzvierpolparameter besser wiedergeben. Bei mittleren Frequenzen hat das abgewandelte T-Ersatzschaltbild in Abb. 8.47 große Verbreitung gefunden. Es enthält den frequenzabhängigen Stromgenerator $a\,i_1$ und eine Kollektorkapazität C_c und beschreibt so das grundsätzliche Frequenzverhalten des Transistors. Die Näherungsausdrücke für die einzelnen Elemente dieser Schaltung sind ebenfalls in der Abbildung dargestellt.

Jedes Hochfrequenzersatzschaltbild muß grundsätzlich die drei wichtigsten Hochfrequenzeffekte beschreiben, die allen Transistoren gemeinsam sind: Bei relativ niedrigen Frequenzen wird der Blindleitwert

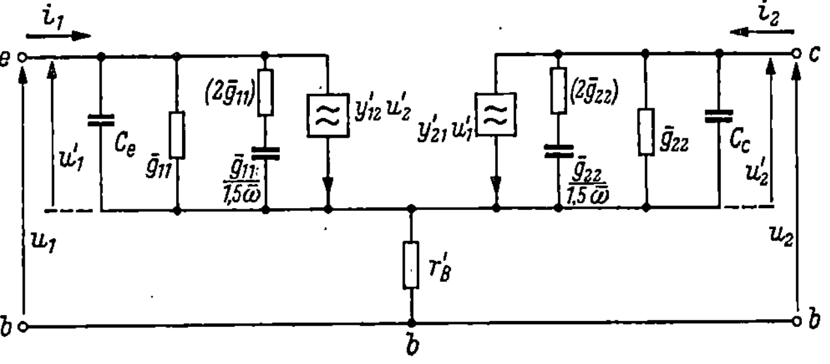

Abb. 8.46. Abgewandeltes T-Ersatzschaltbild für Flächentransistoren bei mittleren Frequenzen (nach EARLY)

der Kollektor-Basis-Kapazität mit dem Kollektorleitwert vergleichbar und verursacht damit eine Änderung der Eingangs- und Ausgangsimpedanz mit der Frequenz. Bei etwas höheren Frequenzen verursacht die Phasenverschiebung der Stromverstärkung des inneren Transistors einen raschen Abfall des Kurzschlußstromverstärkungsfaktors in Emitterschaltung, $\alpha/(1-\alpha)$, was durch die Emittergrenzfrequenz beschrieben werden kann (s. S. 289 ff.). In der Nähe der α-Grenzfrequenz schließlich fällt α sehr schnell ab, und sämtliche Vierpolparameter werden stark frequenzabhängig. Da Transistoren mit Ausnahme von Schalteranwendungen kaum oberhalb der Grenzfrequenz betrieben werden, ist es nicht unbedingt notwendig, daß das Ersatzschaltbild oberhalb der α-Grenzfrequenz gilt. Bei hohen Frequenzen kann man immer noch dieselbe Grundkonfiguration 8.47 verwenden, die jedoch gemäß Abb. 8.48 leicht abgewandelt ist. Der Spannungsrückwirkungsgenerator im Emitterzweig wurde weggelassen, weil bei hohen Frequenzen die Rückwirkung auf Grund des Stromes durch z'_B dominiert (s. Frequenzabhängigkeit von h'_{12} weiter oben). Die RC-Parallelkombination im Emitterzweig ist durch die Frequenzabhängigkeit von h'_{11} angezeigt [s. Gln. (8.128) bis (8.130)]. Der Kollektorzweig enthält die Kollektorsperrschichtkapazität C_c und eine Kombination aus der Diffusionskapazität C_d, dem Widerstand $1/(\omega_a\,C_d)$ und dem Stromgenerator $\alpha_0\,i_e\,\mathrm{e}^{-\mathrm{j}\,0{,}2\omega/\omega_a}$,

welche die Frequenzabhängigkeit des Stromverstärkungsfaktors wieder-
gibt. ω_a bezeichnet die Grenzfrequenz der Stromgeneratorkonstanten a,
die in Abb. 8.19 wie folgt definiert
wurde:

$$a = \frac{z_{21b} - z_{12b}}{z_{22b} - z_{12b}} . \tag{8.143}$$

ω_a erhält man aus

$$\frac{|a|}{a_0} = \frac{1}{\sqrt{2}} . \tag{8.144}$$

Es wurde bereits mehrfach erwähnt,
daß der Basisbahnwiderstand z_B' manchmal kein rein Ohmscher Widerstand,
sondern eine komplexe Größe ist.
PRITCHARD und COFFEY [3] haben speziell das Hochfrequenzverhalten von
gezogenen Transistoren durch Einführung eines komplexen Basisbahnwiderstandes untersucht. Das ent-

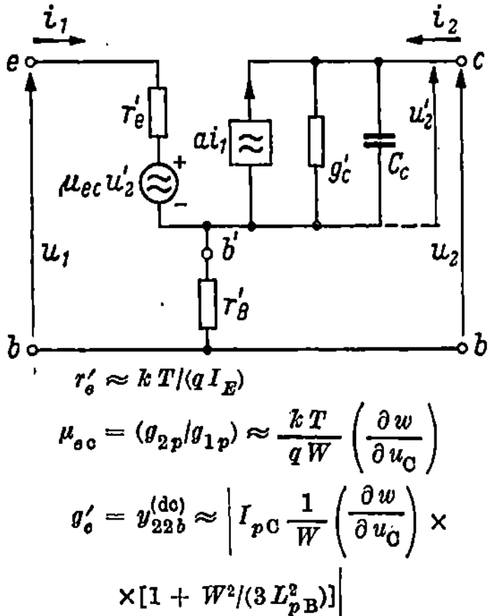

Abb. 8.47. Abgewandeltes T-Ersatzschaltbild für Flächentransistoren bei
mittleren Frequenzen

sprechende Ersatzschaltbild ist in Abb. 8.49 dargestellt. Abb. 8.50
zeigt schließlich ein T-Ersatzschaltbild für Flächentransistoren in

Basisschaltung bei hohen
Frequenzen. Trotz seiner Einfachheit ist es relativ genau
und sehr gut brauchbar. Seine
verschiedenen Elemente müssen noch erklärt werden.
C_e ist die Emittersperrschichtkapazität, die den Emitterwirkungsgrad bei hohen Frequenzen und niedrigen Emitterströmen herabsetzt. In
vielen Fällen kann sie gegenüber der Emitterdiffusionskapazität C_e' vernachlässigt

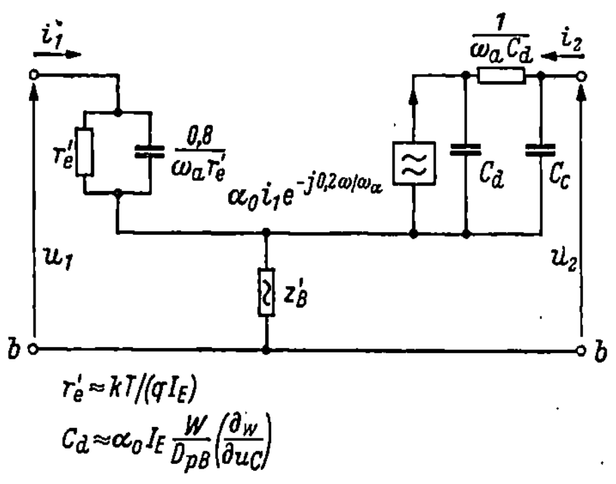

Abb. 8.48
Vereinfachtes Hochfrequenz-T-Ersatzschaltbild für
Flächentransistoren in Basisschaltung

werden. Die Frequenzabhängigkeit der Stromgeneratorkonstanten a
wird durch

$$a = \frac{a_0}{1 + j\,\omega/\omega_a} \tag{8.145}$$

oder besser noch durch

$$a = \frac{a_0\, e^{-j\,\theta\,\omega/\omega_a}}{1 + j\,\omega/\omega_a} \tag{8.146}$$

angenähert. Dabei ist Θ eine Phasenkonstante, die in den meisten Fällen
mit

$$\Theta = 0{,}2 \tag{8.147}$$

angenommen wird oder auch zur Erhöhung der Genauigkeit gemessen werden kann. Abb. 8.51 zeigt einen Vergleich dieser Näherungen mit der (gestrichelt eingezeichneten) Funktion

$$\beta = \frac{1}{\cosh(j\,\omega\,\tau)^{1/2}}.\tag{8.148}$$

Man beachte, daß der Absolutbetrag durch beide Näherungen gleich gut beschrieben wird, daß jedoch die Einschiebung der Phasenkonstante

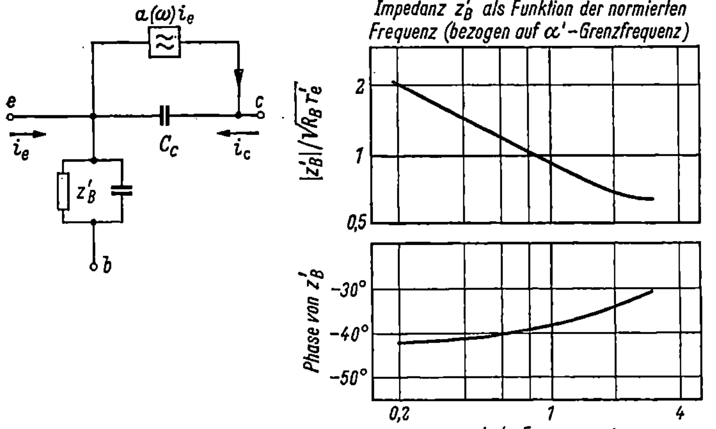

Abb. 8.49. Vereinfachtes Hochfrequenzersatzschaltbild für einen theoretischen Transistor mit gezogenen Übergängen, einschließlich der theoretischen Frequenzabhängigkeit der komplexen Basisimpedanz z'_B. R_B ist der gesamte Gleichstromwiderstand zwischen zwei gegenüberliegenden Flächen der Basiszone (nach PRITCHARD und COFFEY)

in den zweiten Ausdruck die Übereinstimmung der Phasenwinkel bei hohen Frequenzen erheblich verbessert.

Nur der Anteil i'_e des Emitterstromes, der nicht über die Emittersperrschichtkapazität C_e fließt, geht in den Kollektorstromgenerator ein, weil der übrige Teil natürlich die Kollektordiode nicht erreicht.

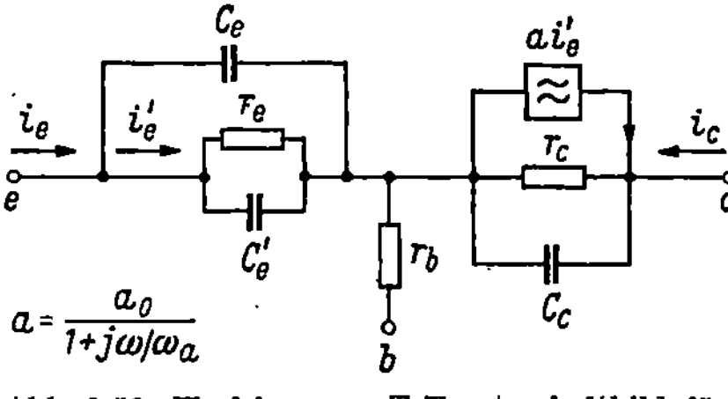

Abb. 8.50. Hochfrequenz-T-Ersatzschaltbild für Flächentransistoren in Basisschaltung

Wie wir z. B. aus Abb. 8.19 wissen, sind die Widerstände r'_e und r_b durch

$$r'_e = \mathrm{Re}(z_{11b} - z_{12b})\tag{8.149}$$

und

$$r_b = \mathrm{Re}\,z_{12b}\tag{8.150}$$

gegeben. Da wir in den obigen Betrachtungen festgestellt haben, daß diese Größen frequenzabhängig sind, müssen in HF-Ersatzschaltbildern die Hochfrequenzwerte verwendet werden. Die Schaltung beschreibt jedoch nicht das Niederfrequenzverhalten von r'_e und r_b. Bei Frequenzen über 1000 MHz müssen die Induktivitäten der Basis- und Kollektorzuleitungen L_b und L_c und in manchen Fällen der Ohmsche Widerstand der Kollektorzone berücksichtigt [7] werden. Das führt zu der Ersatzschaltung in Abb. 8.52.

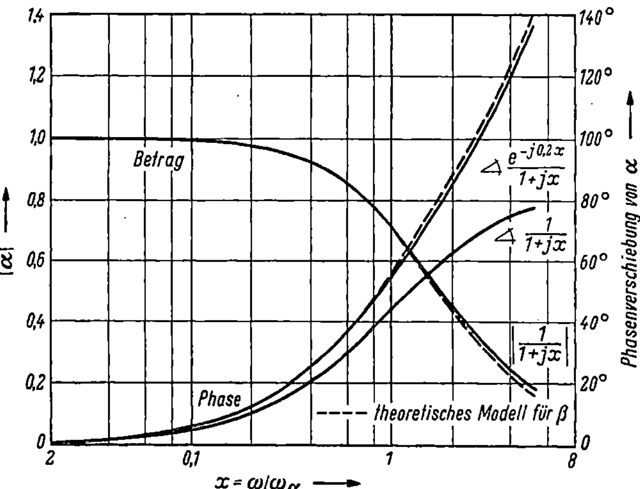

Abb. 8.51. Betrag und Phase des Stromverstärkungsfaktors α als Funktion der normierten Frequenz ω/ω_α; exakter Ausdruck für den Transportfaktor β und Näherungen (nach PRITCHARD)

Für spätere Betrachtungen wollen wir im folgenden die oft verwendeten h-Parameter der Ersatzschaltung in Abb. 8.50 ableiten. Da

$$|h'_{12b}| \ll 1, \qquad |z'_{\mathrm{B}} h_{22b}| \ll 1 \tag{8.151}$$

gilt, finden wir aus Gl. (8.90)

$$h_{11b} \cong h'_{11b} + z'_{\mathrm{B}}(1 - a). \tag{8.152}$$

Mit den Gln. (8.128) bis (8.130) und Abb. 8.44 kann man schreiben

$$h'_{11b} \cong r'_e/(1 + 0,81\,\mathrm{j}\,\omega/\omega_\beta) \tag{8.153}$$

mit
$$r'_e = k\,T/(q\,I_{\mathrm{E}}) \tag{8.109}$$
und
$$\omega_\beta \cong \omega_a. \tag{8.154}$$

Man erhält schließlich

$$h_{11b} \cong r'_e/(1 + 0,81\,\mathrm{j}\,\omega/\omega_a) + z'_{\mathrm{B}}(1 - a) \tag{8.155}$$

oder mit einer weiteren Vereinfachung

$$h_{11b} \cong r'_e/(1 + \mathrm{j}\,\omega/\omega_a) + z'_{\mathrm{B}}(1 - a). \tag{8.156}$$

Der Rückwirkungsparameter h_{12b} wurde bereits früher in Gl. (8.134) abgeleitet:

$$h_{12b} \cong z'_{\mathrm{B}}(g_c + \mathrm{j}\,\omega\,C_c), \tag{8.134}$$

wobei g_c durch (8.120) gegeben ist. Bei höheren Frequenzen kann g_c häufig vernachlässigt werden, und man kann folgenden Ausdruck benutzen:

$$h_{12b} \cong \mathrm{j}\,\omega\,C_c\,z'_{\mathrm{B}}. \tag{8.157}$$

Der Stromverstärkungsfaktor wird durch die Gln. (8.145) bis (8.147) gut angenähert:

$$h_{21b} \cong -a = -a_0\, e^{-j\theta\,\omega/\omega_a}/(1 + j\,\omega/\omega_a) \qquad (8.158)$$

mit $\Theta \cong 0{,}2$.

In vielen Fällen genügt schon

$$h_{21b} \cong -a_0/(1 + j\,\omega/\omega_a). \qquad (8.159)$$

Entsprechend den Gln. (8.93) und (8.119) können wir für die Ausgangsadmittanz schreiben

$$h_{22b} \cong g_c + j\,\omega\,C_c \qquad (8.160)$$

und häufig sogar

$$h_{22b} \cong j\,\omega\,C_c. \qquad (8.161)$$

Die Mehrzahl der bisher besprochenen Schaltungen wurde für die Basisschaltung aufgestellt. In der Schaltungstechnik finden Transistoren jedoch häufiger in Emitterschaltung Verwendung. Im Prinzip kann man natürlich die Ersatzschaltbilder für die Basisschaltung um 90° drehen und spiegeln, und den Emitter zum gemeinsamen Anschluß machen. Wir könnten dann die für die Basisschaltung erhaltenen Ausdrücke an Hand von Tab. 7.6 in die Emitterschaltung umrechnen. In praktischen Fällen hat es sich jedoch als notwendig erwiesen [8], eine Kapazität C_{bc} direkt zwischen dem Basis- und Kollektoranschluß anzunehmen, die zusätzliche Glieder der Form

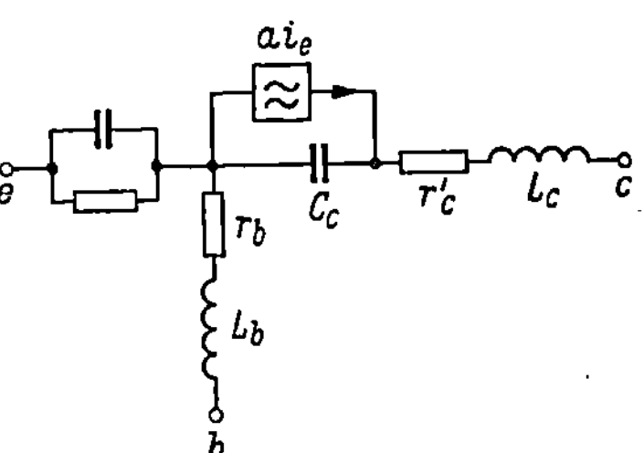

Abb. 8.52. T-Ersatzschaltbild für Flächentransistoren in Basisschaltung bei sehr hohen Frequenzen (> 1000 MHz)

$$j\,\omega\,C_{bc}\left[z_{\mathrm{B}}' + \frac{r_e'}{(1-a)(1 + j\,\omega/\omega_a)}\right] \qquad (8.162)$$

für h_{12e} und

$$j\,\omega\,C_{bc}/(1 - a) \qquad (8.163)$$

für h_{22e} erzeugt. Die Werte von h_{11e} und h_{21e} sind so groß, daß sie davon nicht berührt werden. Wir erhalten daher unter Benutzung der Gln. (8.156), (8.157), (8.159), (8.161) und (8.163) für die Emitterschaltung:

$$h_{11e} \cong z_{\mathrm{B}}' + \frac{r_e'}{(1-a)(1 + j\,\omega/\omega_a)}, \qquad (8.164)$$

$$h_{12e} \cong \frac{j\,\omega\,C_c\,r_e'}{(1-a)(1 + j\,\omega/\omega_a)} + j\,\omega\,C_{bc}\left[z_{\mathrm{B}}' + \frac{r_e'}{(1-a)(1 + j\,\omega/\omega_a)}\right], \qquad (8.165)$$

$$h_{21e} \cong a/(1 - a), \qquad (8.166)$$

$$h_{22e} \cong (g_c + j\,\omega\,C_c)/(1 - a) + j\,\omega\,C_{bc}/(1 - a) \qquad (8.167)$$

oder einfach

$$h_{22e} \cong j\,\omega(C_c + C_{bc})/(1 - a). \qquad (8.168)$$

Da diese einfache Umrechnung von der Basis- zur Emitterschaltung nicht immer zufriedenstellend ist, wollen wir uns nun mit *Ersatzschaltbildern* befassen, die speziell für die Emitterschaltung entwickelt wurden.

Ein formales Niederfrequenzersatzschaltbild wurde in Abb. 8.22 für die Basisschaltung in h-Parametern und für die Emitterschaltung in y-Parametern aufgestellt. Diese Vierpolparameter können gemessen, aber nur

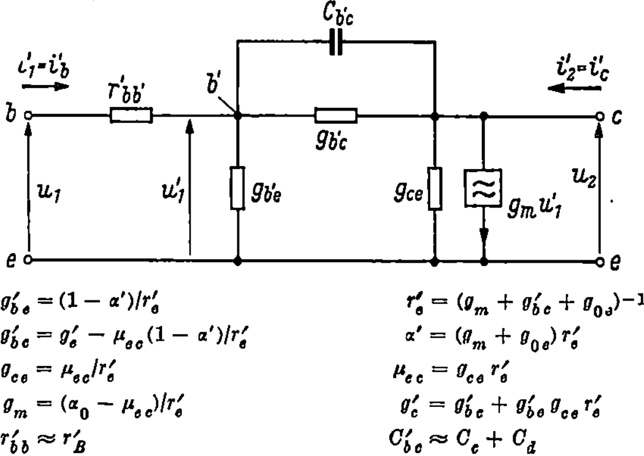

$$g'_{b\,e} = (1 - \alpha')/r'_e$$
$$g'_{b\,c} = g'_e - \mu_{ec}(1 - \alpha')/r'_e$$
$$g_{ce} = \mu_{ec}/r'_e$$
$$g_m = (\alpha_0 - \mu_{ec})/r'_e$$
$$r'_{bb} \approx r'_B$$

$$r'_e = (g_m + g'_{bc} + g_{0e})^{-1}$$
$$\alpha' = (g_m + g_{0e})\,r'_e$$
$$\mu_{ec} = g_{ce}\,r'_e$$
$$g'_c = g'_{bc} + g'_{be}\,g_{ce}\,r'_e$$
$$C'_{b\,e} \approx C_e + C_d$$

Abb. 8.53
II-Hybrid-Ersatzschaltung für Flächentransistoren in Emitterschaltung bei niedrigen Frequenzen

sehr schwer den einzelnen physikalischen Vorgängen im Inneren des Transistors zugeordnet werden. Eine beachtliche Verbesserung in dieser

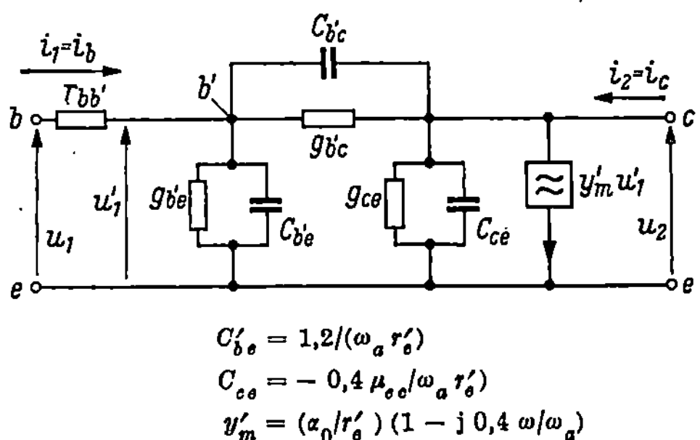

$$C'_{b\,e} = 1{,}2/(\omega_a\,r'_e)$$
$$C_{ce} = -\,0{,}4\,\mu_{ec}/(\omega_a\,r'_e)$$
$$y'_m = (\alpha_0/r'_e)\,(1 - \mathrm{j}\,0{,}4\,\omega/\omega_a)$$

Abb. 8.54. II-Hybrid-Ersatzschaltung für Flächentransistoren in Emitterschaltung bei mittleren Frequenzen (nach GIACOLETTO und JOHNSON)

Hinsicht wurde durch die Verwendung des in Abb. 8.53 gezeigten Ersatzschaltbildes erreicht, bei dem der Basisbahnwiderstand in einem getrennten Zweig erscheint, und die übrige Schaltung das Verhalten des „inneren" Transistors beschreibt. Die Zusammenhänge zwischen den Elementen dieser Schaltung und den vorher besprochenen Größen gehen aus derselben Abbildung hervor. Sie können durch Umrechnung der Parameter von der Basis- zur Emitterschaltung mit Hilfe von Tab. 7.4

unter Benutzung der für Niederfrequenz gültigen Ausdrücke abgeleitet werden. Sie erlauben, ein Ersatzschaltbild für die Emitterschaltung aus einem Ersatzschaltbild für die Basisschaltung herzuleiten und umgekehrt.

Damit das Ersatzschaltbild in Abb. 8.53 für höhere Frequenzen, mindestens bis zur halben α-Grenzfrequenz, gültig ist, schaltet man Kapazitäten C'_{be} und C_{ce} parallel zu den Leitwerten g'_{be} und g_{ce}. Außerdem muß man die Stromgeneratorkonstante g_m durch eine frequenzabhängige Größe y'_m ersetzen. Man erhält dann die Ersatzschaltung von Abb. 8.54, die für den erwähnten Frequenzbereich breite Anwendung gefunden hat und von GIACOLETTO und JOHNSON [9] eingeführt wurde. Ausdrücke für die hinzugefügten oder ausgewechselten Elemente des allgemeineren Schaltbilds sind ebenfalls in Abb. 8.54 angeführt. Die übrigen Komponenten zeigt Abb. 8.53. Die Ausdrücke für die Hochfrequenzelemente erhält man durch Reihenentwicklung der Parameter für die Emitterschaltung, die mit Hilfe von Tab. 7.4 aus denen für die Basisschaltung berechnet wurden. Die Schaltung Abb. 8.54 hat einen gewissen Nachteil. Der Stromgenerator ist proportional der Spannung u'_1 zwischen dem Emitter und der Basis b' des inneren Transistors, der von den Basisanschlüssen des wirklichen Transistors durch den Basisbahnwiderstand $r'_B = r_{bb'}$ getrennt ist. Um statt dessen einen dem Basisstrom proportionalen Generator zu erhalten, schlug PRITCHARD [10] das in Abb. 8.55 dargestellte Hochfrequenzersatzschaltbild für die Emitterschaltung vor. In dieser Schaltung, die nur für hohe Frequenzen gilt, ist der Stromgenerator dem (meßbaren) Basiseingangsstrom proportional. Die Stromgeneratorkonstante $\alpha_0/(1-\alpha_0)$ ist frequenzunabhängig, und die Änderung der Stromverstärkung mit der Frequenz wird durch den auf den Stromgenerator folgenden RC-Tiefpaß beschrieben.

Andererseits [1] kann man in einer weiteren Vereinfachung dieses RC-Netzwerk weglassen, wie Abb. 8.56 zeigt, und die Stromgeneratorkonstante frequenzabhängig machen.

Die Frage nach dem günstigsten Ersatzschaltbild ist immer noch Gegenstand vieler Diskussionen. Weitere Einzelheiten können der Literatur entnommen werden. Eine Zusammenstellung der Literatur-

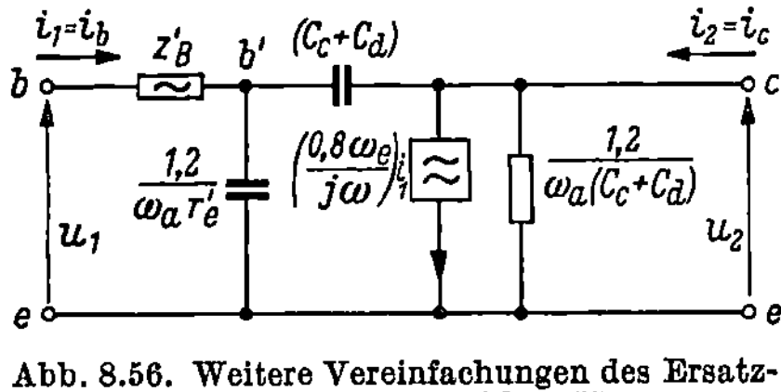

Abb. 8.55. Angenähertes Hochfrequenzersatzschaltbild für Flächentransistoren in Emitterschaltung (nach PRITCHARD)

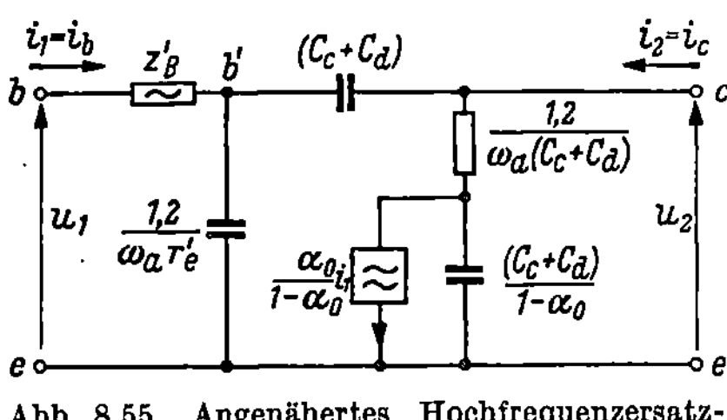

Abb. 8.56. Weitere Vereinfachungen des Ersatzschaltbildes von Abb. 8.55

angaben über „Ersatzschaltbilder für Transistoren" folgt am Ende dieses Kapitels.

Im jetzigen Stadium scheinen zur Beschreibung der Hochfrequenzeigenschaften für die Basisschaltung das T-Ersatzschaltbild von Abb. 8.50 und für die Emitterschaltung die gemischten Ersatzschalt-

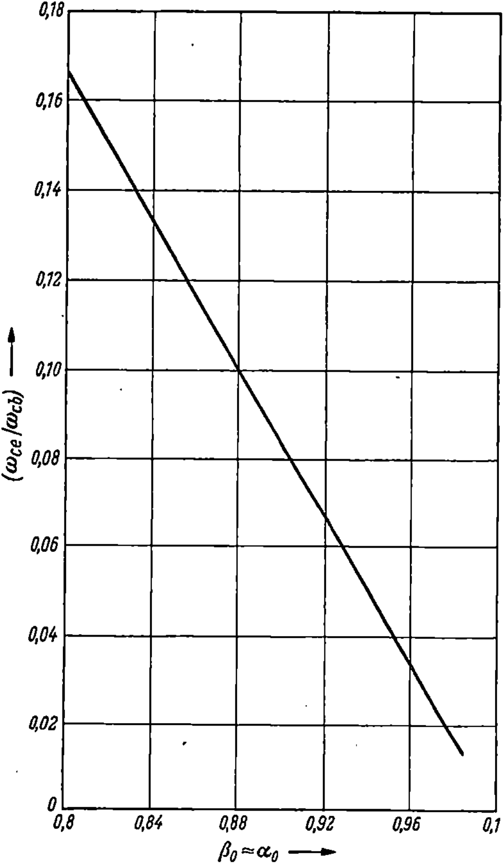

Abb. 8.57. Das Verhältnis zwischen den Grenzfrequenzen in Emitter- und Basisschaltung als Funktion des Niederfrequenzstromverstärkungsfaktors α_0 in Basisschaltung

bilder in Abb. 8.55 und 8.56 am geeignetsten zu sein. Sie sind relativ einfach und gelten fast bis zur α-Grenzfrequenz.

Für den Zusammenhang zwischen den Grenzfrequenzen der Kurzschlußstromverstärkungsfaktoren h_{21} in Basis- und Emitterschaltung gilt folgendes: Aus Tab. 7.6 erhalten wir die Umrechnungsgleichung von $h_{fb} = h_{21b}$ zu $h'_{fe} = h_{21e}$:

$$h_{21e} = \frac{-h_{11b}h_{22b} + h_{12b}h_{21b} - h_{21b}}{h_{11b}h_{22b} - h_{12b}h_{21b} - h_{12b} + 1 + h_{21b}} . \qquad (8.169)$$

Wenn wir gebräuchliche Werte für die Parameter in Basisschaltung einsetzen,

$$h_{11b} = 20\ \Omega,$$
$$h_{12b} = 10^{-4},$$
$$-h_{21b} > 0,9,$$
$$h_{22b} = 10^{-6}\ \Omega^{-1},$$

so finden wir, daß Gl. (8.169) folgendermaßen angenähert werden kann

$$h_{21e} \cong \frac{(-h_{21b})}{1-(-h_{21b})}\,. \tag{8.170}$$

Nehmen wir nun an, daß der Emitterwirkungsgrad gleich Eins und das Produkt $\omega\, r'_B\, h'_{22}$ für die betrachteten Frequenzen gegenüber Eins vernachlässigbar ist, so kann $-h_{21b}$ durch den Transportfaktor β in Basisschaltung, Gl. (8.97), ersetzt werden

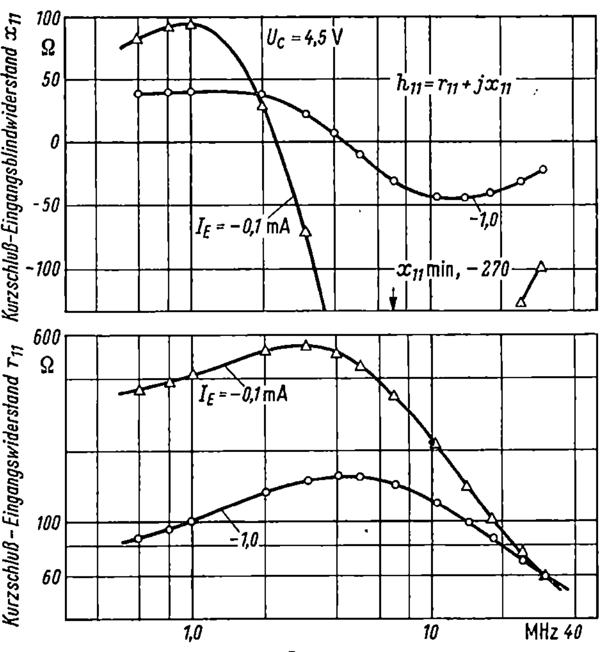

Abb. 8.58. Frequenzabhängigkeit der Kurzschlußeingangsimpedanz h_{11} für einen Transistor mit gezogenen Übergängen (nach PRITCHARD und COFFEY)

nachlässigbar ist, so kann $-h_{21b}$ durch den Transportfaktor β in Basisschaltung, Gl. (8.97), ersetzt werden

$$h_{21e} \cong \frac{\beta}{1-\beta}\,. \tag{8.171}$$

Wir definieren die Grenzfrequenz wieder durch

$$\frac{|h_{21e}(\omega_{ce})|^2}{h_{21e}^2(0)} = \frac{1}{2}\,. \tag{8.172}$$

Das Einsetzen der Gln. (8.171) und (8.97) liefert die Kurve in Abb. 8.57, die den Quotienten aus den beiden Grenzfrequenzen ω_{ce}/ω_{cb} in Emitter- und Basisschaltung als Funktion des Niederfrequenzwertes von $\beta = \beta_0$ zeigt. Diese Beziehung läßt sich annähern durch

$$\omega_{ce} \cong (1 - \alpha_o)\, \omega_{cb}. \tag{8.173}$$

Letztere Formel kann man auch durch Reihenentwicklung [11] erhalten. Da α_0 bei den meisten heute gefertigten Transistoren zwischen 0,9 und 1

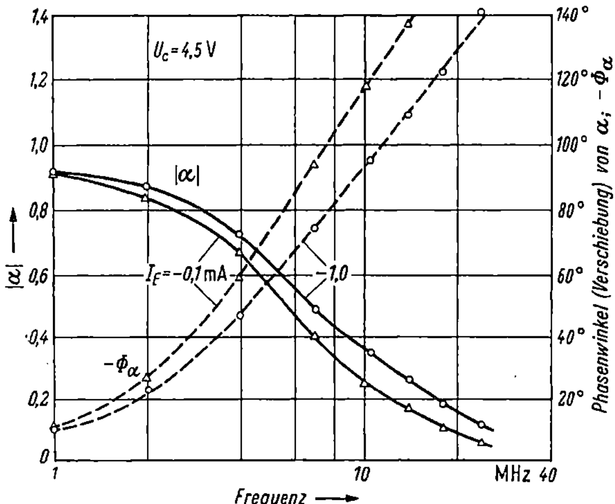

Abb. 8.59. Frequenzabhängigkeit des Kurzschlußstromverstärkungsfaktors $\alpha = -h_{21b}$ für einen Transistor mit gezogenen Übergängen

liegt, ist es klar, daß die Grenzfrequenz in Emitterschaltung viel niedriger als die in Basisschaltung ist. Dies ist weniger auf den α-Abfall bei niedrigen Frequenzen als auf die Phasendrehung von α zurückzuführen: Da der Basisstrom gleich der Differenz zwischen Emitter- und Kollektorstrom ist, fließt mehr und mehr Basisstrom. Selbst wenn der Kollektorstrom konstant gehalten wird, nimmt die Phasendifferenz zwischen Emitter- und Kollektorstrom zu. Wird umgekehrt der Basisstrom konstant gehalten, so fließt mit zunehmender Phasenverschiebung immer weniger Kollektorstrom.

Aus Gl. (8.73) geht hervor, daß für einen hohen Wert α die Grenzfrequenz in Emitterschaltung besonders niedrig im Vergleich zu der in Basisschaltung ist. So kann ein zu hoher Transportfaktor β in solchen Transistoren unerwünscht sein, die hauptsächlich in Emitterschaltung verwendet werden. Es muß jedoch erwähnt werden, daß der Einfluß des Emitterwirkungsgrades und der Kollektorkapazität Abweichungen von Gl. (8.173) bringt und daß Messungen häufig einen höheren ω_{ce}-Wert ergeben, als sich aus Gl. (8.173) errechnet.

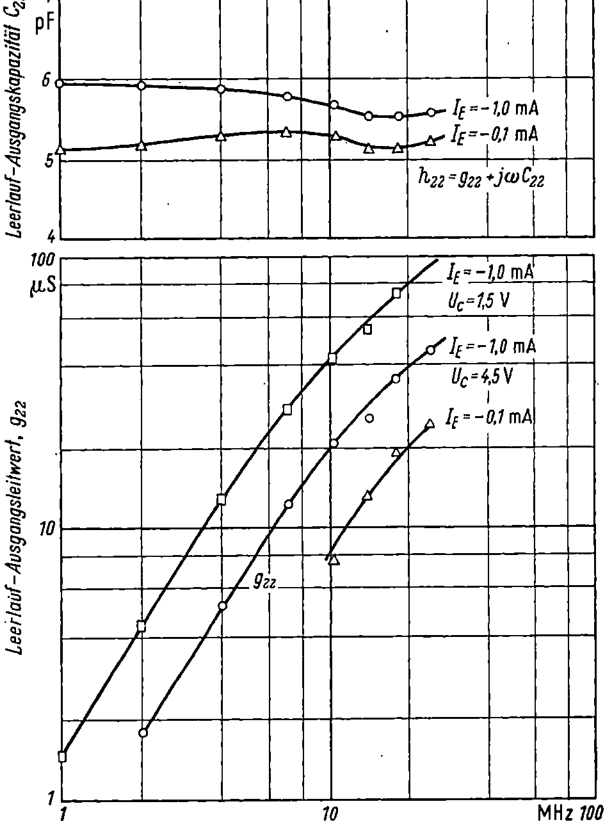

Abb. 8.60. Frequenzabhängigkeit der Leerlaufausgangsadmittanz h_{22} für einen Transistor mit gezogenen Übergängen (nach PRITCHARD und COFFEY)

Bevor wir diesen Abschnitt über die Transistoreigenschaften abschließen, sei noch als letzte Methode die direkte Anwendung der Vierpolparameter ohne Umweg über die Ersatzschaltbilder erwähnt. Diese Vierpolparameter können sowohl analytisch als auch graphisch als Funktion der Frequenz angegeben werden. Da die Parameter komplexe Größen sind, kann man entweder Real- und Imaginärteil einzeln aufzeichnen oder nach Betrag und Phase trennen. Beispiele für beide Verfahren sind in den Abb. 8.58 bis 8.60 dargestellt, die einem Beitrag von PRITCHARD und COFFEY [3]

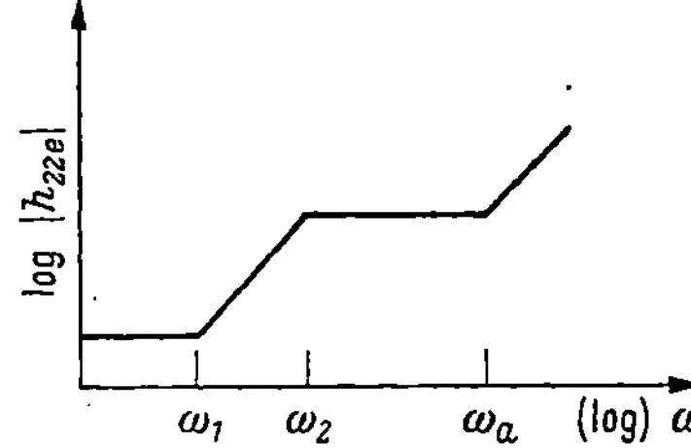

Abb. 8.61. Gebrochener Linienzug als Näherung für den Betrag der Leerlaufausgangsadmittanz h_{22e} in Emitterschaltung als Funktion der Frequenz

entnommen sind. Auch Zeigerdiagramme [*12*] können verwendet werden.

Werden analytische Ausdrücke zur Beschreibung der Frequenzabhängigkeit eines Vierpolparameters benutzt, so kann man die gemessenen Kurven vorerst durch einen gebrochenen Linienzug ersetzen, wie Abb. 8.61 [*13*] zeigt, und die Kurve selbst dann durch einen Ausdruck folgender Form annähern:

$$h_{22e} = g_0 \frac{(1 + \omega/\omega_1)(1 + \omega/\omega_a)}{(1 + \omega/\omega_2)}, \qquad (8.174)$$

wobei g_0 der Niederfrequenzwert von h_{22e} und ω_1 und ω_2 die Übergangsfrequenzen des gebrochenen Linienzuges sind.

Literaturangaben zu „Ersatzschaltbilder für Transistoren"
(in chronologischer Reihenfolge)

[*1*] STRECKER, F., u. R. FELDTKELLER: Grundlagen der Theorie des allgemeinen Vierpols. Elektr. Nachr.-Techn. 6 (März 1929) 93—112.

[*2*] GUILLEMIN, E. A.: Communication Networks 2. New York: Wiley 1935, Chap. 4.

[*3*] BROWN, J. S., and F. D. BENNETT: The application of matrices to vacuum-tube circuits. Proc. IRE 36 (Juli 1948) 851/52.

[*4*] PETERSON, L. C.: Equivalent circuits of linear active four-terminal networks. Bell Syst. techn. J. 27 (Okt. 1948) 593—622.

[*5*] FELDTKELLER, R.: Einführung in die Vierpoltheorie der elektrischen Nachrichtentechnik. Leipzig: S. Hirzel. 1. Aufl., Kap. 5, S. 88—118; 5. Aufl. 1948, Kap. 3, S. 72—114.

[*6*] BECKER, J. A., and J. N. SHIVE: The transistor—a new semiconductor amplifier. Electr. Engng. 68 (März 1949) 220, Fig. 12.

[*7*] BARDEEN, J., and W. H. BRATTAIN: Physical principles involved in transistor action. Bell Syst. techn. J. 28 (April 1949) 247.

[*8*] RYDER, R. M., and R. J. KIRCHER: Some circuit aspects of the transistor. Bell Syst. techn. J. 28 (Juli 1949) 370.

[*9*] WALLACE, R. L., JR., and G. RAISBECK: Duality as a Guide in Transistor Circuit Design. Bell Syst. techn. J. 30 (April 1951) 381—417.

[*10*] SHOCKLEY, W., M. SPARKS, and G. K. TEAL: P-N junction transistors. Phys. Rev. 83 (Juli 1951) 156.

[*11*] WALLACE, R. L., JR., and W. J. PIETENPOL: Some circuit properties and applications of n-p-n transistors. Bell Syst. techn. J. 30 (Juli 1951) 557 — Proc. IRE 39 (Juli 1951) 764.

[*12*] KAUFMANN, A.: Conditions de validité de la méthode matricielle pour les associations de quadripoles, Parts 1 and 2. L'Onde Electr. 31 (Okt./Nov. 1951) 396—405, 446—452.

[*13*] WALLACE, R. L., JR.: Circuits for junction transistors. AIEE Winter Meeting, New York, 25. Jan. 1952.

[*14*] HOLLMANN, H. E.: Vacuum tube analogy of transistors. Electronics 25 (Juli 1952) 156.

[*15*] WALLACE, R. L., JR., L. G. SCHIMPF, and E. DICKTEN: A junction transistor tetrode for high frequency use. Proc. IRE 40 (Nov. 1952) 1397.

[*16*] EARLY, J. M.: Effects of space-charge layer widening in junction transistors. Proc. IRE 40 (Nov. 1952) 1401—1405.

[17] THOMAS, D. E.: Transistor amplifier-cutoff frequency. Proc. IRE 40 (Nov. 1952) 1483.

[18] PRITCHARD, R. L.: Frequency variations of current-amplification factor for junction transistors. Proc. IRE 40 (Nov. 1952) 1478.

[19] FARLEY, B. G.: Dynamics of transistor negative-resistance circuits. Proc. IRE 40 (Nov. 1952) 1502.

[20] SHEKEL, J.: Matrix representation of transistor circuits. Proc. IRE 40 (Nov. 1952) 1493—1497.

[21] ANDERSON, A. E.: Transistors in switching circuits. Proc. IRE 40 (Nov. 1952) 1547/48 — Bell Syst. techn. J. 31 (Nov. 1952) 1220—1225.

[22] GIACOLETTO, L. J.: Junction transistor equivalent circuits and vacuum-tube analogy. Proc. IRE 40 (Nov. 1952) 1490—1493.

[23] LAW, R. R., C. W. MUELLER, J. I. PANKOVE, and L. D. ARMSTRONG: A developmental germanium p-n-p junction transistor. Proc. IRE 40 (Nov. 1952) 1355.

[24] MOULON, J. M.: Proprietés et utilisation des transistrons. Onde electr. 33 (Jan. 1953) 31.

[25] HSU, H.: On transformations of linear active networks with applications at ultra-high frequencies. Proc. IRE 41 (Jan. 1953) 59—67.

[26] MUELLER, C. W., and J. I. PANKOVE: A p-n-p triode alloy junction transistor for radio frequency amplification. RCA Rev. 14 (Dez. 1953) 594 — Proc. IRE 42 (Febr. 1954) 389.

[27] GIACOLETTO, L. J.: Terminology and equations for linear active four-terminal networks including transistors. RCA Rev. 14 (März 1953) 36, 38.

[28] GIACOLETTO, L. J.: Junction-transistor characteristics at low and medium frequencies. Proc. Nat. Electronics Conf. 8 (1952) 325 — Transistor characteristics at low and medium frequencies. Tele-Tech. 12 (März 1953) 97.

[29] BOUSQUET, A. G.: Transistor measurements with the vacuum-tube bridge. G. R. Exper. 27 (März 1953) 1—4.

[30] KLEIN, W.: Ersatzbilder des Transistors. Frequenz 7 (März 1953) 59/60.

[31] HOLLMANN, H. E.: Transistors in terms of vacuum tubes. Tele-Tech. 12 (Mai 1953) 74—76, 124/25.

[32] GIACOLETTO, L. J., and H. JOHNSON: Considerations of admittance representation of junction transistors, presented at Transistor Standardization Forum, AIEE Summer Meeting, Atlantic City, N.J., 17. Juni 1953.

[33] GIACOLETTO, L. J.: Equipments for measuring junction transistor admittance parameters for a wide range of frequencies. RCA Rev. 14 (Juni 1953) 280.

[34] HOLLMANN, H. E.: Transistortheorie und Transistorschaltungen. Arch. elektr. Übertragung 7 (Juli 1953) 315—327.

[35] PRITCHARD, R. L.: Collector-base impedance of a junction transistor. Proc. IRE 41 (Aug. 1953) 1060, Fig. 1.

[36] ALSBERG, D. A.: Transistor metrology. IRE Convention Record 1 (9) (1953) 40 — Trans. IRE ED-1 (Aug. 1954) 13.

[37] KNIGHT, G., JR., R. A. JOHNSON, and R. B. HOLT: Measurement of the small signal parameters of transistors. Proc. IRE 41 (Aug. 1953) 983—989.

[38] STANSEL, F. R.: The common-collector transistor amplifier at carrier frequencies. IRE Convention Record 1 (5) (1953) 111/12 — Proc. IRE 41 (Sept. 1953) 1099.

[39] CHOW, W. F., and J. J. SURAN: Transient analysis of junction transistor amplifiers. IRE Convention Record 1 (5) (1953) Eq. 5, 103 — Proc. IRE 41 (Sept. 1953) Eq. 5, 1126.

[40] OVERBEEK, A. J. W. M. VAN, and F. H. STIELTJES: Bandwidth limitations of junction transistors. Wireless Engr. 30 (Okt. 1953) 261.

[41] SCHAFFNER, J. S., and J. J. SURAN: Transient response of the grounded base transistor amplifier with small load impedance. J. appl. Phys. 24 (Nov. 1953) 1356.

[42] EARLY, J. M.: Design theory of junction transistors. Bell Syst. techn. J. 32 (Nov. 1953) 1271—1312.

[43] ENENSTEIN, N. H.: A transient equivalent circuit for junction transistors. Trans. IRE ED-4 (Dez. 1953) 49.

[44] ANGELL, J. B., and F. KEIPER: Circuit applications of surface-barrier transistors. Proc. IRE 41 (Dez. 1953) 1709—1711.

[45] PRITCHARD, R. L.: Frequency response of grounded-base and grounded-emitter junction transistors, paper presented at AIEE Winter Meeting, New York, 22. Jan. 1954.

[46] ANGELL, J. B.: Circuit implications of surface-barrier transistors, paper presented at IRE-AIEE Conference on Transistor Circuits, Philadelphia, 18. Febr. 1954.

[47] BENEKING, H.: Kennwerte von Transistoren. Arch. elektr. Übertragung 8 (Febr. 1954) 70, Eq. 11.

[48] MALSCH, J.: Ersatzschaltbilder von Transistoren und ihre physikalischen Grundlagen. Arch. elektr. Übertragung 8 (April 1954) 189, Abb. 12a.

[49] KRÖMER, H.: Zur Theorie des Diffusions- und des Drift-transistors, Teil I u. II. Arch. elektr. Übertragung 8 (5, 8) (Mai, Aug. 1954) 223—228, 363—369.

[50] PRITCHARD, R. L.: Frequency variations of junction-transistor parameters. Proc. IRE 42 (Mai 1954) 786—799.

[51] EARLY, J. M.: P-n-i-p and n-p-i-n junction transistor triodes. Bell Syst. techn. J. 33 (Mai 1954) 525, Fig. 5.

[52] HENKER, H.: Kenngrößen des Transistors bei schwachen Wechselströmen. Arch. elektr. Übertragung 8 (Mai 1954) 213—216.

[53] RITTNER, E. S.: Extension of the theory of the junction transistor. Phys. Rev. 94 (1. Juni 1954) 1161—1171.

[54] PRITCHARD, R. L.: Theory of grown-junction transistor at high frequencies, paper presented at Semiconductor Device Research Conference, Minneapolis, 29. Juni 1954.

[55] SHEKEL, J.: Reciprocity relations in active 3-terminal elements. Proc. IRE 42 (Aug. 1954) 1268 — Trans. IRE CT-1 (Juni 1954) 18.

[56] TURNER, R. J.: Surface-barrier transistor measurements and applications. Tele-Tech 13 (Aug. 1954) 78, Fig. 1.

[57] ZAWELS, J.: Physical theory of new circuit representation for junction transistors. J. appl. Phys. 25 (Aug. 1954) 978, Fig. 2.

[58] PRITCHARD, R. L.: Small-signal parameters for transistors. Electr. Engng. 73 (Okt. 1954) 902—905.

[59] STATZ, H., E. A. GUILLEMIN, and R. A. PUCEL: Design considerations of junction transistors at higher frequencies. Proc. IRE 42 (Nov. 1954) 1624 — Proc. Nat. Electronics Conf. 10 (1954) 644.

[60] KETTEL, E., u. G. MEYER-BRÖTZ: Die Frequenzabhängigkeit der Vierpolparameter eines Transistors. Telefunkenztg. 27 (Dez. 1954) 237—245.

[61] MOLL, J. L.: Large-signal transient response of junction transistors. Proc. IRE 42 (Dez. 1954) 1780.

[62] GIACOLETTO, L. J.: Study of p-n-p alloy junction transistor from d-c through medium frequencies. RCA Rev. 15 (Dez. 1954) 506—562.

[63] OERTEL, L.: Zur Theorie der Ersatzschaltbilder von Flächentransistoren. Telefunkenztg. 27 (Dez. 1954) 236, Abb. 11.

[64] KETTEL, E.: Hochfrequenzverstärkung mit Transistoren. Telefunkenztg. 27 (Dez. 1954) 247/48.

[65] FOLLINGSTAD, H. G.: An analytical study of z, y, and h parameter accuracies in transistor sweep measurement. IRE Convention Record 2 (3) (1954) 109, Fig. 1.

[66] HEYMAN, B.: Metoder för berakning an Transistorer och Transistorkretsar medelst aktiva Fyrpoler. IVA (Stockholm) 25 (1954) 281—299.

[67] ROUNDS, P. W.: Equalization of video cables. IRE Convention Record 2 (2) (1954) 18—24.

[68] COFFEY, W. N.: Small signal parameters of grown junction transistors at high frequencies. IRE Convention Record 2 (3) (1954) 89—98.

[69] GIACOLETTO, L. J.: The study and design of alloyed junction transistors. IRE Convention Record 2 (3) (1954) 102.

[70] PRITCHARD, R. L.: Effect of base contact overlap and parasitic capacitance on small signal parameters of junction transistors. Proc. IRE 43 (Jan. 1955) 38—40.

[71] GIACOLETTO, L. J.: Comparative high-frequency operation of junction transistors made of different semiconductor materials. IRE Convention Record 3 (3) (1955) 134, Fig. 1b — RCA Rev. 16 (März 1955) 36, Fig. 1b.

[72] MIDDLEBROOK, R. D.: A junction transistor high frequency equivalent circuit. E.R.L. Techn. Rep. No. 83 (2. Mai 1955) 73—200, Stanford University.

[73] MOULON, J. M.: Propriétés essentielles des transitrons. Onde electr. 35 (Mai 1955) 521.

[74] CARLIN, H. J.: On the physical realizability of linear nonreciprocal networks. Proc. IRE 43 (Mai 1955) 615.

[75] PRITCHARD, R. L.: Frequency response of theoretical models of junction transistors. Trans. IRE CT-2 (Juni 1955) 190, Table III.

[76] BENZ, W.: Grundlagen für die rechnerische Behandlung von Transistorverstärkern mit Reihen- und Parallelrückkopplung. Telefunkenztg. 28 (Juni 1955) 95—107.

[77] PEDERSON, D. O.: Regeneration analysis of transistor multivibrators. Trans. IRE CT-2 (Juni 1955) 175/76.

[78] CHENG, C. C.: Neutralization and unilateralization. Trans. IRE CT-2 (Juni 1955) 138—145.

[79] DROUILHET, P. R., JR.: Predictions based on the maximum oscillator frequency of a transistor. Trans. IRE CT-2 (Juni 1955) 179, Fußnote 3.

[80] HOLMES, D. D., T. O. STANLEY, and L. A. FREEDMAN: A developmental pocket-size broadcast receiver employing transistors. Proc. IRE 43 (Juni 1955) 664.

[81] STERN, A. P., C. A. ALDRIDGE, and W. F. CHOW: Internal feedback and neutralization of transistor amplifiers. Proc. IRE 43 (Juli 1955) 838—847.

[82] KIRCHER, R. J.: Properties of junction transistors. Trans. IRE AU-3 (Juli/ Aug. 1955) 107—124.

[83] BOWERS, F. K.: The design of blocking oscillators as fast pulse regenerators, paper presented at WESCON, San Francisco, 24. Aug. 1955.

[84] CHU, G. Y.: Unilateralization of junction transistor amplifiers at high frequencies. Proc. IRE 43 (Aug. 1955) 1003, Fig. 5.

[85] ZAWELS, J.: The natural equivalent circuit of junction transistors. RCA Rev. 16 (Sept. 1955) 366, Fig. 4.

[86] PRITCHARD, R. L.: High-frequency power gain of junction transistors. Proc. IRE 43 (Sept. 1955) 1075—1085.

[87] LINVILL, J. G., and R. H. MATTSON: Junction transistor blocking oscillators. Proc. IRE 43 (Nov. 1955) 1635.
[88] PENN, W. D.: Simplified transistor circuit equations. Tele-Tech 14 (Dez. 1955) 77, 149.
[89] NICOLET, M. A.: Über die Gültigkeitsgrenzen und die modellmäßige Begründung des Ersatzschemas von Flächentransistoren. Helv. phys. Acta 32 (1959) 58.

Temperaturabhängigkeit der Wechselstromparameter. [*14* bis *20*.] Wir haben bereits gesehen, daß bestimmte Gleichstromparameter des Transistors sehr stark temperaturabhängig sind. Dies ist eine Folge der bereits früher beschriebenen Temperaturabhängigkeit der Halbleitereigenschaften. Ähnlich hängen auch die Wechselstromparameter von der Temperatur ab, wie im folgenden beschrieben wird:

Temperaturabhängigkeit des Stromverstärkungsfaktors. Abbildung 8.62 zeigt die bei niedrigen Frequenzen an einem gebräuchlichen PNP-Germaniumtransistor [*14*] gemessene Änderung von $(1 - \alpha)$ in Abhängigkeit vom Emitterstrom, mit der Temperatur als Parameter. Die Stromabhängigkeit von α wurde in § 5 D besprochen [Gln. (5.253) bis (5.257) und Abb. 5.33 bis 5.36]. Die Kurve für Zimmertemperatur in Abb. 8.62 stimmt mit der Theorie für folgende Parameterwerte überein, die für Germanium - PNP - Niederfrequenztransistoren als üblich angesehen werden können:

$A = 2{,}5 \cdot 10^{-3} \ \text{cm}^2$, $D_{p\,\text{B}} = 40 \ \text{cm}^2/\text{sec}$, $n_{0\,\text{B}} = 5 \cdot 10^{14} \text{cm}^{-3}$,

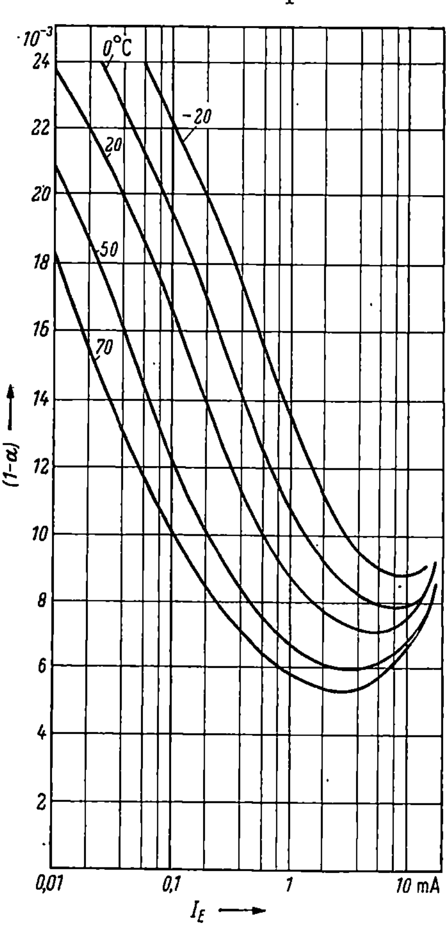

Abb. 8.62. Der Wert $(1 - \alpha)$ als Funktion des Emitterstromes für verschiedene Betriebstemperaturen, gemessen an einem Germanium-PNP-Flächentransistor

$W = 8 \cdot 10^{-3}$ cm, $K = 10^{-4}$ A, $\mathscr{S} = 0{,}003$, $\mathscr{E} = 1{,}1 \cdot 10^{-2}$, $\mathscr{R} = 1{,}94 \cdot 10^{-4}$. Um eine ähnliche Übereinstimmung bei den anderen Temperaturen zu finden, ist es notwendig, für die verschiedenen Parameter eine Temperaturabhängigkeit anzunehmen, wie sie Abb. 8.63 zeigt. Ver-

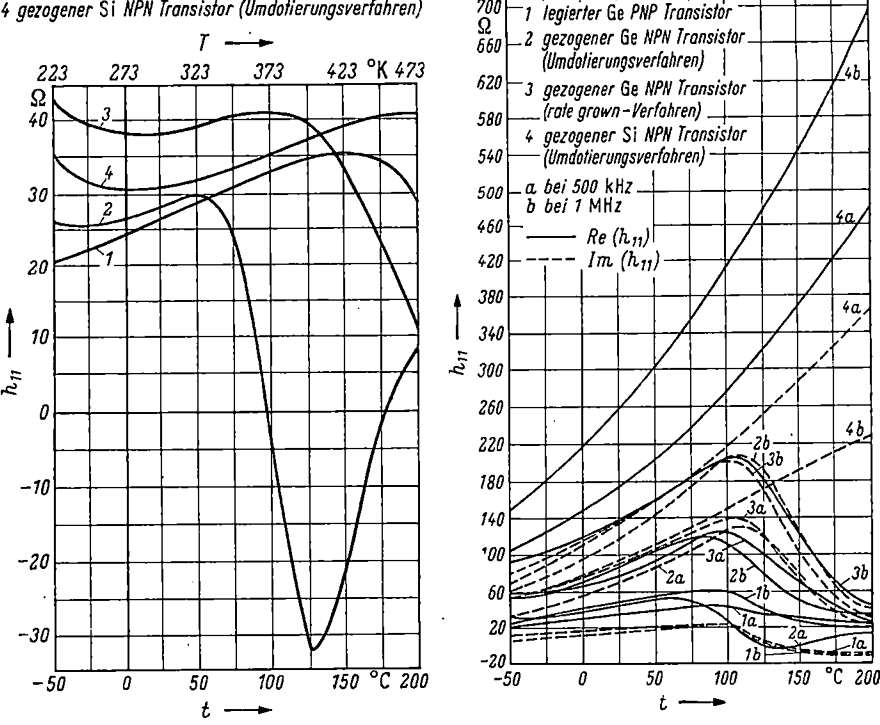

Abb. 8.63. Die zur Erklärung der Kurven in Abb. 8.62 erforderliche Temperaturabhängigkeit der Parameter K, $\mathfrak{R}$, $\mathscr{E}$ (nach GÄRTNER, HANEL, STAMPFL und CARUSO)

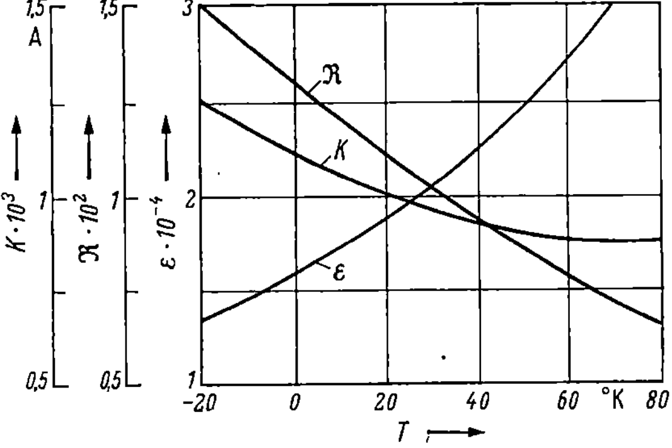

Abb. 8.64. Eingangsimpedanz h_{11} in Basisschaltung als Funktion der Temperatur zwischen −50 und 200 °C. Links: bei niedrigen Frequenzen; rechts: bei zwei höheren Frequenzen. Alle Systemparameter sind in Anhang D gegeben

gleicht man diese Änderungen mit der Temperaturabhängigkeit der in Frage kommenden Materialkonstanten [15], so findet man, daß sie durchaus den theoretischen Erwartungen entspricht. Um die richtige Änderung der Lebensdauer zu erhalten, muß man ein Rekombinationsniveau im Abstand von etwas weniger als 0,2 eV vom Valenzband oder vom Leitfähigkeitsband annehmen. Die Proportionalitätskonstante K nimmt ebenso wie die Diffusionskonstante in hochohmigem Material ab. Der Rekombinationsterm $\mathscr{R}$ ist umgekehrt proportional dem Quadrat der Diffusionslänge. Entsprechend dem HALL-SHOCKLEY-READ-Mechanismus [22] für die Trägerrekombination nimmt die Lebensdauer zu, wenn sich das Material der Eigenleitung nähert. Dies wurde auch experimentell festgestellt [23 bis 25]. Sollte die Oberflächenrekombination im Rekombinationsterm $\mathscr{R}$ überwiegen, so kann man ein ähnliches Verhalten beobachten, da die Oberflächenrekombination denselben Gesetzen wie die Volumenrekombination folgt [26]. Der Term $\mathscr{E}$, der den Emitterwirkungsgrad beschreibt, steigt mit der Temperatur proportional dem Quotienten aus einer Diffusionskonstante in hochdotiertem Material (Störstellenstreuung) und einer Diffusionskonstante in reinem Material (Gitterstreuung). Mit wenigen Worten läßt sich sagen, daß die Änderung der Stromabhängigkeit von α mit der Temperatur durch den Abfall der Rekombination und des Emitterwirkungsgrades verursacht wird. Bei erhöhten Temperaturen ist deshalb der maximale α-Wert höher, und der Abfall bei hohen Strömen erfolgt schneller. Theoretisch erwartet man, daß der Parameter $\mathscr{S}$, der die Rekombination in der Emitterraumladungszone beschreibt, bei einer Temperaturzunahme von $-20°$ C auf $70°$ C ungefähr um den Faktor 2 größer wird. Dies scheint sich durch die Messungen nicht vollständig zu bestätigen, was vielleicht darauf zurückzuführen ist, daß die Ableitung von Gl. (5.253) unter vereinfachenden Annahmen durchgeführt wurde. Die Rekombination in den Übergängen ist noch nicht ganz geklärt; sorgfältige Messungen von α als Funktion des Emitterstromes könnten ein sehr brauchbares Hilfsmittel für solche Untersuchungen darstellen.

Verbindet man die WEBSTER-RITTNER-Theorie mit den Auswirkungen der Rekombination im Emitterübergang, dann kann die Abhängigkeit des α-Wertes vom Emitterstrom und von der Temperatur über den gesamten Arbeitsbereich quantitativ erklärt werden. Aus obigen Betrachtungen kann auch gefolgert werden, daß die Temperatureffekte durch hohe Dotierung in der Basiszone verringert werden können. Dabei muß natürlich die Emitterzone noch niederohmiger sein, um einen guten Emitterwirkungsgrad zu gewährleisten. Kleine Basisdicken wirken in derselben Richtung.

Temperaturabhängigkeit der anderen Vierpolparameter [15 bis 20]. Die Temperaturabhängigkeit der Diffusionsadmittanzen in der Basis-

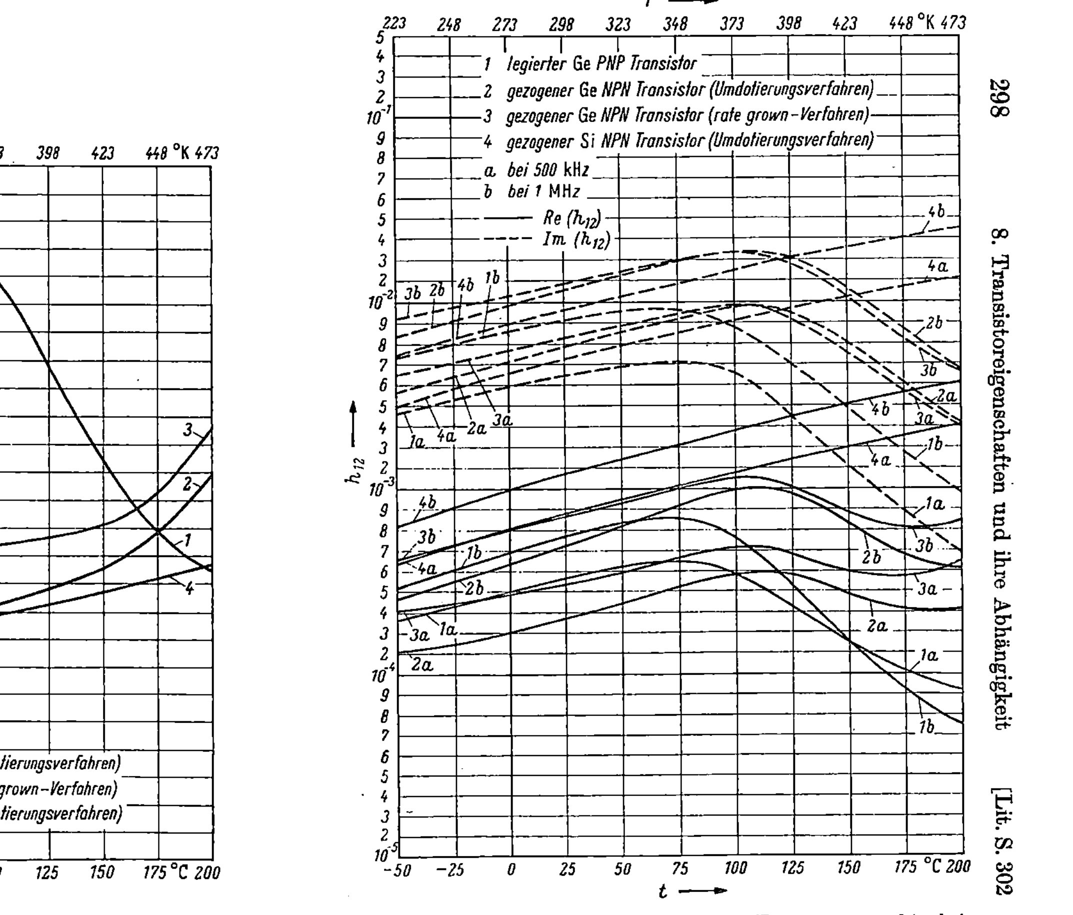

Abb. 8.65. Spannungsrückwirkung h_{12} in Basisschaltung als Funktion der Temperatur zwischen — 50 und 200 °C. Links: bei niedrigen Frequenzen; rechts: bei zwei höheren Frequenzen. Alle Systemparameter sind in Anhang D gegeben

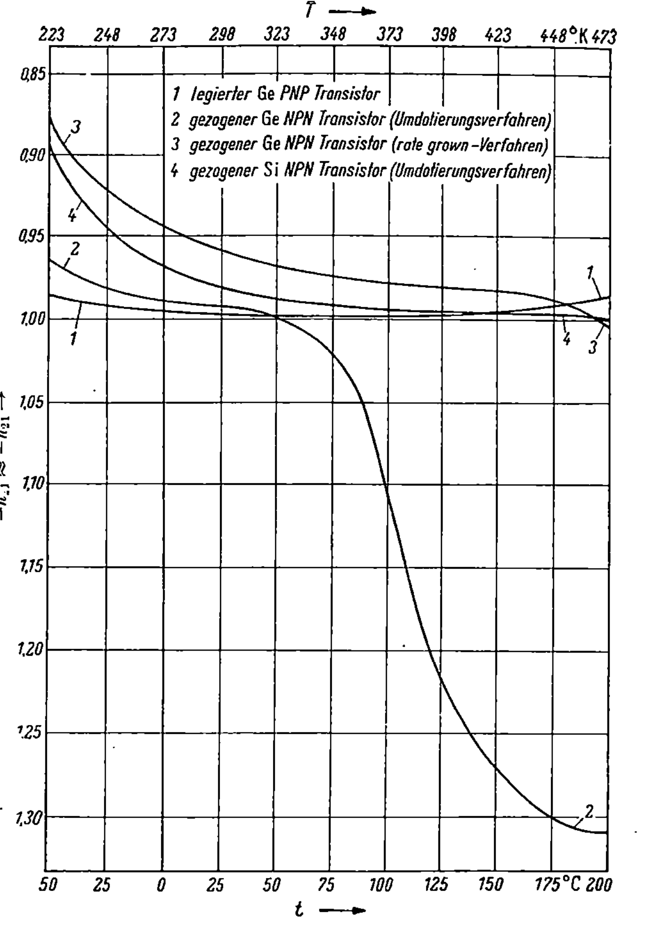

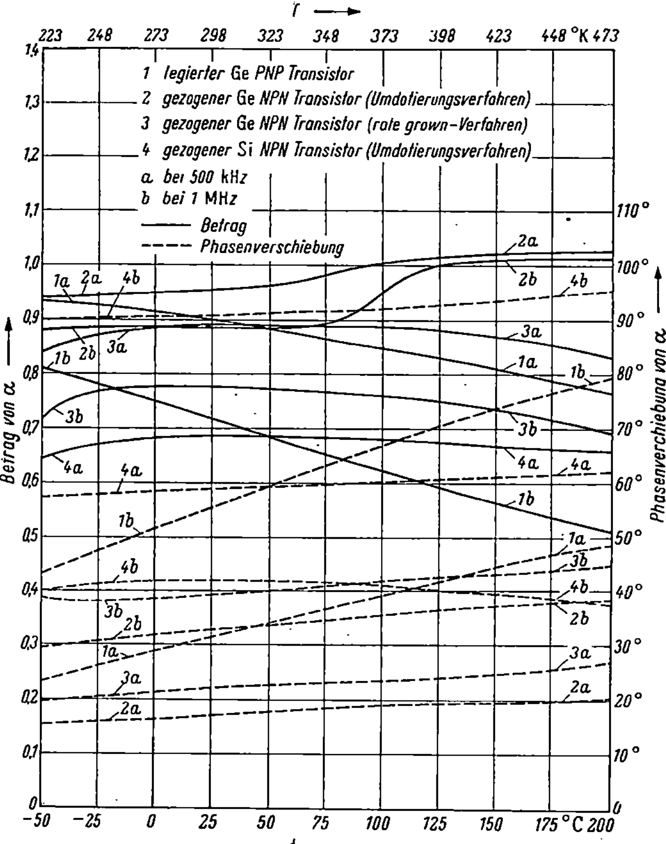

Abb. 8.66. Kurzschlußstromverstärkungsfaktor α in Basisschaltung als Funktion der Temperatur zwischen -50 und 200 °C. Links: bei niedrigen Frequenzen; rechts: bei zwei höheren Frequenzen. Alle Systemparameter sind in Anhang D gegeben

schaltung y_{1kb} kann durch Einsetzen der temperaturabhängigen Materialeigenschaften in die Gln. (5.64) bis (5.67) abgeleitet werden. Die so
erhaltenen Werte können mit Hilfe von Tab. 7.1 in die h'-Parameter

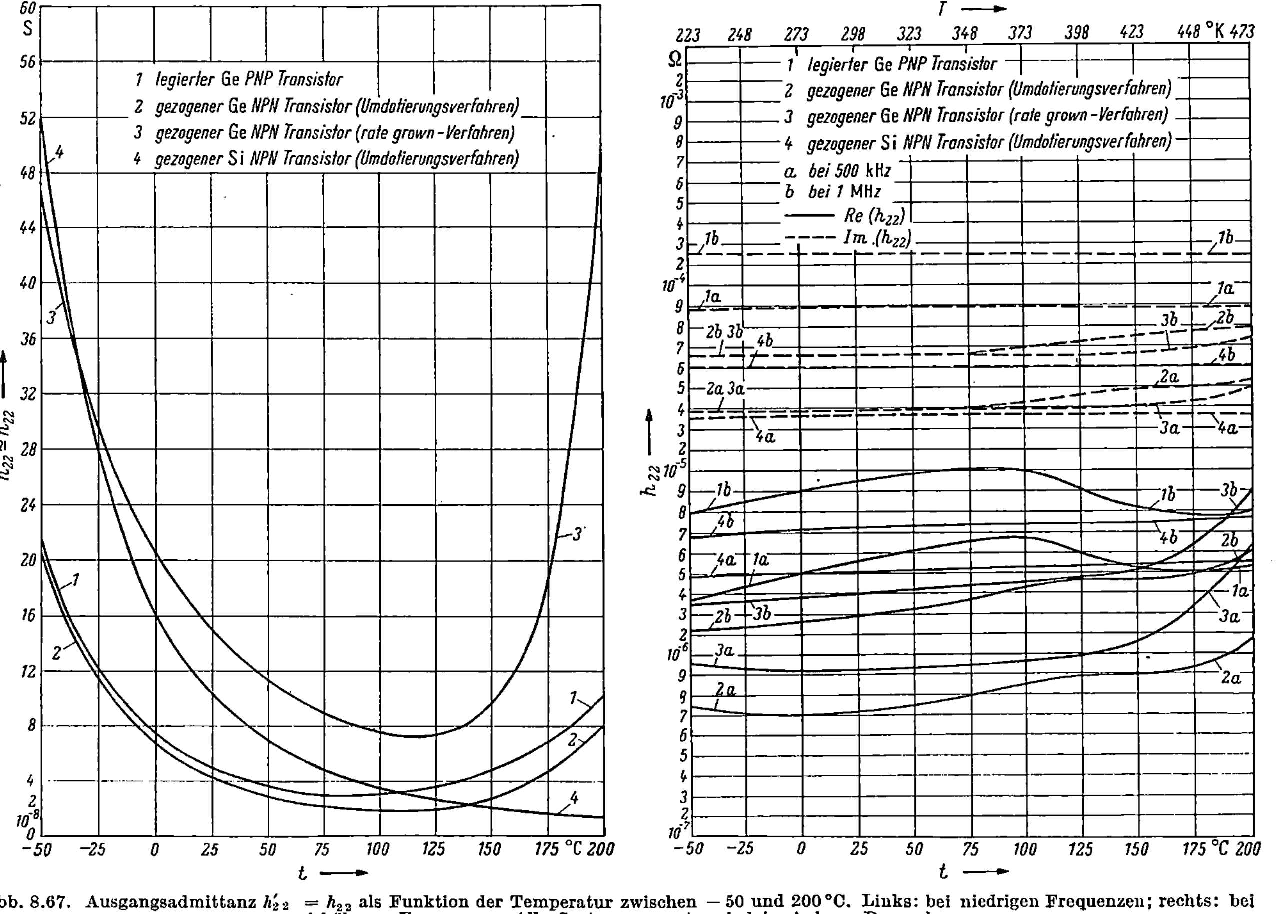

Abb. 8.67. Ausgangsadmittanz $h'_{22} = h_{23}$ als Funktion der Temperatur zwischen -50 und $200\,°C$. Links: bei niedrigen Frequenzen; rechts: bei zwei höheren Frequenzen. Alle Systemparameter sind in Anhang D gegeben

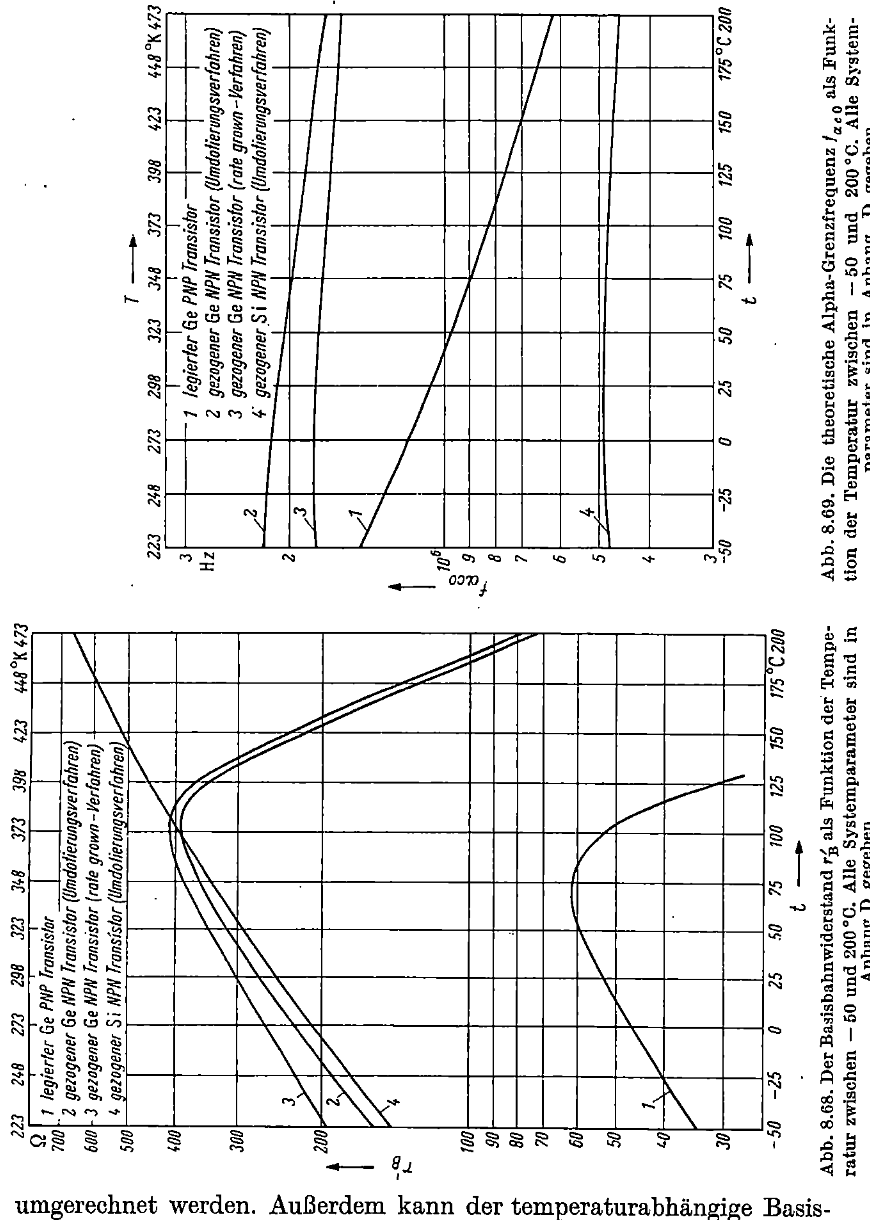

Abb. 8.69. Die theoretische Alpha-Grenzfrequenz $f_{\alpha c 0}$ als Funktion der Temperatur zwischen -50 und $200\,°C$. Alle Systemparameter sind in Anhang D gegeben

Abb. 8.68. Der Basisbahnwiderstand r_B' als Funktion der Temperatur zwischen -50 und $200\,°C$. Alle Systemparameter sind in Anhang D gegeben

umgerechnet werden. Außerdem kann der temperaturabhängige Basisbahnwiderstand nach Art den Gln. (8.90) bis (8.93) in Rechnung gestellt werden, so daß man schließlich die h-Parameter für die Basisschaltung als Funktion der Temperatur erhält. Betrachtet man die in Teil II besprochene komplizierte Temperaturabhängigkeit der Halbleitereigenschaften und die unübersichtlichen Ausdrücke für die Vierpolparameter, dann ist offensichtlich, daß solche Berechnungen großen Aufwand erfordern. Beispiele dafür [15] sind in den Abb. 8.64 bis 8.69 dargestellt. Weitere Einzelheiten sind in der Literatur zu finden [15, 19]. CREDLE [19] hat das Verhalten von Transistoren zwischen 78° K und 300° K untersucht, wobei er sich allerdings auf die y-Parameter beschränkte.

Das Problem, die Temperaturabhängigkeit von Transistorparametern zu beschreiben, kann man dadurch vereinfachen, daß man die Temperaturabhängigkeit der Elemente eines bestimmten Ersatzschaltbildes und nicht die Temperaturabhängigkeit der genauen analytischen Ausdrücke für die Vierpolparameter berechnet. ESHELMAN [20] hat z. B. die Schaltung von Abb. 8.54 verwendet, um die elektrischen Eigenschaften von Transistoren zwischen — 60° und 80° C zu untersuchen.

Literaturverzeichnis zu Kapitel 8

[1] Eine eingehende Diskussion der elektrischen Eigenschaften von Transistoren hat R. L. PRITCHARD in: Electrical network representation of transistors: A survey. IRE Trans. CT-3 (März 1956) 5—21 gegeben.

[2] Siehe z. B. M. P. WEINBACH: Principles of Transmission in Telephony. New York: Macmillan 1924.

[3] PRITCHARD, R. L., and W. N. COFFEY: Small-signal parameters of grown-junction transistors at high frequencies. IRE Convention Record 2 (part 3) (1954) 90—98.

[4] PRITCHARD, R. L.: Frequency variations of junction transistor parameters. Proc. IRE 42 (Mai 1954) 786.

[5] HANEMAN, D.: Expression for the α cut-off frequency in junction transistors. Proc. IRE 42 (Dez. 1954) 1808.

[6] EARLY, J. M.: Design theory of junction transistors. Bell Syst. techn. J. 32 (Nov. 1953) 1271.

[7] RUTZ, R. F., and D. F. SINGER: Experimental transistors for operation above 1000 Mc/sec. IBM J. Res. Dev. (1959).

[8] PRITCHARD, R. L.: Effect of base-contact overlap and parasitic capacities on small-signal parameters of junction transistors. Proc. IRE 43 (1955) 38. — A. P. STERN, C. A. ALDRIDGE, and W. F. CHOW: Internal feedback and neutralization of transistor amplifiers. Proc. IRE 43 (1955) 832.

[9] GIACOLETTO, L. J., and H. JOHNSON: Considerations of admittance representation of junction transistors. Transistor Standardization Forum, AIEE Summer Meeting, Atlantic City, N.J., 17. Juni 1953.

[10] PRITCHARD, R. L.: Frequency response of theoretical models of junction transistors. Trans. IRE CT-2 (Juni 1955) 188 — High-frequency power gain of junction transistors. Proc. IRE 43 (Sept. 1955) 1075—1085.

[11] PRITCHARD, R. L.: Frequency variations of current-amplification factor for junction transistors. Proc. IRE 40 (Nov. 1952) 1476.

[12] KETTEL, E., u. G. MEYER-BRÖTZ: Die Frequenzabhängigkeit der Vierpolparameter eines Transistors. Telefunkenztg. 27 (Dez. 1954) 237—245.

[13] ZAWELS, J.: Physical theory of new circuit representation for junction transistors. J. appl. Phys. 25 (Aug. 1954), 976.

[14] GÄRTNER, W. W., R. HANEL, R. STAMPFL, and F. CARUSO: The current amplification of a junction transistor as a function of emitter current and junction temperature. Proc. IRE 46 (1958) 1875.

[15] Gärtner, W. W.: Temperature dependence of junction transistor parameters. Proc. IRE 45 (Mai 1957) 662—680.

[16] Coblenz, A., and H. L. Owens: Variation of transistor parameters with temperature. Proc. IRE 40 (1952) 1472.

[17] Groschwitz, E.: Zum theoretischen Temperaturkoeffizienten eines Flächentransistors. Z. angew. Phys. 7 (1955) 280.

[18] Kircher, R. J.: Properties of junction transistors. IRE Trans. AU-3 (1955) 107.

[19] Credle, A. B.: Effects of low temperatures on transistor characteristics. IBM J. Res. Dev. 2 (1958) 54.

[20] Eshelman, C. R.: Variation of transistor parameters with temperature. Semiconductor Products (Jan./Febr. 1958) 25.

[21] Hall, R. N.: Electron-hole recombination in germanium. Phys. Rev. 87 (Juli 1952) 387.

[22] Shockley, W., and W. T. Read, Jr.: Statistics of the recombination of holes and electrons. Phys. Rev. 87 (Sept. 1952) 835—842.

[23] Bemsky, G.: Lifetime of electrons in p-type silicon. Phys. Rev. 100 (Okt. 1955) 523/24.

[24] Goldstein, G., H. Mette, and W. W. Gärtner: Temperature dependence of the PME effect in germanium. Bull. Amer. Phys. Soc. II, 3, No. 2 (März 1957) 104.

[25] Goldstein, S., H. Mette, and W. W. Gärtner: Carrier recombination in germanium as a function of temperature between 100°K and 550°K. J. phys. Chem. Solids 8 (1959) 78.

[26] Stevenson, D. T., and R. J. Keyes: Measurements of the recombination velocity at germanium surfaces. Physica 20 (Nov. 1954) 1041—1046.

Wiederholungsfragen zu Kapitel 8

1. Man messe die folgenden Größen an einem Transistor. Man achte darauf, daß dabei die in den Datenblättern angegebenen maximal zulässigen Ströme, Spannungen und Leistungen nicht überschritten werden.

a) Basisschaltung: Man messe I_E in Abhängigkeit von U_{EB} mit U_{CB} als konstantem Parameter.

b) Man bestimme aus dieser Kurve graphisch den Kurzschlußeingangswiderstand des Transistors in Basisschaltung bei $I_E = 1$ mA und 2 mA (kleine Signale).

c) Emitterschaltung: Man messe I_B in Abhängigkeit von U_{BE} mit U_{CE} als konstantem Parameter.

d) Man bestimme aus dieser Kurve graphisch den Kurzschlußeingangswiderstand des Transistors in Emitterschaltung bei $I_C = 1$ mA und 2 mA (kleine Signale).

e) Basisschaltung: Man messe I_C in Abhängigkeit von U_{CB} mit I_E als konstantem Parameter (einschließlich $I_E = 0$).

f) Man bestimme aus dieser Kurve den Leerlaufausgangswiderstand des Transistors in Basisschaltung bei $I_C = 1$ mA und 2 mA (kleine Signale).

g) Emitterschaltung: Man messe I_C in Abhängigkeit von U_{CE} mit I_B als konstantem Parameter (einschließlich $I_B = 0$).

h) Man bestimme aus dieser Kurve graphisch den Leerlaufausgangs-widerstand des Transistors in Emitterschaltung bei $I_C = 1$ mA und 2 mA (kleine Signale).

i) Man messe die Gleichstromverstärkung in Basisschaltung mit U_{CB} als konstantem Parameter und in Emitterschaltung mit U_{CE} als konstantem Parameter.

j) Für einen konstanten Emitterstrom (1 mA) messe man U_{EB} als Funktion von U_{CB} (Leerlaufrückwirkung in Basisschaltung).

2. Man zeichne aus dem Gedächtnis typische Eingangs- und Aus-gangskennlinien von Germanium- und Silizium-Transistoren für kleine und große Leistungen in Basis- und Emitterschaltung.

3. Warum erfordern zur Einstellung des gleichen Emitterstromes Siliziumtransistoren eine höhere Emitter-Basis-Spannung als Ger-maniumtransistoren gleicher Geometrie?

4. Was ist eine *Reduktionskurve* für Leistungstransistoren?

5. Wie ist die Temperaturabhängigkeit des Kollektorreststromes I_{CBO} und welchen Einfluß hat sie auf den Kollektor- und Basisstrom unter normalen Betriebsbedingungen?

6. Man berechne aus üblichen Werten für die Elemente im Ersatz-schaltbild der Abb. 8.19 die Widerstandswerte und Stromgenerator-konstanten in den Abb. 8.20 bis 8.22. Zur größeren Genauigkeit ver-wende man eine Rechenmaschine.

7. Wie ist die Frequenzabhängigkeit der h-Parameter in der Basis-schaltung, und wie kommt sie zustande?

8. Welches sind die hauptsächlich verwendeten Hochfrequenz-ersatzschaltbilder für Transistoren in Basis- und Emitterschaltung?

9. Wie lauten die Näherungsausdrücke für die Vierpolparameter, die diesen Ersatzschaltungen entsprechen?

10. Wie ist die Temperaturabhängigkeit des Stromverstärkungs-faktors, des Basisbahnwiderstandes und der α-Grenzfrequenz?

Anhang A
Zahlenwerte von grundlegenden Konstanten

	CGS		MKS	
	Zahlenwert	$\log_{10}$	Zahlenwert	$\log_{10}$
Elektronenladung q	$4{,}80 \cdot 10^{-10}$	$-9{,}319$	$1{,}60 \cdot 10^{-19}$	$-18{,}796$
Elektronenmasse m	$9{,}11 \cdot 10^{-28}$	$-27{,}041$	$9{,}11 \cdot 10^{-31}$	$-30{,}041$
PLANCKsche Konstante h ...	$6{,}62 \cdot 10^{-27}$	$-26{,}179$	$6{,}62 \cdot 10^{-34}$	$-33{,}179$
DIRACsche Konstante $\hbar = h/2\pi$	$1{,}054 \cdot 10^{-27}$	$-26{,}977$	$1{,}054 \cdot 10^{-34}$	$-33{,}977$
BOLTZMANN-Konstante k	$1{,}38 \cdot 10^{-16}$	$-15{,}860$	$1{,}38 \cdot 10^{-23}$	$-22{,}860$
Lichtgeschwindigkeit c	$2{,}998 \cdot 10^{10}$	$10{,}477$	$2{,}998 \cdot 10^{8}$	$8{,}477$
Influenzkonstante ε_0	(Farad m^{-1})		$8{,}854 \cdot 10^{-12}$	$-11{,}053$
Permeabilität des leeren Raumes μ_0	(Henry m^{-1})		$1{,}257 \cdot 10^{-6}$	$-5{,}901$

Anhang B
Periodisches System der Elemente

Gruppe I-A	II-A	III-B	IV-B	V-B	VI-B	VII-B	VIII			I-B	II-B	III-A	IV-A	V-A	VI-A	VII-A	O
1. Periode 1 H 1,008																1 H 1,008	2 He 4,003
2. Periode 3 Li 6,940	4 Be 9,013											5 B 10,82	6 C 12,011	7 N 14,008	8 O 16,0000	9 F 19,00	10 Ne 20,183
3. Periode 11 Na 22,99	12 Mg 24,32											13 Al 26,98	14 Si 28,06	15 P 30,98	16 S 32,066	17 Cl 35,457	18 A 39,944
4. Periode 19 K 39,100	20 Ca 40,08	21 Sc 44,96	22 Ti 47,90	23 V 50,95	24 Cr 52,01	25 Mn 54,94	26 Fe 55,85	27 Co 58,94	28 Ni 58,71	29 Cu 63,54	30 Zn 65,38	31 Ga 69,72	32 Ge 72,60	33 As 74,91	34 Se 78,96	35 Br 79,916	36 Kr 83,80
5. Periode 37 Rb 85,48	38 Sr 87,63	39 Y 88,92	40 Yr 91,22	41 Nb 92,91	42 Mo 95,95	43 Tc [99]	44 Ru 101,1	45 Rh 102,91	46 Pd 106,7	47 Ag 107,880	48 Cd 112,41	49 In 114,82	50 Sn 118,70	51 Sb 121,76	52 Te 127,61	53 J 126,91	54 Xe 131,3
6. Periode 55 Cs 132,91	56 Ba 137,36	57—71 Lan- than- Reihe	72 Hf 178,5	73 Ta 180,95	74 W 183,92	75 Re 186,22	76 Os 190,2	77 Ir 192,2	78 Pt 195,08	79 Au 197,0	80 Hg 200,61	81 Tl 204,39	82 Pb 207,21	83 Bi 209,00	84 Po [210]	85 At [210]	86 Rn 222
7. Periode 87 Fr [223]	88 Ra 226.05	89—101 Acti- nium- Reihe															

Lanthan-Reihe														
57 La 138,92	58 Ce 140,13	59 Pr 140,92	60 Nd 144,27	61 Pm [145]	62 Sm 150,35	63 Eu 152,0	64 Gd 157,26	65 Tb 158,93	66 Dy 162,51	67 Ho 164,94	68 Er 167,27	69 Tm 168,9	70 Yb 173,04	71 Lu 174,99

Actinium-Reihe												
89 Ac [227]	90 Th 232,05	91 Pa 231	92 U 238,07	93 Np [237]	94 Pu [242]	95 Am [243]	96 Cm [245]	97 Bk [249]	98 Cf [249]	99 Es [254]	100 Fm [254]	101 Md [256]

Atomgewichte in Klammern beziehen sich auf das stabilste bekannte Isotop

Anhang C

Die Beschreibung von Träger- und Stromdichten mit Hilfe des „Quasi-Fermi"-Niveaus[1]

Die folgenden Betrachtungen sind zum Verständnis der Entwicklungen in diesem Buch nicht notwendig, sie werden jedoch hier wiedergegeben, um den Begriff des Quasi-FERMI-Niveaus zu erläutern, der in der Theorie des P-N-Überganges verbreitete Anwendung gefunden hat.

Die Gln. (2.56) und (2.57) in Kap. 2

$$j_n = q\,\mu_n\,n\,E + q\,D_n\,\mathrm{grad}\,n,$$
$$D_n = (k\,T/q)\,\mu_n,\tag{2.56}$$
$$j_p = q\,\mu_p\,p\,E - q\,D_p\,\mathrm{grad}\,p,$$
$$D_p = (k\,T/q)\,\mu_p\tag{2.57}$$

können auf verschiedene Art umgeformt werden, z. B.

$$-(1/q)j_n = -\mu_n[n\,E + (k\,T/q)\,\mathrm{grad}\,n] = -\mu_n\,n\,\mathrm{grad}\,[-\psi + (k\,T/q)\ln n]\tag{C 1}$$

und

$$(1/q)j_p = \mu_p[p\,E - (k\,T/q)\,\mathrm{grad}\,p] = -\mu_p\,p\,\mathrm{grad}\,[\psi + (k\,T/q)\ln p],\tag{C 2}$$

wo ψ das elektrostatische Potential ist. Hier wurde wieder die EINSTEIN-Beziehung verwendet:

$$D = (k\,T/q)\,\mu.\tag{C 3}$$

Die Größen

$$\mu_n[-\psi + (k\,T/q)\ln n]\tag{C 4}$$

und

$$\mu_p[\psi + (k\,T/q)\ln p]\tag{C 5}$$

sind die Geschwindigkeitspotentiale der Transportgeschwindigkeiten

$$-j_n/(q\,n),\quad j_p/(q\,p),\tag{C 6}$$

die als Stromdichte dividiert durch die Trägerdichte (bezogen auf die Elementarladung) definiert sind. Sie stehen in enger Beziehung mit den Quasi-FERMI-Niveaus[2]. Addiert man die Glieder

$$-\mu_n(k\,T/q)\ln n_i\tag{C 7}$$

und

$$-\mu_p(k\,T/q)\ln n_i\tag{C 8}$$

zu den Ausdrücken (C 4) und (C 5), erhält man immer noch die Stromdichten, wie sie durch Gln. (C 1) und (C 2) gegeben sind, da die Gradienten der Ausdrücke (C 7) und (C 8) gleich Null sind. Diese neuen Ausdrücke jedoch, dividiert durch die Beweglichkeit, sind genau die Quasi-FERMI-Niveaus für Elektronen und Defektelektronen,

$$\varphi_n = \psi - (k\,T/q)\ln(n/n_i)\tag{C 9}$$

und

$$\varphi_p = \psi + (k\,T/q)\ln(p/p_i),\tag{C 10}$$

---

[1] ROOSBROECK, W. VAN: Theory of flow of electrons and holes in semiconductors. Bell Syst. techn. J. 29 (1950) 560.

[2] SHOCKLEY, W.: Electrons and Holes in Semiconductors. Princeton, N.J.: Van Nostrand 1950, S. 304 u. 308.

wo $n_i = \sqrt{p\,n}$ die Trägerdichte bei Eigenleitung ist. Unter Benutzung der Quasi-FERMI-Niveaus nehmen die Ausdrücke für die Stromdichten, Gln. (C 1) und (C 2), die folgende einfache Form an:

$$j_n = -q\,\mu_n\,n\,\operatorname{grad}\varphi_n, \qquad (C\ 11)$$

$$j_p = -q\,\mu_p\,p\,\operatorname{grad}\varphi_p. \qquad (C\ 12)$$

Die Gln. (C 9), (C 10) können auf folgende Weise umgeformt werden:

$$n = n_i\,e^{(q/kT)(\psi - \varphi_n)}. \qquad (C\ 13)$$

und

$$p = n_i\,e^{-(q/kT)(\psi - \varphi_p)}. \qquad (C\ 14)$$

Diese Gleichungen gelten ganz allgemein und stellen daher die Trägerverteilungsfunktionen auch für Nichtgleichgewichtsbedingungen dar. Um den Ausdruck „Quasi-FERMI-Niveau" zu erläutern, wollen wir die Beziehung zwischen den Gln. (C 13) und (C 14) und den Gleichgewichtsträgerverteilungen, Gln. (2.11) und (2.12), ableiten:

$$n = N_c\,e^{-(E_c - E_F)/kT} \qquad (C\ 15)$$

und

$$p = N_v\,e^{-(E_F - E_v)/kT}. \qquad (C\ 16)$$

Wenn zwischen 2 Punkten in einem Kristall eine elektrische Potentialdifferenz existiert, dann unterscheiden sich die Energien der Elektronen im Leitungsband und der Defektelektronen im Valenzband an den beiden Punkten um denselben Betrag. Das heißt jedoch, daß die Bandkantenenergien E_c und E_v sich vom elektrostatischen Potential nur durch eine Konstante unterscheiden, die man durch eine willkürliche Festlegung des Bezugspunktes für das elektrostatische Potential bestimmen kann. Man kann z. B. setzen:

$$\psi = -1/(2q)\,[E_c + E_v + k\,T \ln(N_v/N_c)] \qquad (C\ 17)$$

und erhält aus den Gln. (C 13) und (C 14)

$$n = N_c\,e^{-(E_c + q\varphi_n)/kT}. \qquad (C\ 18)$$

und

$$p = N_v\,e^{-(-q\varphi_p - E_v)/kT}. \qquad (C\ 19)$$

Ein Vergleich mit Gln. (C 15) und (C 16) zeigt, daß im Nichtgleichgewichtsfall, Gln. (C 18) und (C 19), das FERMI-Niveau E_F in dem Ausdruck für die Elektronendichte durch die Größe $(-q\,\varphi_n)$ ersetzt ist, weshalb diese „Quasi-FERMI-Niveau" für Elektronen[1] genannt wird. Durch ein analoges Argument findet man, daß $(-q\,\varphi_p)$ das „Quasi-FERMI-Niveau" für Defektelektronen ist. Im Gleichgewichtsfall ergibt sich

$$(-q\,\varphi_n) = (-q\,\varphi_p) = E_F, \qquad (C\ 20)$$

d. h., die beiden Quasi-FERMI-Niveaus konvergieren zum wahren FERMI-Niveau E_F, das ja nur bei Gleichgewicht definiert ist.

---

[1] φ ist das Quasi-FERMI-Niveau als elektrisches Potential ausgedrückt; $(-q\,\varphi)$ ist das Quasi-FERMI-Niveau als Energie ausgedrückt.

Der Begriff des Quasi-FERMI-Niveaus erlaubt eine andere Formulierung des Randwertproblems an P-N-Übergängen, wie es in § 4 A diskutiert wurde. Wir wollen es hier kurz für die Elektronendichten umreißen. Man betrachte den Ausdruck für die Elektronenstromdichte, Gl. (C 11):

$$j_n = -q\,\mu_n\,n\,\mathrm{grad}\,\varphi_n. \tag{C 11}$$

Da die Elektronendichte n sich im Übergang von N- zu P-leitendem Material um viele Größenordnungen ändert, wogegen die Elektronenstromdichte j_n einen fast konstanten kleinen Wert hat, folgt, daß grad φ_n im gesamten Gebiet des Überganges einen sehr kleinen Wert hat. Das heißt, daß die Werte des Quasi-FERMI-Niveaus für Elektronen, Gl. (C 9), auf den beiden Seiten des Überganges

$$\text{N-leitende Seite:}\quad \varphi_n(\mathrm{N}) = \psi_\mathrm{N} - (k\,T/q)\ln(n_\mathrm{N}/n_i), \tag{C 21}$$

$$\text{P-leitende Seite:}\quad \varphi_n(\mathrm{P}) = \psi_\mathrm{P} - (k\,T/q)\ln(n_\mathrm{P}/n_i) \tag{C 22}$$

fast gleich sind. Erinnert man sich nun, daß die elektrostatische Potentialdifferenz des Überganges durch

$$V = \psi_\mathrm{N} - \psi_\mathrm{P} \tag{C 23}$$

gegeben ist, findet man

$$n_\mathrm{P} = n_\mathrm{N}\,e^{-qU/kT}, \tag{C 24}$$

was mit Gl. (4.18) identisch ist und die Randbedingung für die Elektronendichte darstellt. Analoge Argumente führen zu Gl. (4.19) für Defektelektronen.

Anhang D

Zusätzliche Daten zu den Temperaturkurven[1]

In den Abb. 8.15, 8.17, 8.18 und 8.64 bis 8.69 wurde die Temperaturabhängigkeit einiger Gleich- und Wechselstromeigenschaften für vier verschiedene Transistorformen angegeben. Die folgenden Tabellen enthalten die diesen Transistorformen zugrunde liegenden Dimensionierungswerte. Die Werte gelten auch für die Darstellungen in den Abb. 3.12a und 3.16 (Lebensdauer und Diffusionslänge als Funktion der Temperatur).

Dimensionierungswerte und Materialeigenschaften für Transistormodelle bei Zimmertemperatur

Abmessungen

	Ge PNP Legierung	Ge NPN gezogen	Ge NPN rate-grown	Si NPN gezogen
Basisdicke, w_0/cm	$4 \cdot 10^{-3}$	$4 \cdot 10^{-3}$	$4 \cdot 10^{-3}$	$4 \cdot 10^{-3}$
Emitterfläche, A_E/cm² .	$1{,}2 \cdot 10^{-3}$	—	—	—
Kollektorfläche, A_C/cm²	$5 \cdot 10^{-3}$	—	—	—
Wirksamer Leitungsquerschnitt, A/cm² ..	—	$2{,}5 \cdot 10^{-3}$	$2{,}5 \cdot 10^{-3}$	$2{,}5 \cdot 10^{-3}$

[1] GÄRTNER, W. W.: Temperature dependence of junction transistor parameters. Proc. IRE 45 (Mai 1957) 662.

Störstellen-Übergänge

	Ge PNP Legierung		Ge NPN gezogen		Ge NPN rate-grown		Si NPN gezogen	
	Emit.	Koll.	Emit.	Koll.	Emit.	Koll.	Emit.	Koll.
Allmählicher Übergang			X	X		X	X	X
Abrupter Übergang ...	X	X			X			

Materialeigenschaften (Fortsetzung)

Eigenschaft	Ge PNP Legierung	Ge NPN gezogen	Ge NPN rate-grown	Si NPN gezoogen
Dotierung:				
Emitter:				
N_a/cm^{-3}	$1{,}55\cdot10^{19}$		$1{,}2\ \cdot10^{16}$	
N_d/cm^{-3}		$1{,}25\cdot10^{18}$	$3{,}5\ \cdot10^{16}$	$6{,}25\cdot10^{18}$
$(N_d - N_a)$/cm^{-3}			$2{,}3\ \cdot10^{16}$	
Basis:				
N_d/cm^{-3}	$8{,}7\ \cdot10^{14}$		$8{,}1\ \cdot10^{15}$	
N_a/cm^{-3}		$4{,}57\cdot10^{15}$	$1{,}2\ \cdot10^{16}$	$1{,}87\cdot10^{16}$
$(N_a - N_d)$/cm^{-3}		$3{,}7\ \cdot10^{15}$	$3{,}9\ \cdot10^{15}$	$1{,}5\ \cdot10^{16}$
Kollektor:				
N_a/cm^{-3}	$1{,}55\cdot10^{19}$		$1{,}2\ \cdot10^{16}$	
N_d/cm^{-3}		$8{,}7\ \cdot10^{14}$	$3{,}5\ \cdot10^{16}$	$3{,}7\ \cdot10^{15}$
$(N_d - N_a)$/cm^{-3}			$2{,}3\ \cdot10^{16}$	
Gleichgewichtsträger-dichten:				
Emitter:				
Elektronen, n_{0E}/cm^{-3}	$3{,}3\ \cdot10^{7}$	$1{,}25\cdot10^{18}$	$2{,}3\ \cdot10^{16}$	$6{,}25\cdot10^{18}$
Defektelektronen, p_{0E}/cm^{-3}	$1{,}55\cdot10^{19}$	$4{,}12\cdot10^{8}$	$2{,}24\cdot10^{10}$	$5{,}23\cdot10^{2}$
Basis:				
Elektronen, n_{0B}/cm^{-3}	$8{,}7\ \cdot10^{14}$	$1{,}4\ \cdot10^{11}$	$1{,}32\cdot10^{11}$	$2{,}18\cdot10^{5}$
Defektelektronen, p_{0B}/cm^{-3}	$5{,}9\ \cdot10^{11}$	$3{,}7\ \cdot10^{15}$	$3{,}9\ \cdot10^{15}$	$1{,}5\ \cdot10^{16}$
Kollektor:				
Elektronen, n_{0C}/cm^{-3}	$3{,}3\ \cdot10^{7}$	$8{,}7\ \cdot10^{14}$	$2{,}3\ \cdot10^{16}$	$3{,}7\ \cdot10^{15}$
Defektelektronen, p_{0C}/cm^{-3}	$1{,}55\cdot10^{19}$	$5{,}9\ \cdot10^{11}$	$2{,}24\cdot10^{10}$	$8{,}4\ \cdot10^{5}$
Beweglichkeiten μ und Diffusionskonstanten D:				
Emitter:				
Elektronen, μ_{nE}/cm^2 V^{-1} sec^{-1} .	123	866	2660	112
D_{nE}/cm^2 sec^{-1}	3,2	—	—	—
Defektelektronen, μ_{pE}/cm^2 V^{-1} sec^{-1} .	61,4	200	975	62
D_{pE}/cm^2 sec^{-1}	—	5,15	25	1,59

Materialeigenschaften (Fortsetzung)

Eigenschaft	Ge PNP Legierung	Ge NPN gezogen	Ge NPN rate-grown	Si NPN gezogen
Basis:				
Defektelektronen,				
$\mu_{pB}/\text{cm}^2\,\text{V}^{-1}\,\text{sec}^{-1}$.	1700	1570	1340	426
$D_{pB}/\text{cm}^2\,\text{sec}^{-1}$	43	—	—	—
Kollektor:				
Elektronen,				
$\mu_{nC}/\text{cm}^2\,\text{V}^{-1}\,\text{sec}^{-1}$.	123	3700	2660	971
$D_{nC}/\text{cm}^2\,\text{sec}^{-1}$	3,2	—	—	—
Defektelektronen,				
$\mu_{pC}/\text{cm}^2\,\text{V}^{-1}\,\text{sec}^{-1}$.	61,4	1700	975	450
$D_{pC}/\text{cm}^2\,\text{sec}^{-1}$	—	43,7	25	11,5
Spezifische Widerstände				
Emitter, ϱ_E/Ω cm ..	0,0066	0,0058	0,1	0,009
Basis, ϱ_B/Ω cm	1,9	1,1	1,2	0,978
Kollektor, ϱ_C/Ω cm .	0,0066	1,95	0,1	1,75
Lebensdauern:				
Elektronen im Emitter,				
$\tau_{nE}/\mu\text{sec}$	0,06	—	—	—
Defektelektronen in der				
Basis, $\tau_{pB}/\mu\text{sec}$	60	—	—	—
Elektronen im Kollektor, $\tau_{nC}/\mu\text{sec}$	0,06	—	—	—
Defektelektronen im				
Emitter, $\tau_{pE}/\mu\text{sec}$ ..	—	0,1	1,9	0,56
Elektronen in der Basis,				
$\tau_{nB}/\mu\text{sec}$	—	14	11	20,8
Defektelektronen im				
Kollektor, $\tau_{pC}/\mu\text{sec}$.	—	59	1,9	50
Diffusionslängen:				
Elektronen im Emitter,				
L_{nE}/cm	$4,5\cdot 10^{-4}$			
Defektelektronen in der				
Basis, L_{pB}/cm	$5,1\cdot 10^{-2}$			
Elektronen im Kollektor, L_{nC}/cm	$4,5\cdot 10^{-4}$			
Defektelektronen im				
Emitter, L_{pE}/cm ...		$7,2\cdot 10^{-4}$	$6,9\cdot 10^{-3}$	$9,4\cdot 10^{-4}$
Elektronen in der Basis,				
L_{nB}/cm		$3,4\cdot 10^{-2}$	$2,8\cdot 10^{-2}$	$6,47\cdot 10^{-2}$
Defektelektronen im				
Kollektor, L_{pC}/cm ..		$5,2\cdot 20^{-2}$	$6,9\cdot 10^{-3}$	$2,4\cdot 10^{-2}$

Elektrische Eigenschaften

Eigenschaft	Ge PNP Legierung	Ge NPN gezogen	Ge NPN rate-grown	Si NPN gezogen
Basis: Elektronen,				
$\mu_{nB}/cm^2\,V^{-1}\,sec^{-1}$.	3700	3350	2822	782
$D_{nB}/cm^2\,sec^{-1}$	—	84	72	70
Gleichstromarbeitspunkt:				
Emitterstrom, I_E/mA	1	—1	—1	—1
Kollektorspannung,				
U_C/V	—5	5	5	5
Kleinsignal-Vierpolparameter bei 1 kHz:.				
h_{11}/Ω.............	25,9	28	38	30
h_{12}	$2 \cdot 10^{-4}$	$8,6 \cdot 10^{-5}$	$1,2 \cdot 10^{-4}$	$9 \cdot 10^{-5}$
h_{21}	—0,99	—0,99	—0,96	—0,98
h_{22}/S	$5 \cdot 10^{-8}$	$4,2 \cdot 10^{-8}$	$1,5 \cdot 10^{-7}$	10^{-7}
α-Grenzfrequenz:				
$f_{\alpha C0}/Hz$	10^6	$2 \cdot 10^6$	$1,75 \cdot 10^6$	$4,9 \cdot 10^5$
Kollektorkapazität:				
C_c/pF	22	6,3	6	5,2

Erklärung der Kurvennummern in den Abb. 3.12a und 3.16

Abb. Nr.	Ge PNP Legierung	Ge NPN gezogen	Ge NPN rate-grown	Si NPN gezogen
3.12a	$1n: \tau_{nE}, \tau_{nC}$ $1p: \tau_{pB}$	$3p: \tau_{pE}$ $4n: \tau_{nB}$ $2p: \tau_{pC}$	$5p: \tau_{pE}, \tau_{pC}$ $6n: \tau_{nB}$	$7p: \tau_{pE}$ $8n: \tau_{nB}$ $9p: \tau_{pC}$
3.16	$1n: L_{nE}, L_{nC}$ $2p: L_{pE}$	$3p: L_{pE}$ $4n: L_{nB}$ $2p: L_{pC}$	$5p: L_{pE}, L_{pC}$ $6n: L_{nB}$	$7p: L_{pE}$ $8n: L_{nB}$ $9p: L_{pC}$

Namenverzeichnis

Sachverzeichnis